职业教育理实一体化教材

电气设备安装调试

王进业　曹华斌　主　编

中国纺织出版社有限公司

内 容 提 要

本书是根据《国家职业教育改革实施方案》(简称"职教20条")中针对三教(教师、教材、教法)改革的相关要求编写的新型模块化教材。本书融合了《电工电子技术与技能》《液压与气动系统安装与调试》《电气控制技术》《电气系统安装与调试》四本教材的主要内容，按照企业岗位技能要求，结合最新课程标准，运用行动导向的教学方法进行整合开发。通过项目式的教学，将工作标准与教学标准有机结合。每个项目都有成果展示，项目设计由浅入深、循序渐进、理实结合，注重学生知识结构、技能、非专业能力的培养。

图书在版编目(CIP)数据

电气设备安装调试 / 王进业, 曹华斌主编. -- 北京:中国纺织出版社有限公司, 2022.10
职业教育理实一体化教材 / 王进业主编
ISBN 978-7-5229-0006-3

Ⅰ. ①电… Ⅱ. ①王… ②曹… Ⅲ. ①电气设备—建筑安装—职业教育—教材 Ⅳ. ①TU85

中国版本图书馆 CIP 数据核字(2022)第 206290 号

责任编辑：张 宏　责任校对：高 涵　责任印制：储志伟

中国纺织出版社有限公司出版发行
地址：北京市朝阳区百子湾东里 A407 号楼　邮政编码：100124
销售电话：010—67004422　传真：010—87155801
http://www.c-textilep.com
中国纺织出版社天猫旗舰店
官方微博 http://weibo.com/2119887771
三河市宏盛印务有限公司印刷　各地新华书店经销
2022 年 10 月第 1 版第 1 次印刷
开本：787×1092　1/16　印张：22.25
字数：452 千字　定价：138.00 元

凡购本书，如有缺页、倒页、脱页，由本社图书营销中心调换

前言
Preface

根据电气设备安装调试模块的培养目标,全书共分为4个项目,项目4为本模块的最终项目,其内容为完成物料分配站的安装及调试,实现物料自动分配。其他项目的设计为本项目服务。

项目1:家庭照明电路的安装与调试。本项目主要讲解电路的基础认识、电阻元件与欧姆定律,以及典型家庭照明电路中电气元器件的认识、图纸的识读、电气元器件的安装与调试。

项目2:电机正反转控制系统设计安装。本项目讲解电动机的点动、自锁、正反转控制原理、电气图纸绘制,以及电机控制柜的安装接线、电气控制系统的调试等内容。

项目3:机床控制电路安装与调试。本项目讲解机床电气图纸识读、机床电气控制柜的配盘和调试工作,以及液压气动控制的原理及应用。

项目4:物料分配站装调。本项目讲解物料分配站的机械图纸识读及机械安装、电气控制部分图纸绘制及电气安装、气动控制回路图纸识读及安装和分配站的功能调试。

本书在编写过程中参阅了国内外相关资料,在此向原作者表示衷心感谢。希望本书能够成为推动机电技术应用专业教材改革的有益探索,有助于学生技术与技能的学习及培养。因编写仓促,加之编者水平有限,书中难免有不妥之处,希望各位专家和广大读者批评指正。

本书参考引用资料广泛,因疏漏未能注明全部出处,如有版权问题,请联系编者及时更正。

王进业
2022年9月

目 录
Contents

项目1 家庭照明电路的安装与调试 ·· 1

任务1 电路基础 ·· 2

一、安全用电 ·· 2

实训1 认识实训室 ··· 8

二、直流电路 ·· 8

实训2 小灯泡控制电路电流、电压测量 ··· 13

练习题 ··· 13

任务完成报告 ··· 15

任务2 电阻元件与欧姆定律 ·· 16

一、电阻元件认知及电阻测量 ·· 17

实训1 电阻测量 ··· 21

二、欧姆定律 ·· 21

实训2 蓄电池内阻检测 ··· 26

三、电阻的连接 ·· 26

实训3 电阻串并联测量 ··· 30

练习题 ··· 30

任务完成报告 ··· 32

任务3　家用电气设备认知 ··· 33

　　一、交流电路 ··· 34

　　　实训1　用测电笔辨别相线与零线 ··· 37

　　　实训2　认识手摇发电机 ··· 37

　　二、常见家用电气设备 ··· 38

　　　实训3　电能表及漏电保护器认知及接线 ··· 44

　　　实训4　照明电路控制原理验证 ··· 47

　　　实训5　照明电路安装接线 ··· 47

　　　练习题 ··· 47

　　　任务完成报告 ··· 48

任务4　照明电路图纸认识 ··· 49

　　一、电气图的认识及绘制原则 ··· 49

　　　实训1　手工绘制家用电灯及插座控制电路图 ··· 57

　　二、基本家用电路图纸的绘制 ··· 58

　　　实训2　手工绘制基本家用电路图 ··· 60

　　　练习题 ··· 60

　　　任务完成报告 ··· 61

任务5　照明电路安装调试 ··· 63

　　一、主要电气元器件介绍 ··· 63

　　二、元器件布局及布线要求 ··· 68

　　　实训1　照明电路安装接线 ··· 68

　　　实训2　基本家用电路的安装接线 ··· 69

　　　练习题 ··· 69

　　　任务完成报告 ··· 69

项目2 电机正反转控制系统设计安装 71

任务1 常用电气设备与电机控制 72

一、三相交流电与变压器 73

实训1 三相交流电与变压器 83

二、三相异步电机及其电气控制 84

实训2 三相异步电机点动控制 100

实训3 三相异步电机自锁控制 100

实训4 三相异步电机接触器正反转控制 101

练习题 101

任务完成报告 102

任务2 电机控制电路图纸的绘制 103

一、电气CAD绘图 104

二、ACE软件绘图 127

三、电动机点动控制电路绘制 145

四、电动机自锁控制电路绘制 153

五、电动机接触器正反转控制电路绘制 157

练习题 163

任务完成报告 164

任务3 电气控制柜的安装接线 165

一、电气安装图纸 166

二、电气选型 174

三、电气安装接线 178

四、电机正反转控制系统安装接线 191

实训 电机正反转控制系统的安装接线 195

练习题 ··· 195

　　任务完成报告 ·· 196

任务4　电气控制系统的调试 ·· 196

　　一、电机正反转控制系统 ··· 197

　　二、控制系统调试 ·· 204

　　三、故障诊断与处理 ·· 211

　　四、调试方案的编制 ·· 216

　　实训　电机正反转控制系统的调试 ······························ 222

　　练习题 ··· 222

　　任务完成报告 ·· 223

项目3　机床控制电路安装与调试 ·································· 225

任务1　机床概述 ·· 226

　　一、机床的定义 ··· 226

　　二、机床的分类 ··· 227

　　三、机床的应用 ··· 227

　　四、机床的组成 ··· 228

　　五、典型机床介绍 ·· 229

　　练习题 ··· 230

　　任务完成报告 ·· 231

任务2　液压与气压传动系统认知 ·· 231

　　一、公共汽车车门开闭系统的搭建 ······························ 233

　　实训1　公共汽车车门开闭控制系统的搭建 ·················· 247

　　二、气动机械手气动系统的搭建 ································· 248

　　实训2　气动机械手气动系统的搭建 ···························· 262

三、装载机液压系统的搭建 263

实训3 装载机液压系统的搭建 280

练习题 280

任务完成报告 282

任务3 典型机床电路图纸认识 282

一、Z3050型摇臂钻床基本结构 283

二、Z3050型摇臂钻床电气布置图 287

三、Z3050型摇臂钻床接线图 289

实训 机床控制电路的安装与调试 313

练习题 313

任务完成报告 314

项目4 物料分配站装调 315

任务1 任务要求 316

一、物料分配装置的组成以及工作原理 316

二、气动零部件的认识 317

任务2 物料分配装置机械系统的安装实训 319

一、实训内容 319

二、实训目标 319

三、实训场所 319

四、实训课时 319

五、实训设备 319

六、实训耗材 320

七、实训步骤 320

八、实训问答 328

九、项目验收 329

任务3　物料分配站电气系统安装 330

一、实训内容 330

二、实训目标 330

三、实训场所 330

四、实训课时 330

五、实训设备 330

六、实训耗材 331

七、实训步骤 331

八、实训问答 345

九、项目验收 345

项目 1
家庭照明电路的安装与调试

家庭照明电路在人们的生活中发挥着重要作用，极大地方便了我们的生活。本项目主要讲解电路的基本认识、电阻元件与欧姆定律，以及典型家庭照明电路中电气元器件的认识、图纸的识读、电气元器件的安装与调试，根据学习内容将本项目分为 5 个任务。

任务 1　电路基础。讲解用电安全及直流电路基本知识，电流、电压等基本电路物理量的认知。

任务 2　电阻元件与欧姆定律。讲解电阻元件的基本知识，欧姆定律及电阻串、并联电路的分析与计算。

任务 3　家用电气设备认知。主要讲解交流电的基本知识及常见家用电气设备的工作原理及接线方法。

任务 4　照明电路图纸认识。主要讲解几种常见照明电路的控制原理，介绍手工绘图及识图。

任务 5　照明电路安装调试。主要讲解设备安装接线的一些基本知识，通过实际动手操作，完成照明电路的安装、接线及调试。

通过 5 个任务的学习，同学们应掌握基本的直流及交流电路的分析方法；掌握简单照明电路图纸的绘制及识图方法；掌握家庭用电电路的安装及接线方法；排查并解决家用电路出现的一些基本故障。

任务 1　电路基础

我们生活在电气化时代，电给我们带来了光明和美景。本任务介绍人类对电的认识过程，安全用电的相关知识，电路的组成，电路中电流、电压、电动势的概念和计算方法。本任务的重点内容为对安全用电知识的掌握，难点内容为对电路概念的理解和计算。

学习目标

知识目标

1. 掌握安全用电的相关知识；
2. 掌握电路的组成及相关概念；
3. 掌握电路计算的相关知识。

能力目标

1. 能够将安全用电的规范应用于学习和生活中；
2. 能够对简单的电路进行分析和计算；
3. 能够使用万用表测量电流、电压。

学习内容

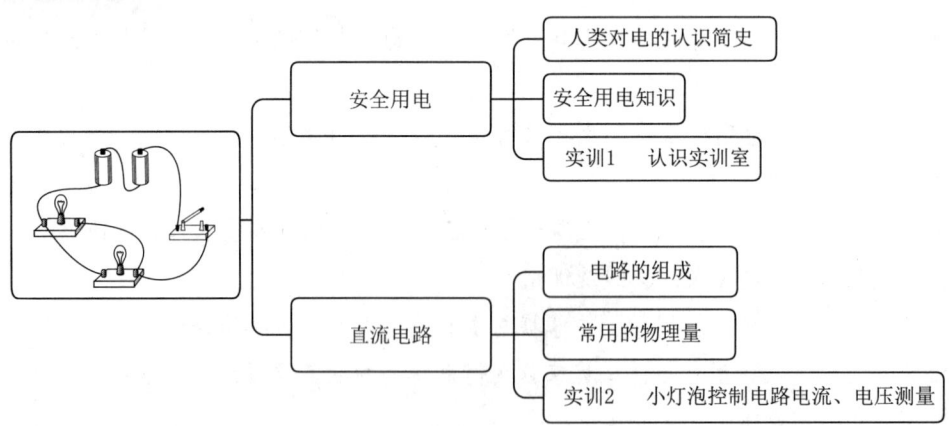

一、安全用电

（一）人类对电的认识简史

人们对电现象的认识，可追溯到公元前 6 世纪。希腊哲学家泰勒斯那时已发现并记载了摩擦过的琥珀能吸引轻小物体。我国东汉时期，王充在《论衡》一书中所提到的"顿牟掇芥"等问题，也是说摩擦琥珀能吸引轻小物体。

第一位认真研究电现象的是英国的医生、物理学家吉尔伯特。1600年，他发现金刚石、水晶、硫黄、火漆和玻璃等物质，用呢绒、毛皮和丝绸摩擦后，也能吸引轻小物体，有"琥珀力"，他认为这可能是蕴藏在一切物质中的一种看不见的液体在起作用，并把这种液体称为"琥珀性物质"。后来根据希腊文"琥珀"一词的词根，拟定了一个新名词——"电"。但吉尔伯特的工作仅停留在定性阶段。

1733年，法国物理学家杜菲发现，把两根跟毛皮摩擦后的琥珀棒或两根跟丝绸摩擦过的玻璃棒悬挂起来，当两根同种棒彼此靠近时，它们相互排斥，但琥珀棒与玻璃棒则会互相吸引；如果使其接触，二者都失去电性。于是杜菲认识到电有两种："琥珀电"和"玻璃电"；同种电相斥，异种电相吸。美国学者富兰克林干脆把这两种电叫"正电"和"负电"，他认为，电是一种流质：摩擦琥珀时，电从琥珀流出使它带负电；摩擦玻璃时，电流入玻璃，使它带正电；两者接触时，电从正流向负，直到中性平衡为止。

富兰克林还揭露了雷电的秘密。他冒着生命危险，把"天电"吸引到莱顿瓶中，令人信服地证明了"天电"与"地电"完全相同。接着他发明了避雷针，这是人类用已有的电学知识征服自然所迈出的第一步。用电的科学取代了对上帝的部分迷信，也推动了人们对电的探索。

18世纪后期，意大利物理学家伏打发明了电池。此后，各种化学电源相继出现。化学电源出现之后，人们能获得比较稳定而持续的电流，并且可以控制电压的高低、电流的强弱。

1826年，欧姆受傅立叶的热传导理论的启发，在实验的基础上，确立了电流定律。1848年，基尔霍夫从能量的角度出发，分析并澄清了电位差、电动势、电场强度等概念，把欧姆的理论与静电的概念协调起来，在此基础上，基尔霍夫解决了分支电路问题，建立了基尔霍夫第一、第二定律。

400多年来，人类对电的认识经历了一个漫长而曲折的过程，电的应用现在遍及各个方面，并在蓬勃发展着，人类认识和利用电的探索正不断向前迈进。

> **分组讨论：**
> 在表1-1-1中列举身边的用电设备，并说明电对我们生活的意义。

表1-1-1 身边的用电设备

地点	电器名称	电器数量
学校		
家庭		
路上		
超市		
……		

（二）安全用电知识

安全用电是一项非常重要的工作，它直接影响企业任务订单的完成、经济效益的好坏，还影响人的生命安全。在生产中每个人都要充分认识安全用电的重要意义，自觉遵守安全用电操作规程，确保用电安全。为避免发生触电或电气火灾事故，我们来学习安全用电的知识。

1. 触电

人体接触或接近带电体，导致局部受伤或死亡的现象称为触电。

2. 触电的形式

如图1-1-1所示，触电有3种形式。

（1）单相触电

人体的某一部位接触相线或绝缘性能不好的电气设备外壳时，电流从相线经人体流入大地的触电现象。

（2）两相触电

人体的不同部位分别接触同一电源的两根不同相位的相线，电流从一根相线经人体流入另一根相线的现象。

（3）跨步电压触电

电气设备外壳接地或带电导线直接触地时，人体虽没有接触带电设备外壳或带电导线，但是由于双脚之间有电势差而造成的触电现象。

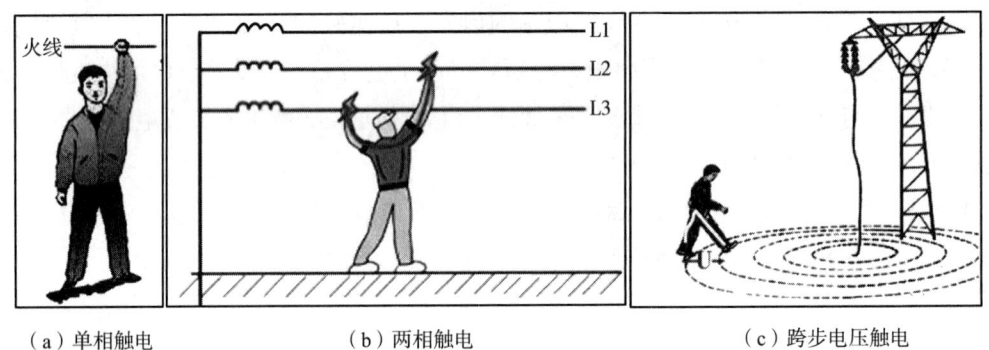

（a）单相触电　　　　　（b）两相触电　　　　　（c）跨步电压触电

图1-1-1　触电的形式

3. 触电电流对人体的伤害

（1）电流对人体的伤害形式

①电击：当人体触电时，电流通过人体内部，对内部组织造成的伤害称为电击。电击主要伤害了心脏、呼吸和神经系统。多数触电死亡是由电击造成的。

②电伤：电流对人体外部造成的局部伤害，包括灼伤和皮肤金属化。

（2）电流对人体的伤害程度

①通过人体的电流越大，人体的生理反应就越明显，感觉也就越强烈，生命的危险性就越大。通过人体的交流电流超过10mA、直流电流超过50mA时，触电者自己难以摆脱电源，就会有生命危险。

②通电时间越长，其危险性就越大。常用的 50~60Hz 的工频交流电对人体的伤害最大。触电电压越高，通过人体的电流就越大，对人体的危害也就越大。

③电流对人体的伤害程度与人的身体状况有关，即与性别、年龄和健康状况有关。女性较男性对电流的刺激更为敏感，感知电流和摆脱电流的能力要低于男性。儿童比成人更要低。

④人体对电流有一定的阻碍作用，这种阻碍作用表现为人体电阻。一般人体电阻为 1000~2000Ω。

4. 防止触电的保护措施

> **分组讨论：**
> 为了防止触电，我们可以采取哪些安全措施？

为防止发生触电事故，除遵守电工安全操作规程外，还必须采取一定的防范措施。常见的触电防范措施主要有正确安装用电设备、安装漏电保护装置、电气设备的保护接地和电气设备的保护接零等。

（1）正确安装用电设备

电气设备要根据说明和要求正确安装，不可马虎，带电部分必须有防护罩或放到不易接触到的高处，以防触电。

（2）安装漏电保护装置

漏电保护装置的主要作用是当电路中的电流超过一定值时，能快速切断电路，确保人身安全。它能防止由漏电引起的触电事故和单相触电事故，以及由漏电引起的火灾事故等。

（3）电气设备的保护接地

保护接地就是把电气设备的金属外壳用导线和埋在地中的接地装置连接起来。电气设备采用保护接地以后，即使电气设备的绝缘损坏或安装不合理等原因使外壳带电，由于人体碰到外壳时相当于人体与接地电阻并联，而接地电阻的阻值很小，一般不允许超过 4Ω，因此通过人体的电流很小，从而保证了人身安全。

（4）电气设备的保护接零

保护接零就是在电源中性点接地的三相四线制中，把电气设备的金属外壳与中性线连接起来。电气设备采用保护接零以后，当设备某相出现事故碰壳时，形成相线和中性线的单相短路，短路电流能迅速使保护装置（如熔断器）动作，切断电源，从而使事故点与电源断开，防止触电危险。

> **注意：**
> 电气设备的金属外壳必须接地，不准断开带电设备的外壳接地线；临时装设的电气设备，也必须将金属外壳接地。

5.触电现场的处理与急救

当发现有人触电时,必须用最快的方法使触电者脱离电源,然后根据触电者的具体情况,进行相应的现场救护。

(1)脱离电源

脱离电源的具体方法可用"拉""切""挑""拽""垫"五个字来概括。

拉:指就近拉开电源开关拔出插头或瓷插式熔断器,如图1-1-2所示。

图1-1-2 关闭电源开关

切:当电源开关、插座或瓷插式熔断器距离触电现场较远时,可用带有绝缘柄的利器切断电源线。切断时应防止带电导线断落触及周围的人体。

挑:如果导线搭落在触电者身上或压在身下,这时可用干燥的木棒、竹竿等挑开导线,或用干燥的绝缘绳套拉导线或触电者,使触电者脱离电源,如图1-1-3所示。

图1-1-3 挑开电线

拽:救护人可戴上手套或在手上包缠干燥的衣服等绝缘物品拖曳触电者,使之脱离电源。如果触电者的衣裤是干燥的,又没有紧缠在身上,救护人可直接用一只手抓住触电者不贴身的衣裤将其拉脱电源,但要注意拖曳时切勿触及触电者的皮肤。也可站在干燥的木板、橡胶垫等绝缘物品上,用一只手将触电者拖曳开来。

垫:如果触电者由于痉挛,手指紧握导线或导线缠绕在身上,可先用干燥的木板塞进触电者身下,使其与地绝缘,然后采取其他办法把电源切断。

（2）现场急救

> 想一想：
> 你了解的现场急救的方法有哪些？

触电者脱离电源后，应立即进行现场紧急救护，不可盲目给触电者注射强心针。当触电者出现心脏停搏、无呼吸等假死现象时，可采用胸外心脏挤压法和口对口人工呼吸法进行救护。

①胸外心脏挤压法。该方法适用于有呼吸但无心跳的触电者，口诀是：病人仰卧硬地上，松开领口解衣裳；当胸放掌不鲁莽，中指应该对凹膛；掌根用力向下按，压下一寸至半寸；压力轻重要适当，过分用力会压伤；慢慢压下突然放，一秒一次最恰当，如图1-1-4所示。

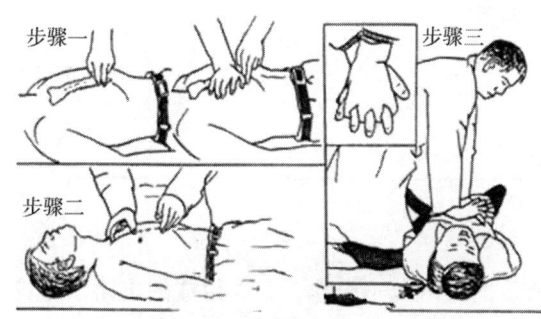

图1-1-4　胸外心脏挤压法

②口对口人工呼吸法。该方法适用于有心跳但无呼吸的触电者，口诀是：病人仰卧平地上，鼻孔朝天颈后仰；首先清理口鼻腔，然后松扣、解衣裳；捏鼻吹气要适量，排气应让口鼻畅；吹二秒来停三秒，五秒一次最恰当，如图1-1-5所示。

当触电者既无呼吸又无心跳时，可以同时采用口对口人工呼吸法和胸外心脏挤压法进行救护。应先口对口（鼻）吹气两次（约5s内完成），再作胸外挤压15次（约10s内完成），以后交替进行。

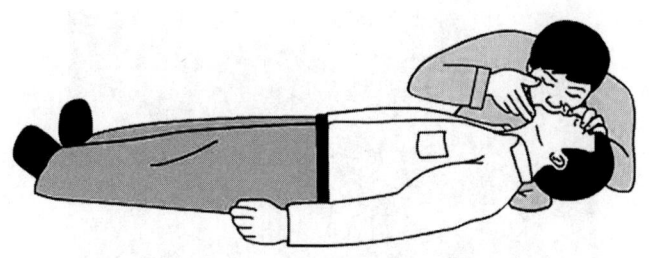

图1-1-5　口对口人工呼吸法

6.火灾的防范与扑救

电气火灾是由输配线路漏电、短路、设备过热、电气设备运行中产生明火引燃易燃物、静电火花引燃等引起的火警。为了防范电气火灾的发生，在制造和安装电气设备、电气线路时，应减少易燃物，选用具有一定阻燃能力的材料。一定要按防火要求设计和选用电气产品，严格按照额定值规定条件使用电气产品，按防火要求提高电气安装和维修水平，主要从减少明火、降低温度、减少易燃物三个方面入手，另外还要配备灭火器具。

电气设备发生火灾有两个特点：一是着火后用电设备可能带电，如不注意可能引起触电事故；二是有的用电设备本身有大量油，可能发生喷油或爆炸，会造成更大的事故。因此，一旦发生电气火灾，首先要切断电源，进行扑救，并及时报警。带电灭火时，切忌用水和泡沫灭火剂，应使用干黄沙、二氧化碳、1211（二氟一氯一溴甲烷）、四氯化碳或干粉等灭火器。

实训1　认识实训室

实训名称：认识实训室。

实训地点：各电气实训室。

实训步骤：详见实训手册。

二、直流电路

分组讨论：

观察如图1-1-6所示的灯泡、干电池、开关组成的电路，讨论电路的组成，灯泡点亮和熄灭的原理。

（一）电路的组成

1. 电路的概念

由电源、导线、开关和负载按一定的方式组合起来的电流的通路，称为电路。电路为电流的流通提供了路径，图1-1-6为实际电路元件，图1-1-7为电路模型。

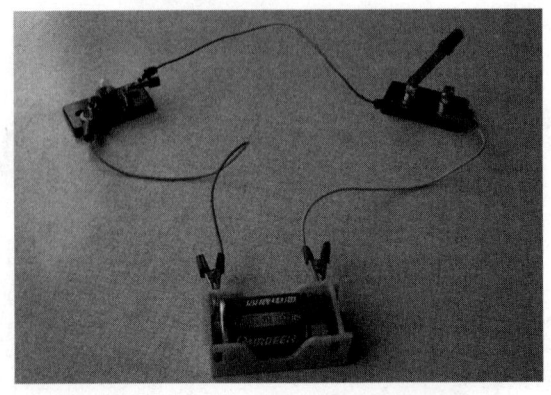

图1-1-6　灯泡、电池、开关组成的电路

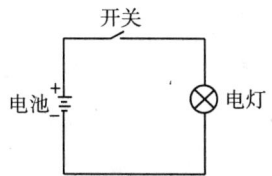

图 1-1-7 干电池、小灯泡电路模型

(1) 理想元件

电路是由各种元器件组成的，为了便于对电路进行分析，可将电路实体中的各种电气设备和元器件用一些能够表征它们主要特征的理想元件（模型）来代替，而对它们实际的结构、材料、形状等非电磁特性则不予考虑。

(2) 电路模型

由理想元件构成的电路叫作实际的电路模型，也叫实际电路的电路原理图，简称为电路图。

2. 电路的基本组成

电路的基本组成包括以下四个部分。

(1) 电源（供能元件）

为电路提供电能的设备和器件（如电池、发电机等）。

(2) 负载（耗能元件）

使用（消耗）电能的设备和器件（如灯泡等用电器）。

(3) 控制器件

控制电路工作状态的器件或设备。

(4) 连接导线

将电气设备和元件按一定方式连接起来（如各种铜、铝电缆线等）。

3. 电路的状态

电路有三种状态，即通路、开路和短路。

(1) 通路

通路又称为闭路，是指电源与负载接通，电路中有电流通过，电气设备或元器件获得一定的电压和电功率，进行能量转换。例如正常发光的电灯泡、转动的电动机等，都处于通路状态，如图 1-1-8 所示。

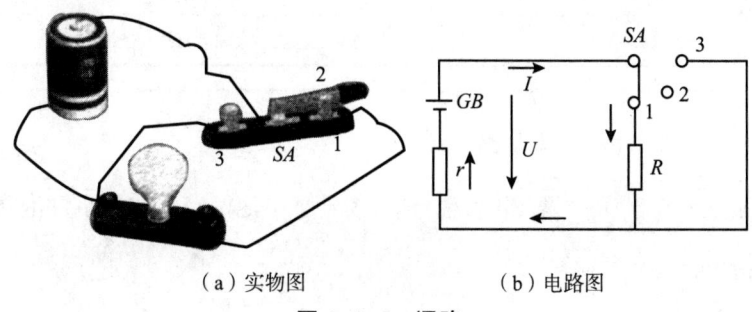

(a) 实物图　　　　(b) 电路图

图 1-1-8 通路

（2）开路

开路又称为断路，是指电路断开，电路中没有电流通过，又称为空载状态，如图1-1-9所示。

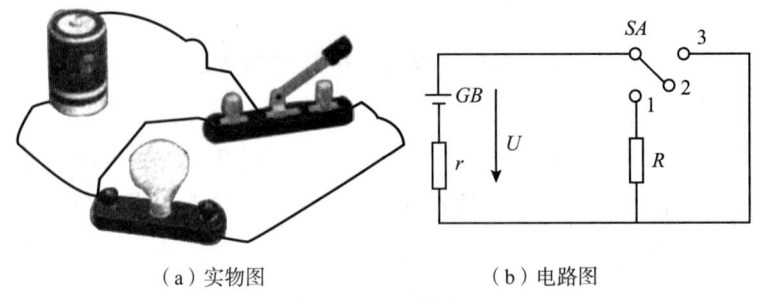

(a) 实物图　　　　　(b) 电路图

图 1-1-9　开路

（3）短路

短路又称为捷路，是指电源两端或电路中某些部分被导线直接相连，这时输出电流过大，对电源来说属于严重过载，如果没有保护措施，电源或电器会被烧毁或发生火灾，所以通常要在电路或电气设备中安装熔断器、保险丝等保险装置，以避免发生短路时出现不良后果，如图1-1-10所示。

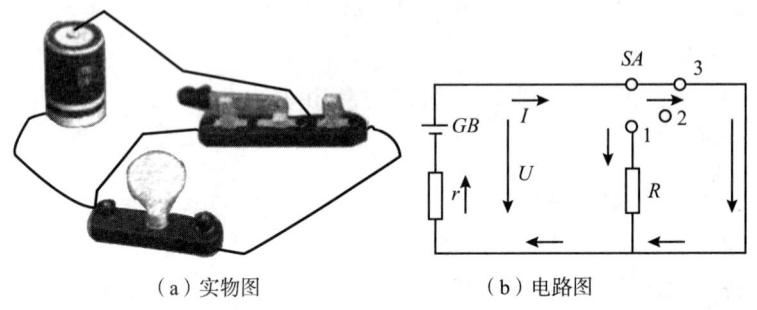

(a) 实物图　　　　　(b) 电路图

图 1-1-10　短路

电路通路、开路、短路这3种状态的比较可见表1-1-2。

表 1-1-2　电路3种状态的比较

电路	状态
通路	电路中有正常的电流
开路	电路中没有电流
短路	电路中存在危险的电流，会损坏导线和电源

练一练：认知小灯泡直流电路

由小灯泡一个，开关一只，电池盒一个，5号干电池两节组成的小灯泡直流电路，请区分电路的四个组成部分。

（二）常用的物理量

1. 电流

> **分组讨论：**
>
> 水流形成的条件是什么？

（1）电流的形成条件

如图 1-1-11 所示，先看水流形成的条件：有可移动的物质水；有推动水的力（水位差）；有能让水流动的水路。

（a）水流的形成　　　　　　　　（b）电路的形成

图 1-1-11　电流的形成

再看形成电流的条件：有可移动的物质载流子（自由电子）；有推动电子的电场力（电位差）；有能让电子流动的电路。

电路中电荷沿着导体的定向运动即形成电流，其方向规定为正电荷流动的方向（或负电荷流动的反方向）为正方向，它与电子流动的方向正好相反，如图 1-1-12 所示。

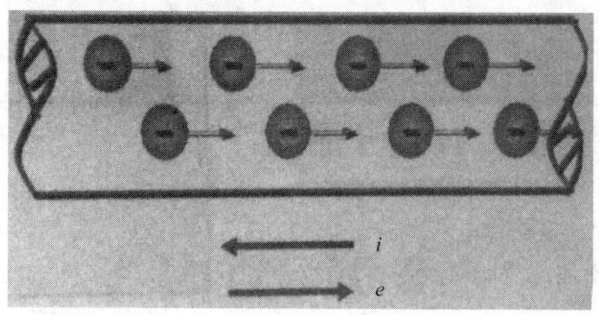

图 1-1-12　电流的方向

（2）电流大小

其大小等于在单位时间内通过导体横截面的电量，称为电流强度（简称电流），用符号 I 或 $i(t)$ 表示，讨论一般电流时可用符号 i。

电流强度可用数学公式表示为：

$$I = \frac{q}{t}$$

式中，时间 t 的单位是秒（s），电量 q 的单位是库伦（C），电流 I 的单位为安培（A）。常用的电流单位还有毫安（mA）、微安（μA）、千安（kA）等，它们与安培的换算关系为：

$$1A = 10^3 mA = 10^6 μA，\quad 1kA = 10^3 A$$

练一练：

某导体在5min内均匀通过的电荷量为4.5C，导体中的电流是多少？

（3）电流分类

电流可分为直流电流和交流电流。

① 直流电流。方向、大小保持不变的电流称为直流电流，通称直流。即在单位时间内通过导体横截面的电量相等，则称为稳恒电流或恒定电流，简称直流（Direct Current），记为 DC 或 dc，直流电流要用大写字母 I 表示。直流电流 I 与时间 t 的关系在 $I—t$ 坐标系中为一条与时间轴平行的直线，如图 1-1-13 所示。

② 交流电流。电流方向随时间作周期性变化的电流为交流电流，简称交流电（Alternating Current，AC），其在一个周期内的运行平均值为零。不同于直流电，它的方向是会随着时间发生改变的，而直流电没有周期性变化。交流电流的瞬时值要用小写字母 i 或 $i(t)$ 表示。交流电又分为正弦交流电和非正弦交流电，如图 1-1-14 和图 1-1-15 所示。

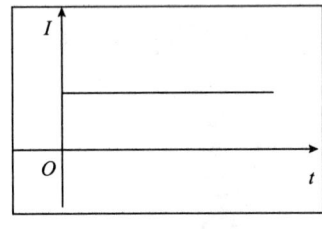
图 1-1-13 直流电流

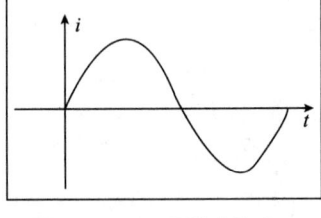
图 1-1-14 正弦交流电

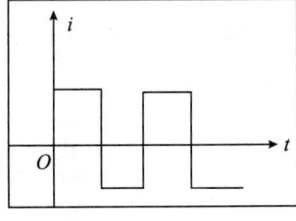
图 1-1-15 非正弦交流电

2.电压

电压（voltage），也称作电势差或电位差，是衡量单位电荷在静电场中由于电势不同所产生的能量差的物理量。比如电场力把单位正电荷从电厂中 a 点移动到 b 点所做的功称为 a、b 两点的电压。

（1）电压单位

规定，电场力把1库伦电量的正电荷从某点 a 移动到另一点 b，如果所做的功为1焦耳（J），那么 a、b 两点间的电压就是1伏特（V）。电压可用数学公式表示为：

$$U_{ab} = \frac{A_{ab}}{Q}$$

式中，功的单位为焦耳（J）；电量的单位为库伦（C）；电压的单位为伏特（V）。

常用的电压单位还有毫伏（mV）、微伏（μV）、千伏（kV）等，它们与伏特的换算关系为：

$$1kV = 10^3 V, \quad 1V = 10^3 mAV = 10^6 μV$$

（2）电压的方向

规定，电压的方向从高电位指向低电位。表示方法如图 1-1-16 所示。

①U_{ab} 表示 a 为高电位，b 为低电位。

②箭头法：从高电位指向低电位。

③符号法：高电位标"+"，低电位标"-"。

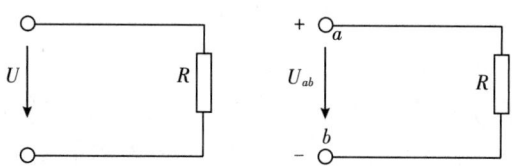

（a）用高电位指向低电位的箭头表示　（b）高电位标"+"，低电位标"-"

图 1-1-16　电压方向表示方法

实训2　小灯泡控制电路电流、电压测量

实训名称：小灯泡控制电路电流、电压测量。

实训地点：电气设备装调实训室（中级维修电工考核实训台 KBE-2002B）。

实训步骤：详见实训手册。

练习题

1. 判断题

（1）电灼伤、电烙印和皮肤金属化属于电伤。　　　　　　　　　　　　（　　）

（2）跨步电压触电属于直接接触触电。　　　　　　　　　　　　　　　（　　）

（3）两相触电比单相触电更危险。　　　　　　　　　　　　　　　　　（　　）

（4）为使触电者气道畅通，可在触电者头部下面垫枕头。　　　　　　　（　　）

（5）触电者昏迷后，可以猛烈摇晃其身体，使之尽快复苏。　　　　　　（　　）

（6）为了有效防止设备漏电事故的发生，电气设备可采用接地和接零双重保护。

（　　）

（7）为了防止触电，可采用绝缘、防护、隔离等技术措施以保障安全。　（　　）

（8）有人低压触电时，应该立即将他拉下。　　　　　　　　　　　　　（　　）

（9）移动某些非固定安装的电气设备（如电风扇，照明灯）时，可以不必切断电源。

（　　）

2. 选择题

（1）50mA 电流属于（　　）。

　　A. 感知电流　　B. 摆脱电流　　C. 致命电流

（2）人体电阻一般情况下取（　　）考虑。

　　A.1~10Ω　　B.10~100Ω　　C.1~2kΩ　　D.10~20kΩ

（3）触电事故中，绝大部分是（　　）导致人身伤亡的。

　　A. 人体接受电流遭到电击　　B. 烧伤　　C. 电休克

（4）如果触电者伤势严重，呼吸停止或心脏停止跳动，应竭力施行（　　）和胸外心脏挤压。

　　A. 按摩　　B. 点穴　　C. 人工呼吸

（5）如果工作场所潮湿，为避免触电，使用手持电动工具的人应（　　）。

　　A. 站在铁板上操作　　　　B. 站在绝缘胶板上操作

　　C. 穿防静电鞋操作

（6）通常电路中的耗能元件是指（　　）。

　　A. 电阻元件　　B. 电感元件　　C. 电容元件　　D. 电源元件

（7）将电能转换成其他形式能量的是电路中（　　）的作用。

　　A. 导线　　B. 电源　　C. 负载　　D. 控制装置

（8）当电路处于断路状态时电路中电流为（　　）。

　　A.0　　B.∞　　C. 负载电流　　D. 不确定

3. 简答题

（1）如何应急处置触电事故？

（2）什么是接触电压触电？

（3）电路的基本组成包括哪几个部分？举例说明。

（4）电路包含哪几种状态？它们之间有什么区别？

任务完成报告

姓名		学习日期		
任务名称	基本电路认知			
学习自评	考核内容		完成情况	
	1. 触电的概念及形式		□好 □良好 □一般 □差	
	2. 触电的几种急救方法		□好 □良好 □一般 □差	
	3. 电路的基本组成		□好 □良好 □一般 □差	
	4. 电路的几种状态及特点		□好 □良好 □一般 □差	
	5. 电流、电压的定义及其计算方法		□好 □良好 □一般 □差	
学习心得				

任务2　电阻元件与欧姆定律

与物体在运动中受到各种阻力一样，自由电荷在导体中做定向移动形成电流时同样会遇到阻碍，这种阻碍电流通过的作用称为电阻。任何物体都有电阻，阻值有大有小，当有电流通过时，都要消耗一定的能量。电阻是导体本身特有的属性。本任务我们将讲解电阻及其特性、欧姆定律和电阻串、并联的测量。

学习目标

知识目标

1. 理解电阻的概念及电阻定律；
2. 理解欧姆定律及其公式；
3. 理解电阻串、并联电路总电阻的变化特性。

能力目标

1. 能够认知几种常见的电阻元件，并能识别阻值大小；
2. 能够使用欧姆定律进行简单的计算；
3. 能够分析串、并联电路的特性，并能对其电流、电阻大小进行计算。

学习内容

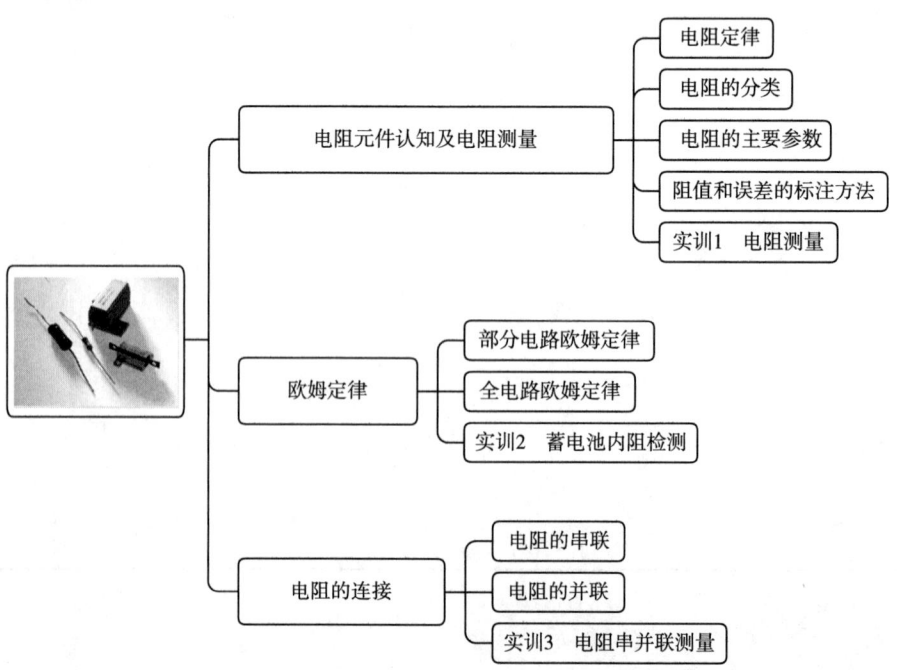

一、电阻元件认知及电阻测量

在电路中,我们知道电流用 I 表示,电压用 U 表示,同样电阻也有一个表示字母 R。在国际单位中,电阻的单位是欧姆,简称欧,符号是 Ω。电阻常用的单位还有千欧（$k\Omega$）和兆欧（$M\Omega$）,它们之间的关系为：

$$1k\Omega=10^3\Omega, \quad 1M\Omega=10^3k\Omega$$

（一）电阻定律

在讲解电阻定律之前,我们先做一个演示实验。

在由干电池、小灯泡、开关组成的直流电路中,串入不同导体及电流表,通过观察,我们会发现以下情况：

①当两根导线的长度和截面一样、材料不同时,电流表指示铜线的电流值大,铝线的电流值小。

②当两根导线的材料和长度一样、截面面积不同时,电流表指示截面面积大的电流值大。

③当两根导线的材料和截面一样、长度不同时,电流表指示长度短的电流值大。

④同一根导线在不同的温度下,电流值也不同。

分析实验,我们能得出如下结论：

①在同一温度下,导体尺寸相同时,导体电阻的大小与导体的材料有关。

②在同一温度下,材料、截面面积相同时,导体电阻的大小与导体的长度成正比。

③在同一温度下,材料、长度相同时,导体电阻的大小与导体的截面面积成反比。

④同一根导线,在不同的温度下电阻值不相同。

由此可以看出,一定材料的导体的电阻与它的长度成正比,与它的截面面积成反比,这个规律叫作电阻定律。均匀导体的电阻可用公式表示为：

$$R = \rho \frac{L}{S}$$

式中,R 是导体的电阻,单位是欧姆（Ω）;ρ 是电阻率,反映材料的导电性能,单位是欧姆·米（$\Omega \cdot m$）;L 是导体的长度,单位是米（m）;S 是导体的截面面积,单位是平方米（m^2）。

电阻率的值与导体的几何形状无关,而与导体的性质和导体所处的条件（如环境温度）有关。导体电阻与温度有关,通常用温度系数反映电阻随温度变化的情况。温度系数 α 是指温度升高 1℃时电阻的增量与原来的阻值之比。几种常用材料在 20℃时的电阻率和常用温度系数见表 1-2-1。

表 1-2-1　常用材料的电阻率（20℃）和电阻温度系数

材料名称	电阻率 ρ（$\Omega \cdot m$）	温度系数 α（1/℃）
银	1.65×10^{-8}	3.6×10^{-3}
铜	1.75×10^{-8}	4.0×10^{-3}

续表

材料名称	电阻率 ρ（$\Omega\cdot m$）	温度系数 α（1/℃）
铁	1.00×10^{-7}	6.6×10^{-3}
铝	2.83×10^{-8}	4.2×10^{-3}
钨	5.30×10^{-8}	4.4×10^{-3}
碳	1.00×10^{-7}	-5.0×10^{-4}
铂	1.00×10^{-7}	4.0×10^{-3}
锰铜	4.40×10^{-7}	6.0×10^{-6}
镍铬铁	1.00×10^{-7}	1.5×10^{-4}

从表1-2-1可以看出，银的电阻率最小，但银的价格比较贵，所以一般选择价格相对便宜的铜或铝来做导线。但在一些要求电阻很小的场合，如电器的触点上，常在铜片上涂银或银基合金，以减小电阻。

练一练：

1. 绕制阻值为10Ω的电阻，需要直径为1mm的铜丝多少米？

2. 电阻率为1.70×10^{-7} $\Omega\cdot m$的导线，长10米，截面积为$0.001m^2$其电阻值为，多大？

（二）电阻的分类

用导体制成具有一定阻值的元件称为电阻器，简称电阻。电阻的主要作用就是阻碍电流流过，应用于限流、分流、降压、分压。电阻在电子设备中是必不可少的，通常按如下方法进行分类：

①按材料分为碳质电阻、碳膜电阻、金属膜电阻、绕线电阻等。

②按结构分为固定电阻、可变电阻和贴片电阻。

③按用途分为精密电阻、高频电阻、高压电阻、大功率电阻、热敏电阻、光敏电阻等。

（三）电阻的主要参数

电阻器的参数主要包括标称阻值、允许误差和额定功率等。

1. 标称阻值

标注在电阻器上的电阻值为标称值。单位为Ω，kΩ，MΩ。标称值是根据国家制定的标准系列标注的，不是生产者任意标定的，不是所有阻值的电阻器都存在。

电阻器的标称阻值通常在电阻的表面标出，包括阻值及阻值的最大偏差两部分，通常所说的电阻值即标称电阻中的阻值,是一个近似值,它与实际阻值有一定的偏差。标称值按误差等级分类,国家规定有 E48、E96、E192 系列。

2. 允许误差

标称值的最大允许偏差范围称为允许误差。

3. 额定功率

电阻器的额定功率采用标准化的额定功率系列值。大于 1W 的电阻,通常将在电原理图中直接用阿拉伯数字加单位表示,例如 1W、3W、5W、10W、30W 等;而小于 1W 的电阻器在电路图中不标出额定功率值,例如 1/16W、1/8W、1/4W、1/2W、1W 等。

（四）阻值和误差的标注方法

标称值一般用直标法、文字符号描述法和色标法来表示。

1. 直标法

将电阻器的主要参数和技术性能,用数字或字母直接标注在电阻体上,如图 1-2-1 所示。

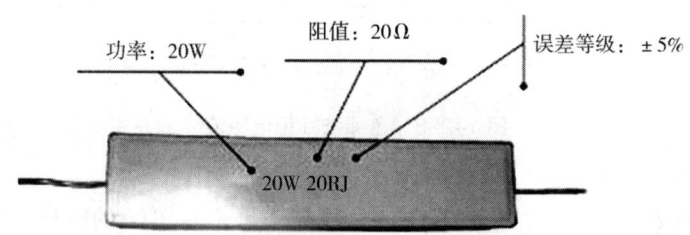

图 1-2-1　直标法标记电阻值

2. 文字符号描述法

文字符号描述法就是将电阻的标称值和误差用数字和文字符号按一定的规律组合标识在电阻体上。文字符号描述法为了解决数值中的小数点印刷不清或被遗漏的问题,常常用电阻的单位来取代小数点,如 5.7k 标注为"5k7",3300M 标注为"3G3",0.1Ω 标注为"0R1"或"Ω1",如图 1-2-2 所示。

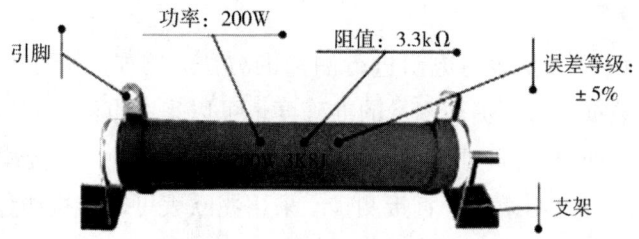

图 1-2-2　文字符号描述法标记电阻值

3. 色标法

色标法是将电阻的类别及主要技术参数的数值用颜色（色环或色点）标注在它的外表面上。色标电阻（色环电阻）可分为四环、五环标法。电阻各色环含义如图 1-2-3 所示。

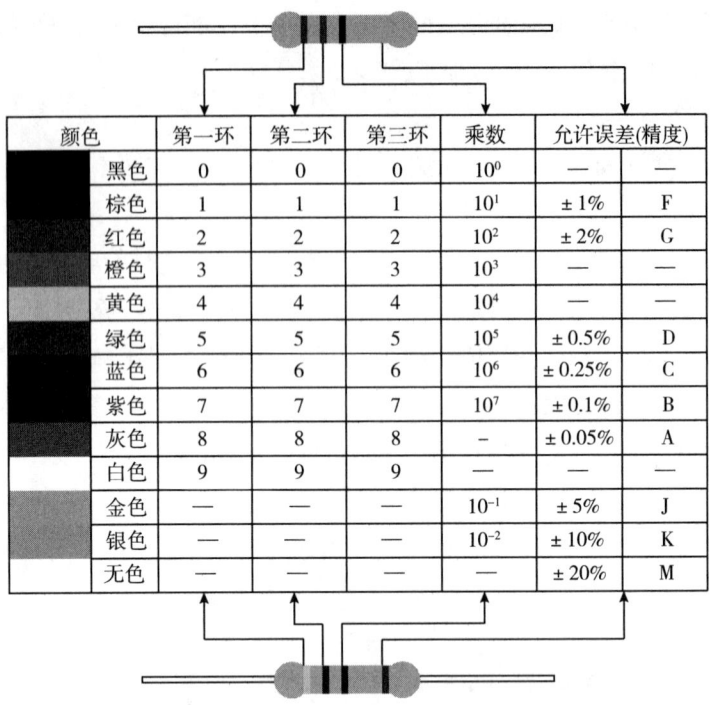

图 1-2-3 色标法标记电阻值

4. 贴片电阻标注方法

前两位表示有效数,第三位表示有效值后加零个数;0~10Ω 的贴片电阻用 "R" 表示所带小数点。例如:471=470Ω,105=1M,2R2=2.2Ω。

5. 电阻值的测量

电阻是基本电参数之一,常在直流条件下测量,也有在交流情况下测量的。工程上常用的电阻范围为 $10^{-7} \sim 10^{-15}$ Ω。在材料研制、基本研究或特殊情况下进行实验时,测量电阻的范围一般扩大到 $0 \sim 10^{-18}$ Ω。由于被测电阻的阻值不同,因而有不同的测量方法,测量电阻的方法有直接测量法和间接测量法两种。

(1)直接测量法

这是利用专门的测量仪表对电阻进行测量的方法。例如:用万用表欧姆挡测量电阻,可以直接读取数据。为了提高测量的准确度也可以采用直流单臂电桥测量电阻,这也属于直接测量。有些小电阻可以用直流双臂电桥进行测量,直接读取数据。阻值在 100~1000μΩ 的电阻可以用微欧计直接测量。采用兆欧表可以直接测量大电阻,但误差较大。

(2)间接测量法

当被测量不能直接测量时,可以先测量与被测量有一定函数关系的物理量,再按函数关系计算被测量的大小,这种方法称为间接测量法。例如,想要测量一盏白炽灯灯泡中钨丝的电阻,但白炽灯在工作时带电,且灯泡中钨丝的电阻随温度变化,所以无法用万用表直接测量灯泡中钨丝的电阻值。这时,我们可用电压表和电流表分别测量与灯泡中钨丝电阻有一定函数关系的物理量：电压 U 和电流 I，然后根据欧姆定律计算灯泡中钨丝电阻 R。

实训1　电阻测量

实训名称：电阻测量。

实训器材：万用表、各种电阻器件。

实训地点：电气设备装调实训室（中级维修电工考核实训台 KBE-2002B）。

二、欧姆定律

按如图 1-2-4 完成电路连接，进行观察。

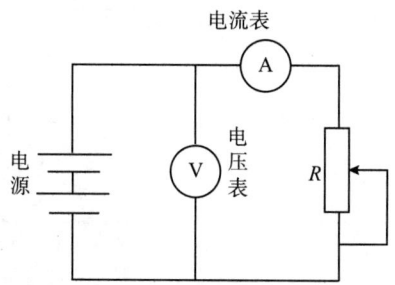

图 1-2-4　电压、电流与电阻的关系

连接好电路后，进行演示：

①在电压不变，电阻从大变小的过程中，观察电流表的指示如何变化。

②在电阻不变，电压从小变大的过程中，观察电压表、电流表的指示如何变化。

（一）部分电路欧姆定律

从演示中可以发现：

①在电压不变、电阻从大变小的过程中，电流表上的电流从小变大；反之，电阻从小变大的过程中，电流表上的电流从大逐步变小。

②在电阻不变、电压从小变大的过程中，电压表、电流表上的值同时变大；反之，电压从大变小的过程中，电压表、电流表上的值同时变小。

经过长期的科学研究，1826 年德国科学家欧姆提出了部分电路欧姆定律：电路中的电流 I 与电阻两端的电压 U 成正比，与电阻 R 成反比。

如图 1-2-5 所示，部分电路欧姆定律可以用公式表示为：

$$I = \frac{U}{R} = GU$$

其中 $G=1/R$，电阻 R 的倒数 G 称为电导，单位为西门子（S）。式中，I 为电路中的电流强度，单位是安培（A）；U 为电阻两端的电压，单位是伏特（V）；R 为电阻，单位是欧姆（Ω）。

从实验中可以看出：电流与电压的变化成正比关系，图 1-2-6 为电阻的伏安特性曲线，当曲线是直线时，电阻称为线性电阻；如果不是直线，则称为非线性电阻。线性电阻组成的电路叫线性电路，欧姆定律只适用于线性电路。

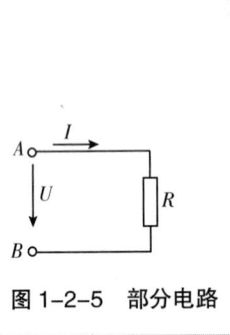

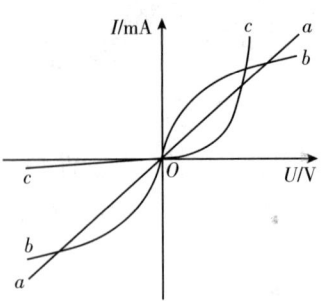

图 1-2-5　部分电路　　　　　图 1-2-6　电阻的伏安特性曲线

练一练：

假设人体电阻为线性电阻，阻值约为 800 Ω，则安全电压为 36V 时，流过人体的电流为多少？

（二）全电路欧姆定律

分组讨论：

现在有车的人多了，经常碰到蓄电池端电压大于 12V 可汽车就是不能启动的情况，汽车修理工说要换电池，这样修理对不对？自己能检测吗？

1. 电路分析

如图 1-2-7 所示，用 r 表示电源的内部电阻，R 表示电源外部连接的电阻（负载），则全电路的数学表达式为：

$$E=RI+rI \text{ 或 } I=\frac{E}{R+r}$$

称为全电路欧姆定律。外电路两端电压为：

$$U=RI=E-rI=\frac{R}{R+r}E$$

讨论：① 在 r 一定时，负载电阻 R 值越大，其两端电压 U 也越大；

当 $R \gg r$ 时（相当于开路），则 $U=E$；

当 $R \ll r$ 时（相当于短路），则 $U=0$，$I=E/r$ 很大，电源容易烧毁。

正常供电时，$I=\dfrac{E}{R+r}$。

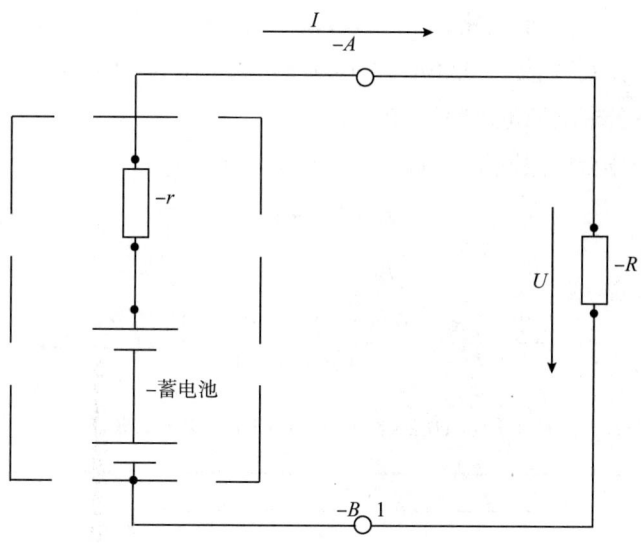

图 1-2-7　简单的全电路

② 当 r 的值逐步增大时，则

开路时，$U=E$；

供电时，$I=\dfrac{E}{R+r}$。

因 r 值逐步增大，而 I 值逐步减小，蓄电池向外供电能力下降，直到蓄电池失去供电能力。

因此，如果检测出蓄电池的内阻，与蓄电池正常内阻值比较一下，就可得出蓄电池是否可用。

2. 电源内阻的检测方法

利用全电路欧姆定律，可间接测出电源的内阻。检测电路如图 1-2-8 所示，其中 R_1、R_2 可用两个灯泡代替，首先点亮一盏灯，测出 I_1；再点亮另一盏灯，测出 I_2，算出电源内阻。

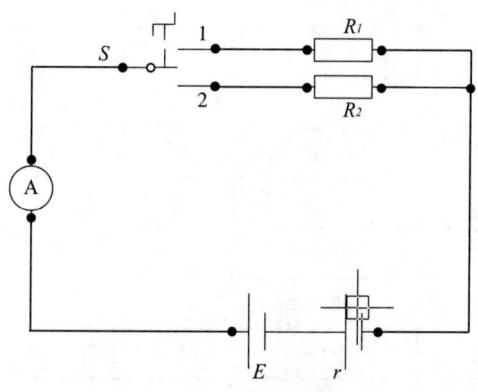

图 1-2-8　检测电路

例题：

如图 1-2-8 所示电路，$R_1=8.0\Omega$，$R=5.0\Omega$，当单刀双掷开关 S 扳到位置 1 时，测得电流 $I_1=0.20A$；当单刀双掷开关 S 扳到位置 2 时，测得电流 $I_2=0.30A$，求电源电动势 E 和内阻 r。

解：根据全电路欧姆定律，可列出方程组

$$\begin{cases} E = I_1 R_1 + I_1 r \\ E = I_2 R_2 + I_2 r \end{cases}$$

消去 E，$r = \dfrac{I_1 R_1 - I_2 R_2}{I_2 - I_1} = \dfrac{0.20 \times 8.0 - 0.30 \times 5.0}{0.30 - 0.20}(\Omega) = 1.0(\Omega)$

电动势 $E = I_1 R_1 + I_1 r = (0.2 \times 8.0 + 0.20 \times 1.0)(\Omega) = 1.80(V)$

拓展：

铅酸蓄电池的好坏与其内阻有密切的关系，若测量电池的内阻为 $R_{测}$，标准电池的内阻为 $R_{标}$，内阻比值为 $R_{比}=R_{测}/R_{标}$，

当 $0.8 \leq R_{比} < 1.15$ 时，表明电池为优秀；

当 $1.15 \leq R_{比} < 1.5$ 时，表明电池为良好；

当 $1.5 \leq R_{比} < 2.0$ 时，表明电池为中等；

当 $2.0 \leq R_{比}$ 时，表明电池应更换。

蓄电池标准内阻列于表 1-2-2 中。

表 1-2-2 蓄电池标准内阻

蓄电池内阻测试标准							
序号	容量(AH)	电压（V）	内阻值（MΩ）	序号	容量(AH)	电压（V）	内阻值（MΩ）
1	0.8	12	120.00	10	9	12	19.00
2	1.3	12	102.00	11	10	12	18.70
3	2.2	12	63.70	12	12	12	14.40
4	3.3	12	55.70	13	14	12	13.60
5	4.0	12	46.90	14	15	12	13.00
6	5	12	37.40	15	17	12	12.10
7	6	12	30.20	16	18	12	11.40
8	7	12	23.00	17	20	12	10.60
9	8	12	20.00	18	24	12	9.80

续表

序号	容量(AH)	电压(V)	内阻值(MΩ)	序号	容量(AH)	电压(V)	内阻值(MΩ)
19	25	12	9.50	42	7	6	14.00
20	26	12	9.20	43	10	6	12.00
21	28	12	8.90	44	110	6	4.30
22	31	12	8.60	45	200	6	1.70
23	33	12	8.40	46	100	2	1.00
24	38	12	8.20	47	150	2	0.83
25	40	12	7.90	48	170	2	0.76
26	60	12	6.50	49	200	2	0.70
27	65	12	5.80	50	250	2	0.68
28	75	12	5.50	51	300	2	0.65
29	80	12	5.30	52	350	2	0.60
30	85	12	5.00	53	400	2	0.50
31	100	12	4.50	54	420	2	0.48
32	120	12	4.30	55	450	2	0.45
33	150	12	4.00	56	462	2	0.43
34	200	12	3.00	57	500	2	0.40
35	230	12	2.00	58	600	2	0.32
36	250	12	1.00	59	800	2	0.24
37	1.3	6	55.00	60	1000	2	0.2
38	2.8	6	40.00	61	1500	2	0.16
39	3.2	6	28.50	62	2000	2	0.12
40	4	6	24.00	63	3000	2	0.11
41	5	6	18.30				

实训2　蓄电池内阻检测

实训名称：蓄电池内阻检测。
实训地点：电气设备装调实训室（中级维修电工考核实训台 KBE-2002B）。
实训步骤：详见实训手册。

三、电阻的连接

电阻的连接分为串联与并联，本节将分别讲解电阻串联与并联电路的特性。

（一）电阻的串联

1. 串联

把两个或两个以上的电阻依次连接，使电流只有一个通路的电路，称为串联电路。图 1-2-9 所示是由两个灯泡组成的串联电路。

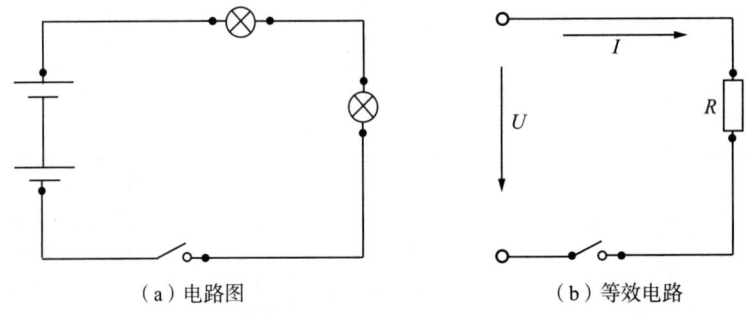

（a）电路图　　　　　　　　（b）等效电路

图 1-2-9　串联电路

2. 串联电路的特点

> **演示：**
> 1. 用万用表直流电流挡，串联在小灯泡回路的不同位置，可得测出的电流处处相等。
> 2. 用万用表直流电压挡，分别测量每个小灯泡的电压，可得测出的电压值相等。
> 3. 再按小灯泡顺序逐挡测量 1 个、2 个、3 个……小灯泡的电压，可得测出的电压值在逐步提高。
> 4. 断开电源，用万用表电阻挡，按小灯泡顺序逐挡测量 1 个、2 个、3 个……小灯泡的电阻，可得测出的电阻值在逐步提高。

由演示实验可得出串联电路的特点：
①电流：串联电路的电流处处相等。

②电压：串联电路的总电压等于各电阻上分电压之和。
③电阻：串联电路的等效电阻等于各分电阻之和。
④推论。

➤ 如果 n 个等值电阻（均为 R_0）相串联，如图 1-2-10 所示，则等效电阻（总电阻）满足关系：$R = n \cdot R_0$。

➤ 如果 n 个等值电阻（均为 R_0）相串联，如图 1-2-10 所示，则串联电路中各分电压满足关系：

$$U_1 = U_2 = U_3 = \cdots = U_n = \frac{U}{n}$$

➤ 如果两个阻值不同的电阻 R_1 和 R_2 串联，它们的分压公式为：

$$U_1 = \frac{R_1}{R_1 + R_2} U, \quad U_2 = \frac{R_2}{R_1 + R_2} U$$

图 1-2-10 等效电阻相串联

例题：

如图 1-2-11 所示是常见的分压器电位器电路，已知 $U_{AB} = 36\text{V}$，电位器 $R = 10\Omega$。

1. 当电位器触点在中间位置时，$R_{CD} = 5\Omega$，求输出电压 U_{CD5}。
2. 当电位器触点在 $R_{CD} = 3\Omega$ 时，求输出电压 U_{CD3}。

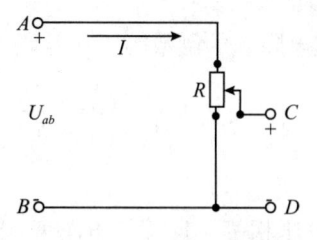

图 1-2-11 电位器电路图

解：当电位器在中间位置时，$R_{CD} = 5\Omega$，

$$U_{CD5} = \frac{R_下}{R_下 + R_上} U_{AB} = \frac{5}{5+5} \times 36 = 18 \text{（V）}$$

当电位器触点在 $R_{CD} = 3\Omega$ 时，

$$U_{CD3} = \frac{R_{下}}{R_{下} + R_{上}} U_{AB} = \frac{3}{3+7} \times 36 = 10.8（V）$$

如图1-2-11所示的电位器是阻值连续可调的分阻器，连接在电路中，电位器触点上下移动可用作分压器，输出电压U_{CD}在$0 \sim U_{AB}$连续可调，收音机的音量调节等均采用这类电路。

（二）电阻的并联

串联电路中有一处断开，整条电路就没有电，这在应用中是不方便的。在家中一个灯坏了，其他灯正常，这是因为家中的灯是并联的。

1. 并联

两个或两个以上电阻接在电路中相同的两点之间，承受同一电压，这样的连接方式叫作电阻的并联。图1-2-12是3个电阻的并联电路。

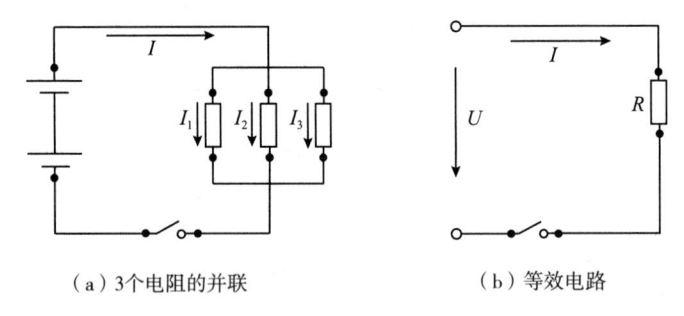

（a）3个电阻的并联　　　　（b）等效电路

图1-2-12　并联电路

2. 并联电路的特点

电阻并联具有以下性质：

（1）电流

并联电路的总电流等于流过各电阻的电流之和，如图1-2-12所示，不管组成并联电路的是相同电阻还是不同电阻，电路的电流都是：

$$I = I_1 + I_2 + I_3 + \cdots + I_n$$

（2）电阻

并联电阻的总电阻（及等效电阻）的倒数等于各并联电阻的倒数之和，即：

$$\frac{1}{R} = \frac{1}{R_1} + \frac{1}{R_2} + \cdots + \frac{1}{R_n}$$

（3）电压

并联电路中各电阻两端的电压相等，且等于电路两端的电压。如图1-2-13所示，不管测哪个灯，灯两端的电压都相同，即：

$$U = U_1 = U_2 = U_3 = \cdots U_n$$

（4）推论

①若并联的电阻阻值相同（均为R_0）时，则等效电阻（及总电阻）为：

$$R = \frac{R_0}{n}$$

则并联电路中每个分路的电流为：

$$I_n = \frac{I}{n}$$

可见，并联电路的总电阻是原电阻值的 n 分之一，分电流是总电流的 n 分之一。

② 若两个阻值不同的电阻 R_1 和 R_2 并联，则其等效电阻为：

$$R = \frac{R_1 R_2}{R_1 + R_2}$$

分流公式为：

$$I_1 = \frac{R_2}{R_1 + R_2} I, \quad I_2 = \frac{R_1}{R_1 + R_2} I$$

例题：

如图 1-2-13 所示的一汽车转向灯电路，已知 $E=12\text{V}$，每个灯的功率 $P=30\text{W}$，每只灯的电阻是多少？如果打开转向灯，保险丝中流过多少电流？

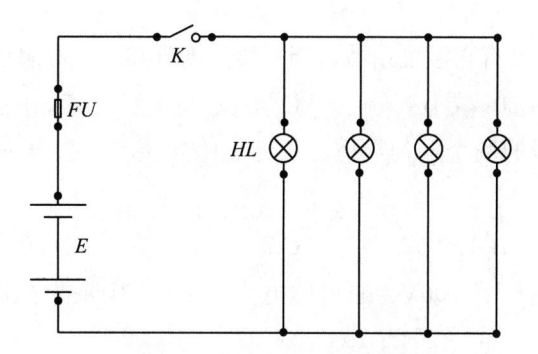

图 1-2-13 汽车示意灯等效电路

分析：本题已知 $E=U=12\text{V}$，每个灯的功率为 $P=30\text{W}$，所以可以计算出灯的电阻 R_0，因 4 个灯大小相同，则 4 个灯的并联总电阻为 $R = \frac{R_0}{n}$，从而求出保险丝流过的总电流。

解：因 $P = \frac{U^2}{R_0}$，所以 $R_0 = \frac{U^2}{P} = \frac{12 \times 12}{30} = 4.8\Omega$

$$R = \frac{R_0}{n} = \frac{4.8}{4} = 1.2\Omega$$

$$I = \frac{U}{R} = \frac{12}{1.2} = 10\text{A}$$

实训3　电阻串并联测量

实训名称：电阻串并联测量。

实训地点：电气设备装调实训室（中级维修电工考核实训台KBE-2002B）。

实训步骤：详见实训手册。

练习题

1. 判断题

（1）电阻值大的导体，电阻率一定也大。　　　　　　　　　　　　　　（　）

（2）电阻元件的伏安特性曲线是过原点的直线时，称为线性电阻。　　　（　）

（3）欧姆定律适用于任何电路和任何元件。　　　　　　　　　　　　　（　）

（4）$R=U/I$ 中的 R 是元件参数，它的值是由电压和电流的大小决定的。（　）

（5）在纯电阻电路中，电流通过电阻所做的功与它产生的热量是相等的。（　）

（6）公式 $P=UI=RI^2=U^2/R$ 在任何条件下都是成立的。　　　　　　（　）

（7）蓄电池在电路中必是电源，总是把化学能转换成电能。　　　　　　（　）

（8）直流电路中，有电压的元件一定有电流。　　　　　　　　　　　　（　）

2. 选择题

（1）一般金属导体具有正温度系数，当环境温度升高时，电阻值将（　　）。

　　　　A.增大　　　　B.减小　　　　C.不变　　　　D.不能确定

（2）相同材料制成的两个均匀导体，长度之比为3∶5，横截面积之比为4∶1，则其电阻之比为（　　）。

　　　　A.12∶5　　　B.3∶20　　　C.7∶6　　　D.20∶3

（3）某导体两端电压为100V，通过的电流为2A；当两端电压降为50V时，导体的电阻应为（　　）。

　　　　A.100Ω　　　B.25Ω　　　C.50Ω　　　D.0Ω

（4）一电阻元件，当其电流减为原来的一半时，其功率为原来的（　　）。

　　　　A.1/2　　　　B.2倍　　　　C.1/4　　　　D.4倍

（5）两个电阻值完全相等的电阻，若并联后的总电阻是10Ω，则将它们串联的总电阻是（　　）。

　　　　A.5Ω　　　　B.10Ω　　　C.20Ω　　　D.40Ω

（6）4个电阻，电阻值都是R，把它们并联起来，总电阻是（　　）。

　　　　A.4R　　　　B.R/4　　　　C.4/R　　　　D.2R

（7）下面四对并联电阻，总电阻最小的是（　　）。

　　　　A.两个4Ω　　　　　　　　　B.一个4Ω，一个6Ω

C. 一个1Ω，一个8Ω　　　　　D. 一个2Ω，一个7Ω

（8）有三个电阻，它们的电阻值分别是 $a\Omega$、$b\Omega$、$c\Omega$，其中 $a>b>c$，当把它们并联相接，总电阻为 R，它们的大小关系判断正确的是（　　）。

　　A. $c<R<b$　　　B. $b<R<a$　　　C. R 可能等于 b　　　D. $R<c$

（9）两个电阻值相等的电阻，每个电阻的电阻值为 R。现将其中一个电阻增大，另一个电阻减小，则并联后的总电阻将（　　）。

　　A. 大于 R　　　B. 小于 R　　　C. 仍等于 R　　　D. 无法判定

（10）电阻 R_1 的阻值比电阻 R_2 小，把它们并联后，总电阻（　　）。

　　A. 既小于 R_1 又小于 R_2　　　　　B. 既大于 R_1 又大于 R_2

　　C. 小于 R_2 而大于 R_1　　　　　　D. 等于 R_1 与 R_2 之和

3. 计算题

（1）如图1-2-14所示，电源电压为8伏特，电阻 $R_1=4R_2$，安培表的示数为0.2A；电阻 R_1 和 R_2 的电阻值各为多少欧姆？

（2）如图1-2-15所示，已知电阻 $R_1=6\Omega$，通过 R_2 的电流强度 $I_2=0.5A$，通过 R_1 和 R_2 的电流强度之比 $I_1:I_2=2:3$，求 R_2 的阻值和总电压 U。

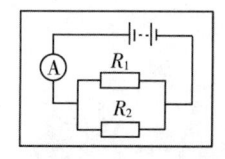

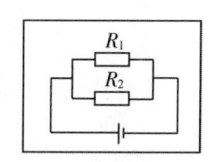

图1-2-14　计算题（1）　图1-2-15　计算题（2）

（3）在图1-2-16所示的电路中，电阻 $R_1=4\Omega$，$R_2=1\Omega$，R_3 为滑动变阻器，电源电压为12V（电源电压保持不变），所用安培表的量程是0~3A，伏特表的量程为0~6V，在实验过程中，为了使安培表、伏特表都不会损坏，那么滑动变阻器接入电阻中的电阻至少为多大？

（4）在图1-2-17所示的电路里，安培表的示数是0.3A，如果小灯泡L的电阻是10Ω，整个电路里的电阻是30Ω，求：

① 小灯泡L两端的电压；

② 滑动变阻器连入电路中的电阻；

③ 伏特表的示数。

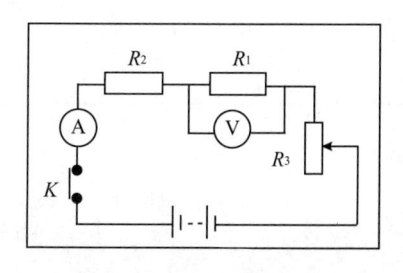

图1-2-16　电路图（3）　　图1-2-17　电路图（4）

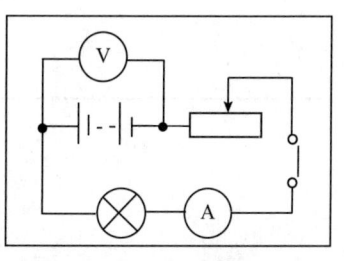

任务完成报告

姓名		学习日期	
任务名称	电阻元件与欧姆定律		
学习自评	考核内容	完成情况	
	1. 影响电阻大小的因素	□好 □良好 □一般 □差	
	2. 电阻主要参数，能读出电阻值	□好 □良好 □一般 □差	
	3. 用欧姆定律进行相关计算	□好 □良好 □一般 □差	
	4. 电阻串、并联电路的分析方法	□好 □良好 □一般 □差	
学习心得			

任务3 家用电气设备认知

家用电气设备包括电能表、漏电保护断路器、开关、插座、用电设备等，用电设备主要应用交流电来进行工作。本任务分两部分讲解：第一部分讲解交流电路，介绍正弦交流电的产生与特征；第二部分讲解常见家用电气设备，介绍设备的工作原理及接线方法。通过本任务的学习，应了解交流电路的基本知识，掌握家用电气设备的接线方法，为照明电路安装调试打好基础。

学习目标

知识目标

1. 了解正弦交流电的产生与特征；
2. 掌握常见低压电气元件的工作原理；
3. 掌握常见低压电气元件的图形、文字符号及接线方法。

能力目标

1. 能够辨别相线与零线；
2. 能够看懂照明电路中符号所代表的电气设备；
3. 能够完成家用电气设备的接线。

学习内容

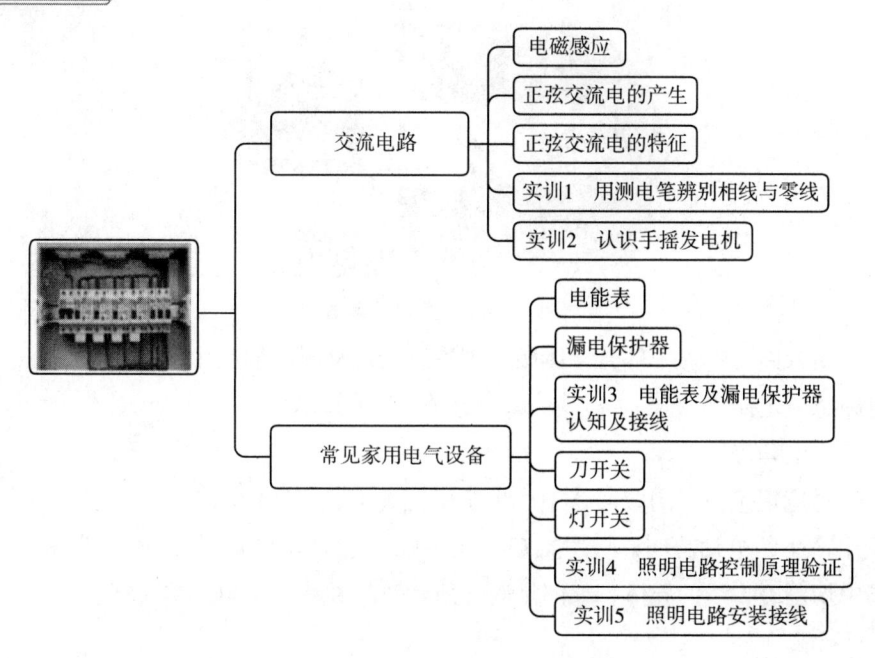

- 交流电路
  - 电磁感应
  - 正弦交流电的产生
  - 正弦交流电的特征
  - 实训1 用测电笔辨别相线与零线
  - 实训2 认识手摇发电机
- 常见家用电气设备
  - 电能表
  - 漏电保护器
  - 实训3 电能表及漏电保护器认知及接线
  - 刀开关
  - 灯开关
  - 实训4 照明电路控制原理验证
  - 实训5 照明电路安装接线

一、交流电路

> **思考：**
> 家庭中用的照明电路、工厂中用的用电设备的供电电路，是交流电还是直流电？

家庭生活中的照明、电视、空调、冰箱等均应用单相交流电，工矿企业中的车床、磨床、行车等设备则大量应用三相交流电，单相和三相交流电路均属于交流电路的一种。

大小和方向随时间做有规律变化的电流称为交流电，又称交变电流。正弦交流电是随时间按照正弦函数规律变化的电压和电流。由于交流电的大小和方向都是随时间不断变化的，也就是说，每一瞬间电压（电动势）和电流的数值都不相同，所以在分析和计算交流电路时，必须标明它的正方向。

电动势是导电线圈切割磁感线，由电磁感应产生的，因此首先介绍电磁感应。

（一）电磁感应

1. 电磁感应现象

> **实验：**
> 如图1-3-1所示，将直导线与灵敏电流表接成闭合回路。当导线在磁场中做切割磁力线运动时，电流计指针偏转，表明闭合回路中有电流流过；当导线上下平行于磁力线方向运动时，电流计指针不偏转，表明闭合回路中没有电流流过。

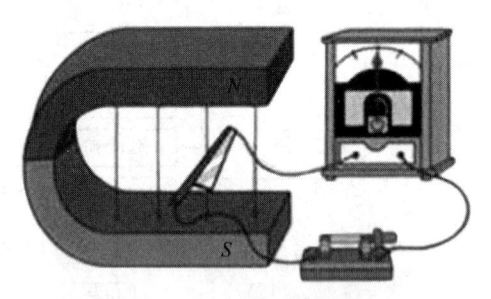

图1-3-1 直导线运动

结论：闭合回路中的一部分导体做切割磁感线运动时，回路中有电流通过。

2. 电磁感应定律

（1）感应电动势

在电磁感应现象中，闭合回路中产生了感应电流，说明回路中有电动势存在。在电磁感应现象中产生的电动势叫感应电动势。产生感应电动势的那部分导体，就相当于电源，如在磁场中切割磁力线的导体，如图1-3-2所示直导线中产生电动势。

（2）电磁感应定律

电路中感应电动势的大小，与穿过这一电路的磁通的变化率成正比，称为法拉第电磁感应定律，用公式表示为：

$$e = \frac{\Delta \varnothing}{\Delta t}$$

如果线圈的匝数为 N 匝，那么，线圈的感应电动势为：

$$e = N \frac{\Delta \varnothing}{\Delta t} = \frac{N\varnothing_2 - N\varnothing_1}{\Delta t}$$

式中，e 为线圈在 Δt 时间内产生的感应电动势，单位是伏特（V）；$\Delta \varnothing$ 为线圈在 Δt 时间内磁通的变化量，单位是韦伯（Wb）；Δt 为磁通变化所需要的时间，单位是秒（s）；N 为线圈的匝数。

（3）右手定则

当闭合回路中一部分导体做切割磁力线运动时，所产生的感应电流方向可用右手定则来判断：伸开右手，使拇指与四指垂直，并都跟手掌在一个平面内，让磁力线穿入手心，拇指指向导体运动方向，四指所指的即为感应电流的方向，如图 1-3-2 所示。

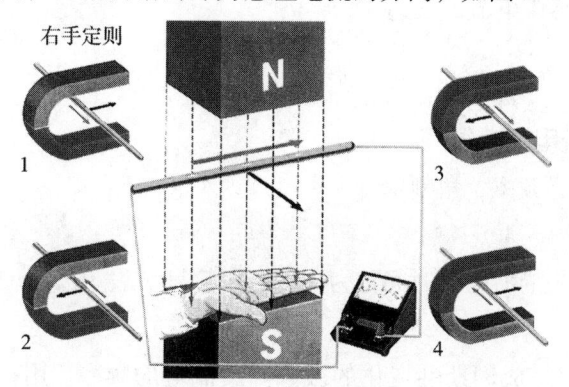

图 1-3-2 右手定则

（二）正弦交流电的产生

交流电是由交流发电机产生的，最简单的交流发电机如图 1-3-3 所示，它主要由一对能够产生磁场的磁极（定子）和能够在其中产生感应电动势的线圈（转子）组成。线圈的两端分别接在两个彼此绝缘的铜环上，每个铜环分别装有连接外电路的电刷。

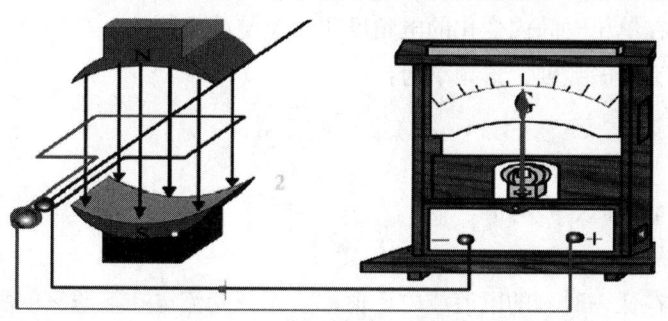

图 1-3-3 交流电产生原理

当线圈按逆时针方向做等速旋转时,线圈的两个边(分别命名为a_1b_1和a_2b_2)分别切割磁力线,产生感应电动势e_1和e_2,因线圈两边的长度相等(均为L),转速相同(v),所处位置的磁感应强度B也相等,所以e_1和e_2在数值上总是相等的,即:

$$e_1 = e_2 = BLv\sin\alpha$$

式中,v为线圈切割磁感应线的线速度(m/s);α为线圈平面与中性面之间的夹角。

由右手定则可判断,线圈两边产生的感应电动势的方向始终相反,在电刷两端的总感应电动势e是线圈两边感应电动势之和,即:

$$e = e_1 + e_2 = 2BLv\sin\alpha$$

设感应电动势的最大值为$E_m = 2BLv$,则上式可表示为:

$$e = E_m\sin\alpha$$

若把线圈和负载R组成闭合回路,电路中就有感应电流i,则:

$$i = \frac{e}{R} = \frac{E_m}{R}\sin\alpha$$

设$I_m = \frac{E_m}{R}$,则感应电流的表达式为:

$$i = I_m\sin\alpha$$

(三)正弦交流电的特征

1. 三要素:周期、频率、角频率

(1)周期

正弦交流电变化一周所需的时间称为周期,用符号T表示,单位为秒(s)。

(2)频率

正弦交流电1s内完成周期性变化的次数叫交流电的频率,用符号f表示,单位为赫兹(Hz)。频率的常用单位还有千赫(kHz)、兆赫(MHz)。

$$1\text{ kHz} = 10^3\text{ Hz}, \quad 1\text{ MHz} = 10^6\text{ Hz}$$

频率和周期之间的关系为$f = \frac{1}{T}$。

(3)角频率

正弦交流电在单位时间内变化的电角度叫交流电的角频率,在一个周期T内,正弦交流电变化的角度为2π弧度,角频率为:

$$\omega = \frac{2\pi}{T} = 2\pi f$$

2. 瞬时值、最大值、有效值

(1)瞬时值

正弦交流电在任一时刻的电流或电压值称为正弦交流电在该时刻的瞬时值,反映该时刻正弦交流电的大小,用小写字母表示。例如e、u、i分别表示正弦交流电动势、正弦交流电压、正弦交流电流的瞬时值。

（2）最大值

正弦交流电变化时出现的最大瞬时值叫交流电的最大值，反映正弦交流电大小变化的范围，用大写字母加下标"m"表示。例如 E_m、U_m、I_m 分别表示正弦交流电动势、正弦交流电压、正弦交流电流的最大值，如图 1-3-4 所示。

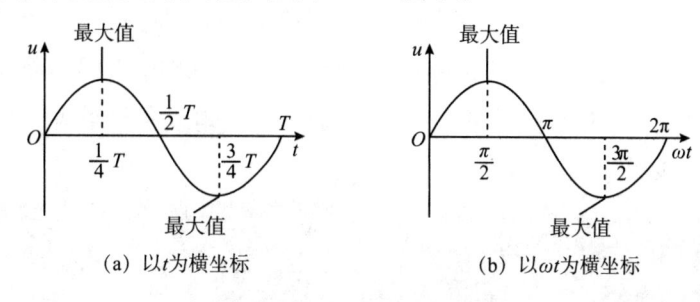

(a) 以 t 为横坐标

(b) 以 ωt 为横坐标

图 1-3-4 最大值示意图

（3）有效值

有效值是根据其热效应来确定的。若把一交流电流 i 和一直流电流 I 分别通过同一电阻 R，如果在相同的时间内产生的热量相等，则此直流电的数值称为该交流电的有效值。交流电动势、电压和电流的有效值分别用符号 E、U 和 I 表示。根据计算，有效值和最大值之间的关系为：

$$E = \frac{E_m}{\sqrt{2}} \approx 0.707\, E_m, \quad U = \frac{U_m}{\sqrt{2}} \approx 0.707\, U_m, \quad I = \frac{I_m}{\sqrt{2}} \approx 0.707\, I_m$$

在电气设备上标注的额定电压、额定电流都是指有效值，如照明电路的电源电压 220V，动力电路的电源电压 380V。当给定或测量交流电压、交流电流时，除非特别说明，都是指有效值。

实训1　用测电笔辨别相线与零线

实训名称：用测电笔辨别相线与零线。
实训地点：电气设备装调实训室（中级维修电工考核实训台 KBE-2002B）。
实训步骤：详见实训手册。

实训2　认识手摇发电机

实训名称：认识手摇发电机。
实训地点：电气设备装调实训室（中级维修电工考核实训台 KBE-2002B）。
实训步骤：详见实训手册。

二、常见家用电气设备

分组讨论：

家庭中常见的电气设备有哪些？请写在卡片上。

如图 1-3-5 所示，为家庭用电电路中的几种设备。家庭用电电路一般由电能表、总开关（一般是刀开关）、漏电保护断路器、开关、插座、用电设备等组成，本节将讲解家庭用电电路的组成及接线。

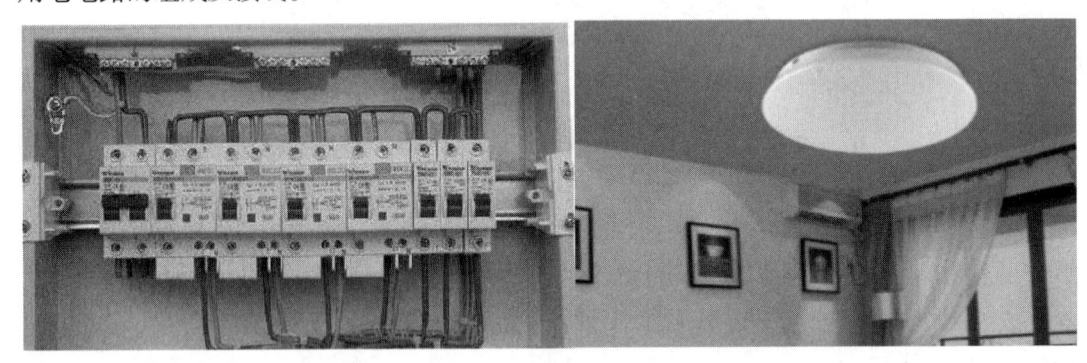

图 1-3-5 家庭电气设备

家庭用电电路电源为220V正弦交流电，一般组成如图 1-3-6 所示。主要设备元件包括电能表、刀开关、漏电保护断路器、断路器、开关、插座、照明灯等。220V 电源通过导线进入用户，首先通过电能表，统计用户用电量。从电能表出来后到总开关（一般为刀开关），然后经过一个漏电保护断路器，通过并联电路分为不同的功能支路（主要包括照明支路、普通插座支路以及大功率插座电路）。

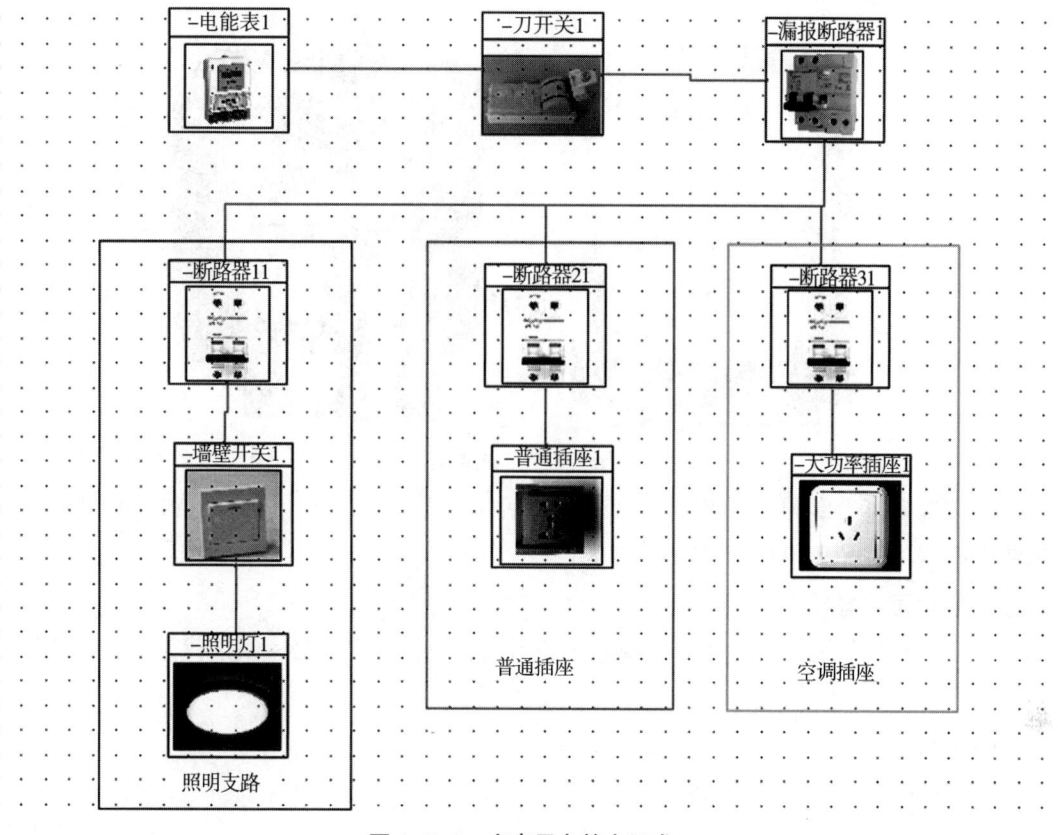

图 1-3-6　家庭用电基本组成

（一）电能表

电能表是用来测量电能的仪表，又称电度表、火表、千瓦小时表，指测量各种电学量的仪表。

使用电能表时要注意，在低电压（不超过 500 伏）和小电流（几十安）的情况下，电能表可直接接入电路进行测量。在高电压或大电流的情况下，电能表不能直接接入线路，需配合电压互感器或电流互感器使用。

1. 电能表分类

①如图 1-3-7 所示，电能表按工作原理可分为电气机械式电能表和电子式电能表（又称静止式电能表、固态式电能表）。电气机械式电能表用于交流电路作为普通的电能测量仪表，其中最常用的是感应型电能表。电子式电能表可分为全电子式电能表和机电式电能表。

②电能表按使用的电路可分为直流电能表和交流电能表，交流电能表按相线又可分为单相电能表、三相三线电能表和三相四线电能表。

③按结构可分为整体式电能表和分体式电能表。

④按用途可分为有功电能表、无功电能表、最大需量表、标准电能表、复费率分时电能表、预付费电能表、损耗电能表和多功能电能表等。

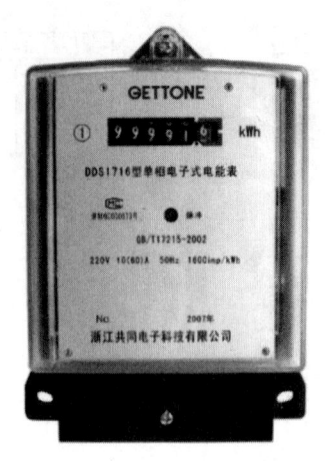

图 1-3-7 电能表

⑤按准确度等级可分为普通安装式电能表（0.2、0.5、1.0、2.0、3.0 级）和携带式精密级电能表（0.01、0.02、0.05、0.1、0.2 级）。

2. 电能表的型号表示

电能表型号是用字母和数字的排列来表示的，包括类别代号、组别代号、设计序号和派生号。

（1）类别代号

D——电能表。

（2）组别代号

① 表示相线：D——单相；T——三相四线有功；S——三相三线有功；X——三相无功。

② 表示用途：B——标准；D——多功能；M——脉冲；S——全电子式；Z——最大需量；Y——预付费；F——复费率。

（3）设计序号

用阿拉伯数字表示。

（4）派生号

T——湿热、干燥两用；TH——湿热带用；TA——干热带用；G——高原用；H——船用；F——化工防腐用。

例如：

DD 表示单相电能表，如 DD862 型、DD701 型、DD95 型。

DS 表示三相三线有功电能表，如 DS8、DS310、DS864 型等。

DT 表示三相四线有功电能表，如 DT862 型、DT864 型。

DX 表示无功电能表，如 DX8、DX9、DX310、DX862 型。

DZ 表示最大需量表，如 DZ1 型。

DB 表示标准电能表，如 DB2 型、DB3 型。

3.电能表的接线

家庭用电能表都是单相电能表,单相电表从左到右有四个接线端,依次为1、2、3、4。接线方法一般有两种,分别为:

(1)顺入式

1进火,2出火,3进零,4出零。

(2)跳入式

1进火,2进零,3出火,4出零。

一般情况下,在电表接线处的外壳上都有接线图,看一下接线图,照图连接就可以了。

如图1-3-8所示为顺入式接法电能表的接线。

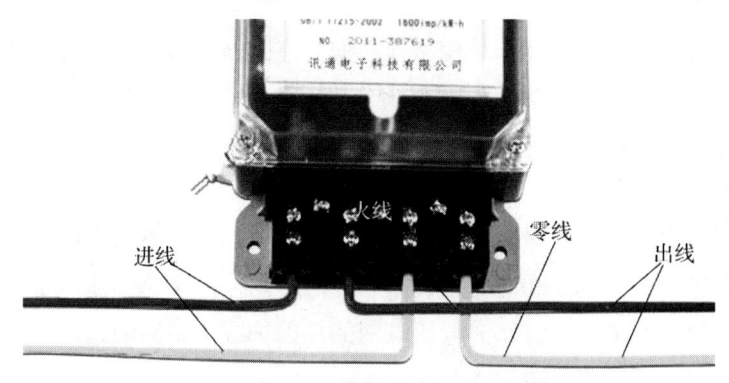

图1-3-8 单项电能表顺入式接线图

4.电能表的电气图符号

在电气原理图中,电能表的文字表示为"PJ",图形符号如图1-3-9所示。

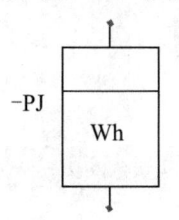

图1-3-9 电能表图形符号

(二)漏电保护器

漏电保护器,简称漏电开关,又叫漏电断路器,主要用来在设备发生漏电故障时以及有致命危险的人身触电保护,具有过载和短路保护功能,可用来保护线路或电动机的过载和短路,亦可在正常情况下作为线路的不频繁转换启动之用。

1.漏电保护器的功能

当电网发生人身(相与地之间)触电事故时,能迅速切断电源,可以使触电者脱离危险,或者使漏电设备停止运行,从而避免触电引起人身伤亡、设备损坏或火灾的发生,常见低压漏电保护器如图1-3-10所示。

图 1-3-10　漏电保护器

2. 漏电保护器的分类

漏电保护器可以按保护功能、结构特征、安装方式、运行方式、极数和线数、动作灵敏度等分类，这里主要按保护功能和用途分类进行叙述，一般可分为漏电保护继电器、漏电保护开关和漏电保护插座三种。

（1）漏电保护继电器

漏电保护继电器是指具有对漏电流检测和判断的功能，而不具有切断和接通主回路功能的漏电保护装置。漏电保护继电器由零序互感器、脱扣器和输出信号的辅助接点组成。它可与大电流的自动开关配合，作为低压电网的总保护或主干路的漏电、接地或绝缘监视保护。常见漏电保护继电器如图 1-3-11 所示。

图 1-3-11　常见漏电保护继电器

（2）漏电保护开关

它不仅与其他断路器一样可将主电路接通或断开，而且具有对漏电流检测和判断的功能，当主回路中发生漏电或绝缘破坏时，漏电保护开关可根据判断结果将主电路接通或断开。它与熔断器、热继电器配合可构成功能完善的低压开关元件。

目前这种形式的漏电保护装置应用最为广泛，市场上的漏电保护开关根据功能常用的有以下几种类别：

①只具有漏电保护断电功能，使用时必须与熔断器、热继电器、过流继电器等保护元件配合。

②同时具有过载保护功能。

③同时具有过载、短路保护功能。

④同时具有短路保护功能。

⑤同时具有短路、过负荷、漏电、过压、欠压功能。

（3）漏电保护插座

漏电保护插座是指具有对漏电电流检测和判断并能切断回路的电源插座。其额定电流一般为20A以下，漏电动作电流6~30mA，灵敏度较高，常用于手持式电动工具和移动式电气设备的保护及家庭、学校等民用场所。漏电保护插座如图1-3-12所示。

图1-3-12　漏电保护插座

3. 漏电保护开关接线及说明

漏电开关火线及零线的接线方法及型号说明如图1-3-13所示。

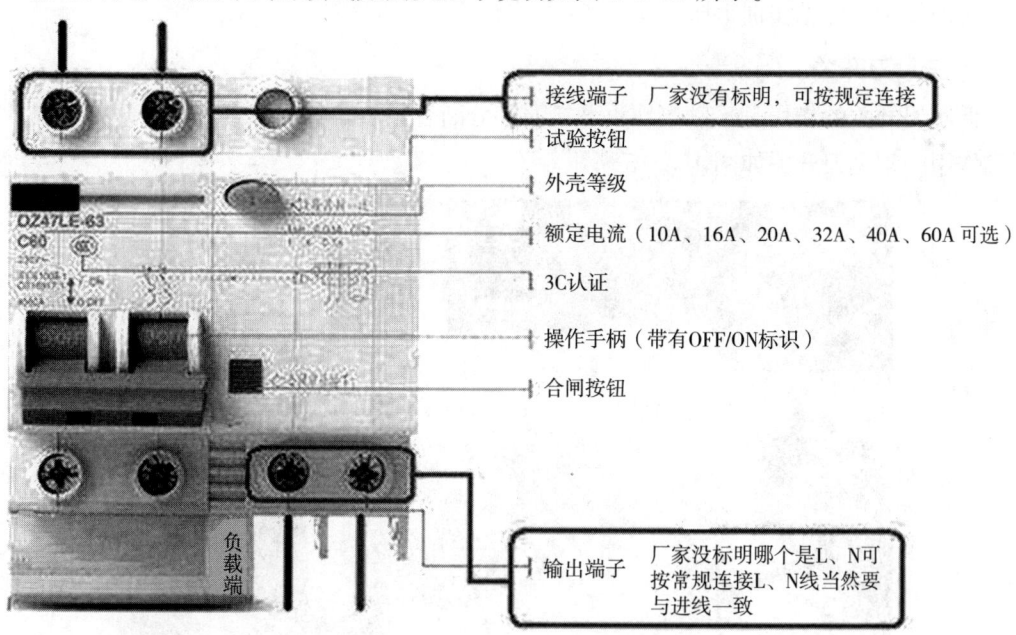

图1-3-13　漏电开关接线及型号说明

4. 漏电保护开关的电气图形符号和文字符号

漏电保护开关图形及文字符号如图1-3-14所示。

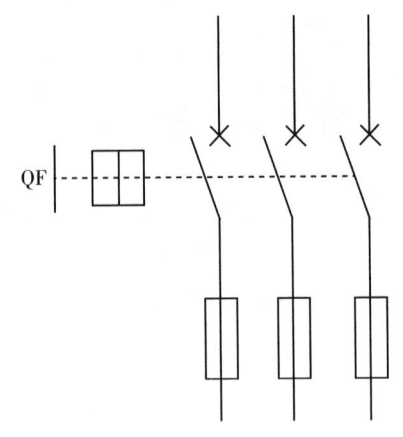

图 1-3-14　漏电保护开关图形及文字符号

漏电保护器仅仅是防止发生触电事故的一种有效措施，不能过分夸大其作用，最重要的是防患于未然。

实训3　电能表及漏电保护器认知及接线

实训名称：电能表及漏电保护器认知及接线。
实训地点：资格考试实训室（高级维修电工及电气控制综合实训台 KBE-2004）。
实训步骤：详见实训手册。

（三）刀开关

低压刀开关的作用是不频繁地手动接通和分断容量较小的交、直流低压电路，或者起隔离作用。常见刀开关如图 1-3-15 所示。

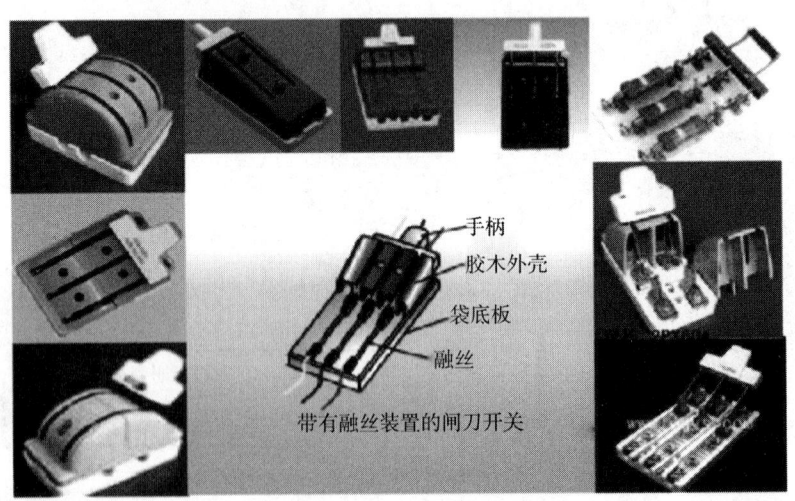

图 1-3-15　刀开关

1. 刀开关结构

刀开关结构简单，由手柄、刀片、触头、底板等组成，如图 1-3-16 所示。

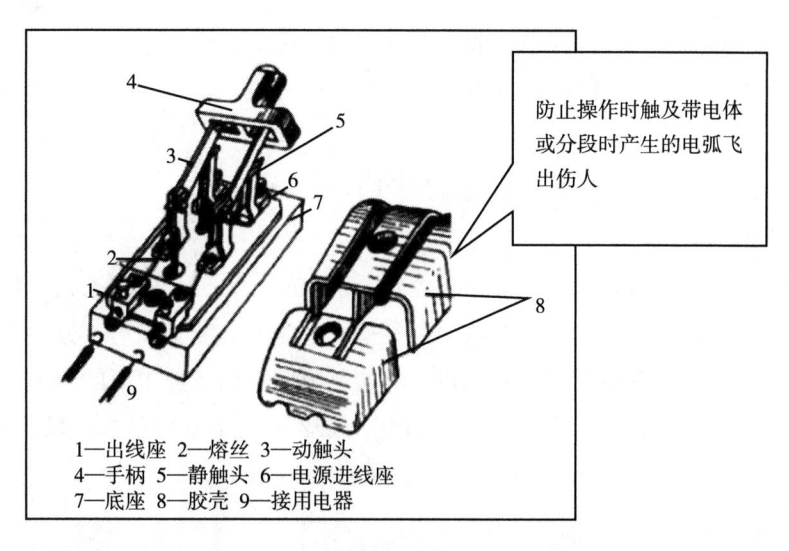

防止操作时触及带电体或分段时产生的电弧飞出伤人

1—出线座 2—熔丝 3—动触头
4—手柄 5—静触头 6—电源进线座
7—底座 8—胶壳 9—接用电器

图 1-3-16 刀开关结构

2. 低压刀开关型号说明

低压刀开关型号说明如图 1-3-17 所示。

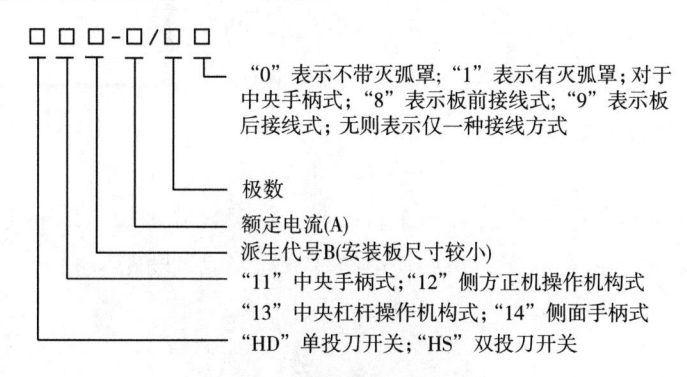

"0"表示不带灭弧罩;"1"表示有灭弧罩;对于中央手柄式;"8"表示板前接线式;"9"表示板后接线式;无则表示仅一种接线方式

极数

额定电流(A)

派生代号B(安装板尺寸较小)

"11"中央手柄式;"12"侧面方机操作机构式
"13"中央杠杆操作机构式;"14"侧面手柄式

"HD"单投刀开关;"HS"双投刀开关

图 1-3-17 低压刀开关型号

3. 刀开关的图形及文字符号

刀开关图形及文字符号如图 1-3-18 所示。

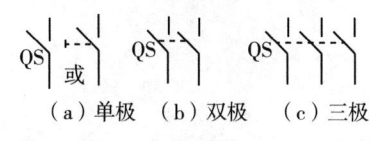

（a）单极　（b）双极　（c）三极

图 1-3-18 刀开关图形及文字符号

4. 刀开关分类

刀开关按刀片数目可分为单极、双极和三极等;按投掷方向可分为单掷开关和双掷开关。

5. 刀开关安装

刀开关的安装应注意以下事项:

①在接线时,刀开关上面的接线端子应接电源线,下方的接线端子应接负荷线。

②在刀开关安装时,处于合闸状态时手柄应向上,不能倒装或平装。如果倒装,拉闸

后手柄可能因自重下落引起误合闸，造成人身和设备安全事故。

③分断负载时，要尽快拉闸，以减小电弧的影响。

（四）灯开关

照明电路灯开关分为单控开关和双控开关两种。

1.单控开关

所谓单控开关，是相对双控开关和多控开关来说的。单控开关在家庭电路中是最常见的，也就是一个开关控制一件或多件电器，根据所联电器的数量又可以分为单控单联、单控双联、单控三联、单控四联等多种形式。例如：厨房使用单控单联的开关，一个开关控制一组照明灯光；在客厅可能会安装三个射灯，那么可以用一个单控三联的开关来控制。单控开关如图1-3-19所示。单控开关结构如图1-3-20所示。

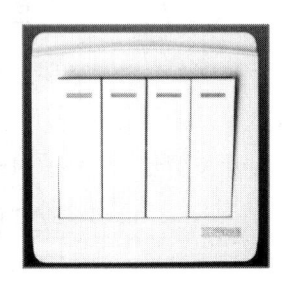

（a）单控单联　　　　（b）单控双联　　　　（c）单控四联

图1-3-19　单控开关

如图1-3-20所示，单控开关有两个接线柱L、L1，分别接进线和出线。在开关启/闭时，存在接通或断开两种状态，从而使电路变成通路或者断路。

图1-3-20　单控开关结构

2.双控开关

双控开关是一个开关同时带常开、常闭两个触点（一对）。通常用两个双控开关控制一个灯或其他电器，意思就是可以有两个开关来控制灯具等电器的开关，比如，在楼下时打开开关，到楼上后关闭开关。双控开关正面与单控开关相同，不同的是双控开关后面有三个接线柱L、L1、L2。

单控开关和双控开关的安装示意图如图1-3-21所示。

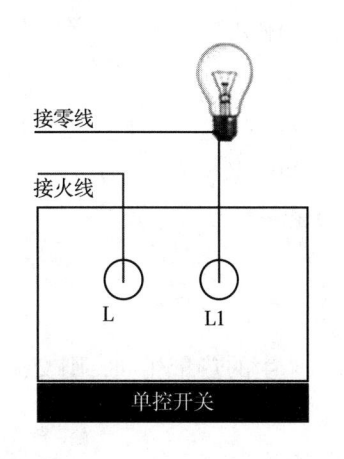

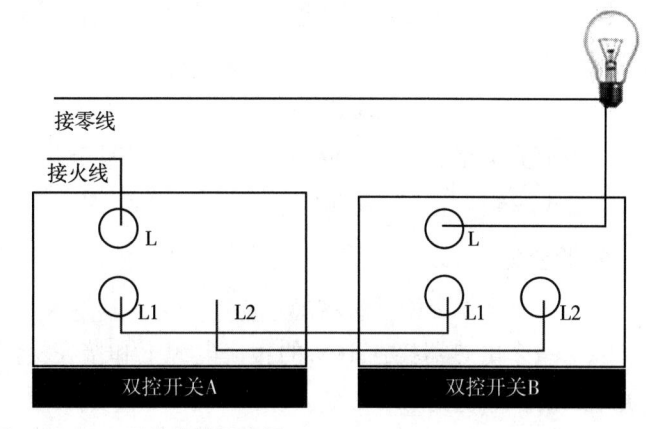

图 1-3-21 开关安装示意图

实训4　照明电路控制原理验证

实训名称：照明电路控制原理验证。
实训地点：家用电器实训室。
实训步骤：详见实训手册。

实训5　照明电路安装接线

实训名称：照明电路安装接线。
实训地点：电气设备装调实训室（中级维修电工考核实训台 KBE-2002B）。
实训步骤：详见实训手册。

练习题

1. 选择题

（1）在匀强磁场中有一个矩形线圈做匀速转动，如右图所示，若线圈的转速增大到原来的 2 倍，则线圈中的电流最大值（　　）。

  A. 不变   B. 是原来的 2 倍
  C. 是原来的 1/2   D. 无法计算

（2）交流电源电压 u=20sin（100pt）V，电路中电阻 R=10Ω，则右图电路中电流表和电压表的读数分别为（　　）。

  A. 1.41A，14.1V   B. 1.41A，20V
  C. 2A，20V   D. 2A，14.1V

（3）某一负载上写着额定电压 220V，这是指（　　）。

  A. 最大值   B. 瞬时值   C. 有效值   D. 平均值

（4）一个耐压为250V的电容器接入正弦交流电路中使用，加在电容器上的交流电压有效值可以是（　　）。

　　A. 200V　　　　B. 250V　　　　C. 150V　　　　D. 177V

（5）家庭电路进户线一根叫作火线，一根叫作零线，它们之间的电压为（　　）。

　　A. 24V　　　　B. 36V　　　　C. 220V　　　　D. 380V

2. 填空题

（1）正弦交流电的三要素是_____、_____、_____。

（2）一个电热器接在10V的直流电源上和接在交流电源上产生的热量相同，则交流电源电压的最大值为_____V。

（3）_____和_____都随时间_____变化的电流，叫作交变电流。

（4）正弦交流电中最大值 U_m 和有效值 U 之间的关系是_____。

（5）有一交流电源，其频率为10kHz，则此交流电的周期是_____s。

（6）我们日常用的220V市电和380V工业用电是交流电的_____值，其频率都是_____Hz。

任务完成报告

姓名		学习日期	
任务名称	家用电气设备认知		
学习自评	考核内容	完成情况	
	1. 正弦交流电的产生过程	□好　□良好　□一般　□差	
	2. 正弦交流电的三要素	□好　□良好　□一般　□差	
	3. 主要家用电气设备的接线方法	□好　□良好　□一般　□差	
学习心得			

任务4 照明电路图纸认识

电气线路图是各类电气工程技术人员进行沟通、交流的共同语言。在设计、安装、调试和维修管理电气线路和电气设备时，通过识图，可以了解各电气元器件之间的相互关系以及电路的工作原理，为正确安装、调试、维修及管理提供可靠的保证。本任务主要讲解家用照明电路的工作原理及电路图的绘制方式与原则。通过本任务课程的学习，学生应掌握家用照明电路的识图技能，掌握照明电路图纸的简单绘制。

学习目标

知识目标

1. 掌握照明线路的基本组成；
2. 掌握基本照明电路的图纸绘制原则与方法；
3. 掌握基本家用照明电路的工作原理。

能力目标

1. 能够读懂基本的电工线路图；
2. 能够手工绘制电灯及插座控制电路；
3. 能够手工绘制基本家用电路图。

学习内容

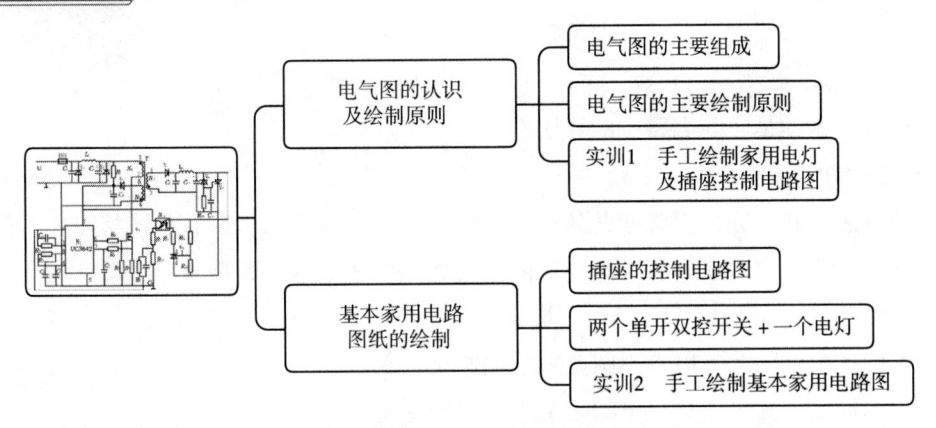

```
                            ┌── 电气图的主要组成
         电气图的认识
         及绘制原则    ────┼── 电气图的主要绘制原则
                            │
                            └── 实训1  手工绘制家用电灯
                                        及插座控制电路图

                            ┌── 插座的控制电路图
         基本家用电路
         图纸的绘制    ────┼── 两个单开双控开关 + 一个电灯
                            │
                            └── 实训2  手工绘制基本家用电路图
```

一、电气图的认识及绘制原则

用电气图形符号、带注释的围框或简化外形表示电气系统或设备中组成部分之间相互关系及其连接关系的一种图，称为电气图。广义地说，表明两个或两个以上设备之间关系的连接线，用于说明系统、成套装置或设备中各组成部分的相互关系或连接关系，或者用于提供工作参数的表格、文字等，也属于电气图之列。

（一）电气图的主要组成

> 思考：
> 家用照明电路主要由哪些部分组成？

1. 系统图

系统图也称作结构框图，它是指用符号或带注释的框，概略表示系统或分系统的基本组成、相互关系及其主要特征的一种简图。如图1-4-1所示为家用电灯控制的电气结构框图。

电源 — 漏保开关 — 开关 — 灯

图1-4-1　家用电灯的电气结构框图

2. 电气原理图

电气原理图采用国家标准规定的电气图形、文字符号绘制而成，用以表达电气控制系统原理、功能、用途及电气元件之间的布置、连接和安装关系。电气原理图绘制是进行电气控制柜制作的第一步，也是电气控制柜制作的基础性工作。

电气原理图主要由元器件符号标记、连接线、连接点、注释4大部分组成。

（1）元器件符号标记

电气原理图元件图形符号库，电气元件图部分参照国家标准《电气简图用图形符号》来执行。在选用图形与符号时，电子元器件部分如果在相关国标里有缺失，可以自己设立标准元件库，大家共同参照实行即可。

（2）连接线

连接线表示的是实际电路中的导线。

（3）连接点

连结点表示几个元件引脚或几条导线之间相互的连接关系。所有和连接点相连的元件引脚、导线，不论数目多少，都是导通的。在电路中还会有交叉现象，为了区别交叉相连接与不连接，规定如下：

①在制作电路图时，以实心圆点表示相连接。

②以不加实心圆点或画个半圆表示不相连的交叉点。

③也有个别的电路图用空心圆来表示不相连。

④第②与第③条只能选其一。

（4）注释

注释在电路图中是十分重要的，电路图中的所有文字都归入注释一类。在电路图的各个地方都会有注释存在，它们被用来说明元件的型号、名称等。

如图1-4-2所示为家用电灯简单控制的电气原理图。

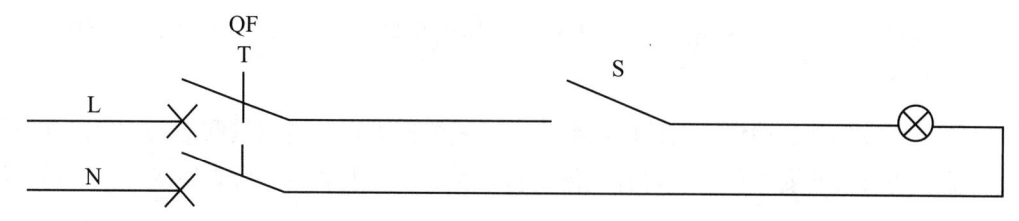

图1-4-2　家用电灯的电气原理图

3.电气元件布置图

电气元件布置图是某些电气元件按一定原则的组合。电气元件布置图的设计依据是电气元部件图、组件的划分情况等。总体配置设计得合理与否关系到电气控制系统的制造、装配质量，更将影响电气控制系统性能的实现及其工作的可靠性和操作、调试、维护等工作的方便及质量。

电气元件布置图设计时应遵循以下原则。

（1）必须遵循相关国家标准

①总体设计要在满足电气控制柜设计标准和规范的前提下，使整个电气控制系统集中紧凑。

②要把整体结构画清楚，把各单元与主体的连接画出来，在表示清楚结构的情况下，各单元部件可采用示意画出，但应按实物比例投影画出。一般应画出正视图、侧视图、俯视图，复杂装置还应画出后视图。总之，以看清结构为原则。画图时应把箱体剖开画，外形图应单画。

③总体配置设计是以电气系统的总装配图与总接线图形式来表达的，图中应以示意形式反映出各部分主要组件的位置及各部分接线关系、走线方式及使用的行线槽、管线等。电气控制柜总装配图、接线图，根据需要可以分开，简单一些的也可并在一起。电气控制柜总装配图是进行分部设计和协调各部分组成一个完整系统的依据。

④电气元件布置图主要用于表明电气设备上所有电气元件的实际位置，为电气设备的安装及维修提供必要的资料。图中应标注相关的安装尺寸，各电气元件代号应与电气原理图和电气清单上所有的元器件代号相同，在图中需要留有10%以上的备用面积及导线管（槽）的位置，以供改进设计时用。

（2）电气元件位置确定

①在空间允许条件下，把发热元件和噪声振动大的电气部件，尽量放在离其他元件较远的地方或隔离开来。一般较重、体积大的设备放在下层，主电路电气元件和安装板安装在柜内的框架上，控制电路的电气元件安装在安装板上。当元器件数量较多时，电气元件和安装板可分层布置。

同一组件中电气元件的布置应注意将体积大和较重的电气元件安装在电气板的下面或

柜体的框架上，而发热元件应安装在电气箱（柜）的上部或后部。负荷开关应安装在隔离开关的下面，并要求两个开关的中心线必须在一条直线上，以便于母线的连接。一般热继电器的出线端直接与电动机相连，而其进线端与接触器直接相连，便于接线并使走线最短，且宜于散热。

②需要经常维护、检修、调整的电气元件安装位置不宜过高或过低，人力操作开关及需经常监视的仪表的安装位置应符合人体工程学原理，其安装位置应高低适宜，以便工作人员操作。

③强电、弱电应该分开走线，注意屏蔽层的连接，防止外界干扰的窜入。为便于拆卸和维修，各层间的引线以及与箱外的连线均应通过端子板（或接插件）连接。

④显示屏、仪表、指示灯、开关、调节旋钮等应安装在电气柜柜门的上方。对于多工位的大型设备，还应考虑多地操作的方便性；控制柜的总电源开关、紧急停止控制开关应安放在方便而明显的位置。

⑤电气元件的布置应考虑安全间隙，各电气元件之间，上、下、左、右应保持一定的间距，并做到整齐、美观、对称；外形尺寸与结构类似的电器可安放在一起，以便进行加工、安装和配线。若采用线槽配线方式，应适当加大各排电器间距，以利于布线和维护，并且应考虑器件的发热和散热因素。

（3）电气元件布置图的绘图要求

①各电气元件的位置确定以后，便可绘制电气元件布置图。电气元件布置图是根据电气元件的外形轮廓绘制的，即以其轴线为准，标出各元件的间距尺寸。每个电气元件的安装尺寸及其公差范围，应按产品说明书的标准标注，以保证安装板的加工质量和各电器的顺利安装。

②电气柜中的大型电气元件，宜安装在两个安装横梁之间，这样可以减轻柜体重量，节约材料，也便于安装，所以设计时应计算纵向安装尺寸。

③绘制电气元件布置图时，设备的轮廓线用细实线或点画线表示，电气元件均用粗实线绘制出简单的外形轮廓。

④在电气布置图设计中，还要根据部件进出线的数量、采用导线规格及出线位置等，选择进出线方式及接线端子排、连接器或接插件，并按一定顺序标上进、下出线的接线号。

⑤电气元件布局时必须满足导线电气连接的技术要求。例如一次母线尽可能不出现交叉，连接导线应尽可能短，不应存在舍近求远的问题等。

⑥根据电气控制柜总装配图，最终确定控制柜体的外形尺寸、内部结构及结构件的位置、形状和尺寸，控制面板上的加工尺寸。

电气控制柜布置图如图1-4-3所示。

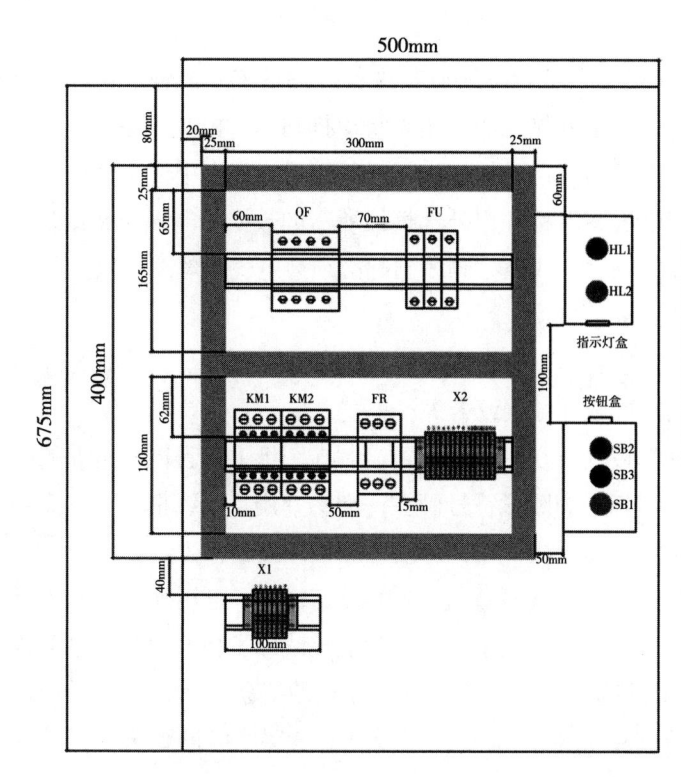

图 1-4-3　电气柜布置图

家用照明电路属于建筑电气范畴，电气布置图不仅仅局限于电气安装板上，更多的是体现在空间布局上，如图 1-4-4 所示。

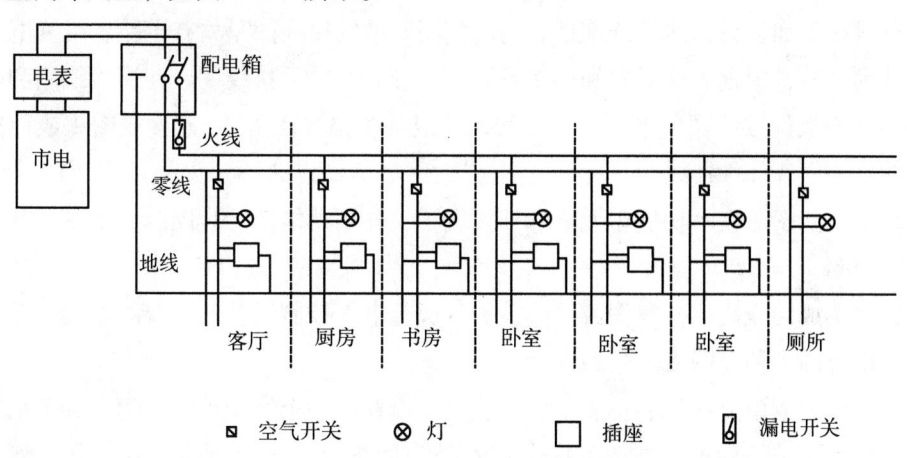

图 1-4-4　家用电路布局图

4. 电气接线图

电气接线图是根据电气设备和电气元件的实际位置和安装情况绘制的，它的绘制依据是整机和部件的电气原理及电气元件布置图。电气接线图只用来表示电气控制设备中电气元件及装置的连接关系，即电气设备和电气元件的位置、配线方式和接线方式，而不是为了表示电气动作原理。

（1）电气安装接线图的要求

电气安装接线图主要用于指导相关人员对电气设备进行合理的安装配线、接线、查线、线路检查、线路维修和故障处理。电气接线图是用来组织排列电气控制设备中各个零部件的端口编号和该端口的导线电缆编号，以及接线端子排的编号。在图中要表示出各电气设备、电气元件之间的实际接线情况，并标注出外部接线所需的数据。电气安装接线图中各电气元件的文字符号、元件连接顺序、线路号码编制都必须与电气原理图一致。

在绘制电气安装接线图时要注意以下事项。

①接线图中一般应标示出如下内容：电气设备和电气元件的相对位置、文字符号、端子号导线号、导线类型、导线截面、屏蔽和导线绞合等。

②所有的电气设备和电气元件都按其所在的实际位置绘制在图纸上，且同一电器的各元件根据其实际结构，使用与电路图相同的图形符号画在一起，并用点画线框上，其文字符号以及接线端子的编号应与电路图中的标注一致，以便对照检查接线。

③接线图中的导线有单根导线、导线组（或线扎）、电缆等之分，可用连续线和中断线来表示。凡走向相同的导线可以合并，用线束来表示，到达接线端子板或电气元件的连接点时再分别画出，在用线束表示导线组、电缆等时可用加相的线条表示，在不引起误解的情况下也可采用部分加粗。另外，应标注清楚导线及套管、穿线管的型号、根数和规格。

（2）接线图包含的内容

电气接线图是表示电气控制系统中各项目（包括电气元件、组件、设备等）之间连接关系、连线种类和敷设路线等详细信息的电气图。电气接线图是检查电路和维修电路不可缺少的技术文件，根据表达对象和用途不同，可细分为单元接线图、互连接线图和端子接线图等。常用电气接线图包括：一次接线图（或称主接线图），二次接线图（或称控制电路接线图）和电气部件接线图三种。

①端子功能图。表示功能单元全部外接端子，并用功能图、表图或文字表示其内部功能的一种简图。

②接线图或接线表。接线图或接线表表示成套电气控制设备或装置的连接关系，是用于接线和检查的一种简图或表格。

单元接线图或单元接线表：表示成套装置或设备中一个结构单元内的连接关系的一种接线图或接线表。结构单元是指在各种情况下可独立运行的组件或某种组合体，例如，一次接线图和二次接线图。

互连接线图或互连接线表：表示成套装置或设备的不同单元之间连接关系的一种接线图或接线表。例如，电气部件接线图或线缆接线图及接线表。

端子接线图或端子接线表：表示成套装置或设备的端子，以及接在端子上的外部接线（必要时包括内部接线）的一种接线图或接线表。例如，电气部件接线图。

电缆配置图或电缆配置表：提供电缆两端位置，必要时还包括电缆功能、特性和路径等信息的一种接线图或接线表。

电气控制电路接线编号示例如图 1-4-5 所示。

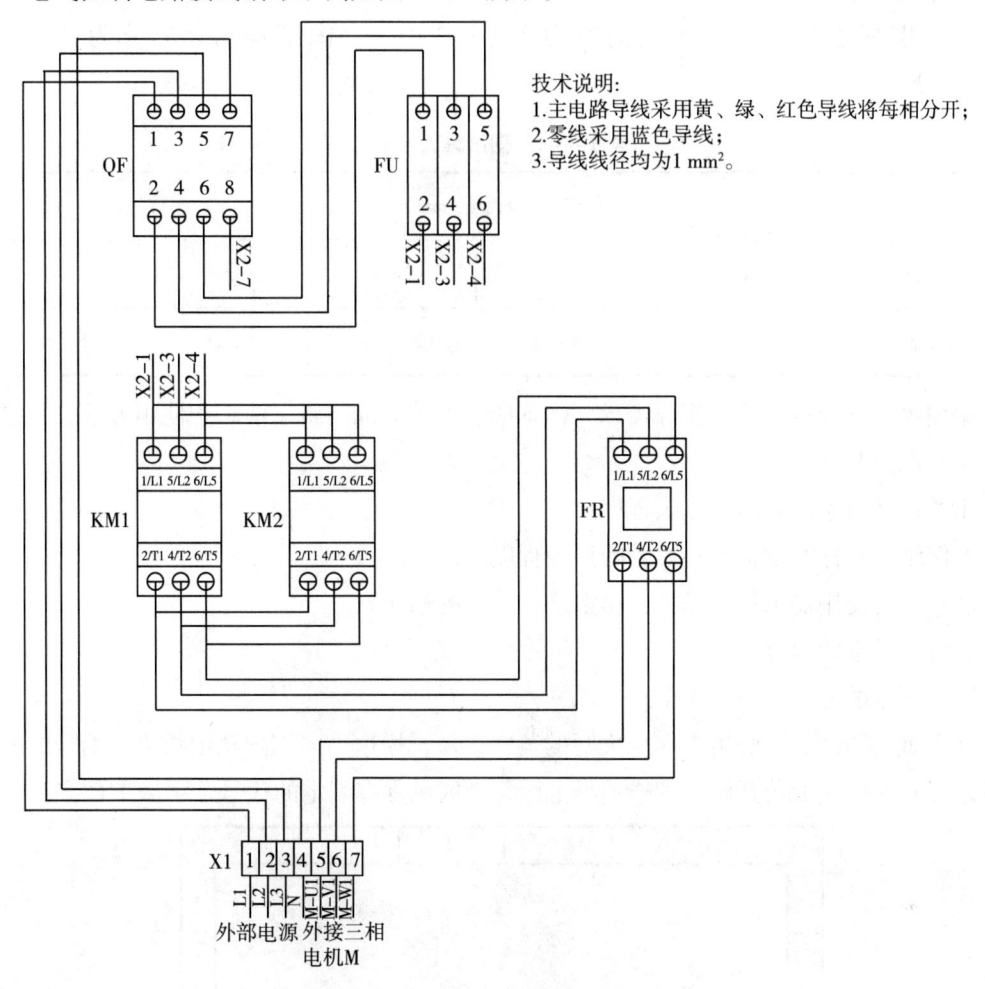

技术说明：
1. 主电路导线采用黄、绿、红色导线将每相分开；
2. 零线采用蓝色导线；
3. 导线线径均为 1 mm²。

图 1-4-5　电气控制电路接线编号示例

5. 设备元件表

设备元件表是指把成套装置、设备和装置中各组成部分和相应数据列成的表格（图 1-4-6），其用途表示各组成部分的名称、型号、规格和数量等。相关技术人员可根据设备元件表进行元器件的购买、领取、核对等。

名称	符号	型号	数量	备注
断路器	QF	IC65N 32A	1个	
开关	K	公牛雅白 86 型 G07B101	1个	
灯	HW	飞利浦 T5-14W	1个	
导线		BVR15	10米	红蓝各5米

图 1-4-6　家用电灯控制电路元件明细表

（二）电气图的主要绘制原则

1.电气图框的选择

电气图框也就是电气图纸的幅面尺寸，工程上，图纸幅面尺寸分为五类，如表1-4-1所示。

表1-4-1 图纸幅面尺寸

幅面代号	幅面尺寸及代号（mm）				
^	A0	A1	A2	A3	A4
宽×长	841×1189	594×841	420×594	297×420	210×297

幅面尺寸的选择要符合实际需求，保证幅面尺寸布局紧凑、清晰和使用方便，主要选择依据有以下几点：

①所设计对象的规模和复杂程度。

②图纸上需标注设备资料说明的详细程度。

③在满足使用要求的前提下，尽量选择较小的幅面。

2.电气图框的内容

（1）图幅的分区（图1-4-7）

在图纸的边框处，竖边方向用大写的英文字母，横边方向用阿拉伯数字。编号的顺序从标题栏相对的左上角开始，这样图纸上面每个区域都有制定的代号（字母＋数字）。

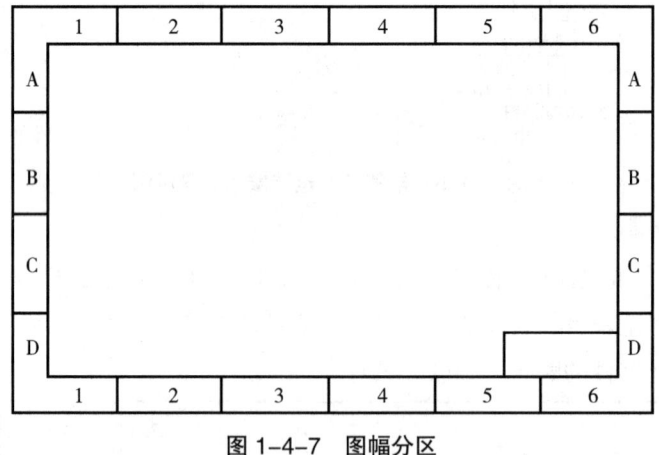

图1-4-7 图幅分区

（2）标题栏

用于确定工程名称、图号、张次、更改和有关人员签名等内容的栏目，相当于图样的"铭牌"。标题栏的位置一般在图纸的右下方。标题栏中的文字方向为看图方向。目前我国尚没有统一规定标题栏的格式，各设计部门标题栏格式不一定相同。通常采用的标题栏格式应有以下内容：设计单位名称、项目名称、图名、图号、相关人员签字栏、日期等。电气工程图中常用图1-4-8所示标题栏格式。

设计单位名称			工程名称	设计号	
				图号	
总工程师		主要设计人		项目名称	
设计总工程师		技核			
专业工程师	制图				
组长		描图		图号	
日期	比例				

图1-4-8 标题栏样图1

学生在作业时，采用图1-4-9所示的标题栏格式。

××院××系部××班级			比例	材料	
制图	（姓名）	（学号）		质量	
设计			工程图样名称		
描图				（作业编号）	
审核				共 张 第 张	

图1-4-9 标题栏样图2

3.元器件布局图

元器件布局图一般分为两种：功能布局和位置布局。

（1）功能布局

元器件的布置只考虑便于看出它们所表示的元件功能关系，而不考虑实际位置的一种布局方式。

此种布局方式遵循以下原则：

①布局顺序应是从左到右或者从上到下。

②在闭合电路中，前通路上的信息流方向应该是从左到右或从上到下，反馈通路的方向则相反。

③图的引入引出线最好画在图纸边框附近。

（2）位置布局

元器件的布局对应于实际位置的布局方式，通过此类布局图可以清晰地看出元器件的实际位置和电气线路的实际走线通道。

4.电气连接线

电气连接线的绘制遵循以下原则：

①电气连接线为横向走线和竖向走线。

②电气连接线尽量少出现交叉线路。

③每根导线要标明线径，并且标注线号。

④"T"形连接导线和十字形连接导线，交叉处需用加实心圆点，表示此处为线路连接，导线交叉而不连接时，交叉处不能加实心圆点，表示此处无连接。

实训1 手工绘制家用电灯及插座控制电路图

实训名称：手工绘制家用电灯及插座控制电路图。

实训地点：教室。

实训步骤：详见实训手册。

二、基本家用电路图纸的绘制

在家庭电路中，主要有三种用电线路：照明线路、空调线路和插座线路。这些用电线路的组成主要包括电度表、断路器（漏电保护开关）、连接导线、刀开关、开关、插座、家用电器控制器及照明灯具等。电能表、漏电保护开关、刀开关的电气图形与符号已经在1.3.2节中介绍过，这里不再赘述。

（一）插座的控制电路图

家用插座有两种形式：两孔插座和三孔插座。两孔插座主要用于小功率的家用电器，如电风扇、电视机、音响等。三孔插座上面孔为地线，左零（N）右火（L），家用电器设备由于绝缘性能不好或使用环境潮湿，会导致其外壳带有一定静电，严重时会发生触电事故。为了避免出现事故，可在电器的金属外壳上面连接一根电线，将电线的另一端接入大地，一旦电器发生漏电，接地线会把静电带入大地释放掉。三孔插座主要用于大功率的用电器，如空调、电热水器、冰箱。

一般情况下，家用电路的插座控制，直接由接线盒中的断路器控制。由图1-4-10可以看出，当漏保开关闭合时，三孔插座和两孔插座均可通电。

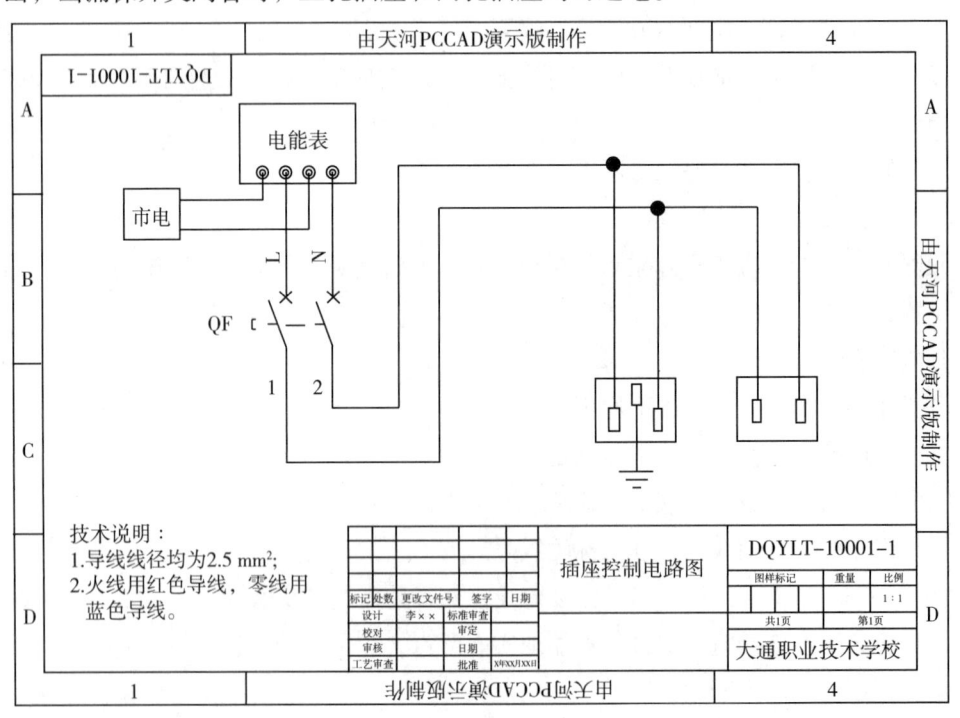

图1-4-10 插座控制电路图

（二）两个单开双控开关+一个电灯

单开双控开关有三个触点，其中一个触点为公共端，手动控制开关可以使公共触点分别和另外两个触点接通,所以在同一时间,公共触点只能和其中一个触点接通,与另外一个触点断开。

由图 1-4-11 可以看出,当触点 a 与触点 b 接通时,导线 1 和导线 2 通路,导线 1 和导线 3 断路;当触点 a 与触点 c 接通时,导线 1 和导线 3 通路,导线 1 和导线 2 断路。

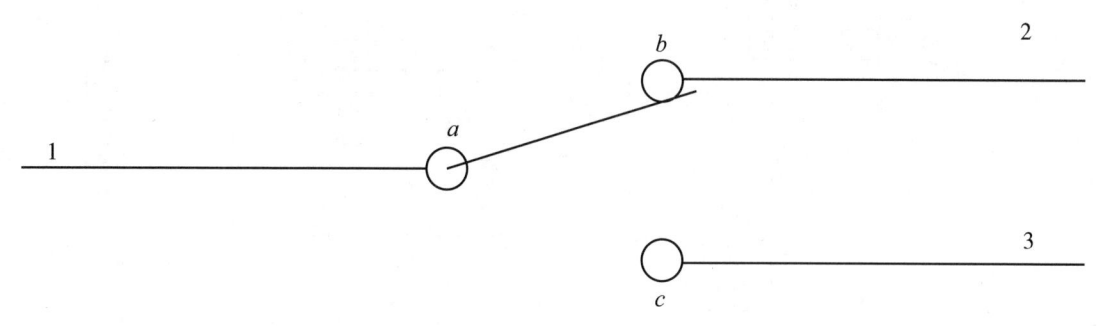

图 1-4-11 单开双控开关原理图

这里需要注意一点:单开双控开关只有两种状态,一种状态是触点 a 与触点 b 接通;另一种状态是触点 a 与触点 c 接通。不会出现触点 a 与触点 b 和 c 同时都不接通的状态,也不会出现触点 a 与触点 b 和 c 同时都接通的状态。

通过前面的分析我们知道,一个单开双控开关有两种组合状态(图 1-4-11 中,a 与 b 连接;a 与 c 连接),那么两个单开双控开关串联起来会有四种组合状态,具体分析如图 1-4-12 所示。

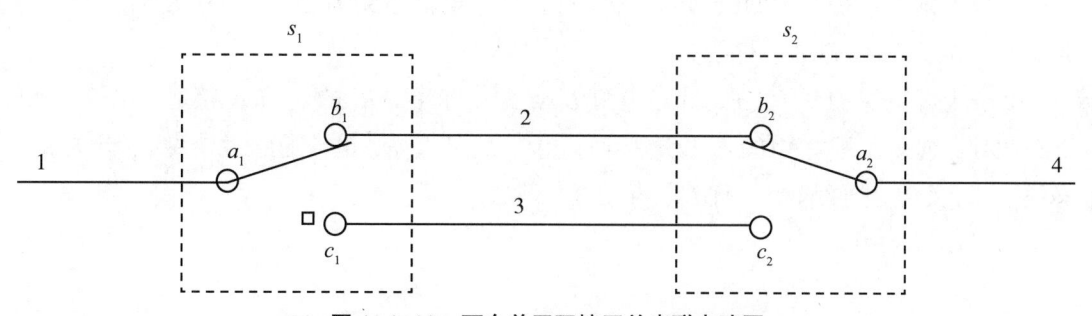

图 1-4-12 两个单开双控开关串联电路图

①状态一:a_1 和 b_1 接通,a_2 和 b_2 接通;此时电流通路为导线 1、导线 2、导线 4,即导线 1 与导线 4 通路。

②状态二:a_1 和 b_1 接通,a_2 和 c_2 接通;此时导线 1 和导线 2 接通、导线 3 和导线 4 接通,但是导线 1 与导线 4 断路。

③状态三:a_1 和 c_1 接通,a_2 和 b_2 接通;此时导线 1 和导线 3 接通、导线 2 和导线 4 接通,但是导线 1 与导线 4 断路。

④状态四:a_1 和 c_1 接通,a_2 和 c_2 接通;此时电流通路为导线 1、导线 3、导线 4,即导线 1 与导线 4 通路。

下面通过图 1-4-13 来分析两个单开双控开关控制一个电灯的电路图。

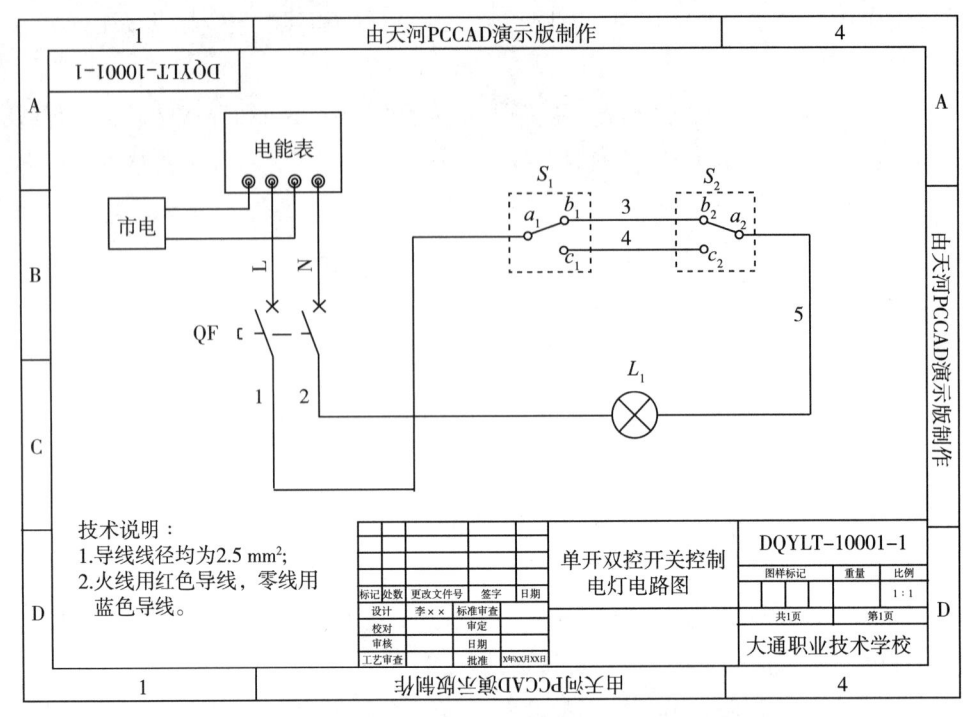

图 1-4-13　两个单开双控开关控制电灯电路图

按图示状态，电灯 L_1 处于熄灭状态。

①合上漏电保护开关 QF，此时电灯 L_1 点亮，电流通路为导线 1、开关 S_1、导线 3、开关 S_2、导线 5、电灯 L_1、导线 2。

②合上漏电保护开关 QF，此时电灯 L_1 点亮，将开关 K_1 的 a_1 和 c_1 接通，电灯 L_1 熄灭；此时，继续将开关 K_2 的 a_2 和 c_2 接通，电灯 L_1 又点亮，电流通路为导线 1、开关 K_1、导线 4、开关 K_2、导线 5、电灯 L_1、导线 2。

实训2　手工绘制基本家用电路图

实训名称：手工绘制基本家用电路。

实训地点：教室。

实训步骤：详见实训指导书。

练习题

1. 选择题

（1）三孔插座接线方式为（　　）。

　　A. 左零右火，上接地　　　　　　B. 左火右零，上接地

　　C. 左零右火，上不接地　　　　　D. 左火右零，上不接地

（2）一个单开双控开关有（　　）状态。

　　　　A.1种　　　　B.2种　　　　C.3种　　　　D.4种

（3）电气图纸的幅面尺寸有（　　）。

　　　　A.3种　　　　B.4种　　　　C.5种　　　　D.6种

（4）标题栏通常放置在图纸的（　　）。

　　　　A.左上角　　　B.右上角　　　C.左下角　　　D.右下角

2.填空题

（1）电气图主要包括_____、_____、_____、_____。

（2）标题栏主要内容包括_____。

（3）元器件布局图通常有_____和_____两种。

（4）家用电路中，通常有三种用电线路：_____、_____、_____。

3.简答题

（1）图幅分区的意义是什么？

（2）绘制电路图时，出现线路交叉情况应该怎么办？

（3）家用电路中，为什么会有三孔插座和两孔插座？

任务完成报告

姓名		学习日期	
任务名称	照明电路控制图纸认识		
学习自评	考核内容	完成情况	
	1.电路图纸要素的认识及绘制原则	□好　□良好　□一般　□差	
	2.单控开关控制照明电路的绘制	□好　□良好　□一般　□差	
	3.简单家用电路的绘制	□好　□良好　□一般　□差	

续表

学习心得	

任务5　照明电路安装调试

在任务4中，已经学习了家用照明电路图纸的绘制。本任务是根据任务4中的两个实训项目的图纸，进行实物的安装接线并完成功能调试。

学习目标

知识目标
1. 掌握主要电气元器件的参数信息；
2. 掌握电气元器件的安装尺寸及接线方式；
3. 掌握元器件的布局及布线要求。

能力目标
1. 能够读懂照明电路安装接线；
2. 能够完成基本家用电路的安装接线。

学习内容

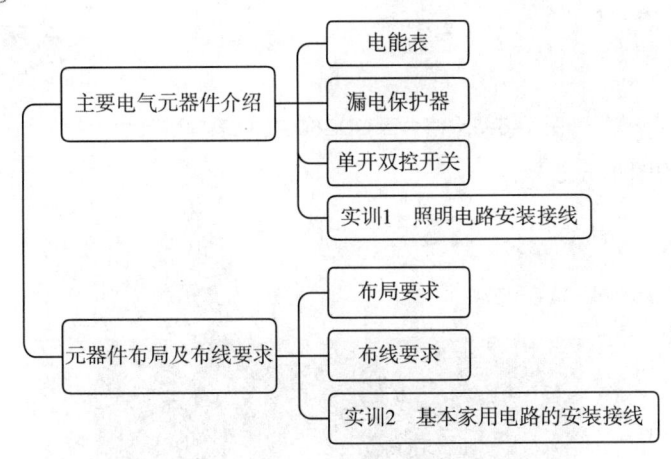

```
                    ┌── 电能表
                    ├── 漏电保护器
主要电气元器件介绍 ──┤
                    ├── 单开双控开关
                    └── 实训1　照明电路安装接线

                    ┌── 布局要求
元器件布局及布线要求 ┤── 布线要求
                    └── 实训2　基本家用电路的安装接线
```

一、主要电气元器件介绍

电路系统的安装接线，首先要明确每个元器件的型号，根据型号确定元器件的安装方式、尺寸大小、接线方式等。

（一）电能表

本项目电能表型号为德力西 DDS606 5（20）A。

1. 参数信息（图 1-5-1）

品牌	德力西电气	名称	单相电子式电能表
型号	DDS606	电压	220V
电流规格	5（20）A、10（40）A、15（60）A	额定频率	50Hz
显示方式	计数器显示	外形尺寸	109mm×154mm×58mm
规定温度	-10~+45℃	极限温度	-25~+55℃
湿度范围	<75%	标准	GB/T 172.321—2008

图 1-5-1 德力西 DDS606 电能表参数

2. 安装尺寸（图 1-5-2）

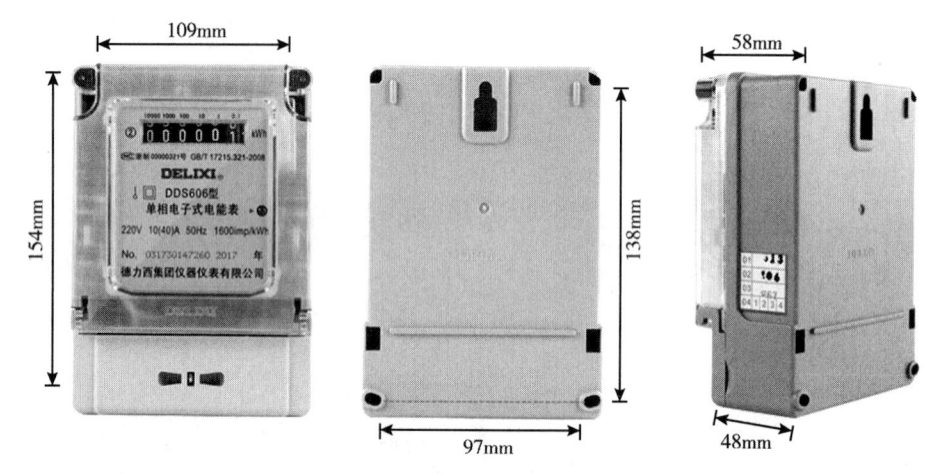

图 1-5-2 德力西 DDS606 电能表安装尺寸

3. 接线方式（图 1-5-3）

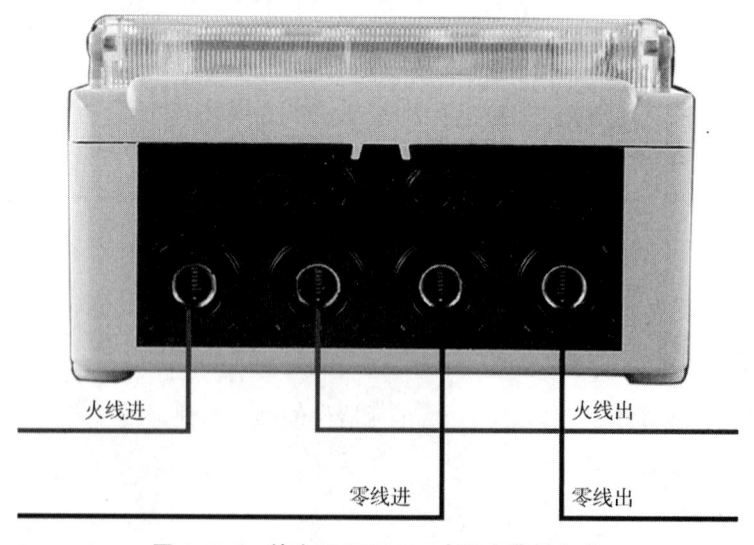

图 1-5-3 德力西 DDS606 电能表接线方式

（二）漏电保护器

1. 参数信息（图1-5-4）

产品名称	HDBE-63LE 小型标准漏电保护断路器
符合标准	GB 16917.1 IEC61009-1
认证	CCC
分断能力（kA）	6
额定电压（AC）	230/400
额定电流（A）	6，10，16，20，25，32，40，50，63
额定剩余工作电流（mA）	30，50，75，100，300
脱扣特性	C、D
极数	1P+N$_1$2P$_1$3P$_1$3P+N$_1$4P
机械寿命（次）	20000
电气寿命（次）	10000
最大接线（mm^2）	6~32A: 16
	40~63A: 25
环境温度（℃）	-35 ~ +70

图1-5-4 德力西 HDBE-63LE 漏保开关参数

2. 安装尺寸（图1-5-5）

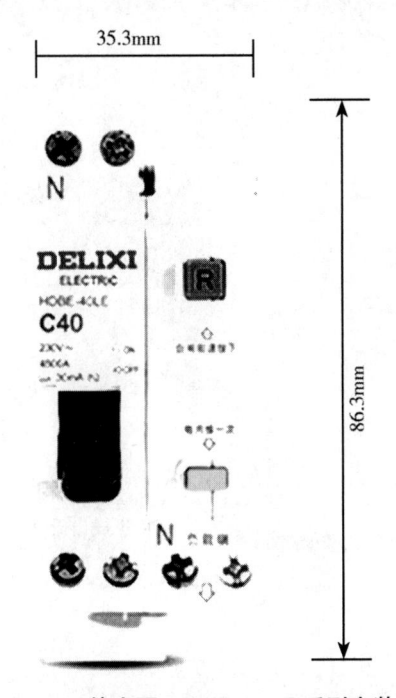

图1-5-5 德力西 HDBE-63LE 系列安装尺寸

3.接线方式（图1-5-6）

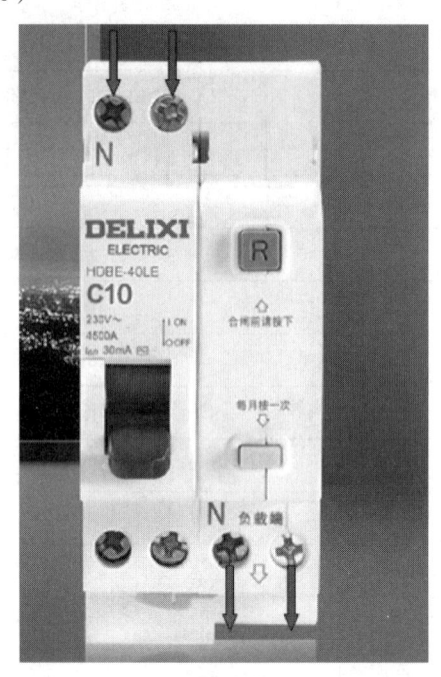

图1-5-6　德力西HDBE-63LE系列接线方式

（三）单开双控开关

1.产品参数（图1-5-7）

商品参数

产品品牌	BULL公牛	产品材质	PC
产品型号	GDSL 1127	产品包装	无包装
产　　地	浙江慈溪	额定电流	10A
产品颜色	以实物为准	额定电压	250V
产品型号	86mm	额定功率	2500W
产品重量	0.08kg	产品用途	家用及类似用途

产品特征
公牛明装系列产品采用PC料、预固定锯齿螺孔设计、多规格进线口设计和一体化纤薄面盖设计，为您带来更多安全、可靠、方便和美观，是您办公、居家环境的满意之选。

图1-5-7　公牛G09K112Y参数

2. 安装尺寸及内部接线端子（图 1-5-8）

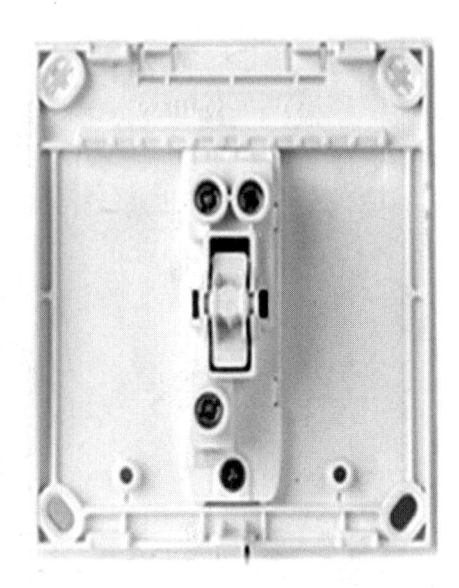

图 1-5-8　公牛 G09K112Y 安装尺寸及内部接线端子

（四）五孔插座
1. 产品参数（图 1-5-9）

商品参数

产品品牌	BULL公牛	产品材质	PC
产品型号	GD9Z 223	产品包装	无包装
产　　地	浙江慈溪	额定电流	10A
产品颜色	以实物为准	额定电压	250V
产品型号	86mm	额定功率	2500W
产品重量	0.06kg	产品用途	家用及类似用途

产品特征
公牛明装系列产品采用PC料、预固定锯齿螺孔设计、多规格进线口设计和一体化纤薄面盖设计，为您带来更多安全、可靠、方便和美观，是您办公、居家环境的满意之选。

图 1-5-9　公牛 G09 系列插座参数

2. 安装尺寸及内部接线端子（图 1-5-10）

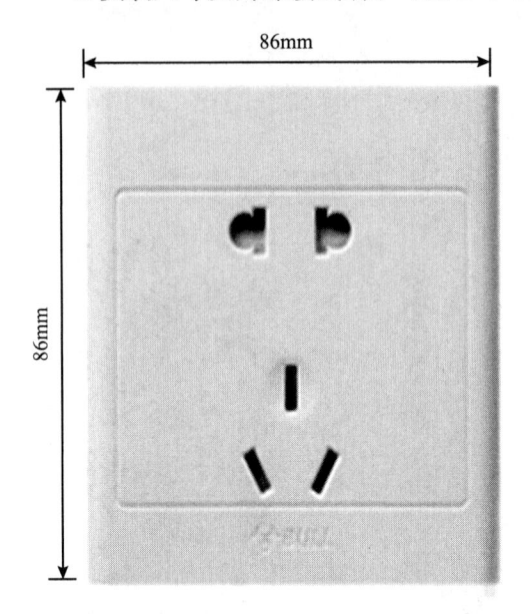

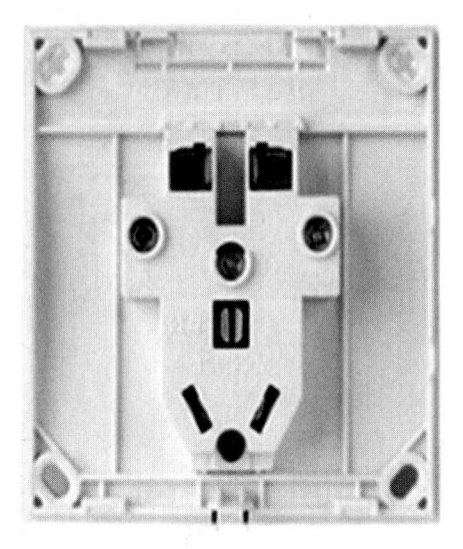

图 1-5-10　公牛 G09 系列插座安装尺寸及内部接线端子

二、元器件布局及布线要求

（一）布局要求

①元器件要结合电气元器件实际尺寸合理布局，要求布局空间匀称、安装可靠、便于走线。

②电源进线禁止放在配电盘中心，一般可以放在配电盘四个角处（根据实际情况选择）。

（二）布线要求

①线路走线要横平竖直，尽量避免线路交叉。

②连接时导线头要顺时针弯成"U"形或"针"形固定在电器的接线柱或孔内。

③所有接点要紧固、不反圈、不压绝缘皮、不露裸导线太长。

④电度表和漏电保护器要根据要求正确接入火线和零线，禁止接反。

⑤开关要放在火线线路上，不要放在零线线路上。

⑥火线采用红色电线，零线采用蓝色电线。

实训 1　照明电路安装接线

实训名称：照明电路安装接线。

实训地点：电气设备装调实训室（中级维修电工考核实训台 KBE-2002B）。

实训步骤：详见实训手册。

实训2　基本家用电路的安装接线

实训名称：基本家用电路的安装接线。
实训地点：电气设备装调实训室（中级维修电工考核实训台 KBE-2002B）。
实训步骤：详见实训手册。

练习题

1. 填空题
（1）电能表的接线方式有_____、_____。
（2）开关的安装方式有_____、_____。

2. 简答题
（1）电能表 DDS606 5（20）A 的含义是什么？

（2）元器件布局有哪些要求？

（3）元器件布线有哪些要求？

任务完成报告

姓名		学习日期	
任务名称	照明电路安装调试		
学习自评	考核内容		完成情况
^	1.电能表及漏电保护器接线		□好　□良好　□一般　□差
^	2.双控开关接线		□好　□良好　□一般　□差
^	3.按照规范布局元器件		□好　□良好　□一般　□差
^	4.按照规范布线		□好　□良好　□一般　□差

续表

学习心得	

项目 2　电机正反转控制系统设计安装

电动机俗称马达，是一种将电能转化成机械能，并可再使机械能产生动能，用来驱动其他装置的电气设备，它被广泛地用来驱动各种金属切削机床、起重机、锻压机、传送带、铸造机械、功率不大的通风机及水泵等。本项目介绍电动机的点动、自锁、正反转控制原理，电机控制电路图纸绘制，电机控制柜的安装接线，电气控制系统的调试。根据以上学习内容，将本项目分为4个任务：

任务1　常用电气设备与电机控制。介绍三相交流电源产生与工作特点、变压器工作原理，三相异步电机的工作原理及工作特性，电机电气控制电路，常用低压电器设备。

任务2　电机控制电路图纸的绘制。介绍电机控制图纸、电机启停控制图纸的绘制，电动机自锁互锁电路绘制，电动机正反转控制电路绘制，使用电气CAD进行图纸绘制。

任务3　电气控制柜的安装接线。介绍电机控制图纸的认识，能够正确安装电机启停控制电路，能够正确安装电机正反转控制电路。

任务4　电气控制系统的调试。介绍电气控制柜的通电调试与故障排除的流程及方法，实现电机正反转控制电路的稳定运行。

通过4个任务的学习，同学们应理解三相电源及变压器的工作原理，掌握电气图纸的识图、绘图，理解电机控制电路的工作原理，掌握电气安装接线方法，能够安装调试电机正反转控制电路。

任务1　常用电气设备与电机控制

本任务简单介绍了三相交流电的产生、连接方式及相关参数计算，变压器的工作原理及计算方法，电机的工作原理及运行特性，三相异步电机的电气控制电路，还介绍了常用低压电气设备的结构及使用。

学习目标

知识目标

1. 了解三相交流电的产生，理解对称三相电源的特点；
2. 了解三相电源、三相负载的星形和三角形连接方法及相电压、相电流、线电压、线电流的关系；
3. 了解变压器的结构及工作原理；
4. 理解电机的基本结构、工作原理；
5. 掌握常用低压电气设备的结构原理及使用方法；
6. 掌握三相异步电机点动控制、自锁控制、正反转控制电路；
7. 了解三相电机星—三角启动的原因。

能力目标

1. 能够认知三相电源及负载的接线方式；
2. 能够学会变压器变比的计算；
3. 能够认识电机铭牌及使用方法；
4. 能够熟练使用常用低压电器设备；
5. 能够读懂三相异步电机点动控制、自锁控制、正反转控制电路图。

学习内容

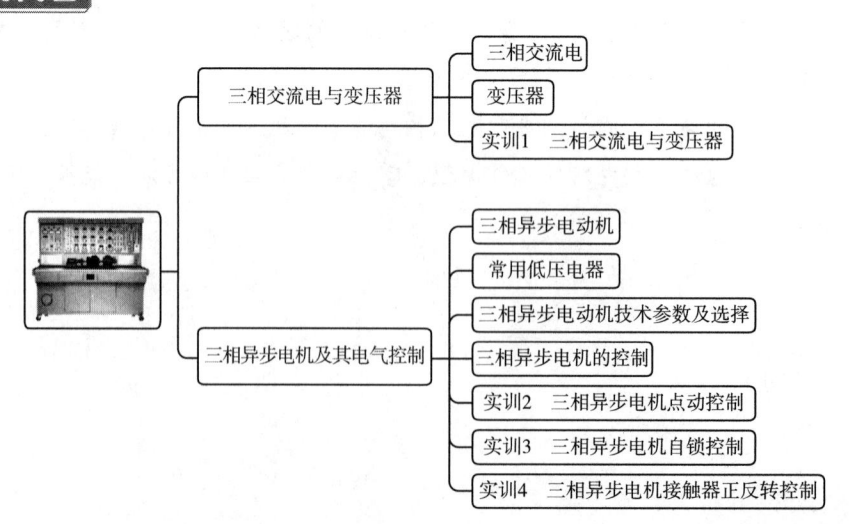

```
                           ┌─ 三相交流电
         ┌─ 三相交流电与变压器 ─┼─ 变压器
         │                 └─ 实训1　三相交流电与变压器
         │
         │                 ┌─ 三相异步电动机
         │                 ├─ 常用低压电器
         │                 ├─ 三相异步电动机技术参数及选择
         └─ 三相异步电机及其电气控制 ─┼─ 三相异步电机的控制
                           ├─ 实训2　三相异步电机点动控制
                           ├─ 实训3　三相异步电机自锁控制
                           └─ 实训4　三相异步电机接触器正反转控制
```

一、三相交流电与变压器

（一）三相交流电

在科技迅速发展的今天，我国无论是日常生活还是工农业生产，都需要大量的电能，人们期待清洁能源的广泛应用。目前使用的电能主要由火力和水力发电产生，风能、太阳能等发电方式占比还很小。电源大都采用三相交流电进行传输和使用，下面就来学习三相交流电的相关知识。

1.三相交流电概述

由三个幅值相等、频率相同（我们国家电网频率为50Hz）彼此之间相位互差120°的正弦电压所组成的供电系统，一般称为三相交流电。三相交流电是电能的一种输送形式，简称三相电。三相交流电源，是由三个频率相同、振幅相等、相位依次互差120°的交流电势组成的电源。图2-1-1为三相交流发电机示意图，在转子上装有三个相互独立的绕组，它们具有相同的材料、尺寸和形状，但在空间位置上分别相差120°，三个绕组的首端用U_1、V_1、W_1表示，末端分别用U_2、V_2、W_2表示。

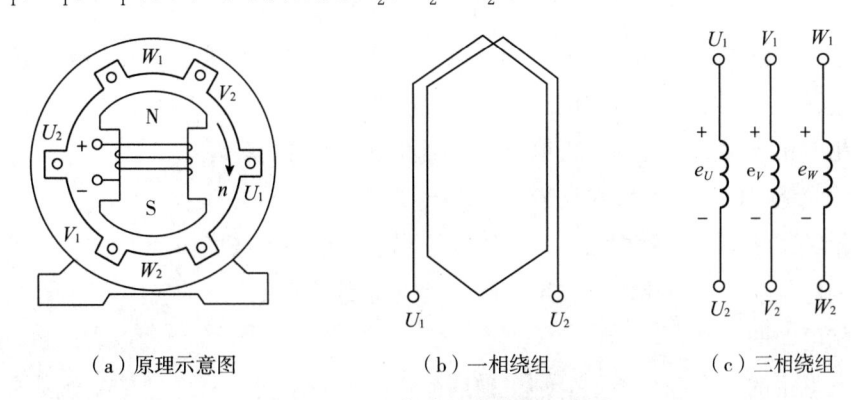

（a）原理示意图　　（b）一相绕组　　（c）三相绕组

图2-1-1　三相交流发电机示意图

磁极放在转子上，一般是由直流电通过励磁绕组产生一个很强的恒定磁场，当转子由外力驱动做匀速转动时，三相定子绕组即切割转子磁场而感应出三相交流电动势。

如果各相电动势的参考方向都规定为相尾指向相首，并设U相电动势的初始相位为0°，则三相对称电动势瞬时值表达式可以用三角函数式表示为：

$$e_u = E_m \sin \omega t$$

$$e_v = E_m \sin(\omega t - 120°)$$

$$e_w = E_m \sin(\omega t + 120°)$$

这三个电动势具有以下特点：

①由于是同一转子等速旋转产生的，所以这三个电动势的频率相同。

②由于每相绕组的几何形状、尺寸、匝数相同，因此三个电动势的最大值和有效值均相等。

③由于三相绕组的空间位置互差120°，所以三个电动势之间互存在120°的相位差。

三相电动势的波形图和向量图如图2-1-2所示。

（a）波形图　　　　　　　（b）向量图

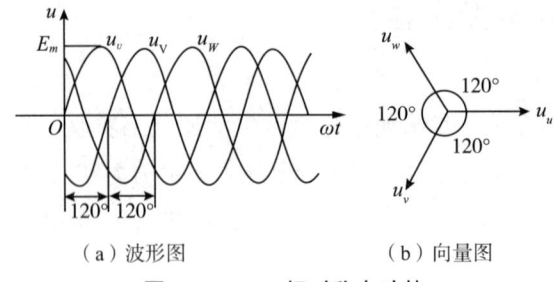

图 2-1-2　三相对称电动势

三个电动势达到最大值或零值的先后次序称为相序。在图 2-1-2（a）中，最先达到最大值的是 u_u，之后为 u_v，最后是 u_w，因此三相电动势的相序为 U—V—W—U，这个相序又称为正相序或者顺相序，反之，U—W—V—U 称为反向序或者逆向序。如无特别说明，一般三相对称电动势都是指正相序。在实际工作中，通常采用黄、绿、红三种颜色表示 U、V、W 三相。

从图 2-1-2 中可以看出，在任一瞬间，三个电动势的代数和为零，即：

$$e_u + e_v + e_w = 0$$

现代电力工程上几乎都采用三相四线制。三相交流供电系统在发电、输电和配电方面较单相供电具有很多不可比拟的优点，主要表现在：

① 三相电机产生的有功功率为恒定值，因此电机的稳定性好。

② 三相交流电的产生与传输比较经济。

③ 三相负载和单相负载相比，容量相同情况下体积要小得多。

由于上述优点，使三相供电在生产和生活中得到了极其广泛的应用。

2. 三相电源的连接

三相发电机的三个绕组不是分别单独向外送电，而是按照一定的方式连接成一个整体向外送电。绕组的连接方式有星形（Y）连接和三角形（△）连接两种方式。

（1）星形（Y）连接

星形连接是把三相绕组的末端 X、Y、Z 连接在一起，形成一个公共点 N，此点叫中性点或零点，由中性点及三个绕组的首端分别向外引出连接线，如图 2-1-3 所示。可见星形连接的三相交流发电机有 4 条输电线路，因此，这种供电系统也称为三相四线制，从中性点 N 引出的导线叫中线。为了安全，通常将中线接地，因此，中线也叫零线或地线。从绕组首端引出的导线称为相线（俗称火线）。

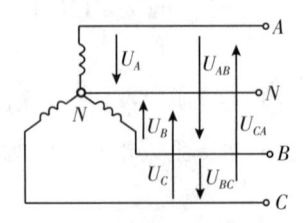

图 2-1-3　星形连接的三相四线制供电线路

在三相四线制线路中，各相线与中线之间的电压叫作相电压，每相电压的有效值分别

用 u_A、u_B、u_C 来表示。相电压的方向规定为由相线指向中线，日常生活中使用的单相交流电的电压均为相电压。由于三相绕组的末端连在一起，所以在任意两根相线之间存在着电压，这个电压叫作线电压，它们的有效值分别用 u_{AB}、u_{BC}、u_{CA} 来表示。线电压的正方向由脚注字母的先后次序决定。例如 u_{AB} 的电压方向为由 A 端指向 B 端，书写时不能任意颠倒，否则在相位上将相差 180°，如图 2-1-4 所示。

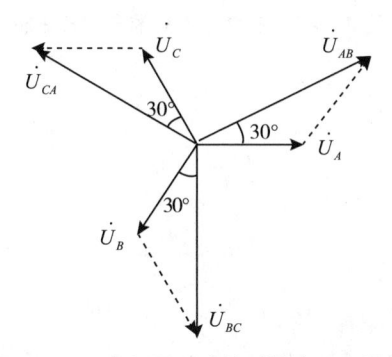

图 2-1-4 电源星形连接时的电压向量图

各相电压与线电压之间的关系为：

$$\dot{U}_{AB} = \dot{U}_A - \dot{U}_B$$
$$\dot{U}_{BC} = \dot{U}_B - \dot{U}_C$$
$$\dot{U}_{CA} = \dot{U}_C - \dot{U}_A$$

线电压的有效值用 U_L 表示，相电压的有效值用 U_P 表示。由相量图可知它们的关系为：

$$U_L = \sqrt{3} U_P$$

三相四线制供电系统有以下特点：

①三个相电压和三个线电压均为三相对称电压。
②线电压的大小等于相电压的 $\sqrt{3}$ 倍。
③各线电压在相位上比它所对应的相电压超前 30°。

在日常使用的三相四线制供电系统中，相电压为 220V，由此可知线电压为：

$$\sqrt{3} \times 220\text{V} = 380\text{V}$$

三相交流电与单相交流电相比，有以下优点：

①在发电方面，三相交流发电机比相同尺寸的单相交流发电机容量大。
②在输电方面，如果以同样大的电压将同样大的功率输送到同样的距离，三相输电线比单相输电线节省材料。
③在用电设备方面，三相交流电动机比单相电动机具有结构简单、体积小、运行特性好、工作可靠等优点。

（2）三角形（△）连接

三相发电机的绕组也可以作三角形连接，如图 2-1-5 所示，即把一个绕组的末端和另一个绕组的首端顺序连成闭合回路，再从这三个连接点引出三根引线，这种只用三根端线供电的方式称为三相三线制。

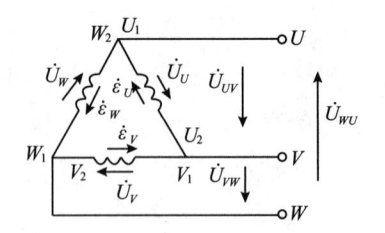

图 2-1-5　三角形连接的三相三线制

由图 2-1-6 可知：

$$\dot{U}_{UV} = \dot{U}_U$$
$$\dot{U}_{VW} = \dot{U}_V$$
$$\dot{U}_{WU} = \dot{U}_W$$

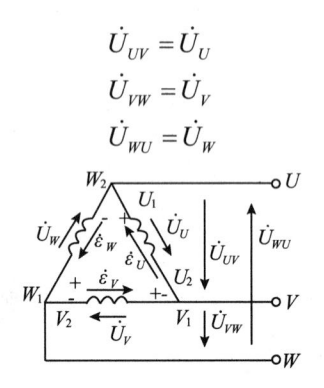

图 2-1-6　三角形连接参数示意图

三个绕组组成三角形时，线电压就是相电压，即 $\dot{U}_L = \dot{U}_P$。

在三相绕组构成的闭合回路中，虽然同时存在着三个电动势，但由于它们的瞬时值的代数和或有效值的矢量和等于零：

$$\dot{U}_U + \dot{U}_V + \dot{U}_W = 0$$

即回路中的总电动势为零，因此，三相绕组中的环电流也为零。但若三相电动势不对称，或是把其中的某一相接反，则此时三个电动势的矢量和不为零，在三相绕组中便会产生很大的环流，可能导致发电机烧毁，如图2-1-7所示，因此，发电机很少作三角形连接。

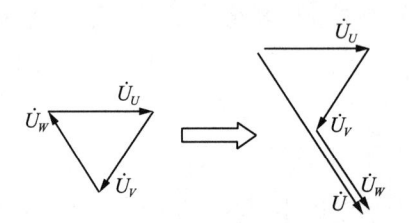

图 2-1-7　三角形电源相序接反示意图

3. 三相负载的连接

交流电路中的用电设备，大体可分为两类：

一类是需要接在三相电源上才能正常工作，叫作三相负载，如果每相负载的阻抗值和阻抗角完全相等，则为对称负载，如三相电动机。

另一类是只需接单相电源的负载，它们可以按照需要接在三相电源的任意一相相电压或线电压上。对于电源来说它们也组成三相负载，但各相的复阻抗一般不相等，所以不是三相对称负载，如照明灯。

三相负载也有两种连接方式,即星形(Y)连接和三角形(△)连接。

(1)三相负载的星形(Y)连接

如图2-1-8所示为三相负载作星形连接时的线路图,其中Z_A、Z_B、Z_C为各相负载的阻抗值。相电流是流过每相负载的电流,线电流是流过相线的电流,即$\dot{I}_A$、$\dot{I}_B$、$\dot{I}_C$。星形接法的特点是相电流等于线电流,即$\dot{I}_P = \dot{I}_L$。

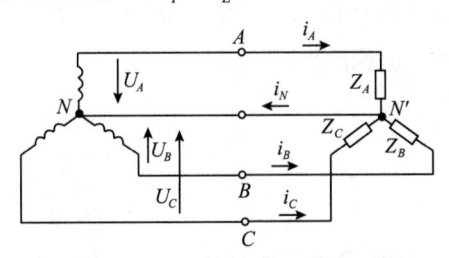

图2-1-8 星形负载连接图

如果负载为对称三相负载,那么流过每相负载的电流也对称,即:

$$I_A = I_B = I_C = \frac{U_A}{Z_A}$$

并且各相电流之间的相位差仍为120°,因此,计算三相负载时,只需计算其中一相,其他两相只是相位互差120°。

由图2-1-8可知,中线电流为三个相电流之和,即:

$$i_A + i_B + i_C = i_N$$

由于电源对称,三相电动势的相量和为零,各相负载对称,因此,各相电流也对称,所以中线电流等于零,即:

$$i_A + i_B + i_C = i_N = 0$$

若负载对称,则三相电流也对称,只计算一相电流,其他两相电流可根据对称性直接写出,零线可以取消(三相三线制)。

若负载不对称,各相需单独计算,每相负载电流可分别求出,故必须有中线(三相四线制)。

(2)三相负载的三角形(△)连接

三相负载的三角形连接方法如图2-1-9所示,把每相负载分别接在电源两端线之间,所以不论负载是否对称,各相负载所承受的相电压均为电源的线电压,即U_{AB}、U_{BC}、U_{CA}。

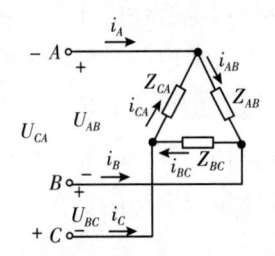

图2-1-9 三角形负载连接图

对于对称负载，由于各相阻抗相等、性质相同，因此，各相电流也是对称的。由于三个相电流是对称的，因此三个线电流也必然是对称的，其大小为相电流的$\sqrt{3}$倍，在相位上互差120°，并且各线电流滞后各相应的相电流30°。

负载不对称时，先算出各相电流，然后计算线电流。

在实际应用中，三相负载究竟采取哪种连接方式，取决于电源电压和负载的额定电压，原则上应使负载的实际工作相电压等于额定相电压。如图2-1-10所示为电动机和家用电器在使用时的供电线路及负载连接形式。

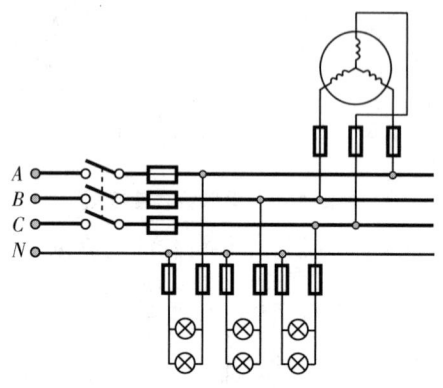

图2-1-10 三相交流电负载连接形式

三相负载采用何种连接方式由负载的额定电压决定：当负载额定电压等于电源线电压时采用三角形连接；当负载额定电压等于电源相电压时采用星形连接。

4.三相交流电功率

三相交流电同单相交流电一样，也有有功功率、无功功率、视在功率。

（1）有功功率

在交流电路中，凡是消耗在电阻元件上、功率不可逆转换的那部分功率（如转变为热能、光能或机械能）称为有功功率，简称"有功"，用"P"表示，单位是瓦（W）或千瓦（kW）。

它反映了交流电源在电阻元件上做功的能力大小，或单位时间内转变为其他能量形式的电能数值。实际上它是交流电在一个周期内瞬时转变为其他能量形式的电能数值，或是交流电在一个周期内瞬时功率的平均值，故又称平均功率。它的大小等于瞬时功率最大值的1/2，就是等于电阻元件两端电压有效值与通过电阻元件中电流有效值的乘积。

（2）无功功率

在交流电路中，凡是具有电感性或电容性的元件，在通过后便会建立起电感线圈的磁场或电容器极板间的电场。因此，在交流电每个周期内的上半部分（瞬时功率为正值）时间内，它们将会从电源吸收能量来建立磁场或电场；而下半部分（瞬时功率为负值）的时间内，其建立的磁场或电场能量又返回电源。因此，在整个周期内这种功率的平均值等于零。也就是说，电源的能量与磁场能量或电场能量在进行着可逆的能量转换，而并不消耗功率。

为了反映以上事实并加以表示，将电感或电容元件与交流电源往复交换的功率称为无功功率，简称"无功"，用"Q"表示，单位是乏（Var）或千乏（kVar）。无功功率是交流电路中由于电抗性元件（纯电感或纯电容）的存在，而进行可逆性转换的那部分电功率，它表达了交流电源能量与磁场或电场能量交换的最大速率。实际工作中，凡是有线圈和铁芯的感性负载，它们在工作时建立磁场所消耗的功率即无功功率。如果没有无功功率，电动机和变压器就不能建立工作磁场。

（3）视在功率

交流电源所能提供的总功率，称为视在功率或表现功率，在数值上是交流电路中电压与电流的乘积，用 S 表示，单位为伏安（V·A）或千伏安（kV·A）。它通常用来表示交流电源设备（如变压器）的容量大小。

视在功率既不等于有功功率，又不等于无功功率，但它既包括有功功率，又包括无功功率。能否使视在功率 100kV·A 的变压器输出 100kW 的有功功率，主要取决于负载的功率因数。

三相负载不管采用何种连接方式，其总的有功功率的计算方法和单相电路的计算方法是一样的，三相总有功功率为：

$$P = P_A + P_B + P_C$$

负载对称时，不论是星形连接还是三角形连接，其功率为：

$$P = \sqrt{3} U_L I_L \cos\varphi$$

注意：这里的 φ 是某相负载的相电压与相电流之间的相位差，即某相负载的阻抗角，不能错认为是线电压与线电流的相位差。

同理，可计算出无功功率和视在功率分别为：

$$Q = \sqrt{3} U_L I_L \sin\varphi$$

$$S = \sqrt{3} U_L I_L = \sqrt{P^2 + Q^2}$$

（二）变压器

电力系统中，发电机发出电能经升压变压器升压后远距离传输，到用户侧经降压变压器降压后使用（一般为380V）；家用电器中，有3V、5V、24V、48V等家用电器设备的供电，也需要变压器进行变压。可见，变压器在实际中的使用十分广泛，下面就来讲解变压器的相关知识。

1. 变压器的基本结构与分类

变压器是一种静止的电气设备，它利用电磁感应原理将一种等级的电压和电流的交流电能转换成另一种等级的电压和电流的交流电能。

（1）变压器基本结构

变压器主要由铁芯和绕组组成。

①铁芯。铁芯是变压器的磁路部分。为了减少铁芯内部的涡流损耗和磁滞损耗，铁芯一般用 0.35mm 厚的冷轧硅钢片叠成。

变压器的铁芯一般分为芯式和壳式两大类,其结构如图 2-1-11 所示。芯式变压器在两侧铁芯柱上安置绕组,壳式变压器在中间铁芯柱上安置绕组。

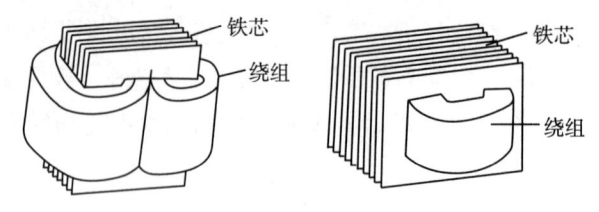

图 2-1-11　变压器结构图

②绕组。绕组是变压器的电路部分。它由漆包线或绝缘的扁铜线绕制而成,套在铁芯上。变压器一般有两个或两个以上的绕组,接电源的绕组称为一次绕组(或原绕组),接负载的绕组称为二次绕组(或副绕组)。

变压器在工作时铁芯和绕组都会发热,小容量变压器采用自冷式,即将其放置在空气中自然冷却;中容量电力变压器采用油冷式,即将其放置在有散热管(片)的油箱中;大容量变压器还要用油泵使冷却液在油箱与散热管(片)中作强制循环。

(2)变压器分类

按用途分为:电力变压器和特种变压器。

按绕组数目分为:单绕组(自耦)变压器、双绕组变压器、三绕组变压器和多绕组变压器。

按相数分为:单相变压器、三相变压器和多相变压器。

按铁芯结构分为:芯式变压器和壳式变压器。

按调压方式分为:无励磁调压变压器和有载调压变压器。

按冷却介质和冷却方式分为:干式变压器、油浸式变压器和充气式变压器。

按容量分为:小型、中型、大型和特大型变压器。

我国变压器的主要系列:SJL1(三相油浸铝线电力变压器)、SEL1(三相强油风冷铝线电力变压器)、SFPSL1(三相强油风冷三线圈铝线电力变压器)、SWPO(三相强油水冷自耦电力变压器)等。

2.变压器基本工作原理

变压器的铁芯具有很强的导磁性能,它能够把绝大部分的磁通约束在铁芯组成的闭合电路中,在分析原理时,主要考虑主磁通。

(1)变压器变电压的原理

如图 2-1-12 所示为变压器空载运行原理图。变压器空载运行是指一次绕组接电源、二次绕组开路的状态。

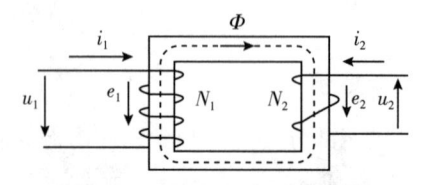

图 2-1-12　变压器空载运行原理图

当变压器的输入端加上交流电压后，一次绕组中便产生一次电流和交变磁通 $\varPhi$，其频率与电源电压的频率相同。由于一次、二次绕组套在同一铁芯上，主磁通同时穿过一次、二次绕组，根据电磁感应定律，在一次绕组中产生自感电动势 e_1，在二次绕组中产生互感电动势 e_2，其大小分别正比于一次、二次绕组的匝数。在二次绕组中有了电动势 e_2，便在输出端形成电压 u_2。在不计各种损耗的状态下，变压器的电压变换关系是：

$$\frac{u_1}{u_2} = \frac{N_1}{N_2} = K$$

可以看出，变压器一次、二次侧的电压有效值与一次、二次绕组的匝数成正比，比值 K 称为变压比。变压器通过改变一次、二次绕组的匝数之比，就可以很方便地改变输出电压的大小。

（2）变压器变电流的原理

当二次绕组接上负载 Z_L 时，称为变压器的有载运行。如图 2-1-13 所示为变压器的负载运行原理图。

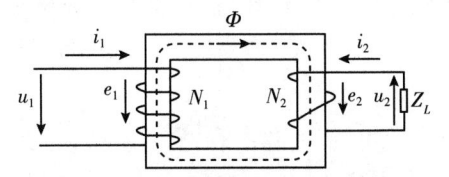

图 2-1-13　变压器负载运行原理图

一次绕组电流的有效值为 I_1，二次绕组电流的有效值为 I_2，在理想情况下有：

$$\frac{I_1}{I_2} = \frac{U_2}{U_1} = \frac{1}{K}$$

可以看出，变压器在改变电压的同时，电流随之成反比例地变化，且一次、二次电流值比等于匝数的反比。

3. 变压器运行特性

（1）变压器的外特性

变压器的外特性是指当电源电压和负载功率因数为常数时，变压器副边电压随负载电流及负载性质的变化关系。电压变化率反映电压 U_2 的变化程度。通常希望 U_2 的变动愈小愈好，一般变压器的电压变化率约为 5%，如图 2-1-14 所示为变压器的外特性曲线，外特性关系为：

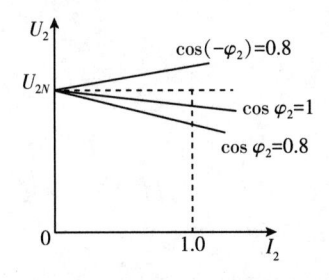

图 2-1-14　变压器外特性

$$\Delta U = \frac{U_{2N} - U_2}{U_{2N}} \times 100\%$$

(2)变压器的效率

在额定功率时,变压器的输出功率和输入功率的比值,叫作变压器的效率,即:

$$\eta = \frac{P_2}{P_1} \times 100\%$$

式中,η 为变压器的效率,P_2 为输出功率,P_1 为输入功率。

当变压器的输出功率 P_2 等于输入功率 P_1 时,效率 η 等于100%,变压器将不产生任何损耗,但实际上这种变压器是没有的。变压器传输电能时总要产生损耗,这种损耗主要有铜损和铁损两种:

铜损是指变压器线圈电阻所引起的损耗,当电流通过线圈电阻发热时,一部分电能转变为热能而损耗。由于线圈一般都由带绝缘的铜线缠绕而成,因此称为铜损。

铁损包括两个方面:

①磁滞损耗,当交流电流通过变压器时,通过变压器硅钢片的磁力线其方向和大小随之变化,使得硅钢片内部分子相互摩擦产生热能,从而损耗了一部分电能,这是磁滞损耗。

②涡流损耗:当变压器工作时,铁芯中有磁力线穿过,在铁芯中就会产生感应电流,此电流为涡流,而涡流使铁芯发热,消耗能量,这种损耗称为涡流损耗。

变压器的效率与变压器的功率等级有密切关系,大容量变压器的效率可达98%~99%,小型电源变压器的效率也能达到70%~80%。功率越大,损耗与输出功率比就越小,效率也就越高;反之,功率越小,效率也就越低。

4. 特殊变压器

(1)自耦变压器

自耦变压器实质上是利用一个绕组带抽头的办法来实现改变电压的一种单绕组变压器。由线圈、铁芯和可旋转的动触头组成,也称可调变压器。

自耦变压器的原、副线圈共用一部分绕组,它们之间不仅有磁耦合,还有电的关系,如图2-1-15所示是自耦变压器区别于一般变压器的特点,原、副线圈电压之比和电流之比的关系为:

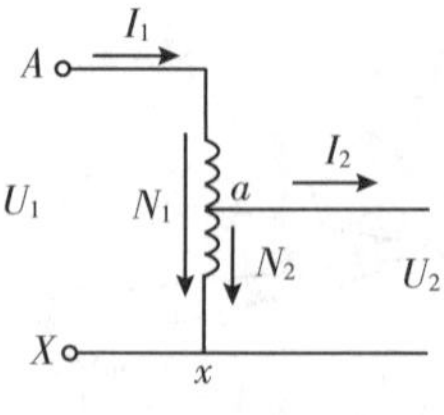

图 2-1-15 自耦变压器原理图

$$\frac{U_1}{U_2} = \frac{I_2}{I_1} \approx \frac{N_1}{N_2} = K$$

当自耦变压器接上负载时,负载与一次电压是相通的,所以,自耦变压器在使用时一定要注意正确接线，否则容易发生触电事故。在要求与原电压绝缘的场合是不可使用自耦变压器的，比如各种手机充电器就不允许用自耦变压器降压。

自耦变压器可用作电力变压器：如在实验室中用来连续改变电源电压的调压变压器，就是一种自耦变压器。除单相外，还有三相调压器。广泛应用于三相笼型异步电动机减压启动的补偿起动器也是一种自耦变压器。

（2）互感器

①电流互感器。电流互感器的作用是将电路中流过的大电流变换成小电流（额定值为5A或1A）供电给测量仪表和继电器的电流线圈。原绕组线径较粗，匝数为一匝或几匝，副绕组线径较细，匝数很多。相当于升压变压器，电流互感器如图2-1-16所示。

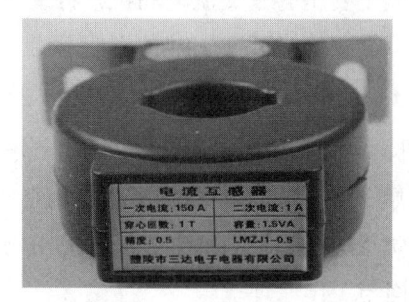

图2-1-16 电流互感器

②电压互感器。电压互感器的作用是将高电压降为低电压（一般额定值为100V）供电给测量仪表和继电器的电压线圈，使测量、继电保护回路与高压线路隔离，保证人员和设备的安全，如图2-1-17所示。

图2-1-17 电压互感器

电压互感器使用时需要注意：一次侧与电源并联；运行时二次侧不允许短路；二次侧必须可靠接地。

实训1　三相交流电与变压器

实训名称：三相交流电与变压器。

实训地点：家用电器实训室。

实训步骤：详见实训手册。

二、三相异步电机及其电气控制

分组讨论：

电动机在生活和工业上有哪些应用？

实现电能与机械能相互转换的电工设备总称为电机。电机是利用电磁感应原理实现电能与机械能的相互转换。把机械能转换成电能的设备称为发电机，而把电能转换成机械能的设备叫作电动机。在生产上主要用的是交流电动机，特别三相异步电动机，因为它具有结构简单、坚固耐用、运行可靠、价格低廉、维护方便等优点。它被广泛地用于驱动各种金属切削机床、起重机、锻压机、传送带、铸造机械、功率不大的通风机及水泵等。

（一）三相异步电动机

对于各种电动机应该了解下列几方面的问题：基本构造；工作原理；（表示转速与转矩之间关系的机械特性；启动及电气控制的基本方法；应用场合和如何正确使用。

1. 三相异步电动机的结构与工作原理

（1）三相异步电机的构造

三相异步电动机的两个基本组成部分为定子（固定部分）和转子（旋转部分）。此外，还有端盖、风扇等附属部分，如图 2-1-18 所示。

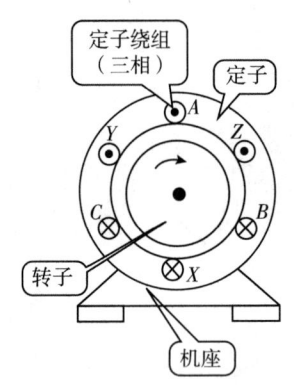

图 2-1-18 三相电动机的结构示意图

①定子。三相异步电动机的定子由三部分组成，如表 2-1-1 所示。

表 2-1-1 三相异步电动机的定子组成

定子	定子铁芯	由厚度为 0.5mm 的、相互绝缘的硅钢片叠成，硅钢片内圆上有均匀分布的槽，其作用是嵌放定子三相绕组 AX、BY、CZ
	定子绕组	三组用漆包线绕制好的，对称地嵌入定子铁芯槽内的相同的线圈。这三相绕组可接成星形或三角形
	机座	机座用铸铁或铸钢制成，其作用是固定铁芯和绕组

②转子。三相异步电动机的转子由三部分组成，如表 2-1-2 所示。

表 2-1-2 三相异步电动机的转子组成

转子	转子铁芯	由厚度为 0.5mm 的、相互绝缘的硅钢片叠成，硅钢片外圆上有均匀分布的槽，其作用是嵌放转子三相绕组
	转子绕组	转子绕组有两种形式： 鼠笼式 — 鼠笼式异步电动机； 绕线式 — 绕线式异步电动机
	转轴	转轴上加机械负载

鼠笼式电动机由于构造简单，价格低廉，工作可靠，使用方便，成为生产上应用最广泛的一种电动机。为了保证转子能够自由旋转，在定子与转子之间必须留有一定的空气隙，中小型电动机的空气隙为 0.2~1.0mm。

（2）三相异步电动机的转动原理

①基本原理。为了说明三相异步电动机的工作原理，我们做如下演示，如图 2-1-19 所示。

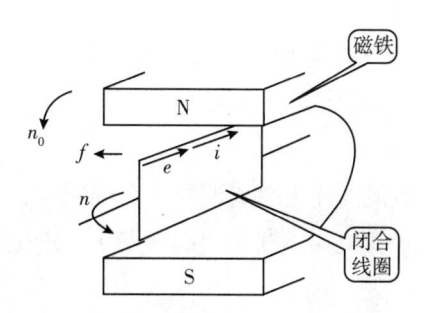

图 2-1-19 三相异步电动机工作原理

演示：在装有手柄的蹄形磁铁的两极间放置一个闭合导体，当转动手柄带动蹄形磁铁旋转时，将发现导体也跟着旋转；若改变磁铁的转向，则导体的转向也跟着改变。

现象解释：当磁铁旋转时，磁铁与闭合的导体发生相对运动，鼠笼式导体切割磁力线而在其内部产生感应电动势和感应电流。感应电流又使导体受到一个电磁力的作用，于是导体就沿磁铁的旋转方向转动起来，这就是异步电动机的基本原理。转子转动的方向和磁极旋转的方向相同。

结论：欲使异步电动机旋转，必须有旋转的磁场和闭合的转子绕组。

②旋转磁场。

（a）产生。图 2-1-20 表示最简单的三相定子绕组 AX、BY、CZ，它们在空间按互差 120°的规律对称排列，并接成星形与三相电源 U、V、W 相联。则三相定子绕组便通过三相对称电流，随着电流在定子绕组中通过，在三相定子绕组中就会产生旋转磁场，如图 2-1-20 所示。

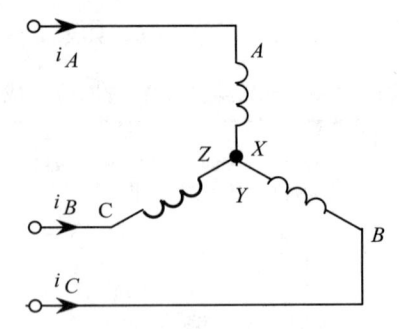

图 2-1-20 三相异步电动机定子接线

$$\begin{cases} i_A = I_m \sin \omega t \\ i_B = I_m \sin(\omega t - 120°) \\ i_C = I_m \sin(\omega t + 120°) \end{cases}$$

当 $\omega t=0°$ 时，$i_A=0$，AX 绕组中无电流；i_B 为负，BY 绕组中的电流从 Y 流入从 B 流出；i_C 为正，CZ 绕组中的电流从 C 流入从 Z 流出；由右手螺旋定则可得合成磁场的方向如图 2-1-21（a）所示。

当 $\omega t=120°$ 时，$i_B=0$，BY 绕组中无电流；i_A 为正，AX 绕组中的电流从 A 流入从 X 流出；i_C 为负，CZ 绕组中的电流从 Z 流入从 C 流出；由右手螺旋定则可得合成磁场的方向如图 2-1-21（b）所示。

当 $\omega t=240°$ 时，$i_C=0$，CZ 绕组中无电流；i_A 为负，AX 绕组中的电流从 X 流入从 A 流出；i_B 为正，BY 绕组中的电流从 B 流入从 Y 流出；由右手螺旋定则可得合成磁场的方向如图 2-1-21（c）所示。

可见，当定子绕组中的电流变化一个周期时，合成磁场也按电流的相序方向在空间旋转一周。随着定子绕组中的三相电流不断作周期性变化，产生的合成磁场也不断旋转，因此称为旋转磁场。

(a) $\omega t=0°$　　　　(b) $\omega t=120°$　　　　(c) $\omega t=240°$

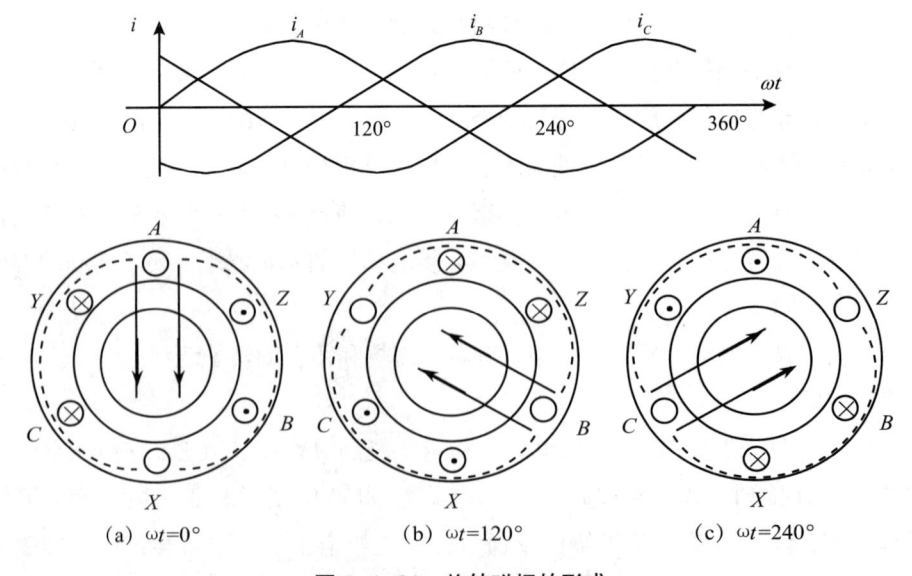

图 2-1-21 旋转磁场的形成

（b）旋转磁场的方向。旋转磁场的方向是由三相绕组中电流相序决定的，若想改变旋转磁场的方向，只要改变通入定子绕组的电流相序，即将三根电源线中的任意两根对调即可。这时，转子的旋转方向也跟着改变。

③三相异步电动机的极数与转速。

（a）极数（磁极对数 p）。三相异步电动机的极数就是旋转磁场的极数。旋转磁场的极数和三相绕组的安排有关。当每相绕组只有一个线圈，绕组的始端之间相差 120° 空间角时，产生的旋转磁场具有一对极，即 $p=1$；当每相绕组为两个线圈串联，绕组的始端之间相差 60° 空间角时，产生的旋转磁场具有两对极，即 $p=2$；同理，如果要产生三对极，即 $p=3$ 的旋转磁场，则每相绕组必须有均匀安排在空间的串联的三个线圈，绕组的始端之间相差 40°（=120°/p）空间角。极数 p 与绕组的始端之间的空间角的关系为：

$$\theta = \frac{120°}{p}$$

（b）转速 n。三相异步电动机旋转磁场的转速 n_0 与电动机磁极对数 p 有关，它们的关系是：

$$n_0 = \frac{60 f_1}{p}$$

由上式可知，旋转磁场的转速 n_0 取决于电流频率 f_1 和磁场的极数 p。对某一异步电动机而言，f_1 和 p 通常是一定的，所以磁场转速 n_0 是常数。

在我国，工频 f_1=50Hz，因此对应于不同极对数 p 的旋转磁场转速 n_0 如表 2-1-3 所示。

表 2-1-3 转速与磁极对应表

p	1	2	3	4	5	6
n_0	3000	1500	1000	750	600	500

（c）转差率 s。电动机转子转动方向与磁场旋转方向相同，但转子的转速 n 不可能达到与旋转磁场的转速 n_0 相等，否则转子与旋转磁场之间就没有相对运动，因而磁力线就不切割转子导体，转子电动势、转子电流以及转矩也就都不存在。也就是说，旋转磁场与转子之间存在转速差，因此我们把这种电动机称为异步电动机，又因为这种电动机的转动原理是建立在电磁感应基础上的，故又称为感应电动机。

旋转磁场的转速 n_0 常称为同步转速。

转差率 s——用来表示转子转速 n 与磁场转速 n_0 相差的程度的物理量，即：

$$s = \frac{n_0 - n}{n_0} = \frac{\Delta n}{n_0}$$

转差率是异步电动机的一个重要的物理量。当旋转磁场以同步转速 n_0 开始旋转时，转子则因机械惯性尚未转动，转子的瞬间转速 $n=0$，这时转差率 $s=1$。转子转动起来之后，$n>0$，（n_0-n）差值减小，电动机的转差率 $s<1$。如果转轴上的阻转矩加大，则转子转速 n

降低，即异步程度加大，才能产生足够大的感应电动势和电流，产生足够大的电磁转矩，这时的转差率 s 增大。反之，s 减小。异步电动机运行时，转速与同步转速一般很接近，转差率很小。在额定工作状态下为 0.015～0.06。

根据转差率计算公式，可以得到电动机的转速常用公式：

$$n = (1-s)\,n_0$$

例如有一台三相异步电动机，其额定转速 n=975r/min，电源频率 f=50Hz，求电动机的极数和额定负载时的转差率 s。

解：由于电动机的额定转速接近而略小于同步转速，而同步转速对应于不同的极对数有一系列固定的数值。显然，与 975r/min 最相近的同步转速 n_0=1000r/min，与此相应的磁极对数 p=3。因此，额定负载时的转差率为：

$$s = \frac{n_0 - n}{n_0} \times 100\% = \frac{1000 - 975}{1000} \times 100\% = 2.5\%$$

（d）三相异步电动机的定子电路与转子电路。三相异步电动机中的电磁关系同变压器类似，定子绕组相当于变压器的原绕组，转子绕组（一般是短接的）相当于副绕组。给定子绕组接上三相电源电压，则定子中就有三相电流通过，此三相电流产生旋转磁场，其磁力线通过定子和转子铁芯而闭合，这个磁场在转子和定子的每相绕组中都要感应出电动势。

2. 三相异步电机的转矩特性与机械特性

（1）电磁转矩（简称转矩）

异步电动机的转矩 T 是由旋转磁场的每极磁通 Φ 与转子电流 I_2 相互作用而产生的。电磁转矩的大小与转子绕组中的电流 I 及旋转磁场的强弱有关。

经理论证明，它们的关系是：

$$T = K_T \Phi I_2 \cos\varphi_2$$

其中：T 为电磁转矩；K_T 为与电机结构有关的常数；Φ 为旋转磁场每个极的磁通量；I_2 为转子绕组电流的有效值；φ_2 为转子电流滞后于转子电势的相位角。

若考虑电源电压及电机的一些参数与电磁转矩的关系，则：

$$T = K_T' \frac{s R_2 U_1^2}{R_2^2 + (s X_{20})^2}$$

其中：K_T' 为常数；U_1 为定子绕组的相电压；s 为转差率；R_2 为转子每相绕组的电阻；X_{20} 为转子静止时每相绕组的感抗。

由上式可知，转矩 T 还与定子每相电压 U_1 的平方成比例，所以当电源电压有所变动时，对转矩的影响很大。此外，转矩 T 还受转子电阻 R_2 的影响。

（2）机械特性曲线

在一定的电源电压 U_1 和转子电阻 R_2 下，电动机的转矩 T 与转差率 n 之间的关系曲线 $T=f(s)$ 或转速与转矩的关系曲线 $n=f(T)$，称为电动机的机械特性曲线，如图 2-1-22 所示。

(a) T=f(s) 曲线　　　　(b) n=f(T) 曲线

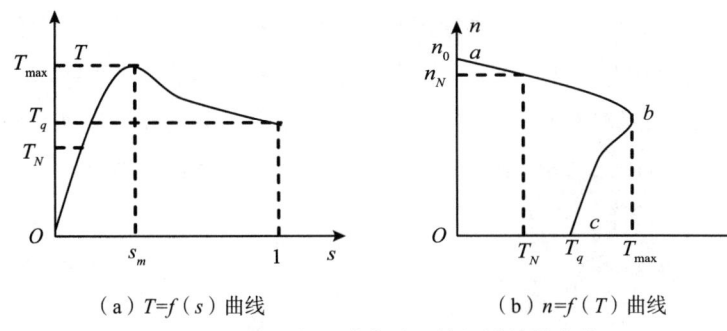

图 2-1-22　三相异步电动机的机械特性曲线

在机械特性曲线上我们要讨论以下三个转矩。

（a）额定转矩 T_N。额定转矩 T_N 是异步电动机带额定负载时，转轴上的输出转矩，其公式为：

$$T_N = 9550 \frac{P_2}{n}$$

式中，P_2 是电动机轴上输出的机械功率，其单位是瓦特，n 的单位是转/分，T_N 的单位是牛·米。

当忽略电动机本身机械摩擦转矩 T_0 时，阻转矩近似为负载转矩 T_L，电动机作等速旋转时，电磁转矩 T 必与阻转矩 T_L 相等，即 $T=T_L$。额定负载时，则有 $T_N=T_L$。

（b）最大转矩 T_m。T_m 又称为临界转矩，是电动机可能产生的最大电磁转矩。它反映了电动机的过载能力。最大转矩的转差率为 s_m，此时的 s_m 叫作临界转差率，见图 2-1-22（a）。最大转矩 T_m 与额定转矩 T_N 之比称为电动机的过载系数 λ，即：

$$\lambda = \frac{T_m}{T_N}$$

一般三相异步的过载系数在 1.8~2.2。在选用电动机时，必须考虑可能出现的最大负载转矩，而后根据所选电动机的过载系数算出电动机的最大转矩，它必须大于最大负载转矩。否则，就要重选电动机。

（c）启动转矩 T_{st}。T_{st} 为电动机启动初始瞬间的转矩，即 $n=0$，$s=1$ 时的转矩。为确保电动机能够带额定负载启动，必须满足：$T_{st}>T_N$，一般的三相异步电动机有 $T_{st}/T_N=1~2.2$。

（3）电动机的负载能力自适应分析

电动机在工作时，它所产生的电磁转矩 T 的大小能够在一定范围内自动调整以适应负载的变化，这种特性称为自适应负载能力。

$T_L\uparrow \Rightarrow n\downarrow \Rightarrow S\uparrow \Rightarrow I_2\uparrow \Rightarrow T$，直至新的平衡。此过程中，$I_2\uparrow$ 时，$I_1\uparrow$，所以电源提供的功率自动增加。

（二）常用低压电器

电动机或其他电气设备电路的接通或断开，目前普遍采用继电器、接触器、按钮及开关等控制电器来组成控制系统。这种控制系统一般称为继电接触器控制系统。

要弄清一个控制电路的原理，必须了解其中各个电气元件的结构、动作原理以及它们的控制作用。电气元器件的种类繁多，可分为手动的和自动的两类。手动电气元器件是由工作人员手动操纵的，例如刀开关、点火开关等。而自动电气元器件则是按照指令、信号或某个物理量的变化而自动动作的，例如各种继电器、接触器、电磁阀等。因此，本节首先对这些常用控制电器作简单介绍。

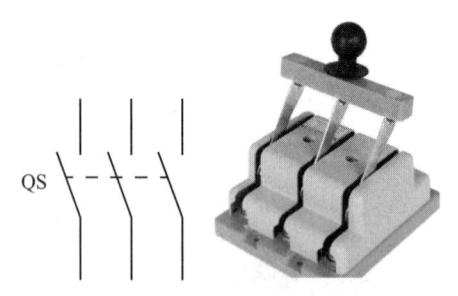

1. 刀开关（图 2-1-23）

图 2-1-23　刀开关

①刀开关又叫闸刀开关，一般用于不频繁操作的低压电路中，用来接通和切断电源，有时也用来控制小容量电动机的直接启动与停机。

②刀开关由闸刀（动触点）、静插座（静触点）、手柄和绝缘底板等组成。

③刀开关的种类很多。按极数（刀片数）分为单极、双极和三极；按结构分为平板式和条架式；按操作方式分为直接手柄操作式、杠杆操作机构式和电动操作机构式；按转换方向分为单投和双投等。

④刀开关一般与熔断器串联使用，以便在短路或过负荷时熔断器熔断而自动切断电路。

⑤刀开关的额定电压通常为 250V 和 500V，额定电流在 1500A 以下。

⑥考虑到电机较大的启动电流，刀闸的额定电流值为异步电机额定电流的 3~5 倍。

2. 按钮

按钮常用于接通、断开控制电路，它的结构和电路符号如图 2-1-24 所示。

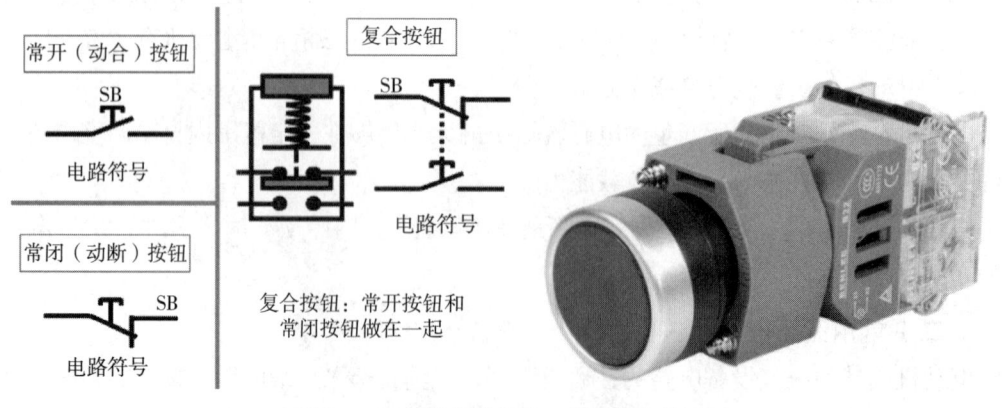

图 2-1-24　按钮的结构、符号与实物图

按钮上的触点分为常开触点和常闭触点，由于按钮的结构特点，按钮只起发出"接

通"和"断开"信号的作用。

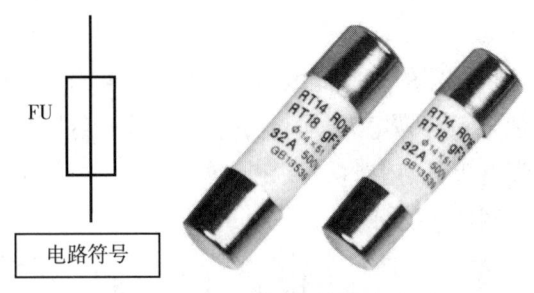

3. 熔断器（图 2-1-25）

图 2-1-25 熔断器的符号与实物

①熔断器主要作短路或过载保护用，串联在被保护的线路中。线路正常工作时如同一根导线，起通路作用；当线路短路或过载时熔断器熔断，起到保护线路上其他电气设备的作用。

②熔断器的结构分为管式、磁插式、螺旋式等。其核心部分熔体（熔丝或熔片）是用电阻率较高的易熔合金制成的，如铅锡合金，或者是用截面积较小的导体制成。

③熔体额定电流 I_F 的选择：

（a）无冲击电流的场合（如电灯、电炉），$I_F \geq I_L$；

（b）一台电动机的熔体：熔体额定电流≥电动机的起动电流/2.5；

（c）如果电动机启动频繁，则为熔体额定电流≥电动机的启动电流/（1.6~2）；

（d）几台电动机合用的总熔体：熔体额定电流=（1.5~2.5）×容量最大的电动机的额定电流与其余电动机的额定电流之和。

4. 交流接触器

接触器是一种自动开关，是电力拖动中主要的控制电器之一，它分为直流和交流两类。其中，交流接触器常用来接通和断开电动机或其他设备的主电路。图 2-1-26 是交流接触器的主要结构图与实物图。接触器主要由电磁铁和触头两部分组成。它是利用电磁铁的吸引力而动作的。当电磁线圈通电后，吸引山字形动铁芯（上铁芯），而使常开触头闭合。

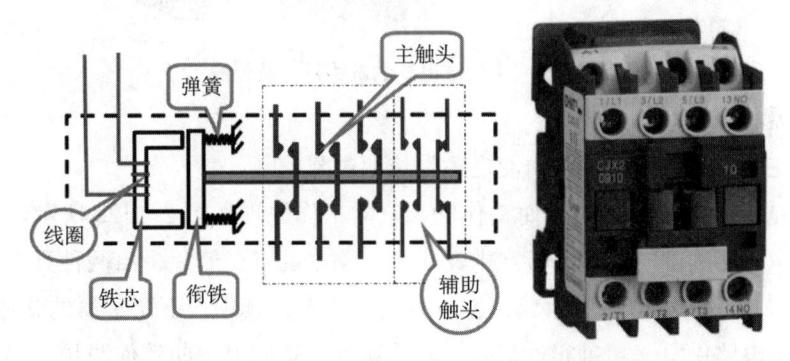

图 2-1-26 交流接触器的结构与实物图

根据用途不同，接触器的触头分为主触头和辅助触头两种。辅助触头通过的电流较小，常接在电动机的控制电路中；主触头能通过较大电流，常接在电动机的主电路中。例如CJ10-20型交流接触器有三个常开主触头和四个辅助触头（两个常开，两个常闭）。

当主触头断开时，其间产生电弧，会烧坏触头，并使电路分断时间拉长，因此，必须采取灭弧措施。通常交流接触器的触头都做成桥式结构，它有两个断点，以降低触头断开时加在断点上的电压，使电弧容易熄灭，同时各相间装有绝缘隔板，可防止短路。在电流较大的接触器中还专门设有灭弧装置。

接触器的电路符号如图2-1-27所示。

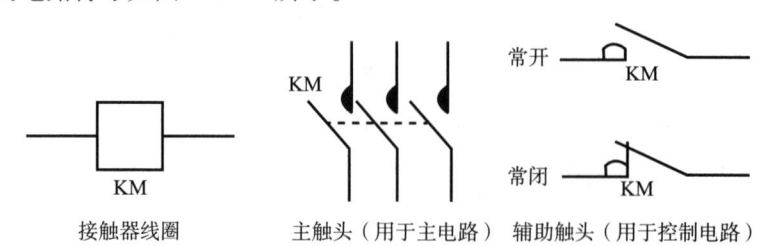

图2-1-27 接触器的电路符号

在选用接触器时，应注意它的额定电流、线圈电压及触头数量等。CJ10系列接触器的主触头额定电流有5A、10A、20A、40A、75A、120A等。

5.中间继电器

中间继电器的结构与接触器基本相同，只是体积较小，触点较多，通常用来传递信号和同时控制多个电路，也可以用来控制小容量的电动机或其他执行元件，如图2-1-28所示。

常用的中间继电器有JZ7系列，触点的额定电流为5A，选用时应考虑线圈的电压。

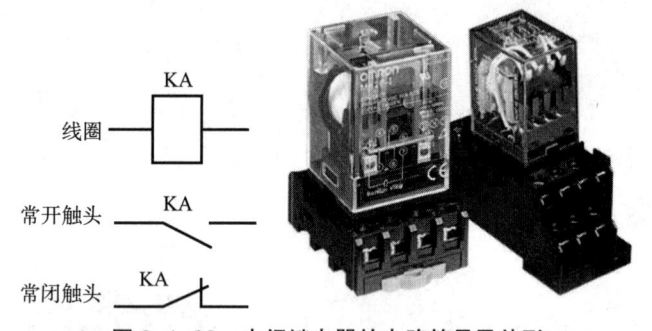

图2-1-28 中间继电器的电路符号及外形

6.热继电器

热继电器主要用来保护电动机，使之免受长期过载危害。

热继电器是利用电流的热效应而动作的，它的工作原理如图2-1-29所示。图中的发热元件是一段电阻不大的电阻丝，接在电动机主电路中的双金属片，由两种具有不同线膨胀系数的金属采用热和压力碾压而成，也可采用冷结合，其中，下层金属的膨胀系数大，上层的小。当主电路中电流超过容许值时，双金属片受热向上弯曲致使脱扣，扣板在弹簧的拉力下将常闭触头断开。触头接在电动机的控制电路中，控制电路断开使接触器的线圈断电，从而断开电动机的主电路。

由于热惯性，热继电器不能作短路保护，因为发生短路事故时，我们要求电路立即断开，而热继电器是不能立即动作的。但是这个热惯性又是合乎我们要求的，比如在电动机启动或短时过载时，由于热惯性热继电器不会动作，这可避免电动机的不必要的停车。如果要热继电器复位，则按下复位按钮即可。

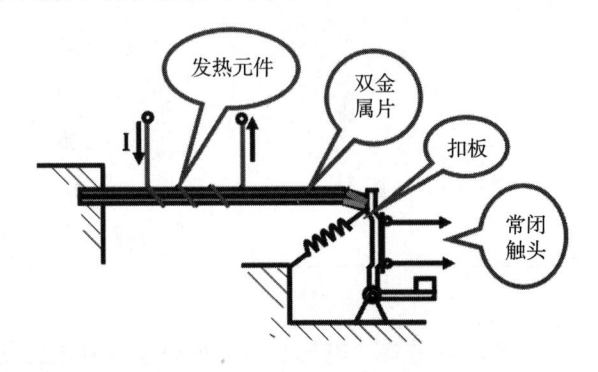

图 2-1-29　热继电器工作原理

常用的热继电器有 JR0、JR10 及 JR16 等系列。热继电器的主要技术数据是整定电流。所谓整定电流，就是热元件通过的电流超过此值的 20% 时，热继电器应当在 20min 内动作。JR0-40 型的整定电流从 0.6~40A，有 9 种规格。选用热继电器时，应使其整定电流与电动机的额定电流基本一致。

热继电器的外形及电路符号如图 2-1-30 所示。

图 2-1-30　热继电器的外形及电路符号

7. 行程开关

行程开关结构与按钮类似，但其动作要由机械撞击。用作电路的限位保护、行程控制、自动切换等，其结构和电路符号如图 2-1-31 所示。

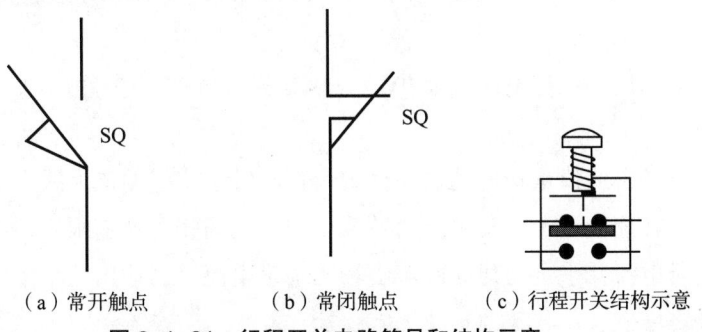

（a）常开触点　　（b）常闭触点　　（c）行程开关结构示意

图 2-1-31　行程开关电路符号和结构示意

(三)三相异步电动机技术数据及选择

1. 三相异步电动机技术数据

每台电动机的机座上都装有一块铭牌。铭牌上标注了该电动机的主要性能和技术数据。

三相异步电动机			
型号 Y132M-4	功率 7.5kW		频率 50Hz
电压 380V	电流 15.4A		接法 △
转速 1440r/min	绝缘等级 E		工作方式 连续
温升 80℃	防护等级 IP44		重量 55kg
年 月 编号			××电机厂

(1)型号

为不同用途和不同工作环境的需要,电机制造厂把电动机制成各种系列,每个系列的不同电动机用不同的型号表示。

Y	315	S	6
三相异步电机	机座中心高(mm)	机座长度代号 S:短铁芯 M:中铁芯 L:长铁芯	磁极数

(2)接法

接法是指电动机三相定子绕组的连接方式。

一般鼠笼式电动机的接线盒中有六根引出线,标有 U_1、V_1、W_1、U_2、V_2、W_2,其中:U_1、V_1、W_1 是每一相绕组的始端;U_2、V_2、W_2 是每一相绕组的末端。

三相异步电动机的连接方法有两种:星形(Y)联接和三角形(△)。通常三相异步电动机功率在4kW以下者接成星形;在4kW(不含)以上者,接成三角形。

(3)电压

铭牌上所标的电压值是指电动机在额定运行时定子绕组上应加的线电压值。一般规定电动机的电压不应高于或低于额定值的5%。

必须注意:在低于额定电压下运行时,最大转矩 T_{max} 和启动转矩 T_{st} 会显著降低,这对电动机的运行是不利的。

三相异步电动机的额定电压有380V、3000V及6000V等多种。

(4)电流

铭牌上所标的电流值是指电动机在额定运行时定子绕组的最大线电流允许值。当电动机空载时,转子转速接近于旋转磁场的转速,两者之间相对转速很小,所以转子电流近似为零,这时定子电流几乎全为建立旋转磁场的励磁电流。当输出功率增大时,转子电流和定子电流都随之增大。

（5）功率与效率

铭牌上所标的功率值是指电动机在规定的环境温度下，在额定运行时电机轴上输出的机械功率值。输出功率与输入功率不等，其差值等于电动机本身的损耗功率，包括铜损、铁损及机械损耗等。

所谓效率 η，就是输出功率与输入功率的比值。一般鼠笼式电动机在额定运行时的效率为 72%~93%。

（6）功率因数

因为电动机是电感性负载，定子相电流比相电压滞后一个 ϕ 角，$\cos\phi$ 就是电动机的功率因数。三相异步电动机的功率因数较低，在额定负载时为 0.7~0.9，而在轻载和空载时更低，空载时只有 0.2~0.3。

选择电动机时应注意其容量，防止"大马拉小车"，并力求缩短空载时间。

（7）转速

转速为电动机额定运行时的转子转速，单位为转/分。不同的磁极数对应有不同的转速等级。最常用的是四个级的（n_0=1500r/min）。

（8）绝缘等级

绝缘等级是按电动机绕组所用的绝缘材料在使用时容许的极限温度来分级的。

极限温度是指电机绝缘结构中最热点的最高容许温度，如表 2-1-4 所示。

表 2-1-4　电机极限温度表

绝缘等级	环境温度 40℃时的容许温升	极限允许温度
A	65℃	105℃
E	80℃	120℃
B	90℃	130℃

2.三相异步电动机的选择

正确选择电动机的功率、种类、型式是极为重要的。

（1）功率的选择

电动机的功率根据负载的情况选择，功率选大了虽然能保证正常运行，但是不经济，电动机的效率和功率因数都不高；功率选小了就不能保证电动机和生产机械的正常运行，不能充分发挥生产机械的效能，并使电动机由于过载而过早损坏。

①连续运行电动机功率的选择。对连续运行的电动机，先算出生产机械的功率，所选电动机的额定功率等于或稍大于生产机械的功率即可。

②短时运行电动机功率的选择。如果没有合适的专为短时运行设计的电动机，可选用连续运行的电动机。由于发热惯性，在短时运行时可以容许过载。工作时间越短，则过载可以越大。但电动机的过载是受到限制的。通常是根据过载系数 λ 来选择短时运行电动机

的功率。电动机的额定功率可以是生产机械所要求的功率的 $1/\lambda$。

（2）种类和型式的选择

①种类的选择。选择电动机的种类是从交流或直流、机械特性、调速与起动性能、维护及价格等方面来考虑的。

（a）交、直流电动机的选择：如没有特殊要求，一般都应采用交流电动机。

（b）鼠笼式与绕线式的选择：三相鼠笼式异步电动机结构简单，坚固耐用，工作可靠，价格低廉，维护方便，但调速困难，功率因数较低，启动性能较差。因此在要求机械特性较硬而无特殊调速要求的一般生产机械的拖动应尽可能采用鼠笼式电动机。

因此，只有在不方便采用鼠笼式异步电动机时才采用绕线式电动机。

②结构型式的选择：

（a）开启式。在构造上无特殊防护装置，用于干燥无灰尘的场所，通风非常良好。

（b）防护式。在机壳或端盖下面有通风罩，以防止铁屑等杂物掉入。也有将外壳做成挡板状，以防止在一定角度内有雨水滴溅入其中。

（c）封闭式。它的外壳严密封闭，靠自身风扇或外部风扇冷却，并在外壳带有散热片。多用于灰尘多、潮湿或含有酸性气体的场所。

（d）防爆式。整个电机严密封闭，用于有爆炸性气体的场所。

③安装结构型式的选择：

（a）机座带底脚，端盖无凸缘（B3）。

（b）机座不带底脚，端盖有凸缘（B5）。

（c）机座带底脚，端盖有凸缘（B35）。

④电压和转速的选择：

（a）电压的选择：电动机电压等级的选择，要根据电动机类型、功率以及使用地点的电源电压。Y 系列鼠笼式电动机的额定电压只有 380V 一个等级。只有大功率异步电动机才采用 3000V 和 6000V。

（b）转速的选择：电动机的额定转速是根据生产机械的要求而选定的，但通常转速不低于 500r/min。因为当功率一定时，电动机的转速越低，则其尺寸越大，价格越贵，且效率也较低。因此，不如购买一台高速电动机再另配减速器。

异步电动机通常采用 4 个极的，即同步转速 n_0=1500r/min。

（四）三相异步电机的控制

1. 直接启动控制电路

直接启动即启动时把电机直接接入电网，加上额定电压，一般来说，电机的容量不大于直接供电变压器容量的 20%~30%时，都可以直接启动。

（1）点动控制

电机的点动控制是按下按钮 SB 不松开，电机启动运行，松开按钮 SB 后，电机停止运行，其接线及电气示意图如图 2-1-32 所示。

(a)接线示意图　(b)电气原理图

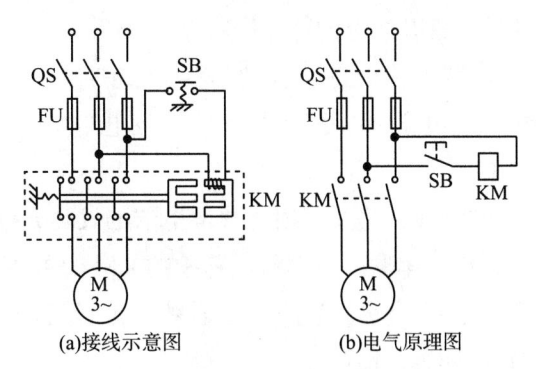

图 2-1-32　点动控制

①电路组成。主电路：电源开关 QS，熔断器 FU，交流接触器 KM 主触点及三相交流异步电机 M。控制电路：按钮 SB，交流接触器 KM 线圈。

②工作原理。合上开关 QS，三相电源被引入控制电路，但电动机还不能启动。按下按钮 SB，接触器 KM 线圈通电，衔铁吸合，常开主触点接通，电动机定子接入三相电源启动运转。松开按钮 SB，接触器 KM 线圈断电，衔铁松开，常开主触点断开，电动机因断电而停转。

（2）直接启动控制（自锁控制）

手动点动一下按钮 SB_1，松开，电机启动运行；手动点动一下按钮 SB_2，松开，电机停止运行，如图 2-1-33 所示。

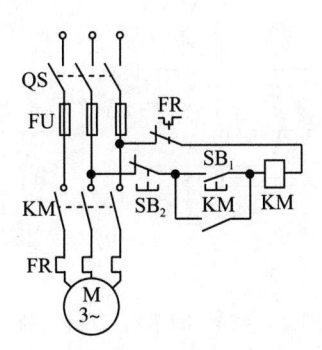

图 2-1-33　直接起动控制

①电路组成。主电路：电源开关 QS，熔断器 FU，交流接触器 KM 主触点，热继电器 FR 及三相交流异步电机 M。控制电路：按钮 SB_1 常开触点，按钮 SB_2 常闭触点，热继电器 FR 常闭辅助触点，交流接触器 KM 常开辅助触点及线圈。

②工作原理。

（a）启动过程。按下启动按钮 SB_1，接触器 KM 线圈通电，与 SB_1 并联的 KM 的辅助常开触点闭合，以保证松开按钮 SB_1 后 KM 线圈持续通电，串联在电动机回路中的 KM 的主触点持续闭合，电动机连续运转，从而实现连续运转控制。

（b）停止过程。按下停止按钮 SB_2，接触器 KM 线圈断电，与 SB_1 并联的 KM 的辅助常开触点断开，以保证松开按钮 SB_2 后 KM 线圈持续失电，串联在电动机回路中的 KM 的主触点持续断开，电动机停转。

与 SB_1 并联的 KM 的辅助常开触点的这种作用称为自锁。

图示控制电路还可实现短路保护、过载保护和零压保护：

起短路保护的是串接在主电路中的熔断器 FU。一旦电路发生短路故障，熔体立即熔断，电动机立即停转。

起过载保护的是热继电器 FR。当过载时，热继电器的发热元件发热，将其常闭触点断开，使接触器 KM 线圈断电，串联在电动机回路中的 KM 的主触点断开，电动机停转。同时 KM 辅助触点也断开，解除自锁。故障排除后若要重新启动，需按下 FR 的复位按钮，使 FR 的常闭触点复位（闭合）即可。

起零压（或欠压）保护的是接触器 KM 本身。当电源暂时断电或电压严重下降时，接触器 KM 线圈的电磁吸力不足，衔铁自行释放，使主、辅触点自行复位，切断电源，电动机停转，同时解除自锁。

2. 接触器正反转控制电路

（1）接触器正反转控制

手动点动一下按钮 SB_1 电机正向运转，手动点动一下按钮 SB_3 电机停止运转，手动点动一下按钮 SB_2 电机反向运转，手动点动一下按钮 SB_3 电机再次停止运转，如图 2-1-34 所示。

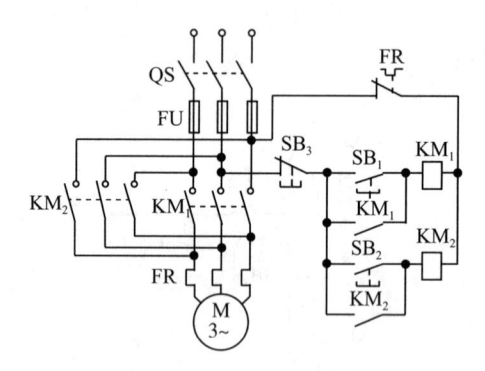

图 2-1-34 简单的正反转控制

①电路组成。主电路：电源开关 QS，熔断器 FU，交流接触器 KM_1 主触点，交流接触器 KM_2 主触点，热继电器 FR 及三相交流异步电机 M。控制电路：按钮 SB_1、SB_2 的常开触点，按钮 SB_3 的常闭触点，热继电器 FR 常闭辅助触点，交流接触器 KM_1、KM_2 的常开辅助触点及线圈。

②工作原理。

（a）正向启动过程。按下启动按钮 SB_1，接触器 KM_1 线圈通电，与 SB_1 并联的 KM_1 的辅助常开触点闭合，以保证 KM_1 线圈持续通电，串联在电动机回路中的 KM_1 的主触点持续闭合，电动机连续正向运转。

（b）停止过程。按下停止按钮 SB_3，接触器 KM_1 线圈断电，与 SB_1 并联的 KM_1 的辅助触点断开，以保证 KM_1 线圈持续失电，串联在电动机回路中的 KM_1 的主触点持续断开，切断电动机定子电源，电动机停转。

（c）反向启动过程。按下启动按钮 SB_2，接触器 KM_2 线圈通电，与 SB_2 并联的 KM_2 的辅助常开触点闭合，以保证线圈持续通电，串联在电动机回路中的 KM_2 的主触点持续闭合，电动机连续反向运转。

缺点：KM_1 和 KM_2 线圈不能同时通电，因此不能同时按下 SB_1 和 SB_2，也不能在电动机正转时按下反转启动按钮，或在电动机反转时按下正转启动按钮。如果操作错误，将引起主回路电源短路。

（2）带电气互锁的正反转控制电路

如图 2-1-35 所示，将接触器 KM_1 的辅助常闭触点串入 KM_2 的线圈回路中，从而保证在 KM_1 线圈通电时 KM_2 线圈回路总是断开的；将接触器 KM_2 的辅助常闭触点串入 KM_1 的线圈回路中，从而保证在 KM_2 线圈通电时 KM_1 线圈回路总是断开的。这样接触器的辅助常闭触点 KM_1 和 KM_2 保证了两个接触器线圈不能同时通电，这种控制方式称为互锁或者联锁，这两个辅助常开触点称为互锁或者联锁触点。

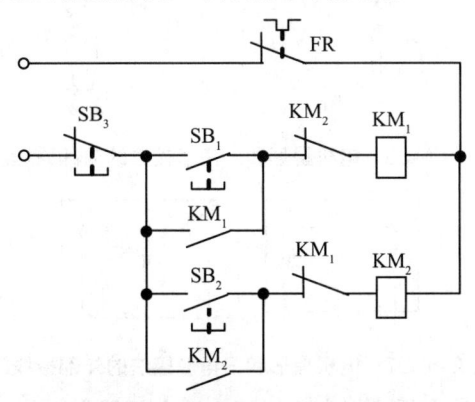

图 2-1-35 带电气互锁的正反转控制电路

电路在具体操作时，若电动机处于正转状态要反转时必须先按停止按钮 SB_3，使互锁触点 KM_1 闭合后按下反转启动按钮 SB_2 才能使电动机反转；若电动机处于反转状态要正转时必须先按停止按钮 SB_3，使互锁触点 KM_2 闭合后按下正转启动按钮 SB_1 才能使电动机正转。

3. Y—△启动

三相异步电动机因结构简单、价格便宜、可靠性高等优点被广泛应用。但在启动过程中启动电流较大，所以容量大的电动机必须采取一定的方式启动，星—三角形启动就是一种简单方便的降压启动方式。星—三角启动可通过手动和自动操作控制方式实现。

对于正常运行的定子绕组为三角形接法的鼠笼式异步电动机来说，如果在启动时将定子绕组接成星形，待启动完毕后再接成三角形，就可以降低启动电流，减轻它对电网的冲击。这样的启动方式称为星—三角减压启动，或简称为星—三角启动（Y—△启动）。

采用星—三角启动时，启动电流只是原来按三角形接法直接启动时的1/3。如果直接启动时的起动电流以 $6\sim 7\ I_e$ 计，则在星—三角启动时，启动电流是 $2\sim 2.3\ I_e$。

启动电流降低了，启动转矩也降为原来按三角形接法直接启动时的1/3。

由此可见，采用星—三角启动方式时，电流特性很好，而转矩特性较差，所以客观存在只适用于无载或者轻载启动的场合。换言之，由于启动转矩小，星—三角启动的优点还是很显著的，因为基于这个启动原理的星—三角启动器，同任何别的减压启动器相比较，其结构最简单，价格也最便宜。除此之外，星—三角启动方式还有一个优点，即当负载较轻时，可以让电动机在星形接法下运行。此时，额定转矩与负载可以匹配，这样能使电动机的效率有所提高，并因之节约了电力消耗。

星—三角启动应注意：

①电机的额定电压为 380V 的才能用星—三角启动方式。

②最好在主回路中用空开，因为星形与三角形运行时可能方向不一致。

电机星形和三角形接法的内部原理和外部接线分别如图 2-1-36 和图 2-1-37 所示。

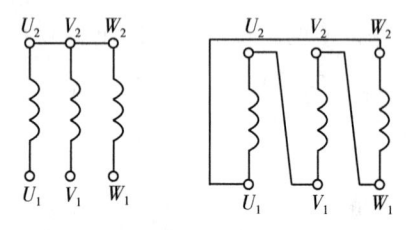

图 2-1-36　电机星形和三角形接法的内部原理图

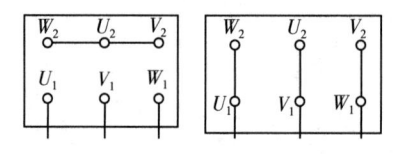

图 2-1-37　电机星形和三角形接法的外部接线图

实际操作的星形接线其实就是把电机线圈末端全部接在一起。就是把 U_2，V_2，W_2 接在一起。实际操作的三角形接线就是首尾相连，U_2 接 V_1，W_2 接 U_1，V_2 接 W_1。星形接法电动机线圈通过的是 220V（电压低降低启动电流）；三角形接法电动机线圈通过的是 380V。

实训2　三相异步电机点动控制

实训名称：三相异步电机点动控制。

实训地点：家用电器实训室。

实训步骤：详见实训手册。

实训3　三相异步电机自锁控制

实训名称：三相异步电机自锁控制。

实训地点：家用电器实训室。

实训步骤：详见实训手册。

实训4　三相异步电机接触器正反转控制

实训名称：三相异步电机接触器正反转控制。
实训地点：家用电器实训室。
实训步骤：详见实训手册。

练习题

1. 填空题

（1）三相交流电的定义是 _____。
（2）三相交流电源有 _____、_____ 接线方式。
（3）三相交流负载有 _____、_____ 接线方式。
（4）三相交流电源"Y"连接时，线电压 U_l 和相电压 U_p 的关系 _____。
（5）三相交流电源"△"连接时，线电压 U_l 和相电压 U_p 的关系 _____。
（6）三相交流电的功率包括 _____、_____、_____。
（7）理想变压器一、二次侧电压与匝数的关系是 _____；一、二次侧电流与匝数的关系是 _____。
（8）三相异步电机旋转磁场的转速（同步转速）_____。

2. 简答题

（1）为什么三相供电在生产和生活中得到了极其广泛的应用？

（2）常用的低压电气元器件有哪些？

（3）三相异步电机的转动原理是什么？

（4）三相异步电机的自锁启停控制电路是什么？

任务完成报告

姓名		学习日期	
任务名称	常用电气设备与电机控制		
学习自评	考核内容	完成情况	
	1.三相交流电源及负载的接线方式	□好 □良好 □一般 □差	
	2.对称三相交流电路线电压与相电压电压、线电流与相电流的关系	□好 □良好 □一般 □差	
	3.变压器的基本原理及电压电流与匝数比的关系	□好 □良好 □一般 □差	
	4.三相异步电机的机构与基本原理	□好 □良好 □一般 □差	
	5.常用低压电气设备类型、作用	□好 □良好 □一般 □差	
	6.三相异步电机启停、正反转控制电路的原理	□好 □良好 □一般 □差	
学习心得			

任务 2　电机控制电路图纸的绘制

本任务介绍了电气工程制图的规则，包括图纸的种类和特点、CAD 制图规范及相关电气符号；讲解了 AutoCAD Electrical 2012 绘图软件基本操作与使用；以电机控制电路为工程项目实例，详细介绍了电机控制电路的绘制步骤。

学习目标

知识目标

1. 了解电气工程图的一般特点；
2. 掌握电气工程图纸的种类及制图规范；
3. 掌握基本的电气图形符号；
4. 掌握 AutoCAD Electrical 2012 软件的基本指令操作；
5. 掌握利用 AutoCAD Electrical 2012 软件绘制电机控制电路图纸的原则与步骤。

能力目标

1. 能够掌握电气图纸的制图规范及基本的电气图形符号；
2. 能够利用 AutoCAD Electrical 2012 软件绘制及编辑基本二维图形；
3. 能够利用 CAD 软件绘制电机点动控制电路；
4. 能够利用 CAD 软件绘制电机自锁控制电路；
5. 能够利用 CAD 软件绘制电机正反转控制电路。

学习内容

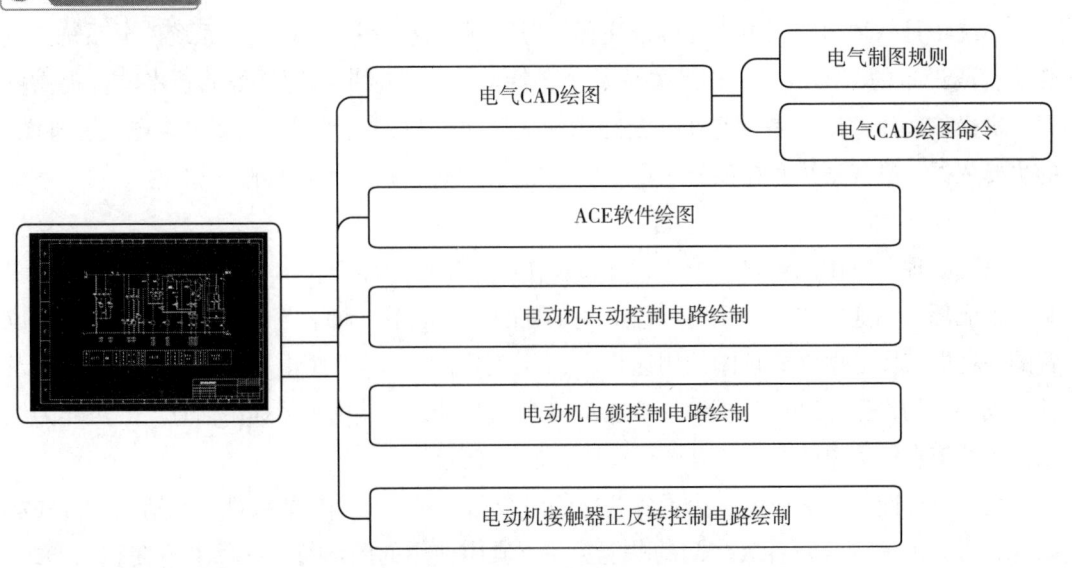

- 电气CAD绘图
  - 电气制图规则
  - 电气CAD绘图命令
- ACE软件绘图
- 电动机点动控制电路绘制
- 电动机自锁控制电路绘制
- 电动机接触器正反转控制电路绘制

一、电气CAD绘图

（一）电气工程图的种类与特点

电气工程图可以根据功能和使用场合不同而分为不同的类别，并且各类别的电气工程图又有某些联系和共同点，不同类别的电气工程图适用于不同的场合，其表达工程含义的侧重点也不尽相同。但对于不同专业在不同场合下，只要是按照同一种用途绘成的电气工程图，不仅在表达方式与方法上必须是统一的，而且在图的分类与属性上应该是一致的。

电气工程图用来阐述电气工程的构成和功能，描述电气装置的工作原理，提供安装、使用和维护的信息，辅助电气工程研究和指导电气工程施工等。电气工程的规模不同，其电气工程图的种类和数量也不同。电气工程图的种类和工程的规模有关，较大规模的电气工程通常要包含更多种类的电气工程图，从不同的角度表达不同侧重点的工程含义。一般来讲，一项电气工程的电气图通常会装订成册，以下是工程图册各部分内容的介绍。

1. 电气工程图的目录和前言

电气工程图的目录如同书的目录，用于资料系统化和检索图样，可方便查阅，由序号、图样名称、编号和页数等构成。

图册前言中一般包括设计说明、图例、设备材料明细表和工程经费概算等。设计说明的主要作用在于阐述电气工程设计的依据、基本指导思想与原则，阐述图样中未能清楚表明的工程特点、安装方法、工艺要求、特殊设备的安装使用说明，以及有关注意事项等的补充说明。图例就是图形符号，一般在前言中只列出本图样涉及的一些特殊图例，通常图例都有约定俗成的图形格式，可以通过查询国家标准和电气工程手册获得。设备材料明细表列出该电气工程所需的主要电气设备和材料的名称、型号、规格和数量，可供实验准备、经费预算和购置设备材料时参考。工程经费概算用于大致统计出该套电气工程所需的费用，可以作为工程经费预算和决算的重要依据。

2. 电气系统图（结构框图）

系统图是一种简图，由符号或带注释的框绘制而成，用来大体表示系统、分系统、成套装置或设备的基本组成、相互关系及主要特征，为进一步编制详细的技术文件提供依据，供操作和维修时参考。系统图是绘制较低层次的各种电气图（主要是指电气原理图）的主要依据。电气系统图在项目1（任务4）已经讲过，这里不再具体介绍。

3. 电气原理图

电气原理图是用图形符号绘制，并按工作顺序排列，详细表示电路、设备或成套装置基本组成部分的连接关系，侧重表达电气工程的逻辑关系，而不考虑工程器件等的实际位置的一种电气图。电气原理图的用途很广，可以用于详细地介绍电路、设备或成套装置及其组成部分的作用原理，分析和计算电路特性，为测试和寻找故障提供信息，并可作为编制接线的依据。简单的电气原理图还可以直接用于接线。

电气原理图的布图应突出表示各功能的组合和性能。每个功能级都应以适当的方式加以区分，突出信息流及各级之间的功能关系，其中使用的图形符号必须具有完整的形式，元件画法应简单而且符合国家规范。电气原理图应根据使用对象的不同需要，相应地增加各种补充信息，特别是应该尽可能地给出维修所需的各种详细资料，如器件的型号与规格，还应标明测试点，并给出有关的测试数据（各种检测值）和资料（波形图）等。

4. 电气接线图

电气接线图是用符号表示成套装置、设备内外部各种连接关系的一种简图。根据接线图，技术人员便于安装接线和设备维护。接线图中的每个端子都必须标出元件的端子代号，连接导线的两个端子必须在工程中统一编号。布置接线图时，应大体上按照各项目的连接关系或位置进行布置。

5. 设备布局图

设备布局图主要有两个方面：一是所有设备在空间的位置，包括电气控制系统、机电设备、用电线路等，是从整体上布局整个系统的图纸；另一个仅指电气控制柜内电气元器件的安装布局。

6. 其他图纸

（1）设备元件材料表

设备元件和材料表是把某一电气工程所需主要设备、元件、材料和有关的数据列成表格，以表示其名称、符号、型号、规格和数量等。

（2）大样图

大样图主要表示电气工程某一部件、构件的结构，用于指导加工与安装，其中一部分大样图为国家标准。

（3）产品使用说明书

产品使用说明书用于表示电气工程中选用的设备和装置，其生产厂家往往随产品使用说明书附上电气图，这些也是电气工程图的组成部分。

（二）电气工程 CAD 制图规范

电气工程设计部门设计、绘制图样，施工单位按图样组织工程施工，所以图样必须有设计和施工等部门共同遵守的一定的格式和一些基本规定，本节扼要介绍国家标准 GB/T 18135—2000《电气工程 CAD 制图规则》中常用的有关规定。

1. 图纸的幅面和格式

（1）图纸幅面

绘制图样时，图纸幅面尺寸应优先采用表 2-2-1 中规定的基本幅面。

表 2-2-1 图纸的基本幅面及图框尺寸　　　　　　　　　　　　单位：mm

幅面代号	A0	A1	A2	A3	A4
$B×L$	841×1189	594×841	420×594	297×420	210×297
a	25				
c	10			5	
e	20			10	

其中：a、c、e 为留边宽度。图纸幅面代号由"A"和相应的幅面号组成，即 A0～A4。基本幅面共有五种，其尺寸关系如图 2-2-1 所示。

幅面代号的几何含义，实际上就是对 0 号幅面的对开次数。例如 A1 中的"1"，表示将全张纸（A0 幅面）长边对折裁切一次所得的幅面；A4 中的"4"，表示将全张纸长边对折裁切四次所得的幅面，如图 2-2-1 所示。

必要时，允许沿基本幅面的短边成整数倍加长幅面，但加长量必须符合国家标准（GB/T 14689—93）中的规定。

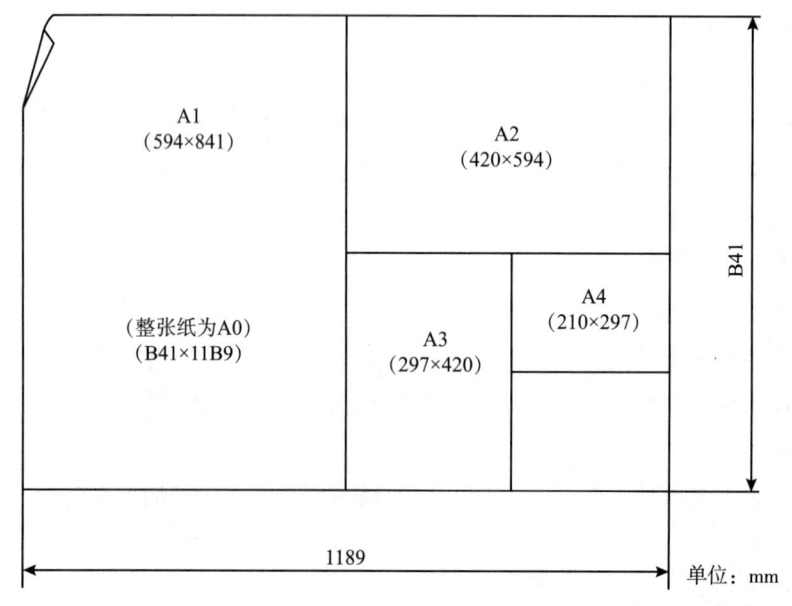

图 2-2-1 基本幅面的尺寸关系

图框线必须用粗实线绘制。图框格式分为留有装订边和不留装订边两种，如图 2-2-2 和图 2-2-3 所示。两种格式图框的周边尺寸 a、c、e 见表 2-2-1。但应注意，同一产品的图样只能采用一种格式。

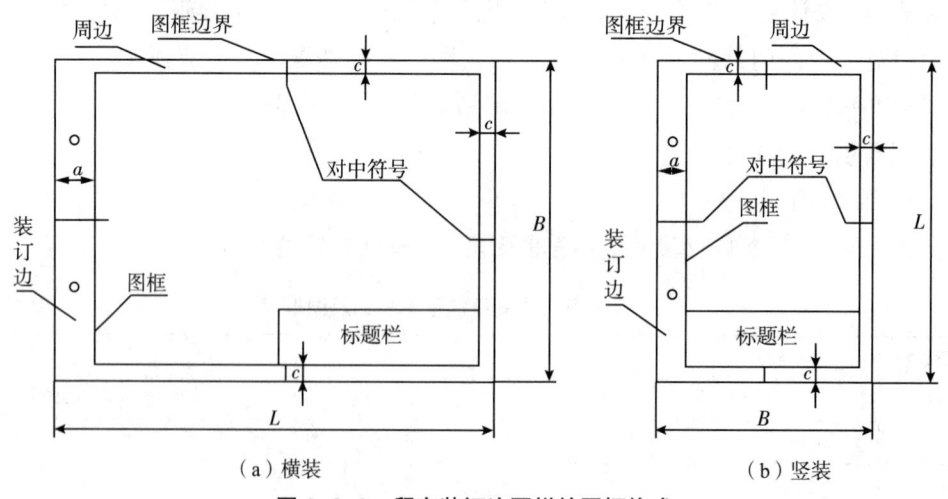

（a）横装　　　　　　　　　（b）竖装

图 2-2-2　留有装订边图样的图框格式

(a) 横装　　　　　　　　　　(b) 竖装

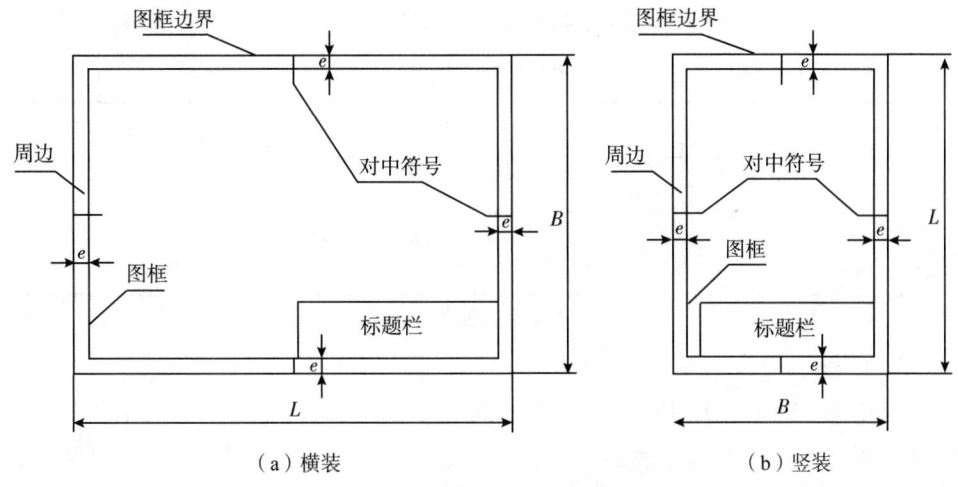

图 2-2-3　不留装订边图样的图框格式

国家标准规定，工程图样中的尺寸以毫米为单位时，不需标注单位符号（或名称）。如采用其他单位，则必须注明相应的单位符号。本书的文字叙述和图例中的尺寸单位为毫米。

图幅的分区，为了确定图中内容的位置及其他用途，往往需要将一些幅面较大、内容复杂的电气图进行分区，如图 2-2-4 所示。图幅的分区方法是：将图纸相互垂直的两边各自加以等分，竖边方向用大写英文字母编号，横边方向用阿拉伯数字编号，编号的顺序应从标题栏相对的左上角开始，分区数应为偶数；每一分区的长度一般应不小于 25 mm，不大于 75 mm，对分区中符号应以粗实线给出，其线宽不宜小于 0.5 mm。图纸分区后，相当于在图样上建立了一个坐标。电气图上的元件和连接线的位置可由此"坐标"而唯一地确定下来。

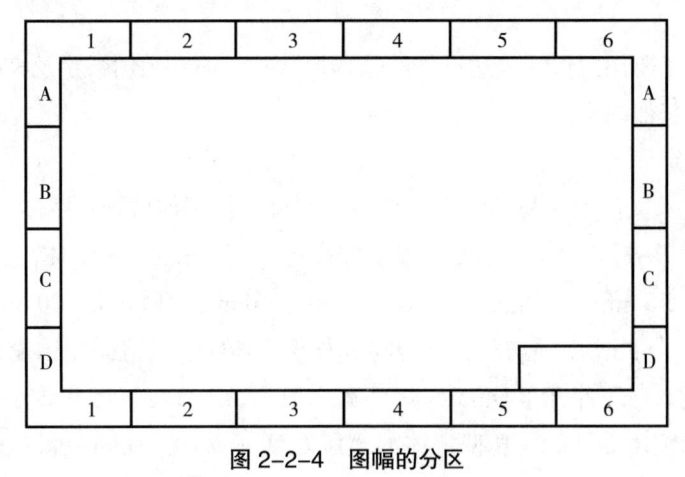

图 2-2-4　图幅的分区

（2）标题栏

标题栏是用来确定图样的名称、图号、张次、更改和有关人员签署等内容的栏目，位于图样的下方或右下方。图中的说明、符号均应以标题栏的文字方向为准。

目前我国尚没有统一规定标题栏的格式，各设计部门标题栏格式不一定相同。通常采用的标题栏格式应有以下内容：设计单位名称、工程名称、项目名称、图名、图别、图号等。电气工程图中常用图 2-2-5 所示标题栏格式。

设计单位名称			工程名称		设计号	
总工程师		主要设计人			图号	
设计总工程师		技核		项目名称		
专业工程师		制图				
组长		描图		图号		
日期		比例				

图 2-2-5　标题栏格式

2.图纸比例

比例是指图中图形与其实物相应要素的线性尺寸之比。

绘制图样时，应优先选择表 2-2-2 中的优先使用比例，必要时也允许从表 2-2-2 中选择允许使用比例。

表 2-2-2　绘图比例

种类		比例
原值比例		1：1
放大比例	优先使用	5：1　2：1　5×10^n：1　2×10^n：1　1×10^n：1
	允许使用	4：1　2.5：1　4×10^n：1　2.5×10^n：1
缩小比例	优先使用	1：2　1：5　1：10　1：2×10^n　1：5×10^n　1：1×10^n
	允许使用	1：1.5　1：2.5　1：3　1：4　1：6 1：1.5×10^n　1：2.5×10^n　1：3×10^n　1：4×10^n　1：6×10^n

注：n 为正整数。

3.字体

在图样上除了要用图形来表达机件的结构形状外，还必须用数字及文字来说明它的大小和技术要求等其他内容。

（1）基本规定

在图样和技术文件中书写的汉字、数字和字母，都必须做到：字体工整、笔画清楚、间隔均匀、排列整齐。字体的号数代表字体高度（用 h 表示）。字体高度的公称尺寸系列为：0.8 mm、2.5 mm、3.5 mm、5 mm、7 mm、10 mm、14 mm、20 mm。如需更大的字，其字高应按 $\sqrt{2}$ 的比率递增。汉字应写成长仿宋体字，并应采用国家正式公布的简化字。汉字的高度 h 应不小于 3.5 mm，其字宽一般为 $h/\sqrt{2}$。字母和数字分 A 型和 B 型。A 型字体的笔画宽度 $d=h/14$，B 型字体的笔画宽度 $d=h/10$。在同一张图样上，只允许选用一种型式的字体。字母和数字可写成斜体和直体。斜体字字头向右倾斜，与水平基准线成 75°。

（2）字体示例

汉字示例：

横平竖直注意起落结构均匀填满
方格机械制图轴旋转技术要求等

字母示例:

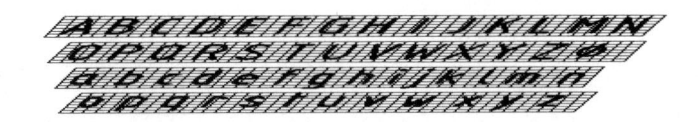

ABCDEFGHIJKLMN
OPQRSTUVWXYZ&
abcdefghijklmn
opqrstuvwxyz

罗马数字:

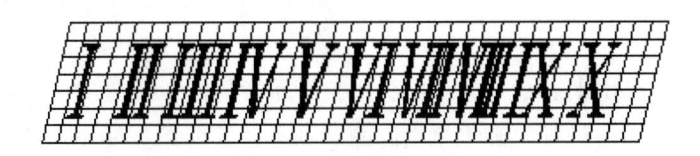

I II III IV V VI VII VIII IX X

数字示例:

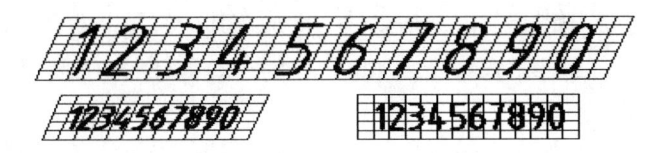

1234567890
1234567890　1234567890

4. 图线及其画法

图线是指起点和终点间以任意方式连接的一种几何图形,它是组成图形的基本要素,形状可以是直线或曲线、连续线或不连续线。国家标准中规定了在工程图样中使用的六种图线,其型式、名称、宽度以及应用示例见表2-2-3。

表2-2-3　常用图线的型式、宽度和主要用途

图线名称	图线型式	图线宽度	主要用途
粗实线	————————	b	电气线路、一次线路
细实线	————————	约 $b/3$	二次线路、一般线路
虚线	------------	约 $b/3$	屏蔽线、机械连线
细点画线	— · — · — · —	约 $b/3$	控制线、信号线、围框线
粗点画线	— · — · — · —	b	有特殊要求线
双点画线	— ·· — ·· — ·· —	约 $b/3$	原轮廓线

图线分为粗、细两种。以粗线宽度作为基础,粗线的宽度 b 应按图的大小和复杂程度,在 0.5~2mm 选择,细线的宽度应为粗线宽度的 1/3。图线宽度的推荐系列为:

0.18 mm、0.25 mm、0.35 mm、0.5 mm、0.7 mm、1 mm、1.4 mm、2 mm，若各种图线重合，应按粗实线、点画线、虚线的先后顺序选用线型。

（三）电气图形符号

在绘制电气图形时，一般用于图样或其他文件来表示一个设备或概念的图形、标记或字符的符号称为电气图形符号。电气图形符号只要示意图形绘制，不需要精确比例。

1. 图形符号的构成

电气图用图形符号通常由一般符号、符号要素、限定符号、方框符号和组合符号等组成。

①一般符号。它是用来表示一类产品和此类产品特征的一种通常很简单的符号。

②符号要素。它是一种具有确定意义的简单图形，不能单独使用。符号要素必须同其他图形组合后才能构成一个设备或概念的完整符号。

③限定符号。它是用以提供附加信息的一种加在其他符号上的符号，通常不能单独使用。有时一般符号也可用作限定符号，如电容器的一般符号加到扬声器符号上即构成电容式扬声器符号。

④方框符号。它是用来表示元件、设备等的组合及其功能的一种简单图形符号。既不给出元件、设备的细节，也不考虑所有连接。通常使用在单线表示法中，也可用在全部输入和输出接线的图中。

⑤组合符号。它是指通过以上已规定的符号进行适当组合所派生出来的、表示某些特定装置或概念的符号。

2. 图形符号的分类

最新的《电气图用图形符号总则》国家标准代号为 GB/T 4728.1—2018，采用国际电工委员会（IES）标准，在国际上具有通用性，有利于对外技术交流。GB 4728 电气图用图形符号共分 13 部分。

①总则。包括本标准内容提要、名词术语、符号的绘制、编号使用及其他规定。

②符号要素、限定符号和其他常用符号。内容包括轮廓和外壳、电流和电压的种类、可变性、力或运动的方向、流动方向、材料的类型、效应或相关性、辐射、信号波形、机械控制、操作件和操作方法、非电量控制、接地、接机壳和等到电位、理想电路元件等。

③导体和连接件。内容包括电线、屏蔽或绞合导线、同轴电缆、端子导线连接、插头和插座、电缆终端头等。

④基本无源元件。内容包括电阻器、电容器、电感器、铁氧体磁芯、压电晶体、驻极体等。

⑤半导体管和电子管。如二极管、三极管、电子管等。

⑥电能的发生与转换。内容包括绕组、发电机、变压器等。

⑦开关、控制和保护器件。内容包括触点、开关、开关装置、控制装置、启动器、继电器、接触器和保护器件等。

⑧测量仪表、灯和信号器件。内容包括指示仪表、记录仪表、热电偶、遥控装置、传感器、灯、电铃、蜂鸣器、喇叭等。

⑨电信：交换和外围设备。内容包括交换系统、选择器、电话机、电报和数据处理设备、传真机等。

⑩电信：传输。内容包括通信电路、天线、波导管器件、信号发生器、激光器、调制器、解调器、光纤传输。

⑪建筑安装平面布置图。内容包括发电站、变电所、网络、音响和电视的分配系统、建筑用设备、露天设备。

⑫二进制逻辑元件。内容包括计数器、存储器等。

⑬模拟元件。内容包括放大器、函数器、电子开关等。

常用电气图图形符号见表 2-2-4。

表 2-2-4　电气图常用图形符号及画法使用命令

序号	图形符号	说　明	画法使用命令
1		直流电 电压可标注在符号右边，系统类型可标注在符号左边	直线
2		交流电 频率或频率范围可标注在符号左边	样条曲线
3		交直流	直线、样条曲线
4		正极性	直线
5		负极性	直线
6		运动方向或力	引线
7		能量、信号传输方向	直线
8		接地符号	直线
9		接机壳	直线
10		等电位	正三角形、直线
11		故障	引线、直线

续表

序号	图形符号	说　明	画法使用命令
12		导线的连接	直线、圆、图案填充
13		导线跨越而不连接	直线
14		电阻器的一般符号	矩形、直线
15		电容器的一般符号	直线、圆弧
16		电感器、线圈、绕组、扼流圈	直线、圆弧
17		原电池或蓄电池	直线
18		动合（常开）触点	直线
19		动断（常闭）触点	直线
20		延时闭合的动合（常开）触点 带时限的继电器和接触器触点	直线、圆弧
21		延时断开的动合（常开）触点	
22		延时闭合的动断（常闭）触点	
23		延时断开的动断（常闭）触点	

续表

序号	图形符号	说　明	画法使用命令
24		手动开关的一般符号	
25		按钮开关	直线
26		位置开关，动合触点 限制开关，动合触点	
27		位置开关，动断触点 限制开关，动断触点	
28		多极开关的一般符号，单线表示	直线
29		多极开关的一般符号，多线表示	
30		隔离开关的动合（常开）触点	
31		负荷开关的动合（常开）触点	直线 、圆弧
32		断路器（自动开关）的动合（常开）触点	直线

续表

序号	图形符号	说　明	画法使用命令
33		接触器动合（常开）触点	直线、圆弧
34		接触器动断（常闭）触点	
35		继电器、接触器等的线圈一般符号	矩形、直线
36		缓吸线圈（带时限的电磁电器线圈）	
37		缓放线圈（带时限的电磁电器线圈）	直线、矩形 图案填充
38		热继电器的驱动器件	直线、矩形
39		热继电器的触点	直线
40		熔断器的一般符号	直线、矩形
41		熔断器式开关	
42		熔断器式隔离开关	直线、矩形 旋转
43		跌开式熔断器	直线、矩形 旋转、圆

续表

序号	图形符号	说 明	画法使用命令
44		避雷器	矩形、图案填充
45		避雷针	圆、图案填充
46		电机的一般符号 C：同步变流机 G：发电机 GS：同步发电机 M：电动机 MG：能作为发电机或电动机使用的电机 MS：同步电动机 SM：伺服电机 TG：测速发电机 TM：力矩电动机 IS：感应同步器	直线
47		交流电动机	圆、多行文字
48		双绕组变压器，电压互感器	直线、圆、复制、修剪
49		三绕组变压器	直线、圆、复制、修剪
50		电流互感器	
51		电抗器，扼流圈	直线、圆、修剪
52		自耦变压器	直线、圆、圆弧

续表

序号	图形符号	说　　明	画法使用命令
53	Ⓥ	电压表	圆⊙、多行文字A
54	Ⓐ	电流表	
55	cosφ	功率因数表	
56	W·h	电度表	矩形▭、多行文字A
57	⌚	钟	圆⊙、直线╱、修剪
58	⏚	电铃	
59	📢	电喇叭	矩形▭、直线╱
60	⏛	蜂鸣器	圆⊙、直线╱、修剪
61	调光器符号	调光器	圆⊙、直线╱
62	t	限时装置	矩形▭ 多行文字A
63	───	导线、导线组、电线、电缆、电路、传输通路等线路母线一般符号	直线╱
64	中性线符号	中性线	圆⊙、直线╱、图案填充
65	保护线符号	保护线	直线╱
66	⊗	灯的一般符号	直线╱、圆⊙
67	○A-B C	电杆的一般符号	圆⊙、多行文字A

续表

序号	图形符号	说 明	画法使用命令
68	11 12 13 14 15	端子板	矩形、多行文字 A
69		屏、台、箱、柜的一般符号	矩形
70		动力或动力—照明配电箱	矩形、图案填充
71		单项插座	圆、直线、修剪
72		密闭（防水）	
73		防爆	圆、直线、修剪、图案填充
74		电信插座的一般符号 可用文字和符号加以区别 TP：电话 TX：电传 TV：电视 *：扬声器 M：传声器 FM：调频	直线、修剪
75		开关的一般符号	圆、直线
76		钥匙开关	
77		定时开关	矩形、圆、直线
78		阀的一般符号	直线
79		电磁制动器	矩形、直线
80		按钮的一般符号	圆
81		按钮盒	矩形、圆

续表

序号	图形符号	说　明	画法使用命令
82		电话机的一般符号	矩形、圆、修剪
83		传声器的一般符号	圆、直线
84		扬声器的一般符号	矩形、直线
85		天线的一般符号	直线
86		放大器的一般符号 中断器的一般符号，三角形指传输方向	正三角形、直线
87		分线盒一般符号	圆、修剪、直线
88		室内分线盒	
89		室外分线盒	
90		变电所	圆
91		杆式变电所	
92		室外箱式变电所	直线、矩形、图案填充
93		自耦变压器式启动器	矩形、圆、直线

续表

序号	图形符号	说　明	画法使用命令
94		真空二极管	圆、直线
95		真空三极管	
96		整流器框形符号	矩形、直线

（四）电气图中的文字符号

一个电气系统或一种电气设备通常由各种基本件、部件、组件等组成，为了在电气图上或其他技术文件中表示这些基本件、部件、组件，除了采用各种图形符号外，还须标注一些文字符号，以区别这些设备及线路的不同功能、状态和特征等。

文字符号通常由基本文字符号、辅助文字符号和数字组成。用于提供电气设备、装置和元器件的种类字母代码和功能字母代码。

1. 基本文字符号

基本文字符号可分为单字母符号和双字母符号两种。

（1）单字母符号

单字母符号是用英文字母将各种电气设备、装置和元器件划分为二十三大类，每一大类用一个专用字母符号表示，如"R"表示电阻类，"Q"表示电力电路的开关器件等，如表2-2-5所示。其中，"I""O"易同阿拉伯数字"1"和"0"混淆，不允许使用，字母"J"也未采用。

表2-2-5 电气图中常用的单字母符号

符号	项目种类	举例
A	组件、部件	分离元件放大器、磁放大器、激光器、微波激光器、印制电路板等组件、部件
B	变换器（从非电量到电量或相反）	热电传感器、热电偶
C	电容器	—
D	二进制单元 延迟器件 存储器件	数字集成电路和器件、延迟线、双稳态元件、单稳态元件、磁芯储存器、寄存器、磁带记录机、盘式记录机
E	杂项	光器件、热器件、本表其他地方未提及元件

续表

符号	项目种类	举例
F	保护电器	熔断器、过电压放电器件、避雷器
G	发电机 电源	旋转发电机、旋转变频机、电池、振荡器、石英晶体振荡器
H	信号器件	光指示器、声指示器
J	—	—
K	继电器、接触器	—
L	电感器、电抗器	感应线圈、线路陷波器、电抗器
M	电动机	
N	模拟集成电路	运算放大器、模拟/数字混合器件
P	测量设备、试验设备	指示、记录、计算、测量设备,信号发生器,时钟
Q	电力电路开关	断路器、隔离开关
R	电阻器	可变电阻器、电位器、变阻器、分流器、热敏电阻
S	控制电路的开关选择器	控制开关、按钮、限制开关、选择开关、选择器、拨号接触器、连接极
T	变压器	电压互感器、电流互感器
U	调制器、变换器	鉴频器、解调器、变频器、编码器、逆变器、电报译码器
V	电真空器件 半导体器件	电子管、气体放电管、晶体管、晶闸管、二极管
W	传输导线 波导、天线	导线、电缆、母线、波导、波导定向耦合器、偶极天线、抛物面天线
X	端子、插头、插座	插头和插座、测试塞空、端子板、焊接端子、连接片、电缆封端和接头
Y	电气操作的机械装置	制动器、离合器、气阀
Z	终端设备、混合变压器、滤波器、均衡器、限幅器	电缆平衡网络、压缩扩展器、晶体滤波器、网络

(2) 双字母符号

双字母符号由表2-2-5中的一个表示种类的单字母符号与另一个字母组成,其组合形式为:单字母符号在前、另一个字母在后。双字母符号可以较详细和更具体地表述电气设备、装置和元器件的名称。双字母符号中的另一个字母通常选用该类设备、装置和元器件的英文名词的首位字母,或常用缩略语,或约定俗成的习惯用字母。例如,"G"为同步发电机的英文名,则同步发电机的双字母符号为"GS"。

电气图中常用的双字母符号如表2-2-6所示。

表 2-2-6 电气图中常用的双字母符号

序号	设备、装置和元器件种类	名　称	单字母符号	双字母符号
1	组件和部件	天线放大器	A	AA
		控制屏		AC
		晶体管放大器		AD
		应急配电箱		AE
		电子管放大器		AV
		磁放大器		AM
		印制电路板		AP
		仪表柜		AS
		稳压器		AS
2	电量到电量变换器或电量到非电量变换器	变换器	B	—
		扬声器		—
		压力变换器		BP
		位置变换器		BQ
		速度变换器		BV
		旋转变换器（测速发电机）		BR
		温度变换器		BT
3	电容器	电容器	C	—
		电力电容器		CP
4	其他元器件	本表其他地方未规定器件	E	—
		发热器件		EH
		发光器件		EL
		空气调节器		EV
5	保护器件	避雷器	F	FL
		放电器		FD
		具有瞬时动作的限流保护器件		FA
		具有延时动作的限流保护器件		FR
		具有瞬时和延时动作的限流保护器件		FS
		熔断器		FU
		限压保护器件		FV

续表

序号	设备、装置和元器件种类	名 称	单字母符号	双字母符号
6	信号发生器 发电机电源	发电机	G	—
		同步发电机		GS
		异步发电机		GA
		蓄电池		GB
		直流发电机		GD
		交流发电机		GA
		永磁发电机		GM
		水轮发电机		GH
		汽轮发电机		GT
		风力发电机		GW
		信号发生器		GS
7	信号器件	声响指示器	H	HA
		光指示器		HL
		指示灯		HL
		蜂鸣器		HZ
		电铃		HE
8	继电器和接触器	继电器	K	—
		电压继电器		KV
		电流继电器		KA
		时间继电器		KT
		频率继电器		KF
		压力继电器		KP
		控制继电器		KC
		信号继电器		KS
		接地继电器		KE
		接触器		KM
9	电感器和电抗器	扼流线圈	L	LC
		励磁线圈		LE
		消弧线圈		LP
		陷波器		LT

续表

序号	设备、装置和元器件种类	名称	单字母符号	双字母符号
10	电动机	电动机	M	—
		直流电动机		MD
		力矩电动机		MT
		交流电动机		MA
		同步电动机		MS
		绕线转子异步电动机		MM
		伺服电动机		MV
11	测量设备和试验设备	电流表	P	PA
		电压表		PV
		（脉冲）计数器		PC
		频率表		PF
		电能表		PJ
		温度计		PH
		电钟		PT
		功率表		PW
12	电力电路的开关器件	断路器	Q	QF
		隔离开关		QS
		负荷开关		QL
		自动开关		QA
		转换开关		QC
		刀开关		QK
		转换（组合）开关		QT
13	电阻器	电阻器、变阻器	R	—
		附加电阻器		RA
		制动电阻器		RB
		频敏变阻器		RF
		压敏电阻器		RV
		热敏电阻器		RT
		启动电阻器（分流器）		RS
		光敏电阻器		RL
		电位器		RP

续表

序号	设备、装置和元器件种类	名称	单字母符号	双字母符号
14	控制电路的开关选择器	控制开关	S	SA
		选择开关		SA
		按钮开关		SB
		终点开关		SE
		限位开关		SLSS
		微动开关		—
		接近开关		SP
		行程开关		ST
		压力传感器		SP
		温度传感器		ST
		位置传感器		SQ
		电压表转换开关		SV
15	变压器	变压器	T	—
		自耦变压器		TA
		电流互感器		TA
		控制电路电源用变压器		TC
		电炉变压器		TF
		电压互感器		TV
		电力变压器		TM
		整流变压器		TR
16	调制变换器	整流器	U	—
		解调器		UD
		频率变换器		UF
		逆变器		UV
		调制器		UM
		混频器		UM

续表

序号	设备、装置和元器件种类	名　称	单字母符号	双字母符号
17	电子管、晶体管	控制电路用电源的整流器	V	VC
		二极管		VD
		电子管		VE
		发光二极管		VL
		光敏二极管		VP
		晶体管		VR
		晶体三极管		VT
		稳压二极管		VV
18	传输通道、波导和天线	导线、电缆	W	—
		电枢绕组		WA
		定子绕组		WC
		转子绕组		WE
		励磁绕组		WR
		控制绕组		WS
19	端子、插头、插座	输出口	X	XA
		连接片		XB
		分支器		XC
		插头		XP
		插座		XS
		端子板		XT
20	电器操作的机械器件	电磁铁	Y	YA
		电磁制动器		YB
		电磁离合器		YC
		防火阀		YF
		电磁吸盘		YH
		电动阀		YM
		电磁阀		YV
		牵引电磁铁		YT

续表

序号	设备、装置和元器件种类	名　称	单字母符号	双字母符号
21	终端设备、滤波器、均衡器、限幅器	衰减器	Z	ZA
		定向耦合器		ZD
		滤波器		ZF
		终端负载		ZL
		均衡器		ZQ
		分配器		ZS

2.辅助文字符号

辅助文字符号是用来表示电气设备、装置和元器件以及线路的功能、状态和特征的。例如"ACC"表示加速，"BRK"表示制动等。辅助文字符号也可以放在表示种类的单字母符号后边组成双字母符号，例如"SP"表示压力传感器。若辅助文字符号由两个以上字母组成，为简化文字符号，只允许采用第一位字母进行组合，如"MS"表示同步电动机。辅助文字符号还可以单独使用，如"OFF"表示断开，"DC"表示直流等。辅助文字符号一般不能超过三位字母。

电气图中常用的辅助文字符号如表2-2-7所示。

表2-2-7　电气图中常用的辅助文字符号

序号	名　称	符　号	序号	名称	符号
1	电流	A	15	逆时针	CCW
2	交流	AC	16	降	D
3	自动	AUT	17	直流	DC
4	加速	ACC	18	减	DEC
5	附加	ADD	19	接地	E
6	可调	ADJ	20	紧急	EM
7	辅助	AUX	21	快速	F
8	异步	ASY	22	反馈	FB
9	制动	BRK	23	向前，正	FW
10	黑	BK	24	绿	GN
11	蓝	BL	25	高	H
12	向后	BW	26	输入	IN
13	控制	C	27	增	ING
14	顺时针	CW	28	感应	IND

续表

序号	名称	符号	序号	名称	符号
29	低,左,限制	L	43	复位	RST
30	闭锁	LA	44	备用	RES
31	主,中,手动	M	45	运转	RUN
32	手动	MAN	46	信号	S
33	中性线	N	47	启动	ST
34	断开	OFF	48	置位,定位	SET
35	闭合	ON	49	饱和	SAT
36	输出	OUT	50	步进	STE
37	保护	P	51	停止	STP
38	保护接地	PE	52	同步	SYN
39	保护接地与中性线共用	PEN	53	温度,时间	T
40	不保护接地	PU	54	真空,速度,电压	V
41	反,由,记录	R	55	白	WH
42	红	RD	56	黄	YE

3. 文字符号的组合

文字符号的组合形式一般为：基本符号+辅助符号+数字序号。

例如，第一台电动机，其文字符号为 M1；第一个接触器，其文字符号为 KM1。

4. 特殊用途文字符号

在电气图中，一些特殊用途的接线端子、导线等通常采用专用的文字符号。例如，三相交流系统电源分别用"L1、L2、L3"表示，三相交流系统的设备分别用"U、V、W"表示。

二、ACE软件绘图

在本节中，我们开始学习 AutoCAD Electrical 2012（简称 ACE）绘图的基础知识，熟悉 ACE 软件的操作环境，学会基本二维图形的绘制及编辑。

（一）ACE 软件的认识

1. 操作界面

AutoCAD Electrical 2012 的操作界面是 AutoCAD 显示、编辑图形的区域，一个完整的 AutoCAD Electrical 2012 的操作界面如图 2-2-6 所示，主要包括菜单栏、绘图区域、命令窗口、状态栏、十字光标、坐标等。

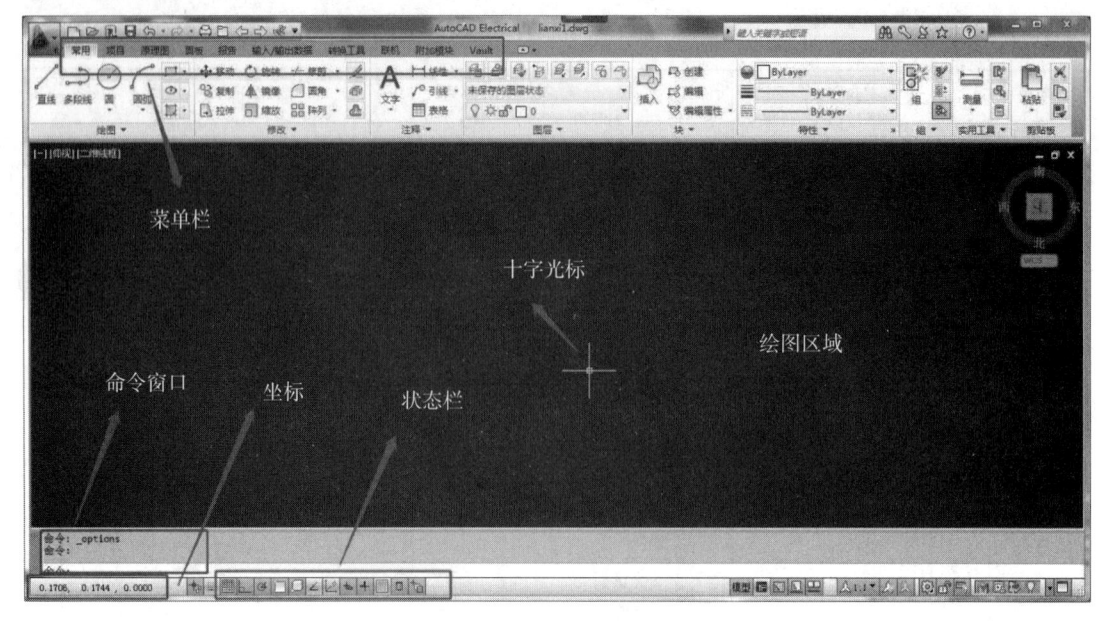

图 2-2-6　ACE 操作界面

（1）菜单栏

包括"常用""项目""原理图""面板""报告""输入/输出数据""转换工具""联机""附加模块""Vault"。

"常用"菜单中主要为基本图执行的绘制及编辑命令，例如用于绘制"点""直线""圆""矩形"等基本的图形，以及对图形复制、移动、镜像、标注等编辑操作。

"项目"菜单如图 2-2-7 所示，主要为项目的创建、复制等管理性操作命令。

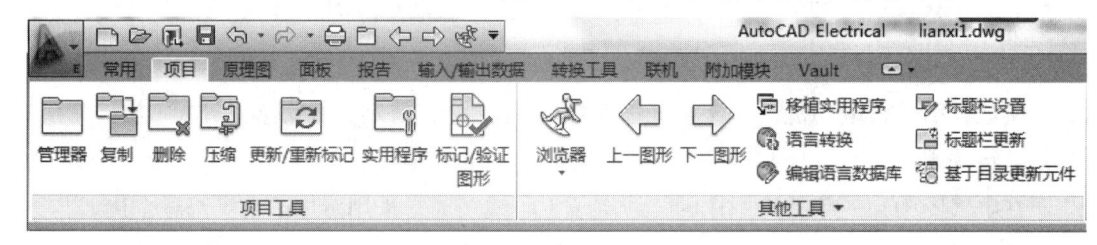

图 2-2-7　"项目"菜单

"原理图"菜单如图 2-2-8 所示。"原理图"菜单主要为电气绘图创建了快捷绘图指令及相关电气图形符号，绘制电气类原理图时，更加方便快捷地调用。

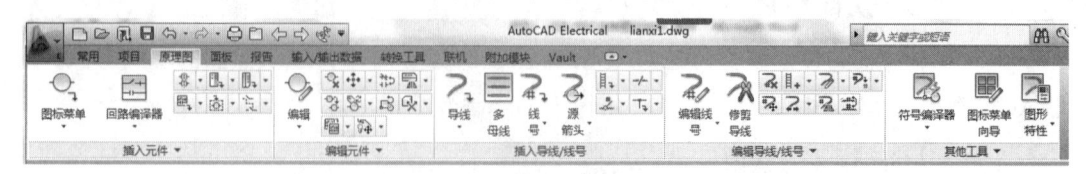

图 2-2-8　"原理图"菜单

"面板""报告""输入/输出数据""转换工具""联机""附加模块""Vault"就不作介绍。具体可以按软件帮助"F1"键查看相关信息。

（2）命令窗口

会显示所有软件绘图及编辑操作的命令信息，设计者可以根据命令窗口提示进行绘图操作，也可以查看之前的操作信息，如图2-2-9所示。

```
命令：
命令： circle 指定圆的圆心或 [三点(3P)/两点(2P)/切点、切点、半径(T)]:
指定圆的半径或 [直径(D)] <15.8114>:
```

图2-2-9　命令窗口信息

（3）坐标

实时显示当前光标在图形界面内的坐标位置信息。

（4）状态栏

可以实现栅格的打开和关闭，对象捕捉等功能。

（5）十字光标

即绘图指示的光标位置，光标的大小可以更改。单击鼠标右键，单击"选项"，弹出"选项"对话框，如图2-2-10所示，在"显示"栏中可以看到默认情况下"十字光标大小"为"5"，移动滑块可以更改十字光标的大小，也可以直接更改数值的大小。

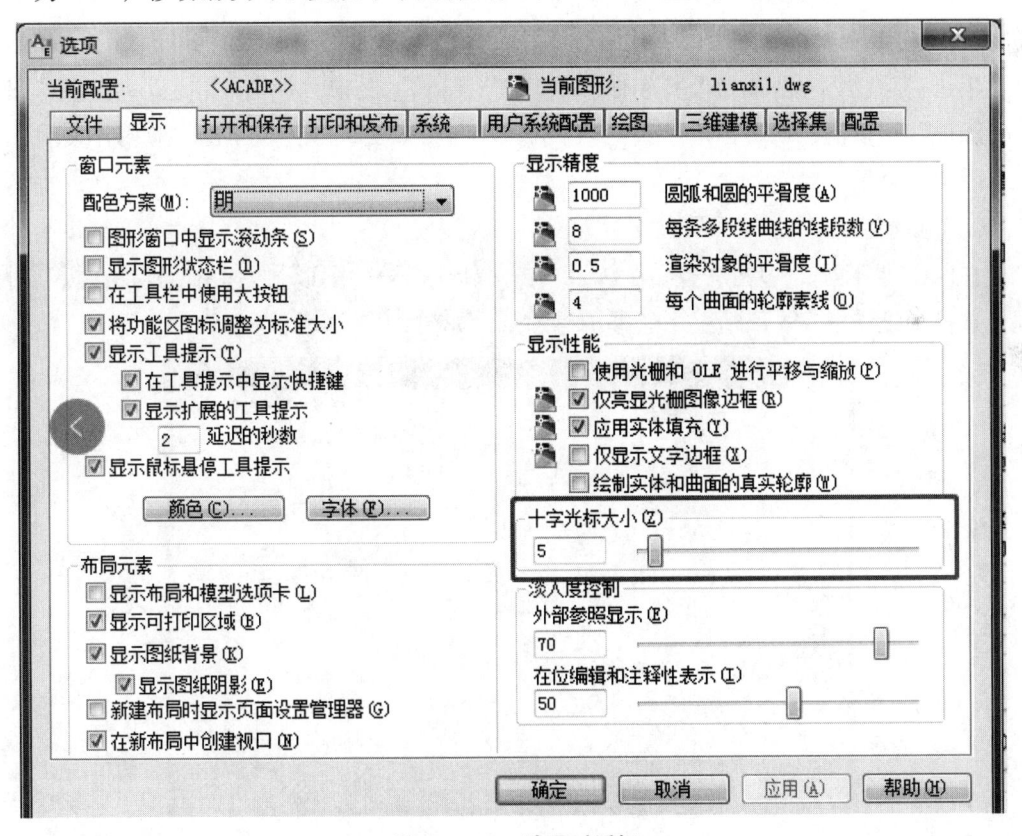

图2-2-10　选项对话框

例如移动滑块至显示数值为"25"，单击"应用"→"确定"，十字光标大小见图2-2-11，与图2-2-10中十字光标为默认值（5）比较，尺寸要大很多。

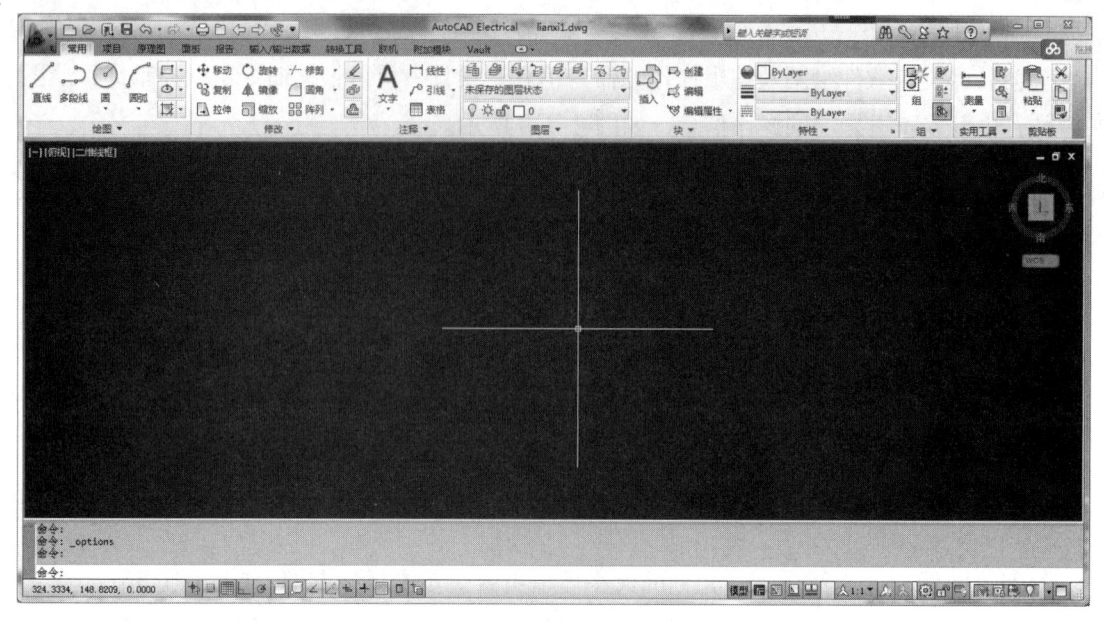

图 2-2-11　十字光标为 25

（6）绘图区域

即绘图位置，默认情况下绘图区域的背景颜色为黑色，次背景颜色可以更改，单击右键，单击"选项"，弹出"选项"对话框，在"显示"栏中，单击"颜色"，弹出"图形窗口颜色"对话框，在右上角"颜色"下拉菜单中可以更改颜色，单击"应用并关闭"。

2. 文件管理

（1）新建文件

在 ACE 界面上，单击右上角图标，单击"新建"→"图形"，弹出"选择样板"对话框，选择图纸样板，一般情况下选择国标图纸，如图 2-2-12 所示。

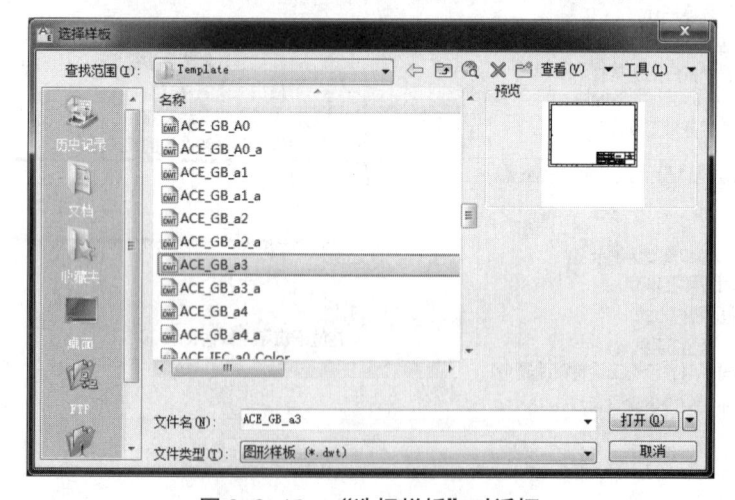

图 2-2-12　"选择样板"对话框

国标样板名称前缀为"ACE_GB"，其中"a1、a2、a3、a4"表示图纸尺寸的大小，"a1_a、a2_a、a3_a、a4_a"表示图纸竖放。

单击"打开",样板图纸会出现在绘图区域,设计人员可以在图纸样板内进行绘图作业。

(2)文件的保存

文件绘制完毕后需要保存文件,操作步骤为:单击左上角图标,单击"另存为"→"AUTO CAD 图形",选择保存路径(此路径用户自定义文件保存的位置),单击"保存"。

(3)文件的打开

文件打开,可以对之前保存的图纸进行打开和编辑,操作步骤:单击左上角图标,单击"打开"→"图形",找到文件保存的路径,选中,单击"打开"。

(二)图形绘制命令

1.线的绘制

(1)直线的绘制

①绘制一条直线:单击"常用"菜单栏中的"直线",命令行会出现提示命令,如图 2-2-13 所示。

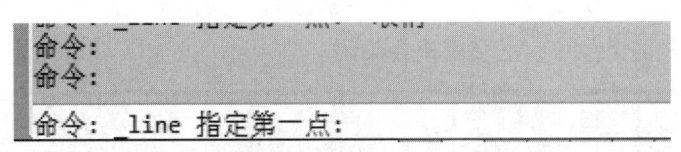

图 2-2-13 直线命令

在绘图区域指定直线的第一点(直线的起点),单击鼠标左键,移动鼠标即可绘制直线的方向、长短;指定直线的端点,单击左键,然后单击右键,单击"确认"。

②绘制连续相互连接的两条直线:

步骤1:单击"常用"菜单栏中的"直线",在绘图区域指定直线的第一点(直线的起点),单击鼠标左键,移动鼠标即可确定直线的方向、长短;指定直线的端点,单击左键,然后再次移动鼠标确定第二条直线的方向、长短。

步骤2:指定第二条直线的端点,单击左键,然后单击右键,单击"确认"按钮。连续相互连接的多条直线的绘制,只需重复此步骤即可,如图 2-2-14 所示。

图 2-2-14 连续相互连接的多条直线的绘制

(2)多段线的绘制

①绘制一段多段线:单击"常用"菜单栏中的"多段线",命令行会出现提示命令,如图 2-2-15 所示,在绘图区域指定多段线的第一点,单击鼠标左键,移动鼠标即可确

定多段线线的方向、长短；指定直线的端点，单击左键，然后单击右键，单击"确认"按钮。

```
指定起点：
当前线宽为 2.0000
指定下一个点或 [圆弧(A)/半宽(H)/长度(L)/放弃(U)/宽度(W)]:
指定下一点或 [圆弧(A)/闭合(C)/半宽(H)/长度(L)/放弃(U)/宽度(W)]:
```

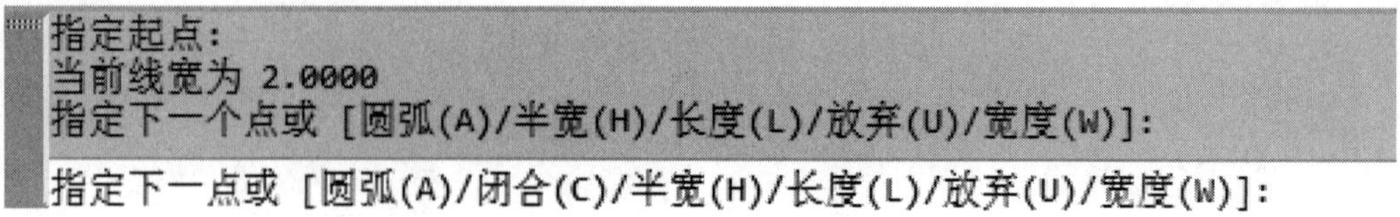

图 2-2-15　多段线命令

②绘制多段多段线：

步骤1：单击"常用"菜单栏中的"多段线"，在绘图区域指定多段线的第一点，单击鼠标左键，移动鼠标即可确定多段线的方向、长短；指定多段线的端点，单击左键，然后再次移动鼠标确定第二断多段线的方向、长短。

步骤2：指定第二断多段线的端点，单击左键，然后单击右键，单击"确认"按钮。

③绘制长度为100的多段线：

步骤1：为保证绘制的多段线为横平竖直的线段，先打开"正交模式"，单击状态栏中的正交符号，如图2-2-16所示，之后在命令提示行中会提示正交模式打开，如图2-2-17所示。若再次单击正交符号，正交模式会关闭。

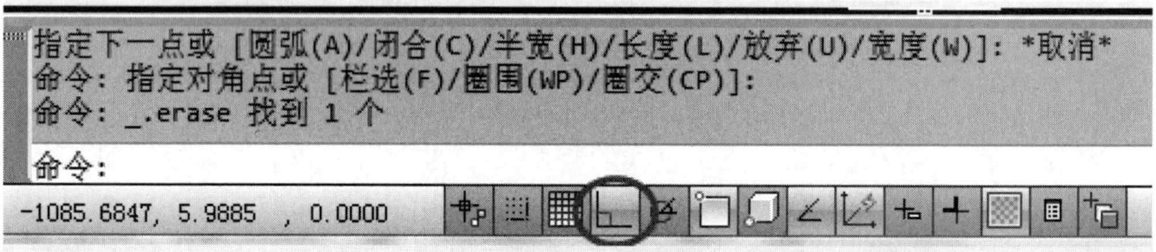

```
指定下一点或 [圆弧(A)/闭合(C)/半宽(H)/长度(L)/放弃(U)/宽度(W)]: *取消*
命令: 指定对角点或 [栏选(F)/圈围(WP)/圈交(CP)]:
命令: _.erase 找到 1 个
命令:
-1085.6847, 5.9885 , 0.0000
```

图 2-2-16　正交符号图

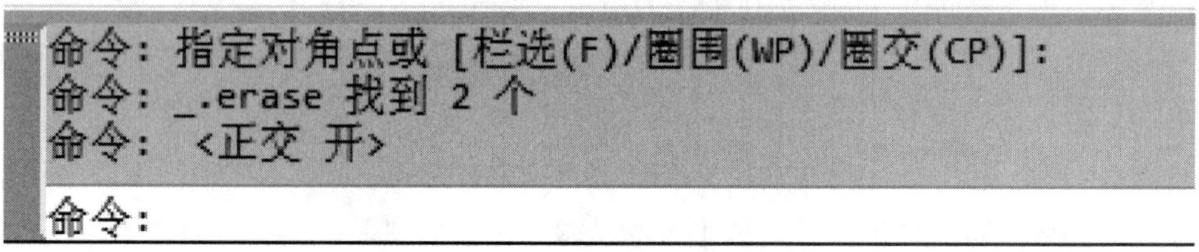

```
命令: 指定对角点或 [栏选(F)/圈围(WP)/圈交(CP)]:
命令: _.erase 找到 2 个
命令: <正交 开>
命令:
```

图 2-2-17　正交模式打开提示

步骤2：单击"常用"菜单栏中的"多段线"，在绘图区域指定多段线的第一点，单击鼠标左键，根据图2-2-15中的提示命令，输入"L"，命令行如图2-2-18所示。输入"100"，按回车键，即可完成绘制长度为100的多段线。

```
指定起点：
当前线宽为 1.0000
指定下一个点或 [圆弧(A)/半宽(H)/长度(L)/放弃(U)/宽度(W)]: L
指定直线的长度：
```

图 2-2-18　指定长度多段线绘制命令行

练习：

1. 绘制直线和多段线。

2. 绘制长度为200的多段线。

思考：

直线和多段线有什么不同？

（3）射线的绘制

单击"常用"菜单栏中"绘图"下拉菜单，单击"射线"图标，如图2-2-19所示。

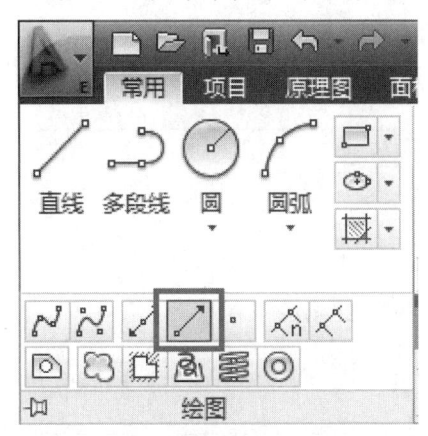

图 2-2-19　射线图标

在绘图区域，指定射线的起点，单击鼠标左键，指定射线的第二点，单击鼠标左键，即可完成射线的绘制。

（4）构造线的绘制

单击"常用"菜单栏中"绘图"下拉菜单，单击"构造线"图标，如图2-2-20所示，命令行如图2-2-21所示。

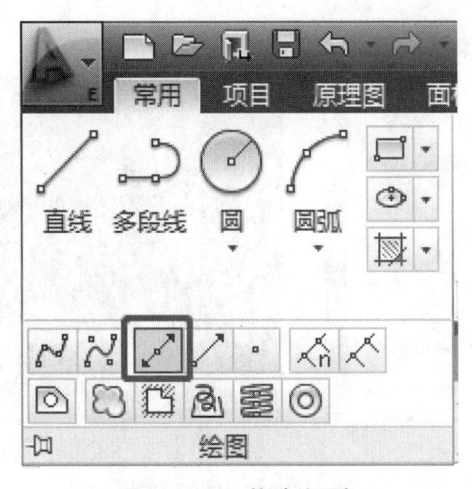

图 2-2-20　构造线图标

```
命令: _.erase 找到 4 个
命令:
命令:
命令: _xline 指定点或 [水平(H)/垂直(V)/角度(A)/二等分(B)/偏移(O)]:
```

图 2-2-21　构造线命令行

①在绘图区域，指定构造线的起点，单击鼠标左键，指定构造线的第二点，单击鼠标左键，即可完成构造线的绘制。

②绘制水平构造线。单击"构造线"图标，输入"H"，按回车键，移动鼠标放置水平构造线。

③绘制竖直构造线。单击"构造线"图标，输入"V"，按回车键，移动鼠标放置竖直构造线。

④绘制 45°的构造线。单击"构造线"图标，输入"A"，按回车键，输入"45"，按回车键，移动鼠标放置 45°的构造线。

> **练习：**
>
> 1.绘制射线和构造线。
>
> 2.绘制角度为 30°和 60°的构造线。
>
> 3.绘制 0°、90°、45°、135°的构造线，要求相交于一点。

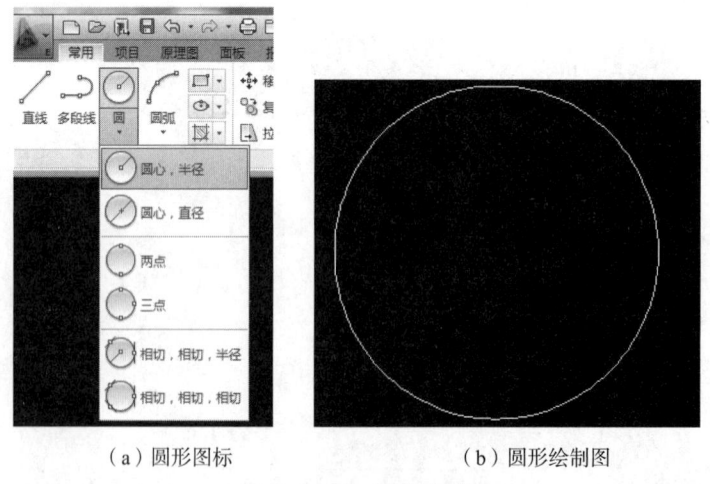

2.圆类图形的绘制

（1）圆的绘制

①单击"常用"菜单栏中"圆"下拉菜单，单击"圆心，半径"图标，如图 2-2-22（a）所示。在绘图区域指定圆心位置，单击鼠标左键，移动鼠标，再次单击鼠标左键即可完成圆形的绘制，如图 2-2-22（b）所示。

（a）圆形图标　　　　　　（b）圆形绘制图

图 2-2-22　圆的绘制

②指定半径的圆形绘制。单击"常用"菜单栏中"圆"下拉菜单,单击"圆心,半径"图标。在绘图区域指定圆心位置,单击鼠标左键,在命令行中输入"200",按回车键,即可完成半径为200的圆形绘制。

另外,圆形的画法还包括"圆心,直径""两点""三点"等方法。

> 练习:
>
> 1.练习各种绘制圆形的方法。
>
> 2.先绘制一条长为160的多段线,然后以此多段线作为圆的直径,绘制圆形。
>
> (想一想,应利用绘制圆形的哪种方法。)

(2)圆弧的绘制

①单击"常用"菜单栏中"圆弧"下拉菜单,单击"三点"图标,在绘图区域,指定圆弧的起点,单击鼠标左键;然后指定圆弧的第二点,单击鼠标左键;移动鼠标,会显示圆弧的形状,指定第三点,单击鼠标左键,即可完成圆弧的绘制。

②由圆心,圆弧的起点,圆弧的端点绘制圆形。单击"常用"菜单栏中"圆弧"下拉菜单,单击"三点"图标,在命令行中输入"C",按回车键,在绘图区域指定位置,单击鼠标左键;移动鼠标,指定圆弧的起点,单击鼠标左键;再移动鼠标,指定圆弧终点,单击鼠标左键,即可完成圆形的绘制。

③由圆心,圆弧的起点,圆弧角度绘制圆形。单击"常用"菜单栏中"圆弧"下拉菜单,单击"三点"图标,在命令行中输入"C",按回车键,在绘图区域指定位置,单击鼠标左键;移动鼠标,指定圆弧的起点,单击鼠标左键;在命令行中输入"A",按回车键,再输入"60",按回车键,即可完成弧度为60°的圆弧绘制。

> 练习:
>
> 1.练习圆弧的绘制。
>
> 2.先绘制一条长为180的多段线,然后以此多段线的末端作为圆弧的圆心,多段线的首端作为圆弧的起点,绘制弧度为135°的圆弧。

(3)圆环的绘制

单击"常用"菜单栏中"绘图"下拉菜单,单击"圆环"图标,如图2-2-23所示。

图 2-2-23　圆环图标

在命令提示行中输入"70",按回车键；再次输入"100",按回车键,在绘图区域指定位置作为圆心,单击鼠标左键,按回车键即可完成内圆直径为 70、外圆直径为 100 的圆环。

实例演示：绘制交流接触器辅助常开触头电气图。

步骤 1：在状态栏中,打开"正交模式"。

步骤 2：在状态栏中将鼠标移动到"对象捕捉"图标上,单击左键打开对象捕捉；右击鼠标,单击"设置",弹出如图 2-2-24 所示对话框,根据需要勾选相应捕捉点（一般常用捕捉点如图勾选所示）,单击"确定"。

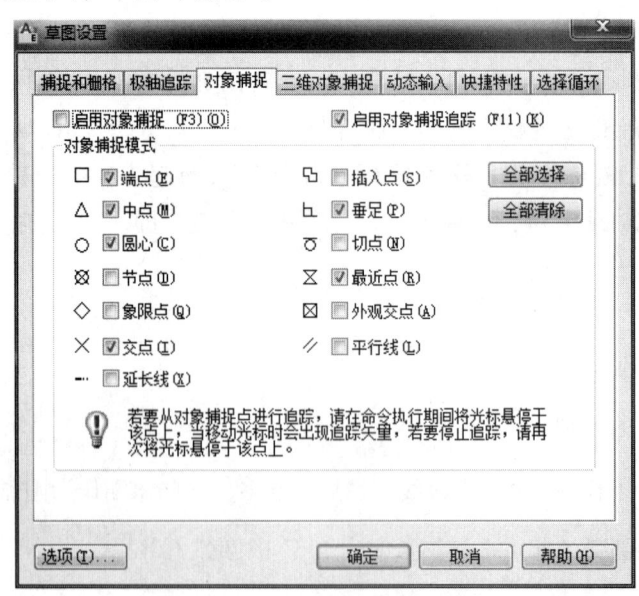

图 2-2-24　对象捕捉选择设置界面

步骤 3：选择"多段线"图标,在绘图区域,绘制一定长度的多段线。

步骤 4：选择"圆弧"图标下拉菜单的"三点"图标,首先单击多段线末端端点,然后移动鼠标到多段线上方某一点,单击鼠标左键,最后移动鼠标到多段线上某一点,单击

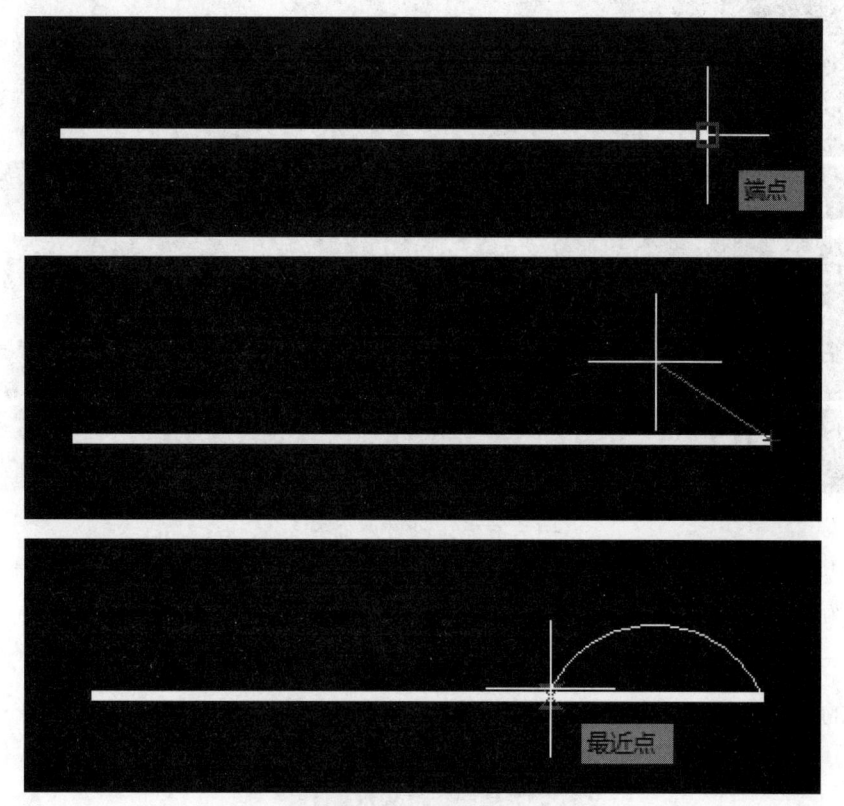

鼠标左键，如图 2-2-25 所示。

图 2-2-25 步骤演示图 1

步骤 5：单击"多段线"，在上图右侧隔开一段距离，绘制一定长度的多段线，如图 2-2-26 所示。

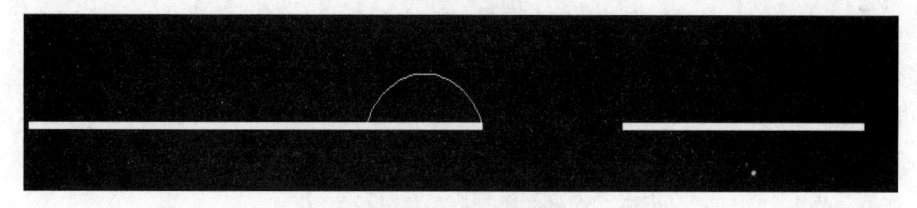

图 2-2-26 步骤演示图 2

步骤 6：在状态栏中，单击"正交模式"图标，将正交模式关闭。

步骤 7：单击"多段线"图标，首先单击第二条多段线的首端，然后移动鼠标至圆弧上方，最后单击鼠标左键，再单击右键，单击"确认"，如图 2-2-27 所示。

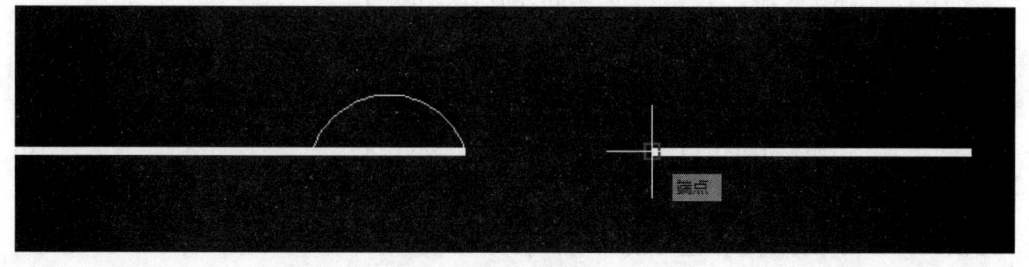

图 2-2-27

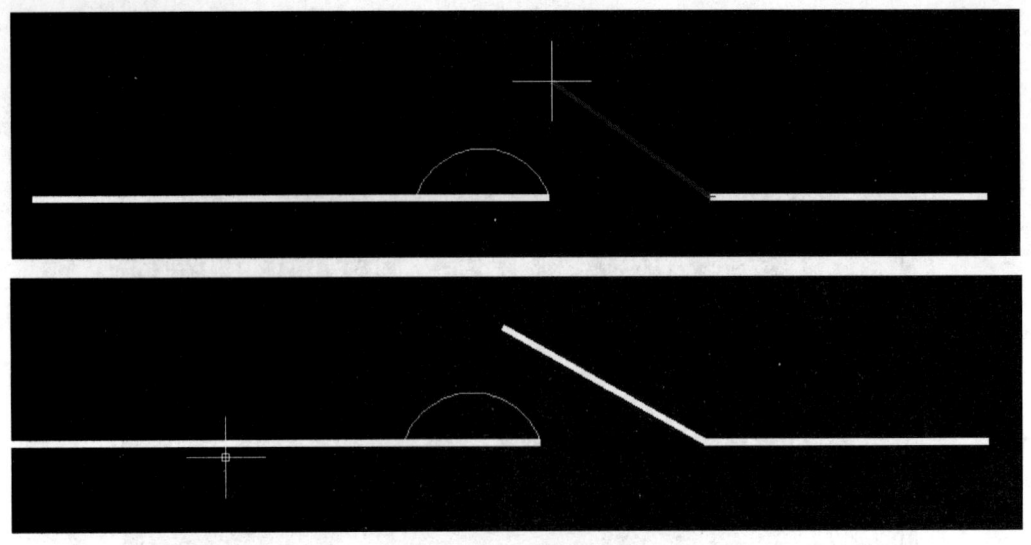

图 2-2-27　步骤演示图 3

3. 多边形的绘制

（1）矩形的绘制

单击"矩形"图标，如图 2-2-28 所示，在绘图区域，单击鼠标左键，然后移动鼠标，确定矩形的大小，再次单击鼠标左键，即可完成矩形的绘制。

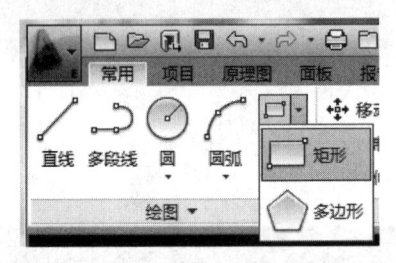

图 2-2-28　矩形图标

一般情况下，制图人员绘制的矩形尺寸都是确定的，所以下面我们介绍绘制长宽一定的矩形。

步骤1：单击"矩形"图标，在绘图区域单击鼠标左键。

步骤2：在命令行中输入"D"，按回车键。

步骤3：在命令行中输入"100"，按回车键。

步骤4：在命令行中输入"60"，按回车键。

经过以上步骤，完成长为 100、宽为 60 的矩形的绘制。

（2）五边形的绘制

步骤1：单击"多边形"图标，在命令行中输入"5"，按回车键。

步骤2：在绘图区域单击鼠标左键，作为多边形的中心点。

步骤3：在命令行中输入"I"，按回车键。

步骤4：移动鼠标确定多边形的大小，单击鼠标左键，完成多边形的绘制。

> **练习：**
> 1. 绘制长度为120、宽为90的矩形。
> 2. 绘制一个正六边形和一个正七边形。
> 3. 先绘制一个直径为200的圆，再绘制一个正五边形。要求：以此圆的圆心为正五边形的中心，以此圆的半径作为正五边形中心到每个角的距离。

（三）图形的编辑命令

1. 复制类命令

（1）复制命令

对按钮开关电气图形进行复制操作，如图2-2-29所示。

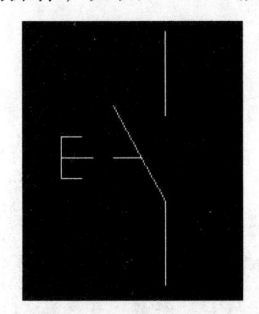

图 2-2-29　按钮电气图符号

步骤1：选中按钮电气图，单击常用菜单栏下的"复制"图标，如图2-2-30所示。

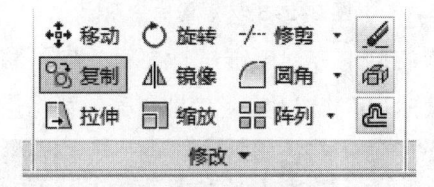

图 2-2-30　复制图标

步骤2：指定复制图形的基点，单击鼠标左键（本例选中图形最上方点为图形基点），如图2-2-31所示。

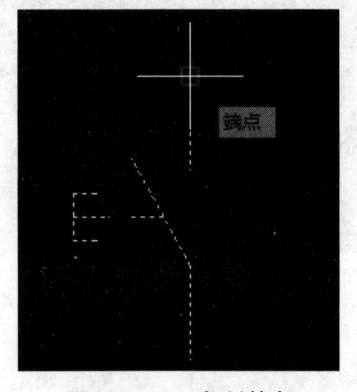

图 2-2-31　复制基点

步骤3：移动鼠标，可以看到复制的图形，在其他位置单击鼠标左键，放置图形，可以连续移动单击，多次复制，如图2-2-32所示。

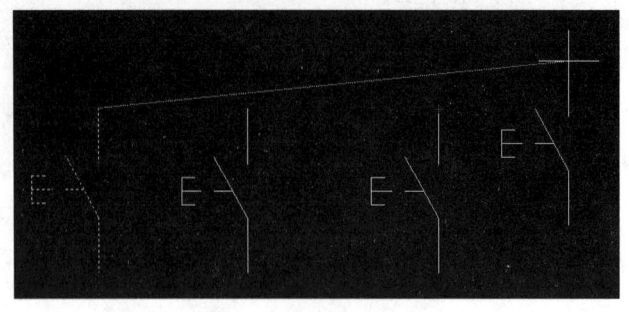

图2-2-32 复制完成

步骤4：右击鼠标，单击"确认"，完成复制。

（2）镜像命令

对图2-2-29的按钮开关电气图形进行镜像操作。

步骤1：选中按钮开关电气图，单击"常用"菜单栏中的"镜像"图标，如图2-2-33所示。

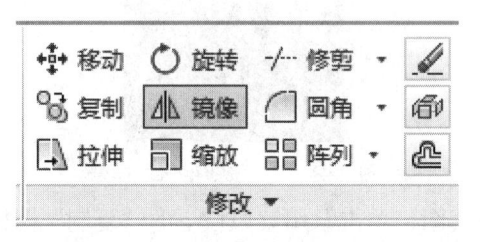

图2-2-33 镜像命令图标

步骤2：在按钮电气图右侧上方，单击鼠标左键，向下移动鼠标，作一条竖直线轨迹，单击鼠标左键，右击鼠标，单击"确认"，即可完成镜像操作，如图2-2-34所示。

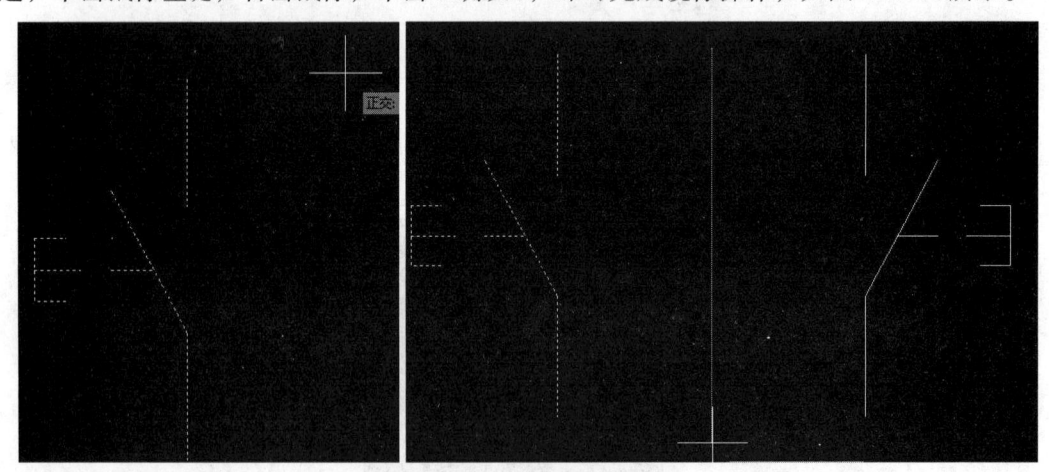

图2-2-34 镜像操作过程

（3）偏移命令

步骤1：单击"常用"菜单栏中的"偏移"图标，如图2-2-35所示。

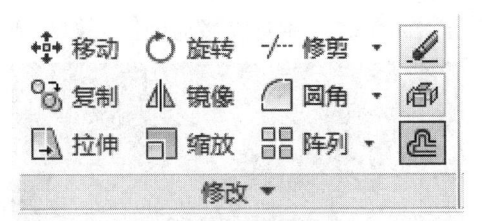

图 2-2-35　偏移图标

步骤 2：在命令行中输入"45"，指定偏移距离为 45，按回车键。

步骤 3：选中偏移对象，移动鼠标向偏移一侧，单击鼠标左键，右击鼠标，单击"确认"按钮，完成偏移，如图 2-2-36 所示。

图 2-2-36　偏移过程

2.改变位置类命令

（1）移动命令

将三级开关移动到圆形右侧，如图 2-2-37 所示。

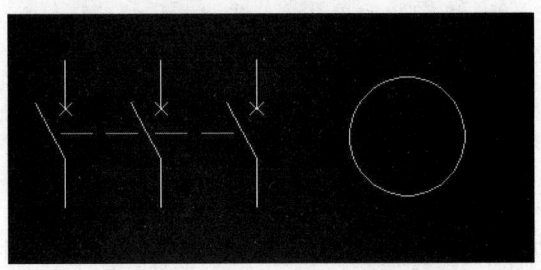

图 2-2-37　移动前图样

步骤 1：单击"常用"菜单栏中的"移动"图标，如图 2-2-38 所示。

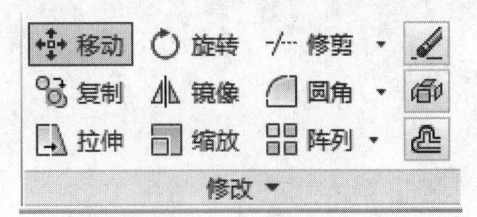

图 2-2-38　移动图标

步骤 2：选择三极开关，按回车键。

步骤 3：指定移动基点（本例选择三极开关左下角），单击鼠标左键，向移动方向移动鼠标，到达指定位置单击鼠标左键，即完成移动操作，如图 2-2-39 所示。

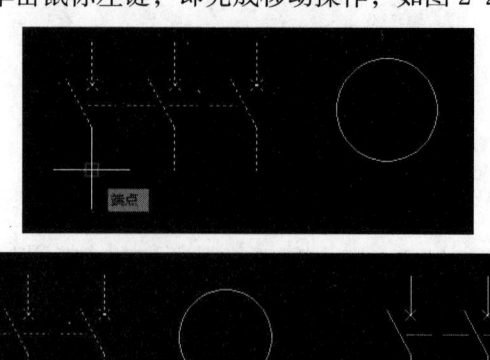

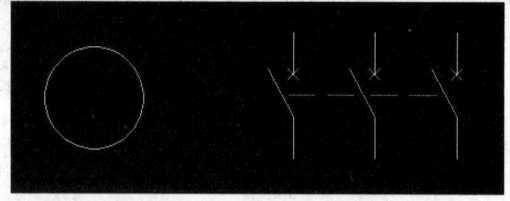

图 2-2-39 移动操作过程

（2）旋转命令

步骤 1：单击"常用"菜单中的"旋转"图标，如图 2-2-40 所示。

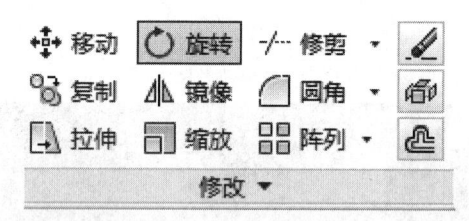

图 2-2-40 旋转图标

步骤 2：选择三极开关，按回车键。

步骤 3：指定移动基点（本例选择三极开关右下角），单击鼠标左键，移动鼠标，将三极开关旋转到要求位置，单击鼠标左键，即完成移动操作，如图 2-2-41 所示。

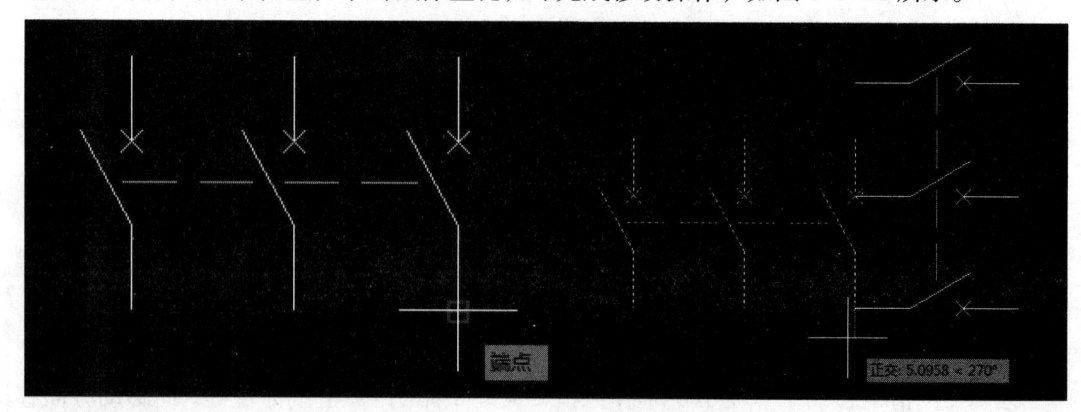

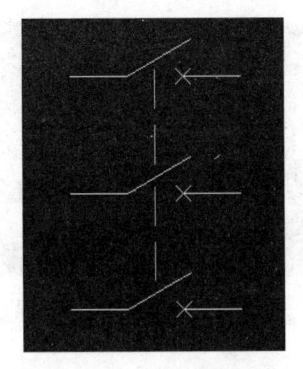

图 2-2-41　旋转操作过程

3.改变几何特性类命令

（1）修剪命令

如图 2-2-42 所示的表格中横向线段超出表格边框，要求修剪整齐。

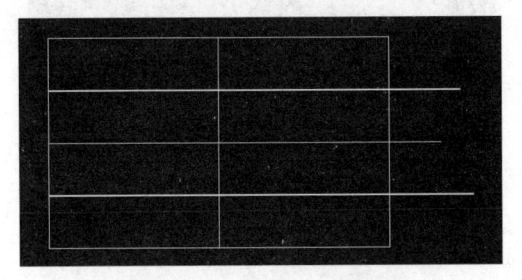

图 2-2-42　待修剪的表格

步骤1：单击"常用"菜单中的"修剪"下拉菜单，单击"修剪"图标，如图 2-2-43 所示。

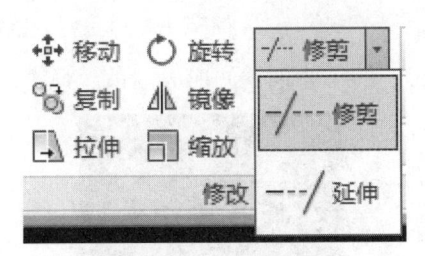

图 2-2-43　"修剪"图标

步骤2：选择表格右侧边框，按回车键。

步骤3：依次单击超出表格的横线部分，然后右击鼠标，单击"确认"，即可完成修剪，如图 2-2-44 所示。

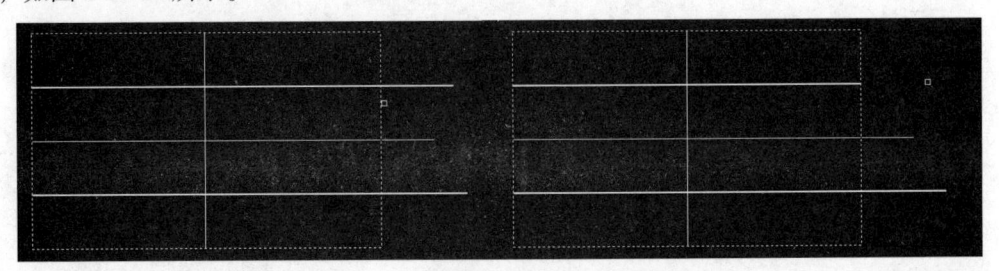

图 2-2-44

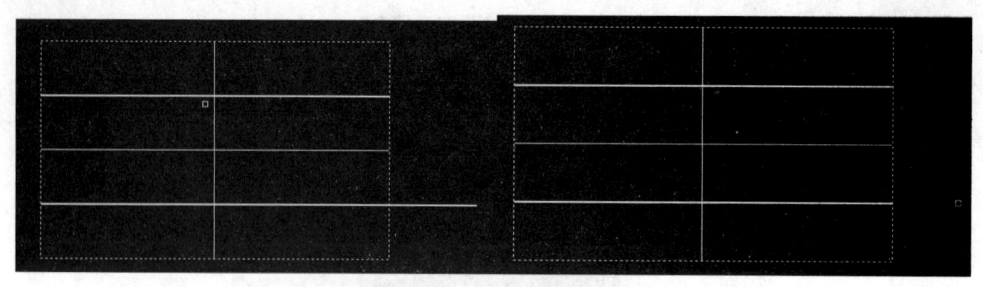

图 2-2-44　修剪操作过程

（2）延伸命令

如图 2-2-45 所示的表格中横向线段未到达表格边框，要求横向线与表格右边框相结合。

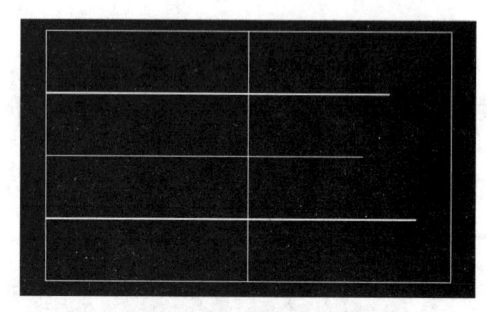

图 2-2-45　待完善的表格

步骤1：单击"常用"菜单中的"修剪"下拉菜单，单击"延伸"图标。
步骤2：选择表格右侧边框，按回车键。
步骤3：依次单击横线，然后右击鼠标，单击"确认"，即可完成延伸。

（3）圆角命令

如图 2-2-46 所示，两根直线，要求它们形成倒角。

图 2-2-46　待倒圆角的直线

步骤1：单击"常用"菜单中的"圆角"图标，如图 2-2-47 所示。

图 2-2-47　圆角图标

步骤2：在命令行中输入"R"，按回车键。

步骤3：指定倒圆角的半径，这里输入"30"（若输入0，则倒角为直角），表示圆角的半径为30，按回车键。

步骤4：分别选择两条直线，即可完成圆角操作，如图2-2-48所示。

图2-2-48 倒圆角后的图例

三、电动机点动控制电路绘制

AutoCAD Electrical 2012是专用于电气绘图的软件，软件有已经建好的模块库，有些电气元器件不需要绘制，绘图者可以直接调用模块库里已成型的电气图形，大大提高了电气绘图的效率；当然，模块库并不是万能的，有些库里没有的电气元器件或者不合适的还需要绘制或修改。下面我们将利用CAD软件，介绍三相电机点动控制电路图纸绘制，如图2-2-49所示。

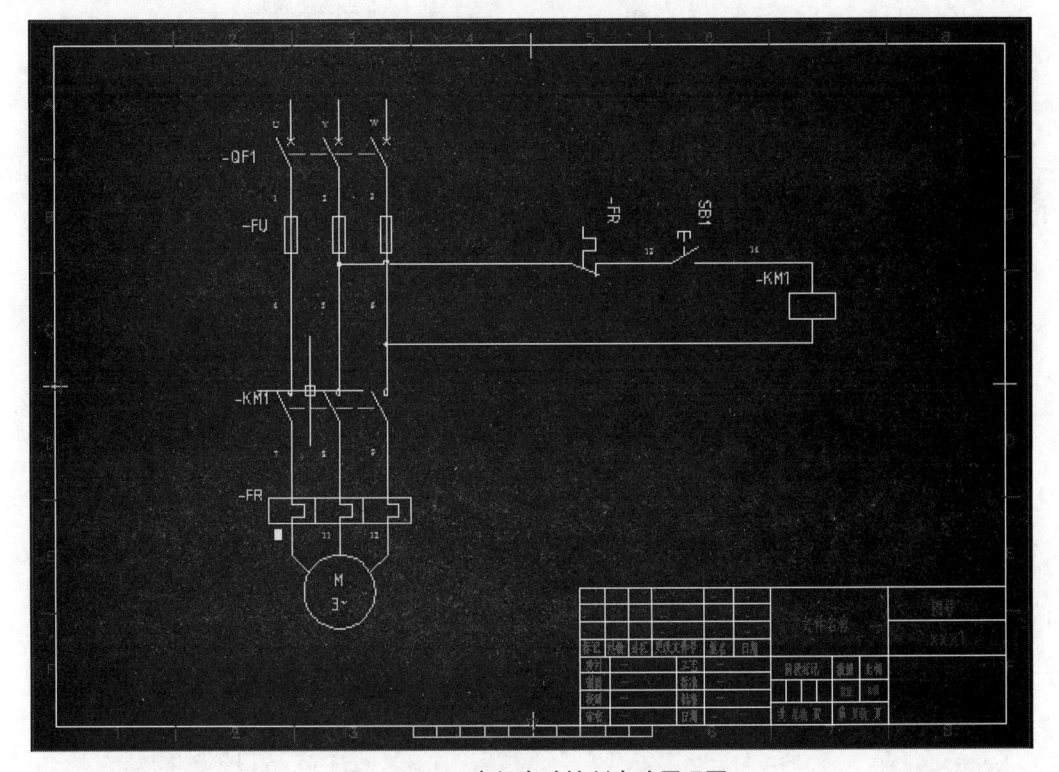

图2-2-49 电机点动控制电路原理图

> **回顾：**
>
> 手绘电气图纸时，主电路和控制电路先绘制哪部分？

通常情况下，电气原理图的绘制顺序为：先画主电路，然后画控制电路。

在绘制电路图之前要新建图纸。

步骤1：单击左上角图标" "，单击"新建"→"图形"，如图2-2-50（a）所示。

（a）图形　　　　　　　　　　　（b）A3图框

图2-2-50　新建图形

步骤2：弹出"选择样板"对话框，如图2-2-50（b）所示，选择"ACE_GB_a3"图纸模板（此图纸为A3图纸，不带装订线），单击打开，界面如图2-2-51所示。

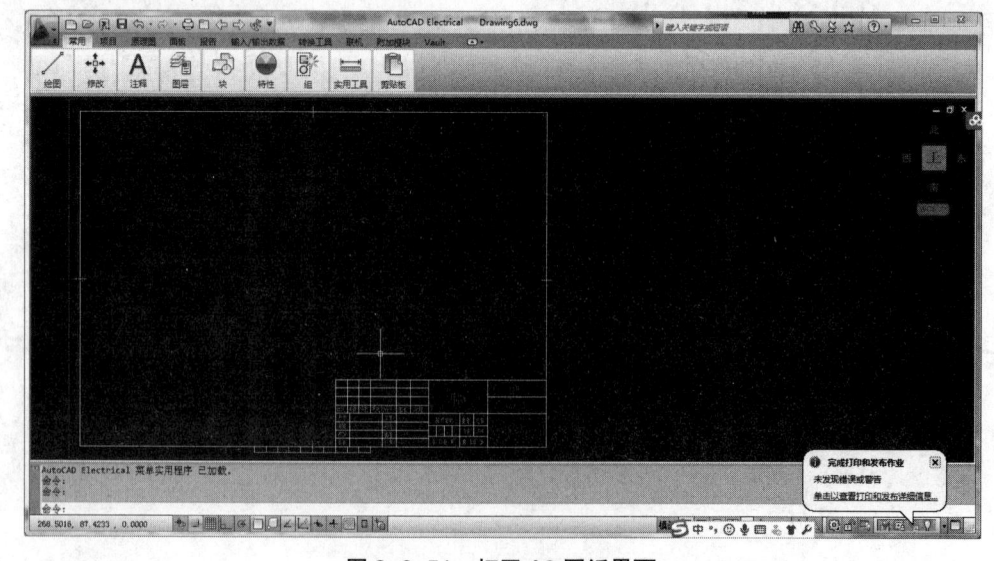

图2-2-51　打开A3图纸界面

步骤3：单击左上角图标""，单击"另存为"→"AutoCAD 图形"，弹出如图 2-2-52 所示对话框。

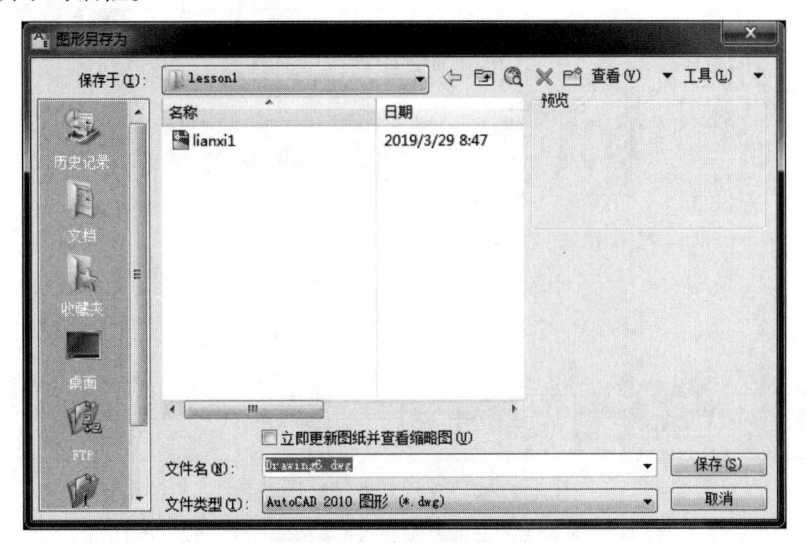

图 2-2-52 文件保存界面

步骤4：选择保存路径，重命名"文件名"（文件名自行命名，例如电机点动控制），单击"保存"。

（一）绘制主电路图

1. 放置主电路电气元器件

主电路电气元器件包括：断路器、熔断器、交流接触器、热保护继电器、三相电机。

步骤1：单击菜单栏中的"原理图"，单击"图标"下拉菜单的"图标菜单"，弹出如图 2-2-53 所示对话框。

图 2-2-53 插入元件对话框

步骤2：在左侧栏中，展开"断路器/隔离开关"，单击"三级断路器"，如

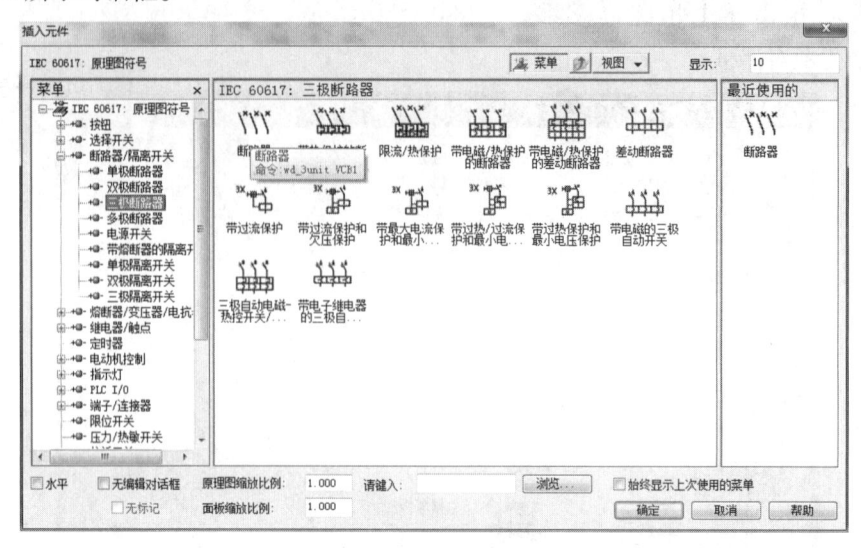

图 2-2-54 所示对话框。

图 2-2-54　三级断路器查找界面

步骤 3：单击第一个电气图形后，会直接跳到绘图界面，在绘图框中合适位置单击鼠标左键，弹出如图 2-2-55 所示对话框。

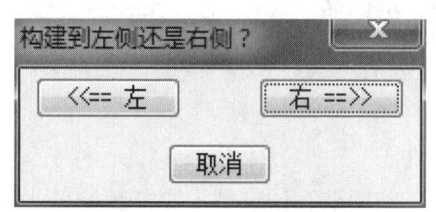

图 2-2-55　元件放置选择

步骤 4：单击"右 ==》"，弹出如图 2-2-56（a）所示对话框；将"元件标记"中的"QA1"改成"QF1"，即可完成断路器的放置，如图 2-2-56（b）所示。

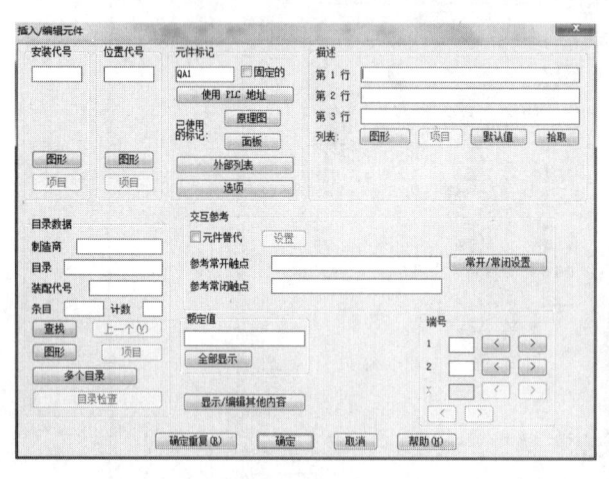

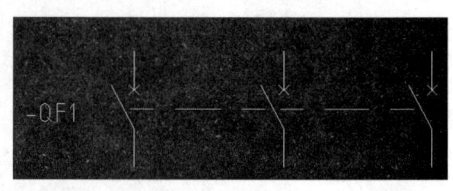

（a）编辑框　　　　　　　　　　　　（b）绘制断路器

图 2-2-56　元件编辑界面

步骤 5：按照步骤 1~步骤 4，放置熔断器、交流接触器、热保护继电器、三相电动机的电气图形。

熔断器位置:"图标菜单"→"熔断器/变压器/电抗器"→"熔断器"→"三极熔断器",注意符号名称改为"FU"。

交流接触器位置:"图标菜单"→"电动机控制"→"电动机启动器"→"三级常开接触器(电力用)",注意符号名改为"KM1"。

三相电机位置:"图标菜单"→"电动机控制"→"三相电动机"→"三相电动机"。

热保护继电器:"图标菜单"→"电动机控制"→"三级过载",如图 2-2-57 所示。

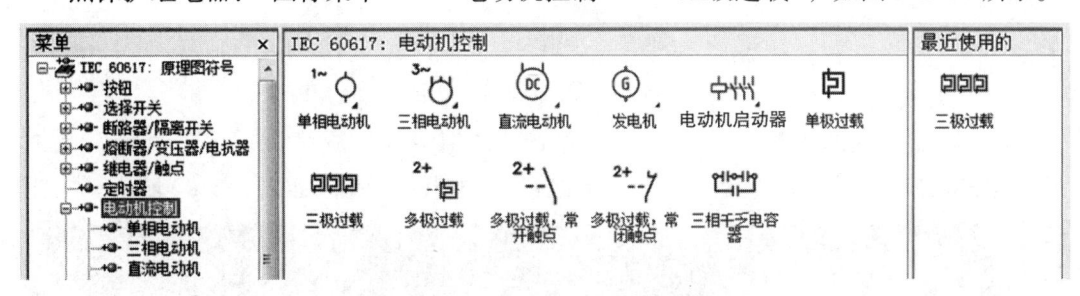

图 2-2-57 热保护继电器电气图形

放置元器件位置时,要根据电气原理图的接线情况,大体上放置到合适的位置,便于绘制连接线路。电动机点动控制线路的电气原理图主电路元器件的放置位置如图 2-2-58 所示。

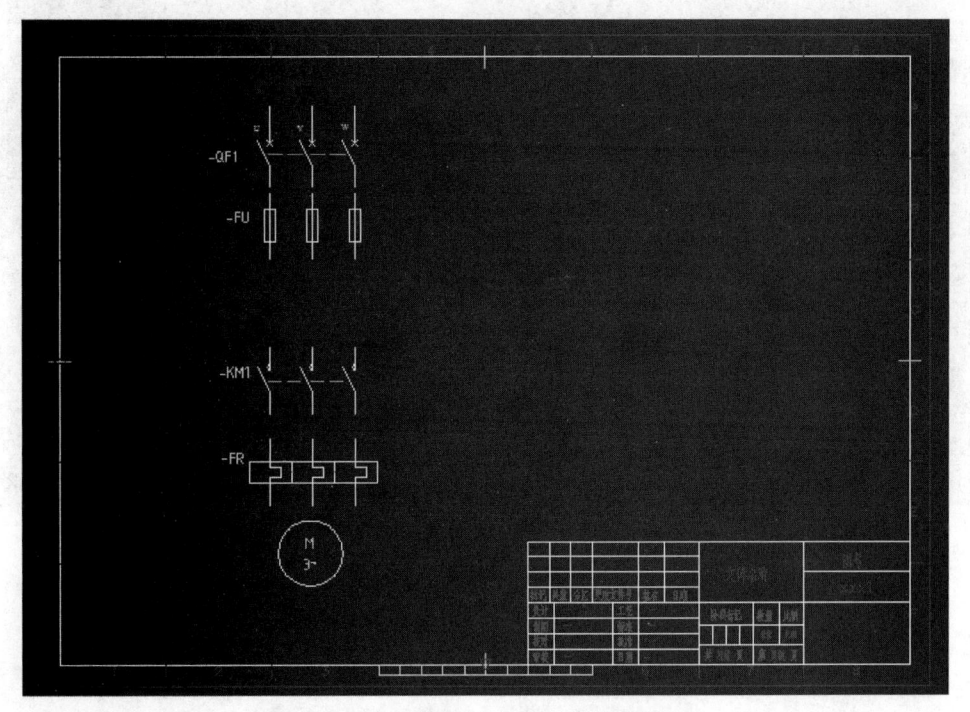

图 2-2-58 原理图主电路元器件放置图示

2.连接线路

步骤1:单击原理图菜单下的"多母线"图标,弹出对话框,如图 2-2-59 所示。

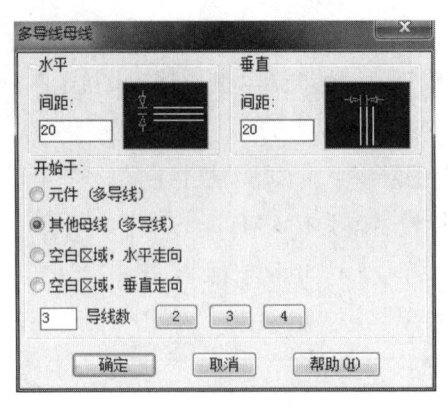

图 2-2-59　多母线编辑对话框

步骤2："垂直间距"设置为"20"，勾选"其他母线（多导线）"，"导线数"选择"3"，单击"确定"，连接各元器件。连接完成后，主电路线路图如图2-2-60所示。

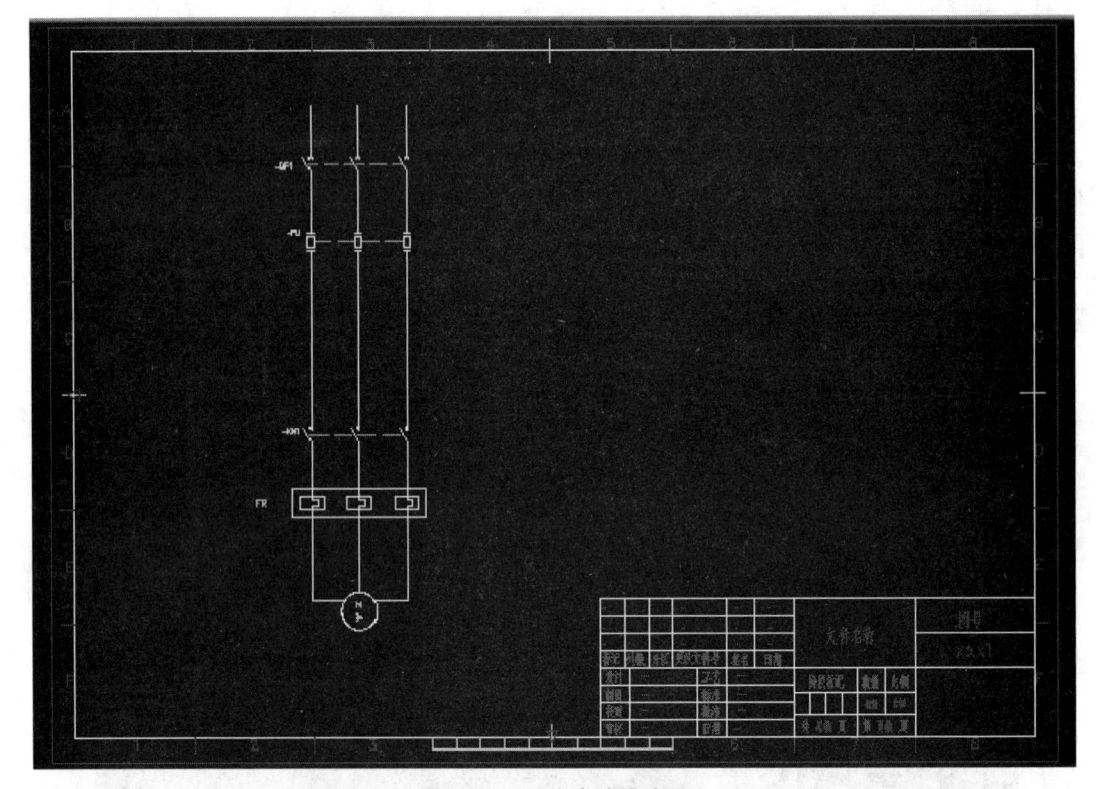

图 2-2-60　主电路线路图

（二）绘制控制电路图

1.放置控制电路电气元器件

控制电路元器件包括：热继电器辅助常闭触点，常开按钮，交流接触器线圈。

步骤1：单击菜单栏中的"原理图"，单击"图标"下拉菜单的"图标菜单"，在左侧栏中，单击"压力/热敏开关"，选择"热控开关，常闭，自操作"，将元件标记符号"S1"更改为"FR"，单击"确定"，放置到绘图区域即可。

注意：如果前面的电气符号已经使用过FR，那么更改元件标记号后，单击确定，会弹出如图2-2-61所示界面。

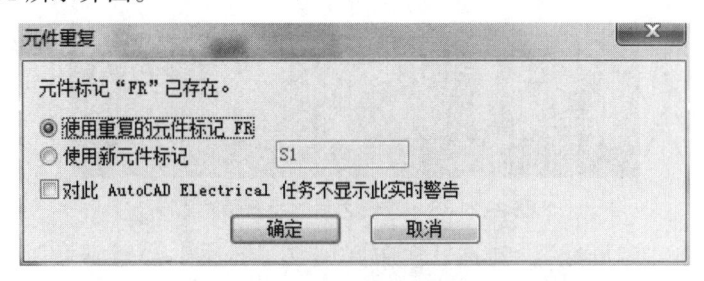

图 2-2-61 元件重复提示界面

此时，勾选"使用重复的元件标记FR"，单击"确定"，再单击"确定"。

步骤2：选择放置常开按钮和交流接触器线圈。

常开按钮："图标菜单"→"按钮"→"瞬动型常开按钮"，注意按钮元件标记号改为"SB1"。

交流接触器线圈："图标菜单"→"电动机控制"→"电动机启动器"→"电动机启动器"，注意元件标记符号更改为"KM1"。

放置后的图纸如图2-2-62所示。

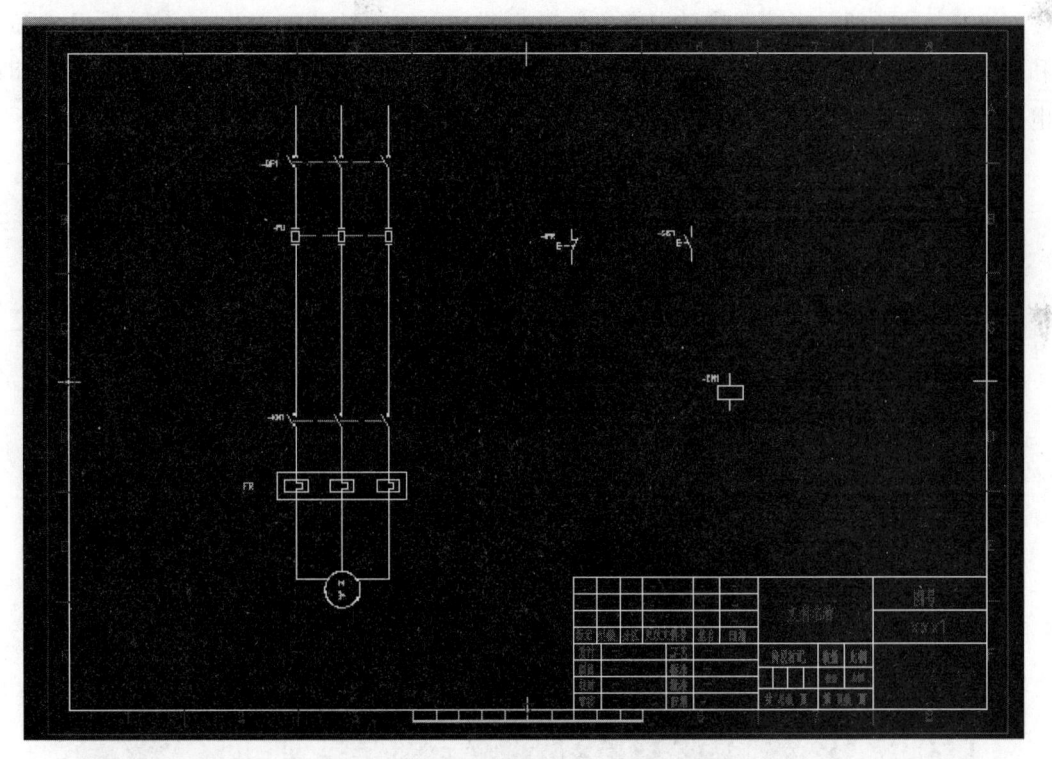

图 2-2-62 原理图控制元件放置示意图

2.控制线路连接

连接线路时，要根据实际情况，对电气元器件进行旋转或者镜像等操作，目的是便于线路连接。

步骤1：将"热继电器常闭辅助触点"和"常开按钮"进行旋转操作，如图 2-2-63 所示。

图 2-2-63　旋转之后的元器件位置

步骤2：单击"多母线"，勾选"空白区域水平走向"，"导线数"输入"1"，单击"确定"。

步骤3：单击"热继电器常闭辅助触点"左侧，移动鼠标，连接到三相母线的中间那条母线，如图 2-2-64 所示。

图 2-2-64　控制线路连接线 1

步骤4：同理，连接"热继电器常闭辅助触点"和"常开按钮"，连接"常开按钮"和"交流接触器线圈"上端，连接"交流接触器线圈"下端和三相母线最右侧母线，此时电路图如图 2-2-65 所示。

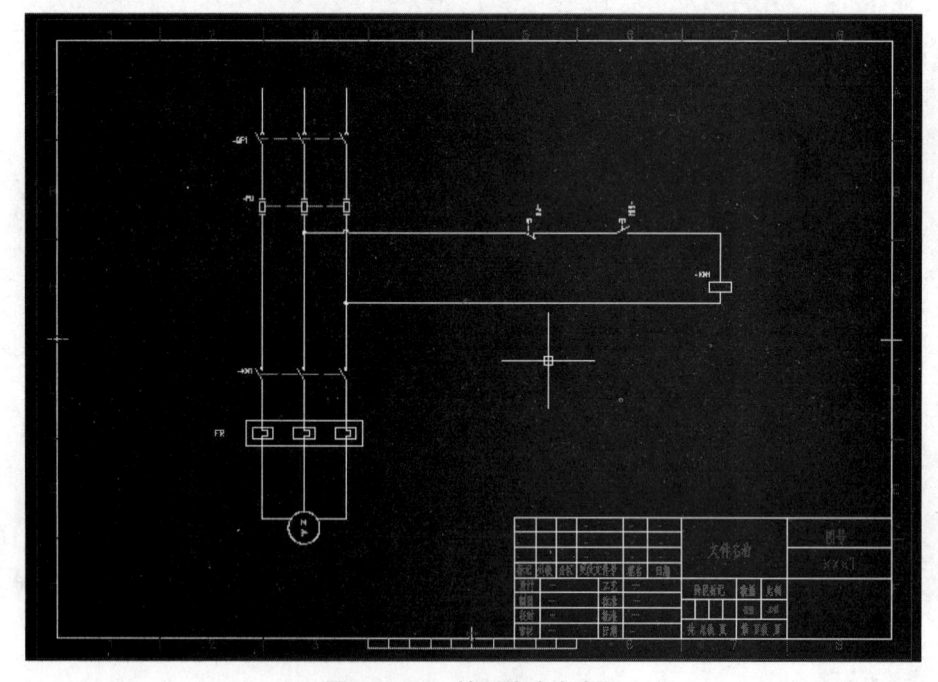

图 2-2-65　控制线路线路图

3.标注线号

标注线号的要求：每根导线都要标注线号，一般情况下，竖直导线的线号标注在左侧，水平导线的限号标注在上侧；标注线号时先标注主线路线号，再标注控制线路线号。

步骤1：单击"常用"菜单中"文字"图标的下拉菜单，选择"多行文字"，如图2-2-66所示。

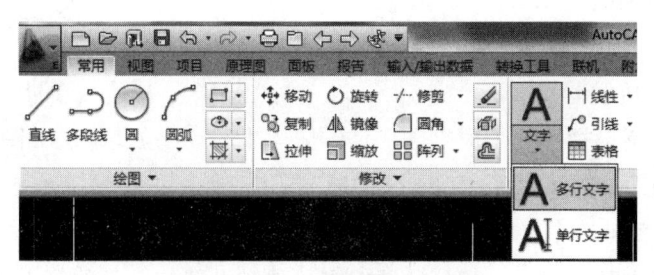

图2-2-66 "多行文字"图标

步骤2：在需标注的地方单击鼠标左键，按住不放，向右下方向拖曳鼠标，松开，即可出现光标闪烁，输入文字，然后在其他空白位置单击鼠标左键，即可完成文字的标注。双击文字可以对文字的字体、大小、颜色等属性进行编辑。

步骤3：按照步骤2的方法为每根导线标注线号。利用这种方法标注线号操作比较烦琐，也可利用下面的方法标注线号：将步骤2已经编辑好的线号进行复制，然后双击文字更改数值即可。最终绘制出图2-2-49的电机点动控制电路原理图。

四、电动机自锁控制电路绘制

本节利用CAD软件，介绍三相电机自锁控制电路的绘制，如图2-2-67所示。

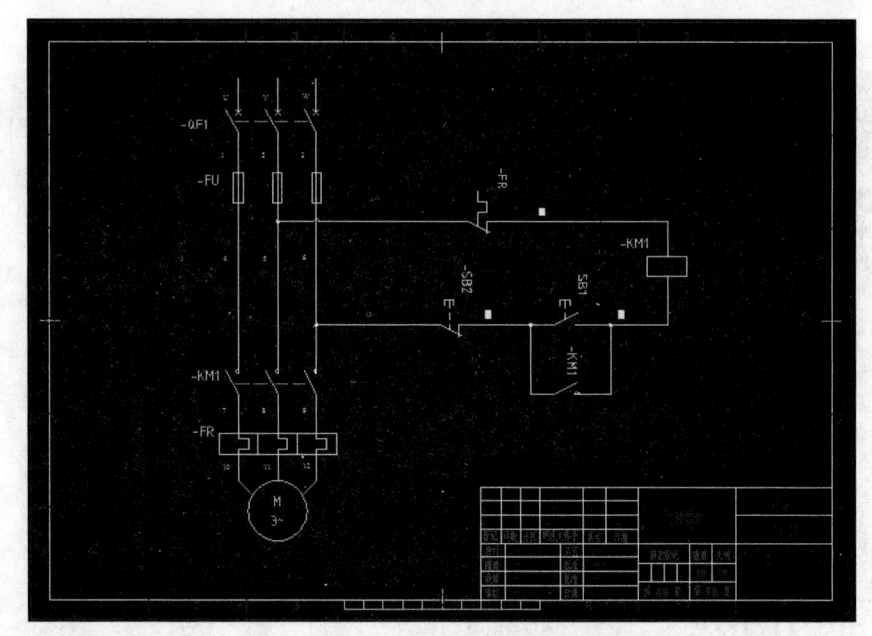

图2-2-67 电机自锁控制电路原理图

绘制电路图之前，新建图形文件，保存图形（操作方法参照第2.2.2节）。

（一）绘制主电路

主电路元器件的放置，线路连接线与电机点动控制电路的主电路绘制方法相同，可以参照电机点动控制电路绘制的主电路部分。

（二）控制电路

1. 放置控制电路电气元器件

控制电路元器件包括：热继电器辅助常闭触点，常开按钮，常闭按钮，交流接触器辅助常开触点，交流接触器线圈。

步骤1：单击菜单栏中的"原理图"，单击"图标"下拉菜单的"图标菜单"，在左侧栏中，单击"按钮"，选择"瞬动型常闭按钮"，将元件标记符号"SF1"更改为"SB2"，单击"确定"，放置到绘图区域即可。

步骤2：放置常开按钮，交流接触器线圈，热继电器辅助常闭触点，交流接触器辅助常开触点。

常开按钮："图标菜单"→"按钮"→"瞬动型常开按钮"，注意按钮元件标记号改为"SB1"。

交流接触器线圈："图标菜单"→"电动机控制"→"电动机启动器"→"电动机启动器"，注意元件标记符号更改为"KM1"。

热继电器辅助常闭触点："图标菜单"→"压力/热敏开关"→"热控开关，常闭，自操作"。

交流接触器辅助常开触点："图标菜单"→"电动机控制"→"电动机启动器"→"单极常开接触器（电力用）"，注意元件标记符号更改为"KM1"。

放置后的图纸如图2-2-68所示。

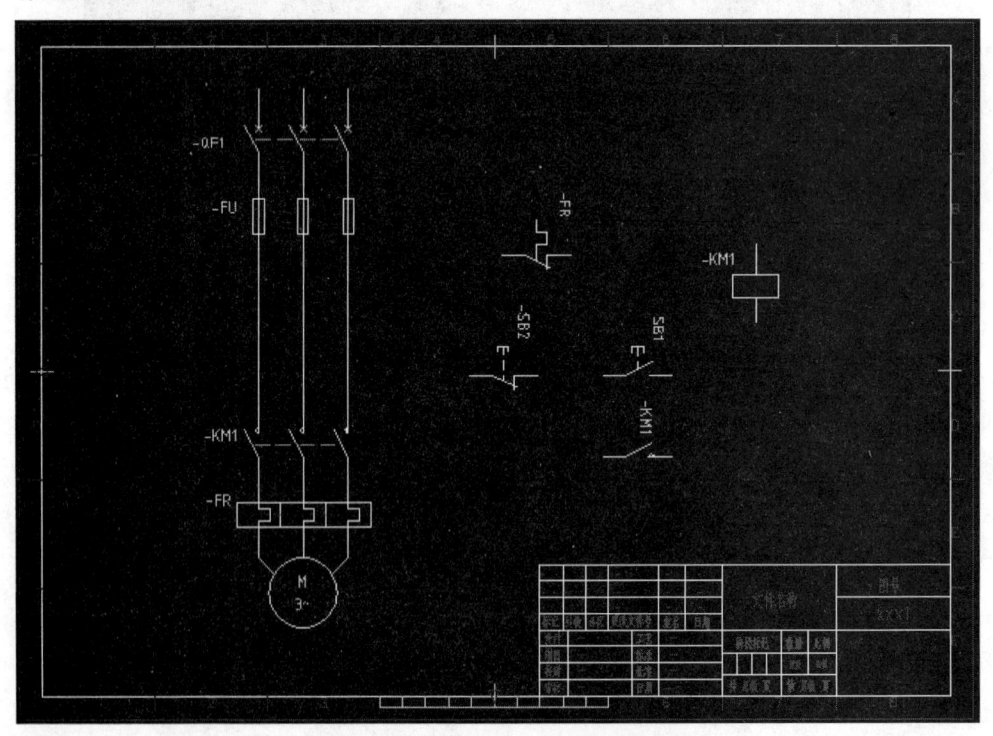

图2-2-68 自锁控制元件放置示意图

根据图 2-2-68，将控制电器元器件进行旋转、镜像、移动等操作，目的是便于线路的连接。

2.控制线路连接

步骤 1：单击"多母线"，勾选"空白区域水平走向"，"导线数"输入"1"，单击"确定"。

步骤 2：单击"热继电器常闭辅助触点"左侧，移动鼠标，连接到三相母线的中间那条母线。

步骤 3：单击"多母线"，勾选"空白区域水平走向"，"导线数"输入"1"，单击"确定"，连接"热继电器常闭辅助触点"和"交流接触器线圈"上端。

步骤 4：同理，连接"常开按钮"和"交流接触器线圈"下端，连接"常开按钮"和"常闭按钮"，连接"常闭按钮"和三项母线最右侧母线。

步骤 5：将"交流接触器辅助常开触点"与"常开触点 SB1"并联连接。

连接完成后的电路如图 2-2-69 所示。

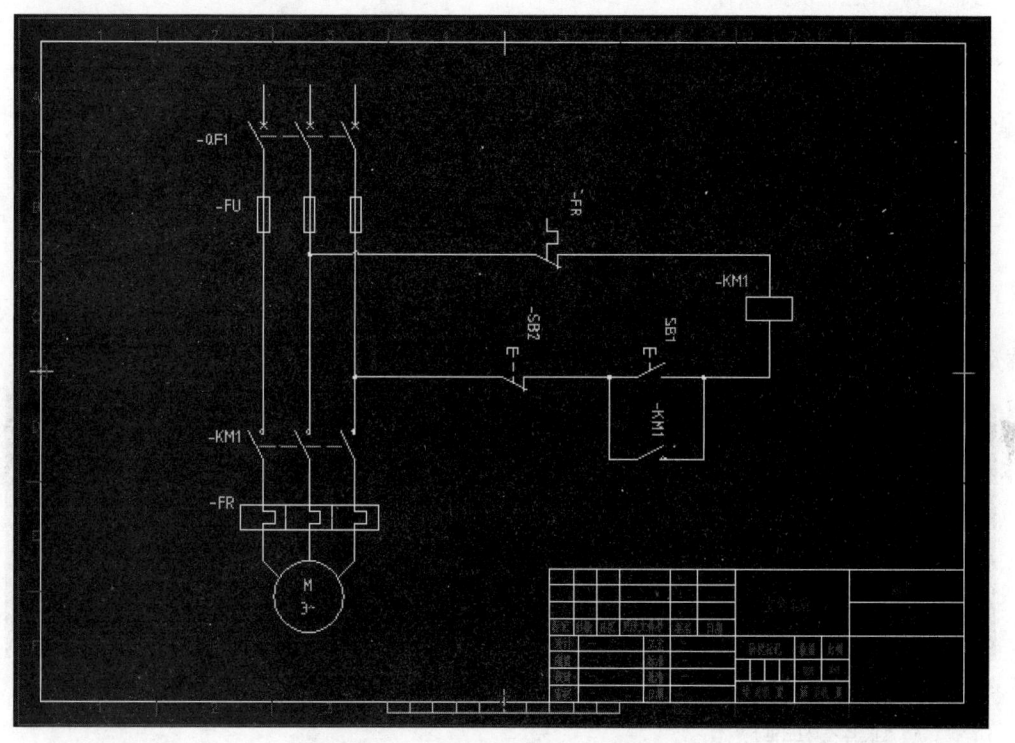

图 2-2-69　自锁控制电路连接线路图

3.标注线号

标注线号的操作可参照电机点动控制部分标注线号操作，线号标注结束后如图 2-2-67 所示。

拓展绘图技巧：

前面讲过的在进行"移动""复制""旋转"操作时，每次都需要用鼠标单击相应指令，寻找指令会耗费一定时间，如果反复进行"移动""复制""旋转"操作，那么这种单击鼠标寻找指令的方法，会大大影响绘图进度。

下面我们来介绍快捷键的使用，快捷键就是利用键盘直接调用指令，原图如图2-2-70所示。

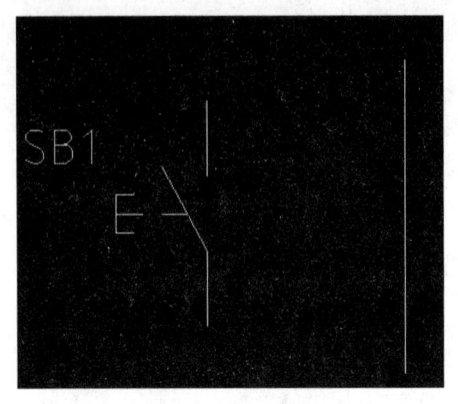

图 2-2-70　原图

（1）移动指令快捷操作

要求：将按钮开关 SB1 移动到直线右侧。

步骤1：选中按钮开关，输入"M"，按回车键，命令行显示如图2-2-71所示。

图 2-2-71　移动操作命令行

步骤2：指定待移动图形的基点（本例指定按钮开关的最下端为基点），单击基点，移动鼠标到指定位置，单击鼠标左键，移动过程如图2-2-72所示。

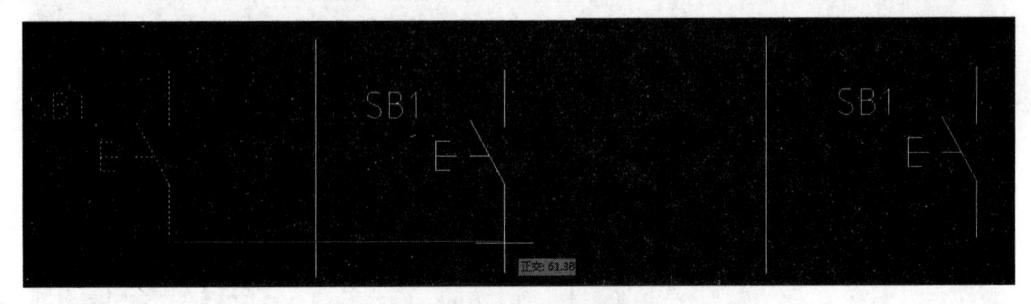

图 2-2-72　移动操作过程

（2）复制指令快捷操作

要求：复制图2-2-70所示的2个按钮开关SB1，放置到直线右侧。

步骤1：选中按钮开关，键盘输入"CO"，按回车键，命令行显示如图2-2-73所示。

图 2-2-73　复制操作命令行

步骤2：指定待移动图形的基点（本例指定按钮开关的最下端为基点），单击基点，移动鼠标到指定位置，单击鼠标左键，复制完成第1个，再次移动鼠标到指定位置，单击鼠标左键，复制完成第2个，右击鼠标，单击"确认"。移动过程如图2-2-74所示。

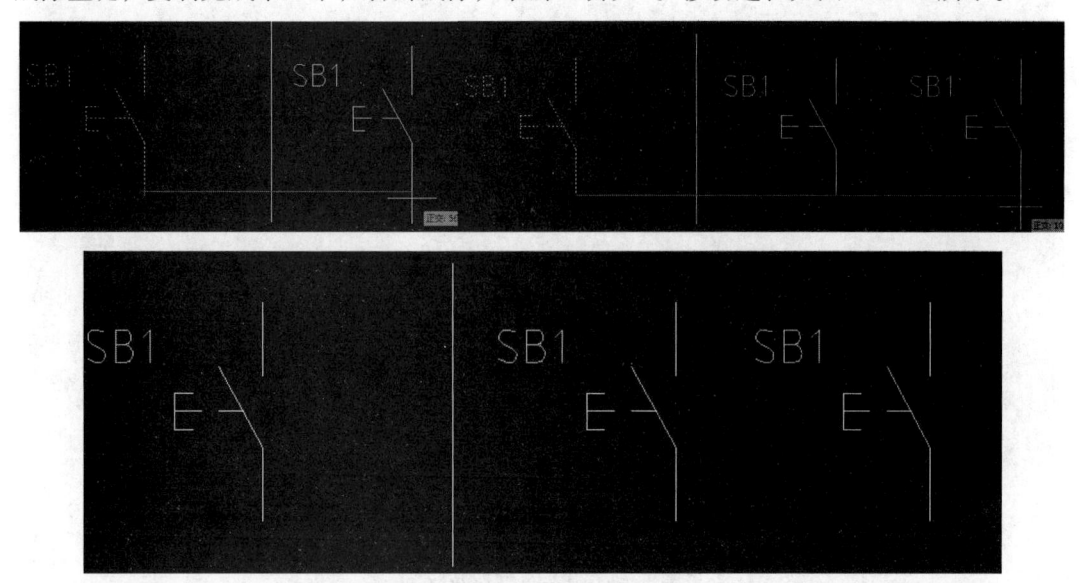

图 2-2-74　复制操作过程

（3）旋转命令快捷操作

要求：将图2-2-70所示的按钮开关进行旋转（以开关最下角为基点）。

步骤1：选中按钮开关，键盘输入"RO"，按回车键，命令行显示如图2-2-75所示。

图 2-2-75　旋转操作命令行

步骤2：有两种方法。

方法一：鼠标单击按钮开关最下角，移动鼠标，可以看到按钮的旋转情况，再次旋转鼠标左键，完成旋转操作。

方法二：鼠标单击按钮开关最下角，键盘输入"90"后按回车键，即可完成按钮以最下端为基点的90度旋转。

五、电动机接触器正反转控制电路绘制

本节将利用CAD软件，介绍三相电机接触器正反转控制电路绘制，如图2-2-76所示。

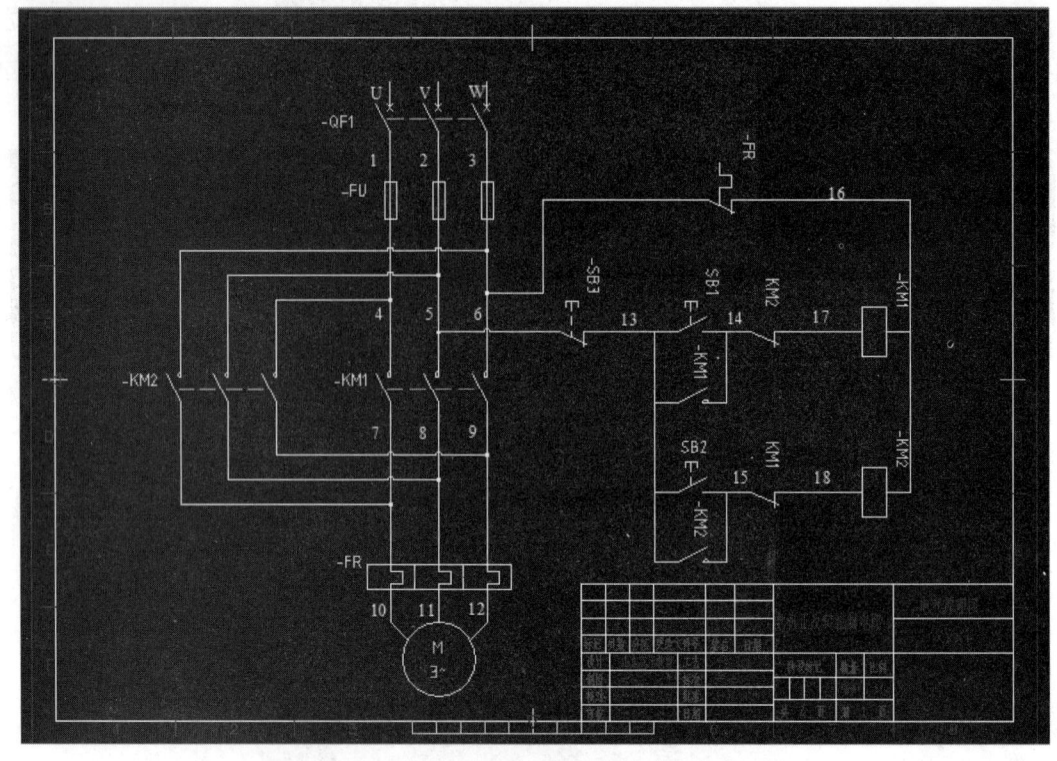

图 2-2-76 电动机接触器正反转控制电路原理图

绘制电路图之前，新建图形文件，保存图形（操作方法参照电动机点动控制电路）。

（一）绘制主电路

1. 放置主电路电气元器件

主电路电气元器件包括：断路器、熔断器、交流接触器 2 个、热保护继电器、三相电机。

步骤 1：单击菜单栏中的"原理图"，单击"图标"下拉菜单的"图标菜单"，弹出如图 2-2-53 所示对话框。

步骤 2：在左侧栏中，展开"断路器/隔离开关"，单击"三级断路器"，如图 2-2-54 所示。

步骤 3：单击第一个电气图形后，会直接跳到绘图界面，在绘图框中合适位置单击鼠标左键，弹出如图 2-2-55 所示对话框。

步骤 4：单击"右 ==》"，弹出如图 2-2-56（a）所示对话框；将元件标记中的"QA1"改成"QF1"，即可完成断路器的放置，如图 2-2-56（b）所示。

步骤 5：根据步骤 1~步骤 4，放置熔断器、2 个交流接触器、热保护继电器、三相电机的电气图形。

熔断器位置："图标菜单"→"熔断器/变压器/电抗器"→"熔断器"→"三极熔断器"，注意符号名称改为"FU"。

交流接触器位置："图标菜单"→"电动机控制"→"电动机启动器"→"三级常开

接触器（电力用）"，注意2个交流接触器元件标记符号分别名改为"KM1""KM2"。

三相电机位置："图标菜单"→"电动机控制"→"三相电动机"→"三相电动机"。

热保护继电器："图标菜单"→"电动机控制"→"三级过载"。

放置元器件位置时，要根据电气原理图的接线情况，大体上放置到合适的位置，便于绘制连接线路。电动机正反转控制线路的电气原理图主电路元器件的放置位置如图2-2-77所示。

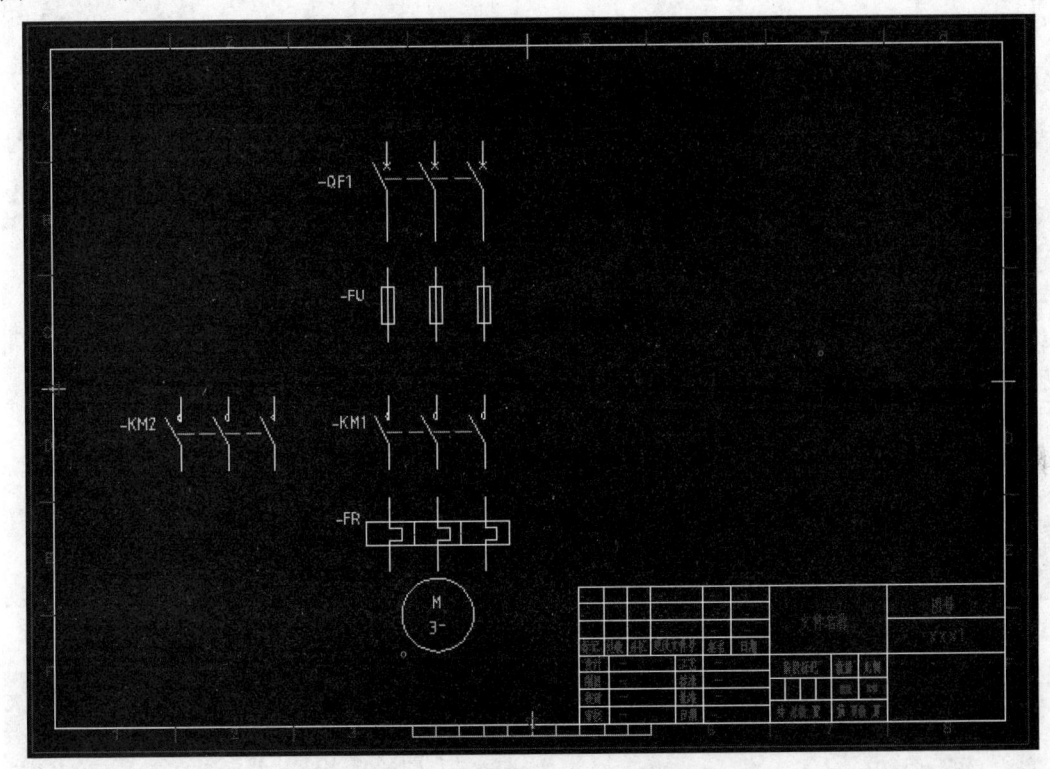

图2-2-77 正反转主电路元器件放置示意图

2. 连接线路

步骤1：单击原理图菜单下的"多母线"图标，弹出对话框，如图2-2-59所示。

步骤2："垂直间距"设置为"20"，勾选"空白区域，垂直走向"，"导线数"选择"3"，单击"确定"，依次连接QF1、FU、KM1、FR、三相电机，如图2-2-78所示。

步骤3：单击原理图菜单下的"多母线"图标，弹出对话框，如图2-2-59所示。"垂直间距"设置为"20"；"水平间距"设置为"10"，勾选"其他母线（多导线）"，单击确定。

步骤4：单击FU下端最右侧母线，移动鼠标到KM2上方连接点，键盘输入"C"，单击鼠标左键，如图2-2-79所示。

步骤5：单击原理图菜单下的"多母线"图标，弹出对话框，如图2-2-59所示。"垂直间距"设置为"20"；"水平间距"设置为"10"，勾选"其他母线（多导线）"，单击确定。

步骤6：单击KM1下端最右侧母线，移动鼠标到KM2下方连接点，键盘输入"C"，单击鼠标左键，如图2-2-80所示。

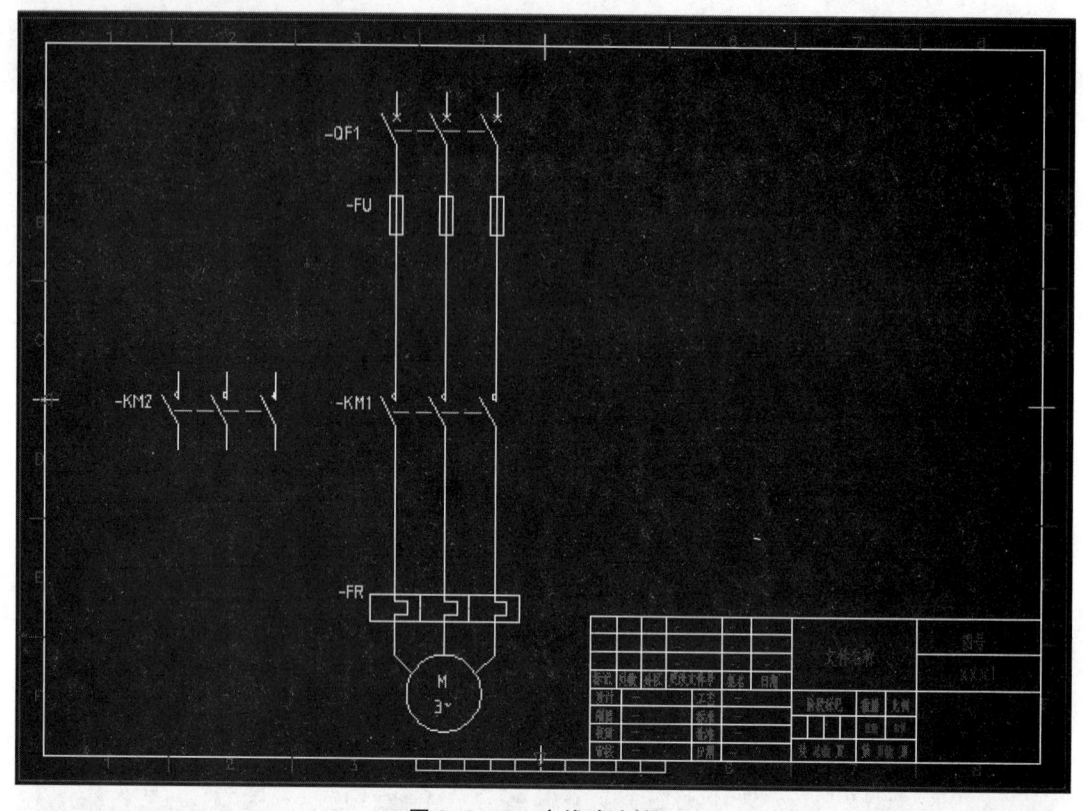

图2-2-78 主线路连接1

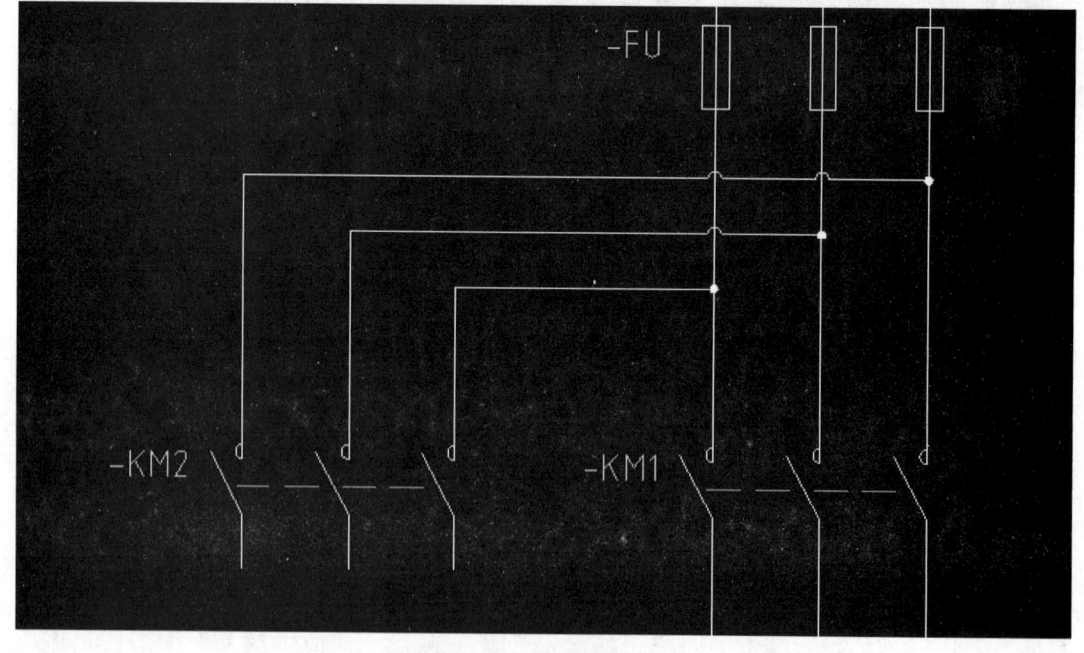

图2-2-79 主线路连接2

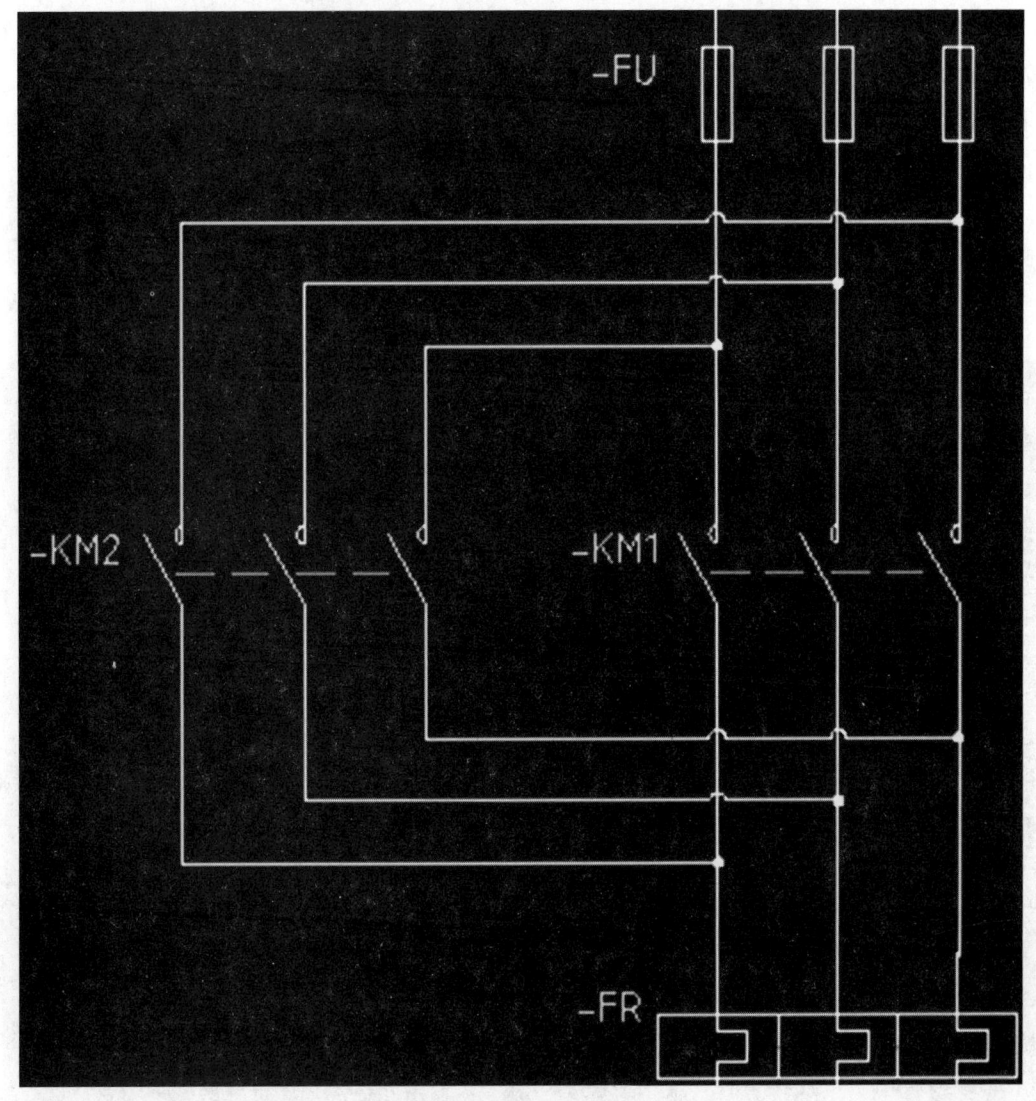

图 2-2-80 主线路连接 3

（二）控制电路

1. 放置控制电路电气元器件

控制电路元器件包括：热继电器辅助常闭触点，常开按钮 2 个，常闭按钮，交流接触器辅助常开触点 2 个，交流接触器线圈 2 个。

步骤 1：单击菜单栏中的"原理图"，单击"图标"下拉菜单的"图标菜单"，在左侧栏中单击"按钮"，选择"瞬动型常闭按钮"，将元件标记符号"SF1"更改为"SB3"，单击"确定"，放置到绘图区域即可。

步骤 2：放置常开按钮，交流接触器线圈，热继电器辅助常闭触点，交流接触器辅助常开触点。

常开按钮："图标菜单"→"按钮"→"瞬动型常开按钮"，注意 2 个常开按钮元件标记号分别改为"SB1""SB2"。

交流接触器线圈:"图标菜单"→"电动机控制"→"电动机启动器"→"电动机启动器",注意2个交流接触器线圈元件标记符号分别更改为"KM1""KM2"。

热继电器辅助常闭触点:"图标菜单"→"压力/热敏开关"→"热控开关,常闭,自操作"。

交流接触器辅助常开触点:"图标菜单"→"电动机控制"→"电动机启动器"→"单极常开接触器(电力用)",注意元件标记符号更改为"KM1"。

放置后的图纸如图2-2-81所示。

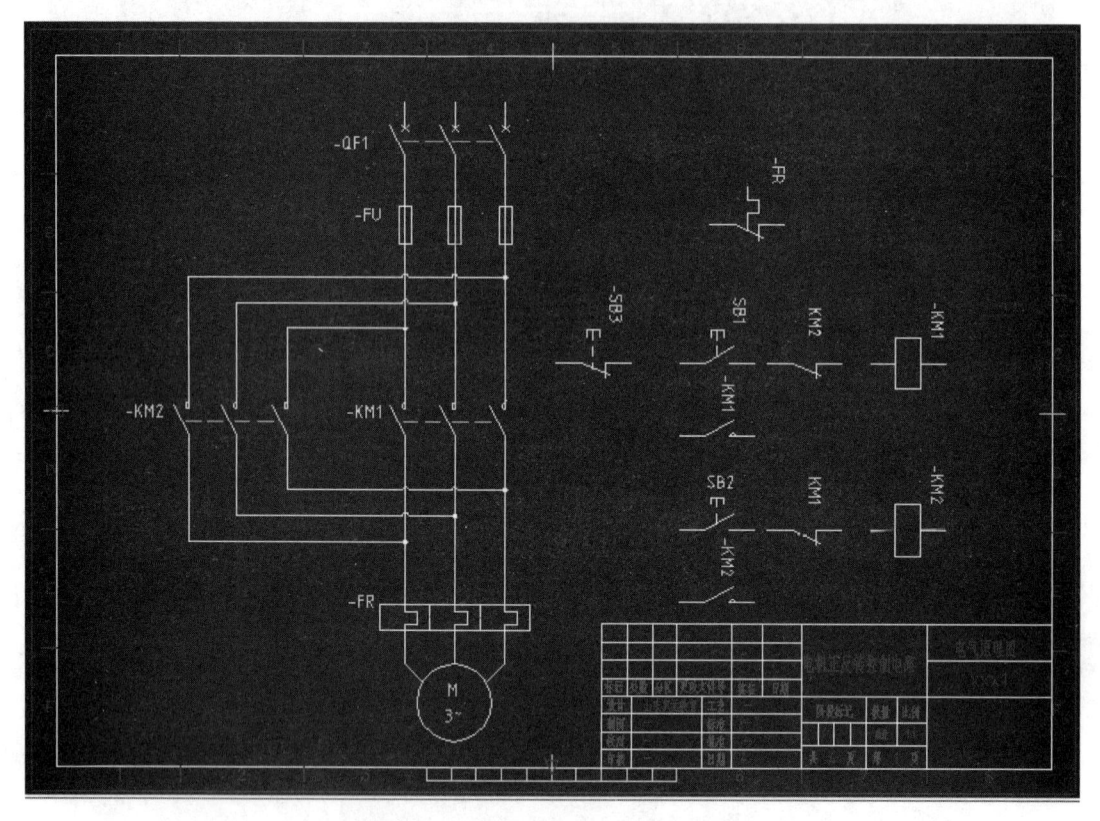

图2-2-81 正反转电路控制元器件放置

2.控制线路连接

步骤1:单击"多母线",勾选"空白区域、水平走向","导线数"输入"1",单击"确定"按钮。

步骤2:单击"SB3"左侧,移动鼠标,连接到"FU"与"KM1"之间的三相母线的中间那条母线。

步骤3:按照步骤1和步骤2,连接其他导线,如图2-2-82所示。

3.标注线号

标注线号的操作可参照电动机点动控制部分标注线号操作,线号标注结束后,如图2-2-70所示。

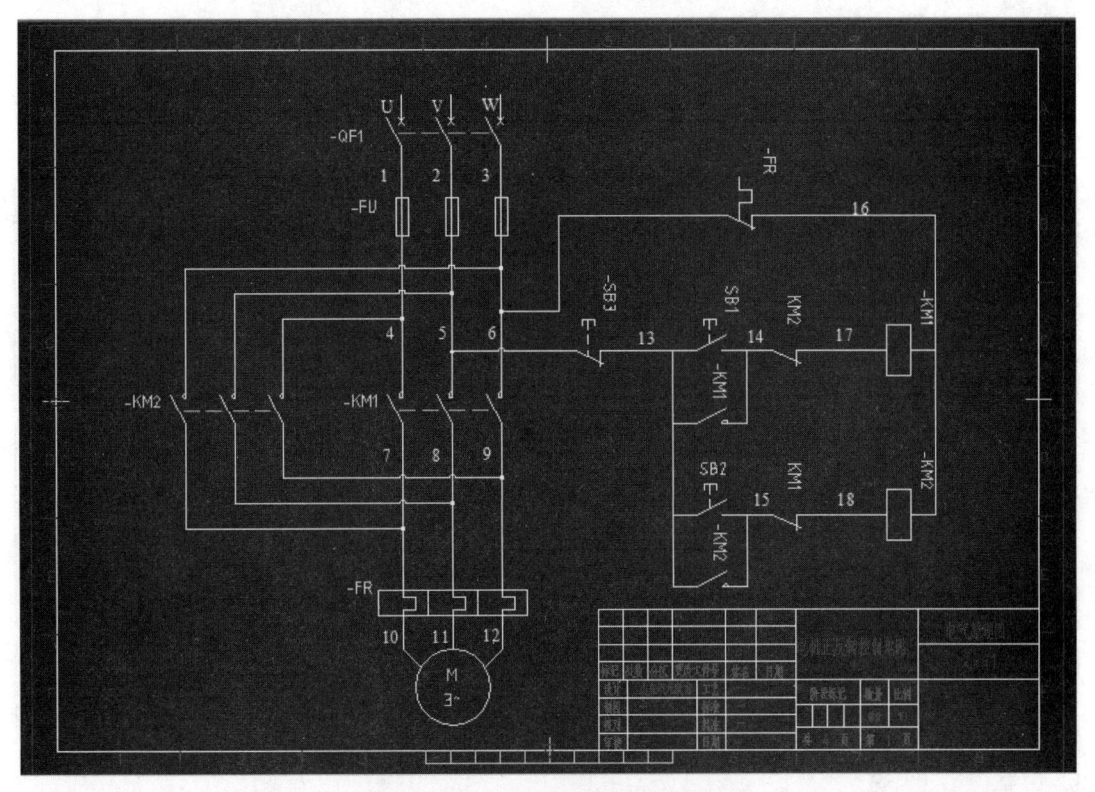

图 2-2-82　正反转控制电路连接线路图

练习题

（1）利用 ACE 软件，绘制 A4 图框，包含标题栏。

（2）利用 ACE 软件绘制如下交流接触器电气图形。

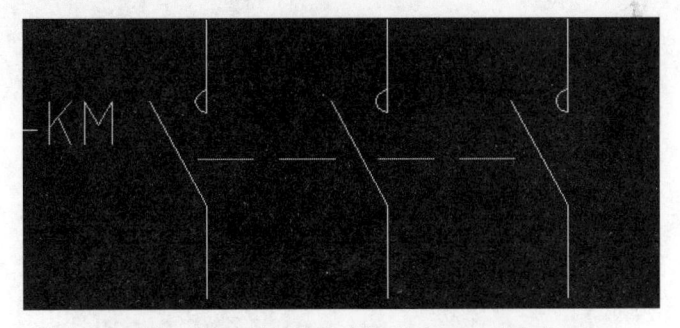

（3）利用 ACE 软件绘制如下常开按钮和常闭按钮电气图形。

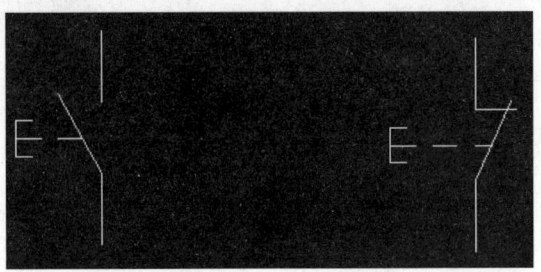

任务完成报告

姓名		学习日期	
任务名称	电动机控制系统图纸绘制		
学习自评	考核内容	完成情况	
	1. 电气CAD的基本绘图指令	□好 □良好 □一般 □差	
	2. 电气CAD的基本编辑指令	□好 □良好 □一般 □差	
	3. 电机点动控制电路绘制	□好 □良好 □一般 □差	
	4. 电机自锁控制电路绘制	□好 □良好 □一般 □差	
	5. 电机接触器正反转控制电路绘制	□好 □良好 □一般 □差	
学习心得			

任务3 电气控制柜的安装接线

电气控制柜是安装电气设备的装置，本任务介绍了电气布置图、电气接线图，认识电气布局图及低压电气元器件的布局安装方法与规范，认识电气接线图及电气控制柜柜内接线方法与规范；介绍了电气元器件和线缆线径的选型依据以及常用电工工具的使用规范；最后以电机接触器互锁正反转控制电路为例，介绍了电气安装接线的相关步骤。

学习目标

知识目标

1. 熟悉常用电工工具及其使用方法；
2. 了解电气布局图和电气接线图；
3. 了解电气元器件和线缆的选型依据；
4. 掌握电气元器件的安装布局操作规范；
5. 掌握电气控制电路接线的操作规范。

能力目标

1. 能够熟练使用常用电工工具；
2. 能够读懂电气布局图和接线图；
3. 能够规范地布局安装电气元器件；
4. 能够规范地进行电气控制柜的接线操作。

学习内容

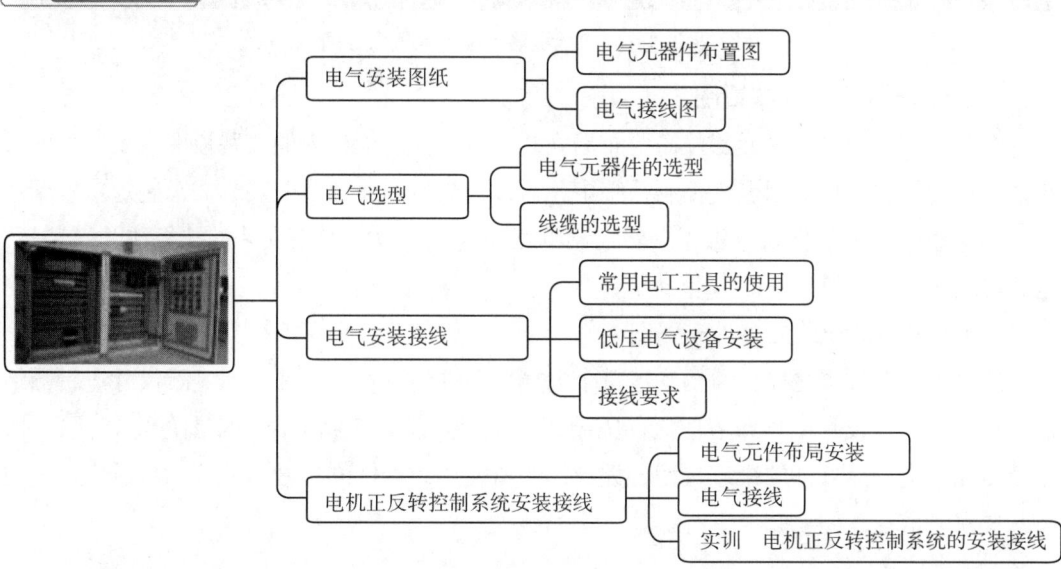

- 电气安装图纸
  - 电气元器件布置图
  - 电气接线图
- 电气选型
  - 电气元器件的选型
  - 线缆的选型
- 电气安装接线
  - 常用电工工具的使用
  - 低压电气设备安装
  - 接线要求
- 电机正反转控制系统安装接线
  - 电气元件布局安装
  - 电气接线
  - 实训　电机正反转控制系统的安装接线

一、电气安装图纸

我们已经学习了电气成套图纸主要包括电气原理图、电气接线图、电气布置图以及系统图等。电气原理图主要表明电气电路原理,根据原理图我们能够清楚地了解控制系统的功能;前面我们已经提到过,对于经验丰富的技术人员,能够根据原理图完成电气控制系统的安装接线;实际工程中,电气系统的安装接线主要根据电气元件布置图和电气接线图。本节我们主要以电机接触器互锁正反转控制电路为例,讲解电气系统的安装接线,原理图如图 2-3-1 所示。

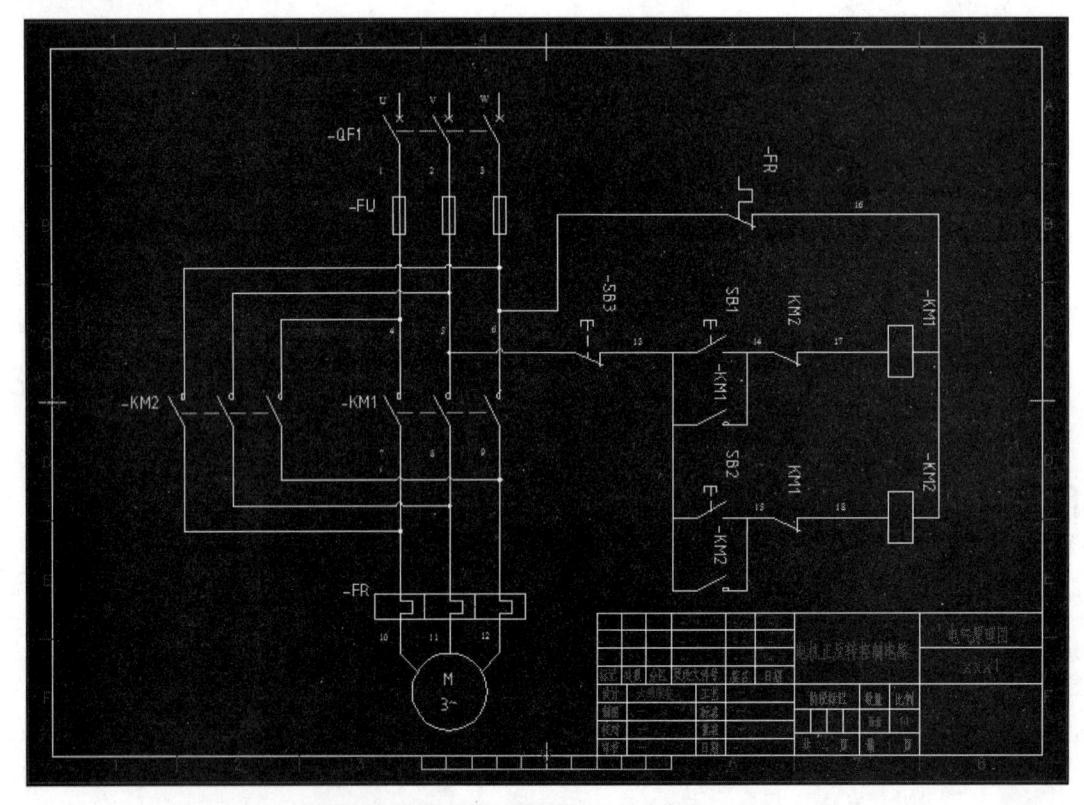

图 2-3-1 电机接触器正反转电气原理图

(一)电气元器件布置图

在工程实际中,电气元器件需要布局安装在电气控制柜柜内的安装板上,安装板的大小及电控柜的大小均根据电气控制系统中元器件的数量和尺寸及安装方式来确定。鉴于本教材用于教学,本节将以电机正反转控制电路为例,以教学专用安装网孔板作为安装板,进行电气布局图的设计。

1.电机正反转电气元器件布置图

绘制电气布置图之前,需要确定每个电气元器件的型号,才能按照实际尺寸进行图纸的绘制,所以在设计电气布置图之前需要确定电机正反转控制电路中需要的电气元器件,也就是完成电气元器件的合理选型,详细标明所使用元器件的型号、品牌、数量以及其他特殊要求等信息,如表 2-3-1 所示。

表 2-3-1 关键电气元件明细表

名称	代号	型号	品牌	数量	备注
断路器	QF1	HDBE-63 C63 3P+N	德力西	1	10A
熔断器	FU	RT28N-32	正泰	3	圆筒形熔断器底座适配10A熔芯
交流接触器	KM1/KM2	CJ20-10	正泰	2	380V 线圈
热继电器	FR	NR4-63	正泰	1	—
按钮	SB1/SB2/SB3	LA4-3H	正泰	1	按钮盒，有3个1开1闭按钮，颜色为绿、黑、红

电机正反转控制系统元器件布置图如图 2-3-2 所示。

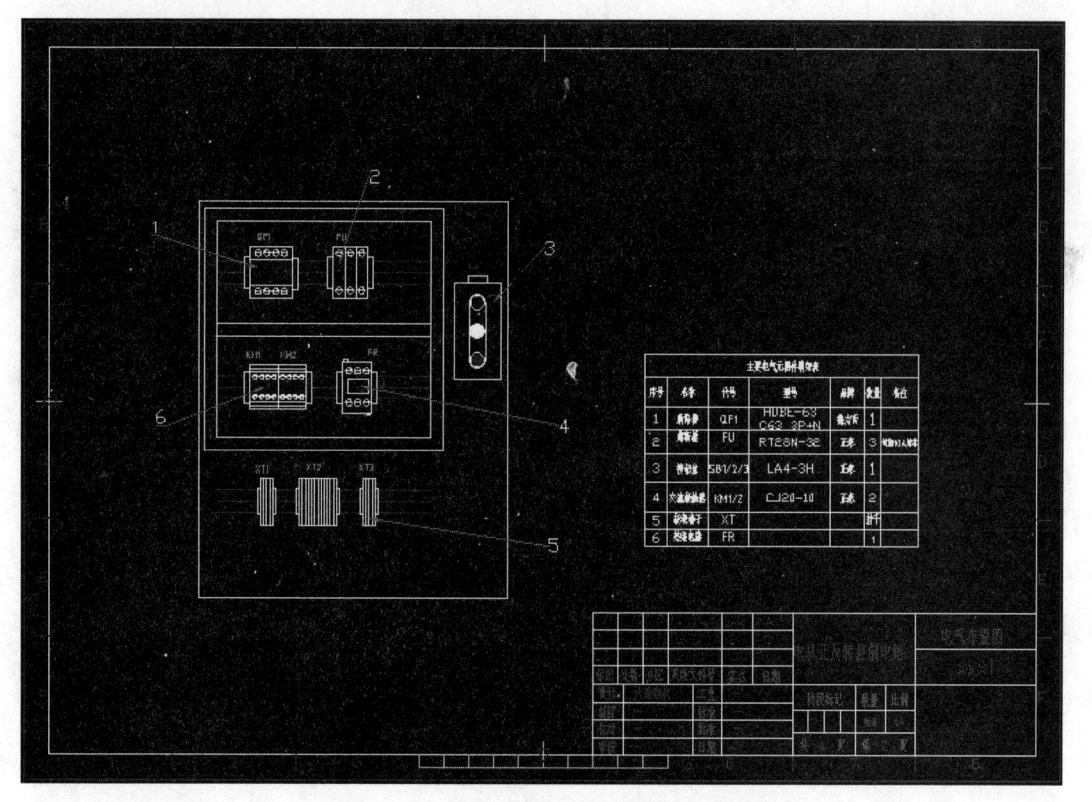

图 2-3-2 电机正反转电路元器件布置图

由图2-3-2可以看到，每个电气元器件的型号和数量都在表格中详细标明，电气安装人员根据表格明细选择电气元器件进行安装。例如图中标号为"1"的电气元器件为断路器，型号为德力西品牌，HDBE-63 C63 3P+N，数量为1个。电气元件布置图中，安装板及电气元器件的尺寸均为实际尺寸，才能体现出每个元器件的安装位置所占的空间及相互之间的距离（每个元器件之间的间隙都有一定的要求）。总之电气元器件布置图的目的就是清晰地表示每个电气元器件的型号及在控制柜安装板（本教学为网孔板）中的安装位置。

2. 电气元器件布置图的绘制原则

电气元件布置图是某些电气元件按一定原则的组合。电气元件布置图的设计依据是电气原理图、部件图、组件的划分情况等。总体配置设计得合理与否关系到电气控制系统的制造、装配质量，更将影响电气控制系统性能的实现及其工作的可靠性和操作、调试、维护等工作的方便及质量。

（1）必须遵循相关国家标准

①总体设计要在满足电气控制柜设计标准和规范的前提下，使整个电气控制系统集中、紧凑。

②要把整体结构画清楚，把各单元与主体的连接画出来，在表示清楚结构的情况下，各单元部件可采用示意画出，但应按实物比例投影画出。一般应画出正视图、侧视图或俯视图，复杂装置还应画出后视图，总之，以看清结构为原则。

③总体配置设计是用电气系统的总装配图与总接线图形式来表达的，图中应以示意形式反映各部分主要组件的位置及各部分接线关系、走线方式及使用的线槽、管线等。电气控制柜总装配图、接线图，根据需要可以分开，简单点的也可并在一起。电气控制柜总装配图是进行分部设计和协调各部分组成一个完整系统的依据。

④电气元件布置图主要用于表明电气设备上所有电气元件的实际位置，为电气设备的安装及维修提供必要的资料。图中应标注相关的安装尺寸，各电气元件代号应与电气原理图和明细清单上所有的元器件代号相同，在图中需要留有10%以上的备用面积及导线管（相）的位置，以供改进设计时使用。

（2）电气元件位置的确定

①在空间允许条件下，把发热元件和噪声振动大的电气部件尽量放在离其他元件较远的地方或隔离开来。一般较重、体积大的设备放在下层，主电路电气元件和安装板安装在柜内的框架上，控制电路的电气元件安装在安装板上。当元器件数量较多时，电气元件和安装板可分层布置。

同一组件中电气元件的布置应注意将体积大和较重的电气元件安装在电气板的下面或柜体的架上，而发热元件应安装在电气箱（柜）的上部或后部。负荷开关应安装在隔离开关的下面，而且两个开关的中心线必须在一条直线上，以便于母线的连接。一般热继电器的出线端直接与电动机相连,而其进线端与接触器直接相连,便于接线并使走线最短,且宜于散热。

②需要经常维护、检修、调整的电气元件安装位置不宜过高或过低,人力操作开关及需经常监视的仪表的安装位置应符合人体工程学原理,高低适宜,以便工作人员操作。

③强电、弱电应该分开走线,注意屏蔽层的连接,防止外界干扰的介入。为便于拆卸和维修,各层间的引线以及与箱外的连线均应通过端子板(或接插件)连接。

④显示屏、仪表、指示灯、开关、调节旋钮等应安装在电气柜柜门的上方。对于多工位的大型设备,还应考虑多地操作的方便性,控制柜的总电源开关、紧急停止控制开关应安装在方便而明显的位置。

⑤电气元器件的布置应考虑安全间隙,各电气元件之间,上、下、左、右应保持一定的间距,并做到整齐、美观、对称;外形尺寸与结构类似的电气元器件可安放在一起,以便进行加工、安装和配线。若使用线槽配线方式,应适当加大各排电器间距,以利于布线和维护,并且应考虑器件的发热和散热因素。

(3)电气布置图的绘制要求

①各电气元器件的位置确定以后,便可绘制电气布置图。电气布置图是根据电气元件的外形轮廓绘制的,即以其轴线为准,标出各元件的间距尺寸。每个电气元器件的安装尺寸应按产品说明书的标准标注,以保证安装板的加工质量和各元器件的顺利安装。

②电气柜中的大型电气元件,宜安装在两个安装横梁之间,这样可以减轻柜体重量,节约材料,也便于安装,所以设计时应计算纵向安装尺寸。

③绘制电气元器件布置图时,设备的轮廓线用细实线或点画线表示,电气元器件均用粗实线绘制出简单的外形轮廓。

④在电气布置图设计中,还要根据部件进出线的数量、采用导线的规格及出线位置等,选择进出线方式及接线端子排、连接器或接插件,并按一定顺序标注进出线的接线号。

⑤电气元器件布局时必须满足导线电气连接的技术要求。例如,一次母线尽可能不出现交叉,连接导线应尽可能短,不应存在舍近求远的问题等。

⑥根据电气控制柜总装配图,最终确定控制柜体的外形尺寸,内部结构及结构件的位置形状和尺寸,控制面板上的加工尺寸。

(二)电气接线图

电气接线图是根据电气设备和电器元件的实际情况进行绘制的,更直观地显示电气控制系统电气设备、电气元器件的连接关系,也是内线电工柜内接线的图纸依据,对于经验丰富的内线电工,可以根据电气原理图进行柜内接线。

1. 电机正反转控制电路电气接线图

电机正反转电路的电气接线图如图 2-3-3 和图 2-3-4 所示。

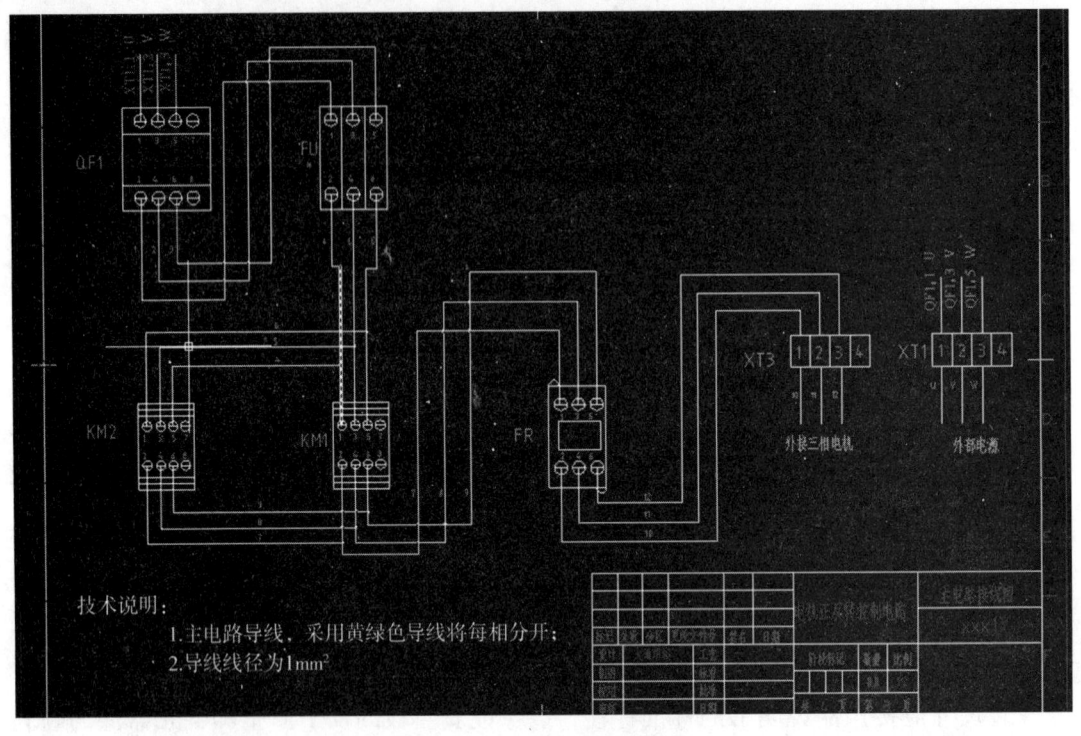

图 2-3-3　主电路电气接线图

电气柜内接线，要根据电气接线图，按照线号和元器件标记进行，接线原则为先接主回路，再接控制回路。

主电路接线要求如下：

①接线端子 XT1，底端接外部电源，为柜外接线，所以只需预留接口即可；上端根据接线标号提示与断路器进线端子连接，例如，XT1 的 1 号端子标明接"QF1：1 U"，意思就是 XT1 的 1 号端子接到 QF1 的 1 号端子上，线号为 U。

②断路器 QF1 出线接到熔断器，按照图示接线即可，每根线要标明线号。

③熔断器 FU 出线接到 KM1 进线，按照图示接线即可，每根线要标明线号。

④交流接触器 KM1 出线接到热继电器 FR 进线，按照图示接线即可，每根线要标明线号。

⑤热继电器 FR 出线接到接线端子 XT3，按照图示接线即可，每根线要标明线号。

⑥交流接触器 KM2 的连接。可以看出 KM2 和 KM1 是并联状态，所以 KM2 的进线由 KM1 的进线引出，KM2 的出线与 KM1 的出线短接；例如，KM2 的 1 号进线端子与 KM1 的 5 号进线端子连接；按照图示接线即可，每根线要标明线号。

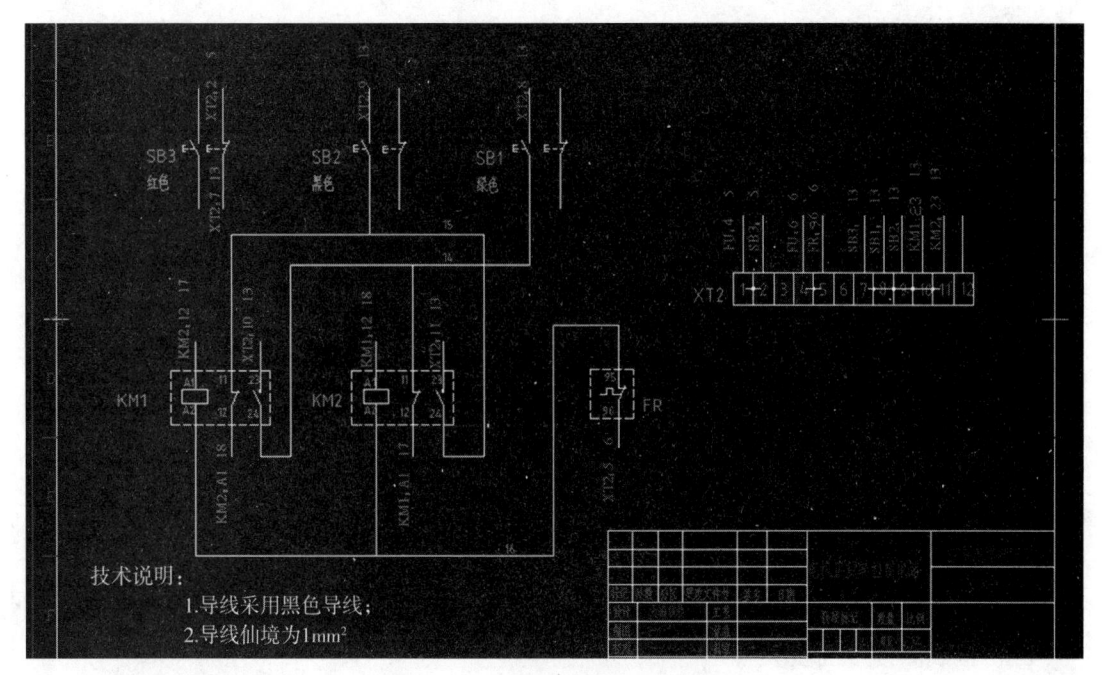

图 2-3-4 控制电路电气接线图

控制电路接线要求如下：

①接线端子 XT2。接线端子的 1 号和 2 号表示为短接状态，两个端子是同等电位；同理，接线端子 4 号和 5 号是同等电位；接线端子 7、8、9、10 号是同等电位；XT2 的 1 号端子接到熔断器 FU 的 4 号端子上，线号为 5；XT2 的 4 号端子接到熔断器 FU 的 6 号端子上，线号为 6；其他端子按照标号接线即可，每根线要标明线号。

②其他元器件按照每根导线的接线标号逐一接线即可，其中未标明的端子无须接线，空置即可。例如，按钮 SB2 常开触点的进线端接到 XT2 的 9 号端子上，线号为 13；按钮 SB2 常开触点的出线端与 KM1 的 11 号端子连接，线号为 15，同时与 KM2 的 24 号端子连接，线号为 14；按钮 SB2 常闭触点触点空置即可，无须接线。

2. 电机接线图的设计要求

电气安装接线图主要用于指导相关人员对电气设备进行合理的安装配线、接线、查线、线路检查、线路维修和故障处理。电气接线图是用来组织排列电气控制设备中各个零部件的端口编号和该端口的导线电缆编号，以及接线端子排的编号。在图中要标注出各电气设备、电气元器件之间的实际接线情况，并标注出外部接线所需的数据。在电气安装接线图中各电气元件的文字符号、元件连接顺序、线路号码编制都必须与电气原理图一致。

在绘制电气安装接线图时要注意以下事项：

①接线图中一般应示出如下内容：电气设备和电气元器件的相对位置、文字符号、端子号、导线号、母线类型、导线截面。

②所有的电气设备和电气元器件都按其所在的实际位置绘制在图纸上，且同一电气的各元件根据其实际结构，使用与电路图相同的图形符号画在一起，并用点画线框上，其文

字符号以及接线端子的编号应与电路图中的标注一致，以便对照检查接线。

③接线图中的导线有单根导线、导线组（或线扎）、电缆等之分，可用连续线和中断线来表示。凡走向相同的导线可以合并，用线束来表示，到达接线端子板或电气元器件的连接点时再分别画出。在用线束表示导线组、电缆等时可用加粗的线条，在不引起误解的情况下也可采用部分加粗。另外，应标注清楚导线及套管、穿线管的型号、根数和规格。

3. 接线图包含的内容

电气接线图是表示电气控制系统中各项目（包括电气元器件、组件、设备等）之间连接关系、连线种类和辐射线路等详细信息的电气图。电气接线图是检查电路和维修电路不可缺少的技术文件。依据表达对象和用途不同，可细分为单元接线图、互连接线图和端子接线图等。常用电气接线图包含一次接线图（或称主接线图），二次接线图（或称控制电路接线图）和电气部件接线图三种。

（1）端子功能图

表示功能单元全部外接端子，并用功能图、表图或文字表示其内部功能的一种简图。

（2）接线图或接线表

接线图或接线表表示成套电气控制设备或装置的连接关系，是用于接线和检查的一种简图或表格。

①单元接线图或单元接线表：表示成套装置或设备中一个结构单元内的连接关系的一种接线图或接线表。结构单元是指在各种情况下可独立运行的组件或某种组合体，例如，一次接线图和二次接线图。

②互连接线图或互连接线表：表示成套装置或设备的不同单元之间连接关系的一种接线图或接线表。例如，电气部件接线图或线缆接线图及接线表。

③端子接线图或端子接线表：表示成套装置或设备的端子，以及接在端子上的外部接线（必要时包括内部接线）的一种接线图或接线表。例如，电气部件接线图。

④电缆配置图或电配置表：提供电缆两端位置，必要时还包括电缆功能、特性和路径等信息的一种接线图或接线表。

4. 接线图绘制原则

（1）必须遵循相关国家标准

国家标准 GB/T 6988.1—2008《电气技术用文件的编制　第1部分：规则》规定，接线图中元件应用简单的轮廓（如正方形、矩形或圆形）来表示，或用简化图形表示，也可采用 GB 4728 中规定的图形符号，端子应表示清楚，但端子符号无须标示出，其他与电气安装接线图有关的标准还有：

GB/T 4026—2004《设备端子和特定导体终端标识及字母数字系统的应用通则》；

GB/T 7947—2006《导体的颜色或数字标识》；

GB/T 11499—2001《半导体分立器件文字符号》；

GB/T 16679—2009《工业系统、装置与设备以及工业产品信号代号》；

GB/T 21654—2008《顺序功能表图用 GRAFCET 语言》；

JB/T 2740—2008《工业机械电气设备电气图、图解和表的绘制》；

CECS 37：1991《工业企业通信工程设计图形及文字符号标准》。

原理图中的项目代号、端子号及导线号的编制分别应符合：

GB/T 5094.1—2002《工业系统、装置与设备以及工业产品结构原则与参照代号　第 1 部分：基本规则》；

GB/T 4026—2004《人机界面标志标识的基本方法和安全规则——设备端子和特定导体终端标识及字母数字系统的应用通则》；

GB 4884—1985《绝缘导线的标记》等规定。

（2）所有电气元器件及其引线应标注与电气原理图中相一致的文字符号及接线号

在各电气元件的位置以细实线画出外形方框图（元件框），并在其内画出与原理图一致的图形符号，各电气元件的文字符号必须和电气原理图中的标注一致。

（3）接线图中各电气元器件的绘制位置与比例

绘制电气安装接线图时，各电气元器件及安装板的相对位置应与实际安装位置一致。各电气元器件均按其在框架上和安装底板中的实际位置及所占图面的实际尺寸按统一比例绘制。

（4）接线图中各电气元器件部件的画法

与电气原理图不同，绘制电气安装接线图时，同一电气元器件的所有部件（触头、线圈等）的电气符号均集中在表示该元件轮廓尺寸的点画线方框内，不得分散画出。

有时将多个电气元器件用点画线框起来，表示它们是安装在同一安装底板上的。

（5）电气接线图中线束及线槽中导线的画法

走线方式分板前走线及板后走线两种，一般采用板前走线。对于简单电气控制部件，电气元件数量较少，接线关系又不复杂的情况，可直接画出元件间的连线。对于复杂部件，电气元件数量多，接线较复杂的情况，一般采用走线槽走线，只要在各电气元器件上标出接线号，不必画出各元件间连线。

（6）电气接线图一律采用细线条绘制

绘制电气安装接线图时，走向相同的相邻导线可以绘成一股线，走向相同、功能相同的多根导线可用单线或线束表示。

（7）电气接线图中线缆的标注

接线图中应标明配线用的各种导线的型号、规格、截面面积、颜色、根数及穿线管的尺寸及要求等。

（8）接线端子

安装底板内外的电气元器件之间通过接线端子板进行连接，安装底板上有几条接至外电路的引线，端子板上就应绘出几个接点。不在同一安装板或电气柜上的电气元器件或信号的电气连接一般应通过端子排连接，并按照电气原理图中的接线编号连接。

（9）部件与外电路连接时

部件与外电路连接时，大截面导线进出线宜采用连接器连接，其他应经接线端子排、连接器或接插件连接，并按照一定顺序标注进出线的接线号。

二、电气选型

电气电路的选型一般情况下主要包括电气元器件的型号选择和线缆选择；电气元器件布置图中的每个电气元器件的型号不是随意指定的，而是根据实际控制电路的要求具体选择的；同理，线缆也应根据实际需要进行选择。

（一）电气元器件的选型

电动机正反转电气系统的负载为1台电机，型号为JW-6314，电机铭牌标注额定电压380V，额定电流0.4A，额定功率180W，频率50Hz。单位时间里的电机平均启动电流是额定电流的4~7倍，所以单位时间内电气回路中可达到的最大电流为2.8A。

1. 断路器选型

断路器为电气主电源，所以要承受电气系统中所有的电流负载，一般按照总负载的最大电流选取并留有一定的裕量（一般按照比最大电流高一个等级或隔一个选取），例如电机正反转电路中电机负载最大电流为2.8A，控制回路电流可以估一个的数值，如0.2A，那么电气系统中的最大总负载电流约为3A。小型断路器电流等级一般分为1A、2A、3A、4A、6A、10A、16A、20A、25A、32A、40A、50A、63A、100A。所以电机正反转电路中选取断路器电流等级为6A较为合适（本次选型结合教学实际及学校设备情况，选取电流等级为10A的断路器，型号为德力西HDBE-63 C63 3P+N）。

2. 熔断器选型

熔断器对主电源线路起保护作用，其选型要与断路器相匹配，额定电流要小于或等于断路器电流，选择RT28N-32熔断器底座适配10A熔芯。

3. 交流接触器选型

交流接触器主要控制电机的正反转通路，要大于电机的最大电流，同时要小于或等于断路器电流等级，所以确定主触点额定电流为10A。根据控制要求，需要交流接触器有1个常开辅助触、1个常闭辅助触点，通断电压为380V；线圈电压为380V。综合以上选取正泰CJ20-10交流接触器，包含4路主触点，辅助触点2开2闭。

4. 热继电器选型

根据最大负载电流可选择热继电器的脱扣电流等级为10A（6~11A可调），控制电路需要热继电器有1对常闭辅助触点，综合选择NR4-63（6.3~10A），包含1开1闭辅助触点。

5. 按钮盒选型

按钮盒需要三组按钮，2组为常开按钮，1组为常闭按钮，颜色不同，通断电压为380V。综合选择LA4-3H正泰按钮盒，每组均包含1开1闭。

绘制电气元器件布置图时，要根据电气元器件的尺寸绘图，元器件位置确定后，要标明每个元器件的电气代号，并用引线引出，在明细表中对应序号，详细注明每个元器件的名称、电气符号、型号、数量、品牌以及相关备注信息。

在电气元器件布置图中，也可以说明导轨和线槽的型号等信息，供电气安装接线人员查看。

（二）线缆的选型

1. 电线电缆的分类

①按所用的金属材料可分为铜线、铝线、钢芯铝绞线、钢线、镀锌铁线等。

②按构造可分为裸导线、绝缘导线、电磁线、电缆等，其中裸导线分为单线和绞线两种，绝缘导线分为单芯和多芯两种。

③按金属性质可分为硬线及软线两种。硬线未经退火处理，抗拉强度大；软线经过退火处理，抗拉强度小。

④按导线的截面形状可分为圆线和型线两种。

⑤导线规格：按导线截面积划分，单位是平方毫米（mm^2），依次划分为0.3、0.5、0.75、1.0、1.5、2.5、4、6、10、16、25、35、50、70、95、120、150、185、240、300、400、500。

2. 绝缘导线型号及用途

第一位字母表示类别，第二位字母表示线芯金属材料（铜芯省略不标，铝芯用L表示），第三位字母表示绝缘材料，第四位字母表示护套材料（无护套不标），第五位字母表示派生代号（软导线字母R，有些种类标在第一位，有些种类标在最后一位）。例如，"BVVR"中，B代表布电线、V代表聚氯乙烯绝缘、V代表聚氯乙烯护套、R代表软导线。又如，"FVLP"中，F代表飞机用线、V代表聚氯乙烯绝缘、L代表腊克涂层、P代表屏蔽线。

导线绝缘型号及用途分别见表2-3-2和表2-3-3。

表2-3-2 导线绝缘型号对照表

分类代号或用途		绝缘		护套		派生	
符号	意义	符号	意义	符号	意义	符号	意义
A	安装线缆	V	聚氯乙烯	V	聚氯乙烯	P	屏蔽
B	布电线	F	氟塑料	H	橡套	R	软
F	飞机用低压线	Y	聚乙烯	B	编织套	S	双绞
Y	移动电器用线	X	橡皮	L	腊克	B	平行
T	天线	ST	天然丝	X	尼龙套	D	带形
HR	电话软线	SE	双丝包	SK	尼龙丝	T	特种缠绕
HP	配线	VZ	阻燃聚氯乙烯	VZ	阻燃聚氯乙烯	P1	屏蔽

表 2-3-3 导线绝缘型号用途对照表

名称	型号	用途
聚氯乙烯绝缘铜芯线 聚氯乙烯绝缘铜芯软线 聚氯乙烯绝缘聚氯乙烯护套铜芯线 聚氯乙烯绝缘铝芯线 聚氯乙烯绝缘铝芯软线 聚氯乙烯绝缘聚氯乙烯护套铝芯线	BV BVR BVV BLV BLVR BLVV	用于交流 500V 及以下的电气设备及照明装置的连接，其中 BVR 型软线适用于要求电线比较柔软的场合
橡皮绝缘铜芯线 橡皮绝缘铝芯线	BX BLX	用于交流 500V 及以下，直流 1000V 及以下的户内外架空、明敷、穿管固定敷设的照明及电气设备电路
橡皮绝缘铜芯软线	BXR	用于交流 500V 及以下，直流 1000V 及以下的电气设备及照明装置，要求电线比较柔软的室内安装
聚氯乙烯绝缘平行铜芯软线 聚氯乙烯绝缘双绞铜芯软线	RVB RVS	用于交流 250V 及以下的移动式日用电器的电源连接
聚氯乙烯绝缘聚氯乙烯护套铜芯软线	RBVV	用于交流 500V 及以下的移动式日用电器的电源连接
复合物绝缘平行铜芯软线 复合物绝缘双绞铜芯软线	RFB RFS	用于交流 250V 及以下，直流 500V 及以下的各种日用电器、照明灯座等设备的电源连接

3. 绝缘导线安全载流量

各种绝缘材质的导线安全载流量基本一致，仅以经常使用的聚氯乙烯绝缘铜芯线为例，见表 2-3-4。

表 2-3-4 聚氯乙烯绝缘铜芯线（BV）安全载流量

截面积 (mm^2)	明线安装		穿钢管安装						穿塑料管安装					
			一管二线		一管三线		一管四线		一管二线		一管三线		一管四线	
	铜	铝	铜	铝	铜	铝	铜	铝	铜	铝	铜	铝	铜	铝
1.0	19	16	14	12	13	10	11	8	11	11	10	10	9	9
1.5	23	24	19	20	17	18	16	15	17	17	14	15	12	13
2.5	31	32	26	26	23	23	22	20	22	22	20	20	18	18
4	41	41	35	35	31	32	28	28	29	29	26	25	23	23
6	53	56	46	49	40	43	36	37	38	39	34	36	30	31
10	74	76	64	62	56	55	50	49	52	51	46	46	41	41
16	99	104	80	80	72	65	65	64	67	68	61	61	53	53
25	132	127	106	90	94	71	84	78	89	84	80	75	70	65
35	161	155	131	114	124	88	103	98	112	106	98	95	87	84
50	201	201	163	144	154	110	128	124	140	135	123	121	109	107
70	259	247	201	187	180	140	162	150	173	163	156	148	138	131
95	316	288	241	215	220	168	197	177	215	192	187	173	154	-
120	374	334	280	252	196	229	206	-	248	224	201	182	-	-
150	426	385	318	275	241	290	224	262	233	285	247	262	219	234	198
185	495	-	359	331	252	299	-	331	289	-	261	-	-	-

注：表中载流量是指环境温度 30℃，线芯最高允许温度 65℃ 条件下的载流量，单位为 A，不同环境温度应乘以温度校正系数，见表 2-3-5。

表 2-3-5　温度校正系数

环境温度（℃）	5	10	15	20	25	30	35	40	45
校正系数	1.23	1.17	1.11	1.06	1.03	1.0	0.93	0.79	0.70

4. 电缆载流量估算口诀

由于导线种类繁多，载流量也存在差异，不可能完全记住。实际工作中遇到无法查表确定载流量时，可按下面口诀估算电流。

二点五下乘以九，往上减一顺号走。

三十五乘三点五，双双成组减点五。

条件有变加折算，高温九折铜升级。

穿管根数二三四，八七六折满载流。

"二点五下乘以九，往上减一顺号走"，说的是 2.5mm² 及以下的各种截面铝芯绝缘线，其载流量约为截面数的 9 倍。例如 2.5mm² 导线，载流量为 2.5×9 = 22.5（A）。4mm² 及以上导线的载流量和截面数的倍数关系是顺着线号往上排，倍数逐次减，即 4×8、6×7、10×6、16×5、25×4。

"三十五乘三点五，双双成组减点五"，说的是 35mm² 的导线载流量为截面数的 3.5 倍，即 35×3.5 = 122.5（A）。50mm² 及以上的导线，其载流量与截面数之间的倍数关系变为两个线号成一组，倍数依次减 0.5。即 50mm²、70mm² 导线的载流量为截面的 3 倍；95 mm²、120mm² 导线载流量是其截面积数的 2.5 倍，依次类推。

"条件有变加折算，高温九折铜升级"，是指铝芯绝缘线、明敷在环境温度 25℃的条件下而定的。若铝芯绝缘线明敷在环境温度长期高于 25℃的地区，导线载流量可按上述口诀计算方法算出，然后打九折即可；当使用的不是铝线而是铜芯绝缘线时，它的载流量要比同规格铝线略大一些，可按上述口诀方法算出比铝线加大一个线号的载流量。例如 16mm² 铜线的载流量，可按 25mm² 铝线计算。

"穿管根数二三四，八七六折满载流"，说的是导线穿管时载流量的计算方法，由于穿管影响散热，所以导线的载流量低于明敷。根数越多载流量越低，按穿管导线根数依次打折计算。2 根按八折计算，3 根按七折计算，4 根按六折计算，如 4mm² 的导线载流量为 4×8 = 32（A）。一根管穿两根线时打八折，32×0.8 = 25.6（A）。一根管穿三根线时打七折，32×0.7 = 22.4（A）。一根管穿四根线时打六折，32×0.6 = 19.2（A）。

5. 各类负载电流计算

在连接各种用电负载时，首先要确定负载的功率、额定电压、额定电流，然后根据要求选择合适导线。无法确定负载额定电流时，就要通过计算来确定。所选导线的载流量要大于负载额定电流。负载类型不同，额定电流也各不相同，计算时一定要弄清负载类型，然后根据计算结果选择合适导线。

电热和照明灯电流，电动机电流的计算公式分别见表 2-3-6 和表 2-3-7。

表 2-3-6　电热和照明灯电流计算公式

供电相数	功率（kW）	每相电流（A）	计算公式
单相	1	4.5	电流 = 功率 / 电压
三相	1	1.5	电流 = 功率 /1.73× 电压

表 2-3-7　电动机电流计算公式

供电相数	功率（kW）	每相电流（A）	计算公式
单相	1	8	电流 = 功率 / 电压 × 功率因数 × 效率
三相	1	2	电流 = 功率 /1.73× 电压 × 功率因数 × 效率

注：（1）如无功率因数、效率数据时，单相电机功率因数、效率按 0.75 计算。三相电机功率因数、效率按 0.85 计算。

（2）电动机功率以马力（匹）计算时，与千瓦换算关系：1 马力（匹）等于 0.735 千瓦。

三、电气安装接线

（一）常用电工工具的使用

分组讨论：

常用的电工工具有哪些？

电工工具是电气操作技术人员必备的基本工具，电工工具质量的好坏、使用正确与否都将影响施工质量和工作效率，影响电工工具的使用寿命和操作人员的安全，因此，电气操作人员必须了解电工工具的性能及正确的使用方法。

1. 螺丝刀的用途及操作方法

螺丝刀也叫螺丝起子、螺钉旋具、改锥等，用来紧固或拆卸螺钉。它的种类很多，按照头部的形状不同，常见的可分为一字和十字两种；按照手柄的材料和结构的不同，可分为木柄、塑料柄、夹柄和金属柄四种；按照操作形式可分为自动、电动和风动等形式。

（1）十字起子实物如图 2-3-5 所示

十字螺丝刀主要用来旋转十字槽形的螺钉、木螺丝和自攻螺丝等。产品有多种规格，通常说的大、小螺丝刀是用手柄以外的刀体长度来表示的，常用的有 100mm、150mm、200mm、300mm 和 400mm 等几种。使用时应注意根据螺丝的大小选择不同规格的螺丝刀。使用十字形螺丝刀时，应注意使旋杆端部与螺钉槽相吻合，否则容易损坏螺钉的十字槽。

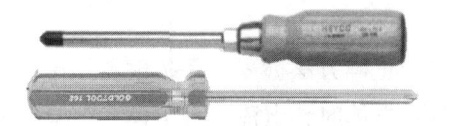

图 2-3-5　十字螺丝刀

（2）一字起子实物图如图 2-3-6 所示

一字螺丝刀主要用来旋转一字槽形的螺钉、木螺丝和自攻螺丝等。产品规格与十字螺丝刀类似，常用的也是 100mm、150mm、200mm、300mm 和 400mm 等几种。使用时应注意根据螺丝的大小选择不同规格的螺丝刀。若用型号较小的螺丝刀来旋拧大号的螺丝则很容易损坏螺丝刀。

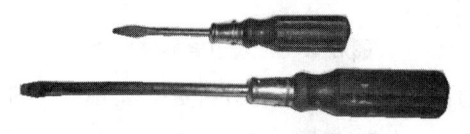

图 2-3-6　一字螺丝刀

（3）使用螺钉旋具的安全知识

①电工不可使用金属杆直通柄顶的螺钉旋具，否则易造成触电事故。

②使用螺钉旋具紧固和拆卸带电的螺钉时，手不得触及旋具的金属杆，以免发生触电事故。

③为了避免螺钉旋具的金属杆触及皮肤或触及邻近带电体，应在金属杆上穿套绝缘管。

（4）螺钉旋具的使用方法

①大螺钉旋具的使用。大螺钉旋具一般用来紧固较大的螺钉，使用时除大拇指、食指和中指要夹住握柄外，手掌还要顶住柄的末端，这样可防止旋具转动时滑脱。

②小螺钉旋具的使用。小螺钉旋具一般用来紧固电气装置接线桩头上的小螺钉，使用时可用手指顶住木柄的末端捻旋。

③较长螺钉旋具的使用。可用右手压紧并转动手柄，左手握住螺钉旋具中间部分，以使螺钉刀不滑脱。此时左手不得放在螺钉的周围，以免螺钉刀滑出时误伤手。

④螺丝刀的具体使用方法如图 2-3-7 所示，当所旋螺钉不需用太大力量时，握法如左图所示；若旋转螺钉需较大力气时，握法如右图所示。上紧螺钉时，手紧握柄，用力顶住，使刀紧压在螺钉上，以顺时针的方向旋转为上紧，逆时针为下卸。穿心柄式螺丝刀，可在尾部敲击，但禁止用于有电的场合。

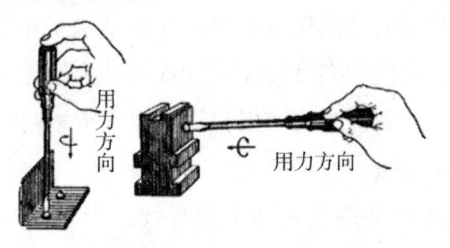

图 2-3-7　螺丝刀使用方法

2. 验电笔的使用方法

低压验电笔使用时必须按正确方法握妥,手指触及笔尾的金属体,使氖管窗背光,如图 2-3-8 所示。当用电笔测带电体时,电流经带电体、电笔、人体、地形成回路,只要带电体与大地之间的电位差超 60V,电笔中的氖泡就发光。

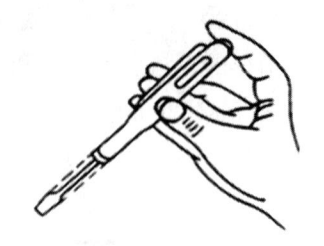

图 2-3-8 验电笔握笔方法

低压验电器能检查低压线路和电气设备外壳是否带电。为便于携带,低压验电器通常做成笔状,前端是金属探头,内部依次装安全电阻、氖管和弹簧。弹簧与笔尾的金属体相接触。使用时,手应与笔尾的金属体相接触。测电笔的测电压范围为 60~500V(严禁测高压电)。使用前,务必先在正常电源上验证氖管能否正常发光,以确认测电笔验电可靠。由于氖管发光微弱,在明亮的光线下测试时,应当避光检测。

(1) 验电器的使用要求

①验电器使用前应在确有电源处测试检查,确认验电器良好后方可使用。

②验电时应将电笔逐渐靠近被测体,直至氖管发光。只有在氖管不发光时,并在采取防护措施后,才能与被测物体直接接触。

(2) 低压验电器的作用

①区别电压高低。测试时可根据氖管发光的强弱来估计电压的高低。

②区别相线与零线。在交流电路中,当验电器触及导线时,氖管发光的即为相线,正常情况下,触及零线是不会发光的。

③区别直流电与交流电。交流电通过验电器时,氖管里的两个极同时发光;直流电通过验电器时,氖管里的两个极只有一个发光。

④区别直流电的正、负极。前端明亮为负极,反之为正极,氖管的前端指验电笔笔尖一端,氖管后端指手握的一端。

⑤识别相线碰壳。用验电器触及电机、变压器等电气设备外壳,氖管发光,则说明该设备相线有碰壳现象。如果壳体上有良好的接地装置,氖管是不会发光的。

⑥识别相线接地。用验电器触及正常供电的星形接法三相三线制交流电时有两根比较亮,而另一根的亮度较暗,则说明亮度较暗的相线与地有短路现象,但不太严重;如果两根相线很亮,而另一根不亮,则说明这一根相线与地肯定短路。

3. 钢丝钳的用途及操作方法

钢丝钳的主要用途是用手夹持或切断金属导线,带刃口的钢丝钳还可以用来切断钢丝。钢丝钳的规格有 150mm、175mm、200mm 三种,均有橡胶绝缘套管,可用于 500V

以下的带电作业。

如图2-3-9所示，(a)中的1为钳头部分，2为钳柄部分，3是钳口，4是齿口，5是刀口，6是铡口，7是绝缘套；(b)是弯绞导线的操作图示；(c)是紧固螺母的操作图例；(d)是剪切导线的操作图例；(e)是侧切钢丝的操作图例。

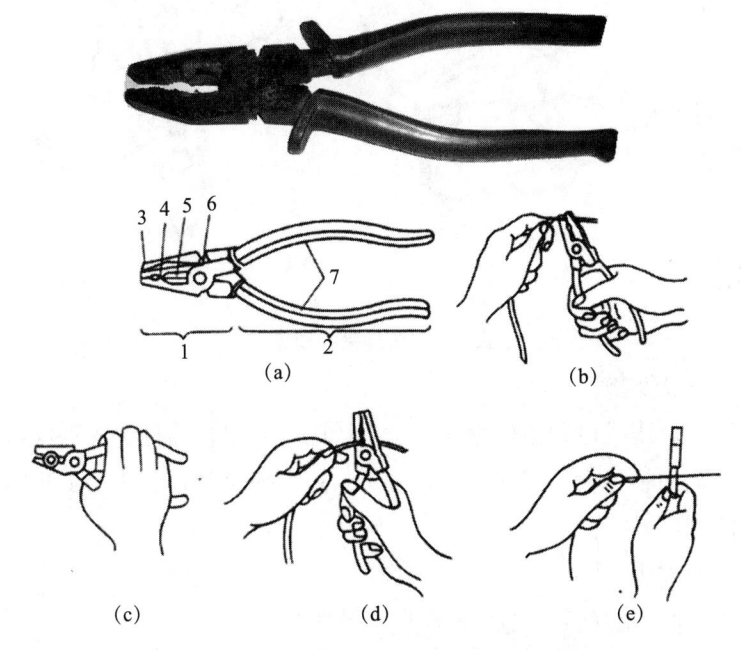

图2-3-9　钢丝钳实物图及使用方法简图

使用钢丝钳时应注意以下事项：

①使用钢丝钳之前，应注意保护绝缘套管，以免划伤，失去绝缘作用。绝缘手柄的绝缘性能良好能保证带电作业时的人身安全。

②用钢丝钳剪切带电导线时，严禁用刀口同时剪切相线和零线，或同时剪切两根相线，以免发生短路事故。

③不可将钢丝钳当锤子使用，以免刃口错位、转动轴失圆，影响正常使用。

4. 尖嘴钳的用途及操作方法

尖嘴钳是电工（尤其是内线电工）常用的工具之一。尖嘴钳也有铁柄和绝缘柄两种。

尖嘴钳的用途：

①带有刀口的尖嘴钳能剪断细小金属丝。

②尖嘴钳能夹持较小螺钉、垫圈、导线等元件。

③在装接控制线路时，尖嘴钳能将单股导线弯成所需的各种形状。

尖嘴钳的主要用途是夹捏工件或导线，或用来剪切线径较细的单股与多股线以及给单股导线接头弯圈、剥塑料绝缘层等。尖嘴钳特别适宜于狭小的工作区域。规格有130mm、160mm、180mm三种。电工用的带有绝缘导管。有的带有刃口，可以剪切细小零件。使用方法及注意事项与钢丝钳基本类同。尖嘴钳的握法如图2-3-10所示。

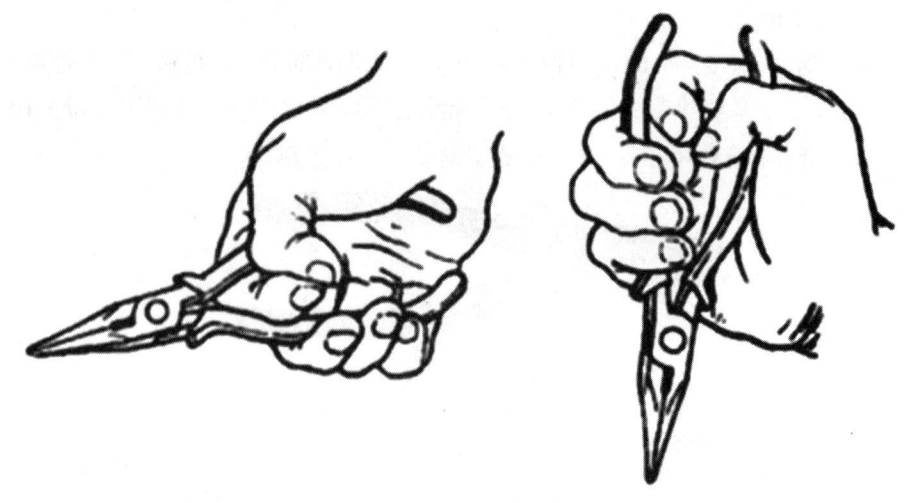

图 2-3-10　尖嘴钳握法

5.剥线钳的用途及操作方法

剥线钳由刀口、压线口和钳柄组成,是内线电工、电机修理、仪器仪表电工常用的工具之一。剥线钳的钳柄上套有额定工作电压 500V 的绝缘套管,适用于塑料、橡胶绝缘电线、电缆芯线的剥皮。

剥线钳的使用方法:

①根据电缆线的粗细型号,选择相应的剥线刀口。

②将准备好的电缆放在剥线工具的刀刃中间,选择要剥线的长度。

③握住剥线工具手柄,将电缆夹住,缓缓用力使电缆外表皮慢慢剥落。

④松开工具手柄,取出电缆线,这时电缆金属整齐露出外面,其余绝缘塑料完好无损。

剥线钳在使用时要注意以下事项:

①不要用轻型的钳子当作锤子使用,或者敲击钳柄。

②不要延长手柄的长度去获得更大的剪力,而应使用规格更大的钳子或者断线钳。

③不要把钳子放在过热的地方,否则会引起退火而损坏工具。

④手柄上的胶套是为增加使用舒适度,除非特定的绝缘手柄,否则这些胶套是不能防电的,也不能用于带电作业。

6.压接钳

压接钳又称压线钳,是用来压接导线线头与接线端头可靠连接的一种冷压模工具。

压接工具有手动式压接钳、气动式压接钳、油压式压接钳,如图 2-3-11 所示是 YJQ-P2 型手动压接钳的外形图。操作时,先将接线端头预压在钳口腔内,将剥去绝缘的导线端头插入接线端头的孔内,并使被压裸线的长度超过压痕的长度,即可将手柄压合到底,使钳口完全闭合,当锁定装置中的棘爪与齿条失去啮合时,则听到"嗒"的一声,即压接完成,此时钳口便能自由张开。

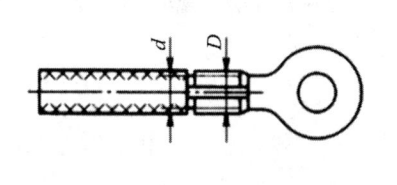

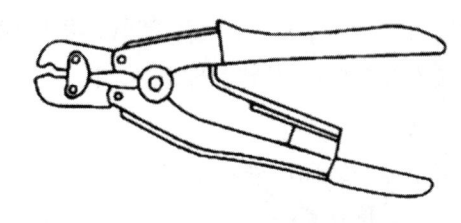

(a) 压接工件　　　　　　　　　(b) 压接钳外形

图 2-3-11　YJQ-P2 型手动压接钳

使用压接钳时应注意以下事项：

①压接时钳口、导线和冷压端头的规格必须相配。

②压接钳的使用必须严格按照使用说明正确操作。

③压接时必须使端头的焊缝对准钳口凹模。

④压接时必须在压接钳全部闭合后才能打开钳口。

（二）低压电气设备安装

1. 低压断路器安装

（1）安装前检查

①安装前应检查断路器的规格是否符合使用要求，应将断路器操作数次，检查机构动作是否灵活及分、合是否可靠。

②安装前应使用 500 伏兆欧表测量断路器绝缘电阻，以在周围空气温度为（20±5）℃和相对湿度为 50%~70% 测得的电阻不小于 10 兆欧为合格。否则，断路器应做干燥处理。

③断路器的触头使用一定次数或分断短路电流后，应及时检查触头系统，如果触头表面有毛刺、颗粒等，应及时维修或更换。

（2）安装要求

①应严格根据产品说明书规定的位置（如垂直）安装，电源线应接在上端，负载接在下端，否则将影响脱扣器动作的准确性和通断能力。

②断路器的安装应平稳，不得有附加机械应力。否则，对于塑壳式断路器，其绝缘基座可能因受拉力而损坏，脱扣器的牵引杆（脱扣轴）因基座变形而卡住，影响脱扣动作；对于抽屉式断路器，可能影响其二次回路连接的可行性。

③安装低压断路器时，应将脱扣器电磁铁工作面的防锈油脂擦拭干净，以免影响电磁机构的正常动作。

2. 熔断器安装

（1）安装前检查

熔断器在安装前必须检查下列项目：

①熔断器的额定电压、额定电流及极限分断能力是否与图纸要求相一致。

②所保护电气设备的容量与熔体容量是否相匹配；熔断器的额定电压是否大于或等于

电源的额定电压，额定电流是否与要求的一致，其额定分断能力是否大于预期短路故障电流。对后备保护、限流、自复、半导体器件保护等有专用功能的熔断器严禁替代。

③在安装前应确认熔断器完整无损。

（2）安装要求

①熔断器与线路串联，垂直安装，并装在各相线上：二相三线或三相四线回路的中性线上不允许装熔断器。

②熔断器安装位置及相互间距离应便于更换熔体；应注意熔断器周围介质的温度与电动机周围介质的温度尽可能一致，以免保护特性产生误差。

③安装应保证接触良好、可靠，以免体内温度过高而误动作。同时，应避免并防止其中个别相接触不良。如出现一相接触不良而断路的情况，可能导致电动机因缺相运行而烧毁。安装时要保证熔体和底座良好，以免因接触不良使熔体温度过高而误动作。

④安装时应注意不要使熔体受到机械损伤，以免减少熔体截面积，产生局部发热而造成误动作。

（3）注意事项

①熔体的最大额定电流不得超过熔断器的最大额定电流。

②表面严重氧化的熔体应予以更换，以免在正常工作时过热熔断造成电动机缺相。

③如果熔体选择正确，但在使用中反复熔断，说明线路或者负载存在故障，或熔体安装不当，此时不能任意增大熔体截面面积。

3. 接触器安装

（1）安装前检查

交流接触器安装前一般应进行以下检查：

①接触器铭牌和线圈的技术数据（如额定电压、额定电流、操作频率和通电持续率等）是否符合图纸要求。

②新购入的或搁置已久的接触器应进行解体检查，擦净铁芯极面上的防锈油，以免油垢黏滞而造成接触器线圈断电后铁芯不释放。触头的接触面应平整、清洁，接触器的触头不允许涂油。

③确认接触器无机械损伤，用手推动接触器的活动部分，要求动作灵活，无卡涩现象。衔铁吸合后应无异常响声，触头接触紧密，断电后应能迅速脱开。

④用500V兆欧表测试接触器的绝缘电阻，测得的绝缘电阻值一般应不低于10MΩ。

⑤用万用表检查各触点的通断情况是否符合要求。

（2）安装要求

①接触器底面与地面垂直，倾斜度不超过5°。

②交流接触器吸合断开时振动较大，在安装时，尽量不要和振动要求比较严格的电气设备安装在同一柜子内，否则需采取防振措施。

③交流接触器的安装环境符合产品要求，接触器与其他电气元器件的安装位置、安装

距离应符合相关标准和规范中的要求，而且应考虑日后检查和维修的便捷性。

④安装完毕且检查接线正确无误后，应在主触点不带电的情况下，先使线圈通电分合数次，检查动作是否可靠。

4. 热继电器的安装

热继电器安装的方向、使用环境和所用的连接线都会影响热继电器的动作性能，安装时应注意。

（1）安装方向

热继电器的安装方式很容易被忽视。热继电器是电流通过发热组件发热，推动双金属片动作。热量的传递有对流、辐射和传导三种方式，其中对流具有方向性，热量自下向上传输。在安放时，如果发热组件在双金属片的下方，双金属片就热得快，动作时间短；如果发热组件在双金属片的旁边，双金属片热得较慢，热继电器的动作时间较长。当热继电器与其他发热的电气元件装在一起时，应与发热的电气元件保持一定的安装距离（一般情况下，远离发热的电气元件50mm以上），以免受其他电器发热的影响。热继电器的安装方向应遵循产品说明书的规定，以确保热继电器在使用时的动作性能相一致。

（2）连接导线的选择

热继电器的连接线除导电外，还起导热作用。如果连接线太细，则连接线产生的热量会传到双金属片，加上发热组件沿导线向外散热少，从而缩短了热继电器的脱扣动作时间；反之，如果采用的连接线过粗，则会延长热继电器的脱扣动作时间。所以连接导线截面不可太细或太粗，应尽量采用说明书规定的或与其相近的截面面积。

出线端的连接导线应按热继电器的额定电流进行选择。热继电器出线端的连接导线一般采用铜芯导线。若选用铝芯导线，则导线截面积应增大1.8倍，并且导线端头应挂锡。连接导线截面选择参照表2-3-8。

表2-3-8 热继电器连接导线的截面选择参照表

热继电器的整定电流（A）	连接导线截面面积（mm²）	热继电器的整定电流（A）	连接导线截面面积（mm²）
(0, 8]	1	(50, 65]	16
(8, 12]	1.5	(65, 85]	25
(12, 20]	2.5	(85, 115]	35
(20, 25]	4	(115, 150]	50
(25, 32]	6	(150, 160]	70
(32, 50]	10		

（3）使用环境

主要指环境温度，它对热继电器动作的快慢影响较大。热继电器周围介质的温度应和电动机周围介质的温度相同，否则会破坏已调整好的配合情况。例如，当电动机安装在高温处，而热继电器安装在温度较低处时，热继电器的动作将会滞后（或动作电流大）；反之，其动作将会提前（或动作电流小）。

对于没有温度补偿的热继电器，应在热继电器和电动机两者环境温度差异不大的地方使用。对于有温度补偿的热继电器，可用于热继电器与电动机两者环境温度有一定差异的地方，但应尽可能减小环境温度变化带来的影响。

应考虑热继电器使用的环境温度和被保护电动机的环境温度。当热继电器使用的环境温度高于被保护电动机的环境温度15℃以内时，应使用大一号额定电流等级的热继电器；当热继电器使用的环境温度低于被保护电动机的环境温度15℃以内时，应使用小一号额定电流等级的热继电器。此外，也应考虑电动机的负载情况及热继电器可能需要的调整范围。

5.端子排的安装

目前普遍采用DN35导轨或C型导轨或G型导轨安装端子排。

（1）端子排的安装要求

①端子排应无损坏、固定牢固、绝缘良好。潮湿环境宜采用防潮端子。

②接线端子应与导线截面匹配，不应使用小端子配大截面导线。

③端子应有序号，端子排应便于更换且接线方便；离地高度宜大于350mm，并且应为连接电缆提供必要的空间。

④回路电压超过400V时，端子板应有足够的绝缘并涂以红色标志。

⑤强、弱电端子宜分开布置。当有困难时，应有明显标志并设空端子隔开或设加强绝缘的隔板。

⑥正、负电源之间以及经常带电的正电源与合闸或跳闸回路之间，宜用一个空端子隔开。

（2）端子排的安装方法

①根据不同的端子排选用合适的安装导轨，然后依端子排的数量和总长度，将安装导轨锯成合适的长度，将锯口用刀锉去毛刺，在锯口处涂上清漆，防止生锈。

②将导轨用合适的螺钉安装在图纸要求的位置，不得为图省事采用铆钉安装。

③将端子安装在导轨上，注意将端子端板安装在右侧或者上方。

④安装端板和固定件。安装固定件时拧紧螺钉力度要适中，既要使端子固定好又不致损坏端子。

6.按钮和指示灯的安装

（1）按钮颜色的使用

①停止、断电或发生事故用红色按钮。

②启动或通电优先采用绿色按钮，允许用黑、白或灰色按钮。

③一钮双用的启动与停止、通电与断电，交替按压后改变功能的，既不能用红色按钮，也不能用绿色按钮，而应用黑、白或灰色按钮。

④按时运动、松时停止运动（如点动、微动），应用黑、白、灰色或绿色按钮，最好

是黑色，不能用红色按钮。

⑤如复位等单一功能的，用蓝、黑、白色或灰色按钮。

（2）指示灯颜色的使用

①危险、告急或报警用红色指示灯。

②安全、分闸断电情况正常或允许进行启动用绿色指示灯。

③执行、合闸而不能使用红、黄、绿时，用白色指示灯。

④表示红、黄、绿三色之外的任何指定用意时，用蓝色指示灯。

（3）按钮和指示灯的安装

①按钮和指示灯安装时应注意安装位置正确，应按图纸要求安装。

②按钮及按钮箱和指示灯安装时，间距应为50~100mm；倾斜安装时，与水平面的倾角不宜小于30°。

③集中一处安装的按钮和指示灯应有编号或不同的识别标志，"紧急"按钮应有鲜明的标记。

④按钮垂直安装时："启动"（绿或黑、白、灰色）在上，"停止"（红色）在下。

⑤按钮水平安装时："正转""向左""向前"在左，"停止"居中，"反转""向右""向后"在右。

⑥显示按钮操作状态的指示灯安装位置应与操作按钮水平或垂直对应。

（三）接线要求

电气接线要求主要包括接线技术要求和工艺要求。

1. 接线技术要求

（1）控制柜内接线的总体要求

①控制柜的内部连接导线一般采用塑料绝缘铜芯导线。

②安装在干燥房间里的控制柜，其内部接线可采用无防护层的绝缘导线，该导线能在表面经防腐处理的金属上直接敷设。

③接线应按接线端头标志进行。

④按图施工，接线正确。导线应严格按照图纸，正确地接到指定的接线端子上。

⑤柜内同一安装单位（安装板或电子线路板）各设备及元器件之间的连线一般不经过端子排。

⑥导线与电气元件间采用螺钉连接、插接、焊接或压接等，均应牢固可靠。各紧固螺钉紧牢后，露出3~5牙螺纹为宜，螺钉头起子槽应完整。

⑦导线连接固定应牢固、整齐，并应设有防止振动而松脱的弹簧圈或锁紧螺母。在接头的两面一般均应设平垫圈，以保证接触良好。

⑧压板或其他专用夹具应与导线线芯规格相匹配。紧固件应拧紧到位，防松装置应齐全。不得用紧固接线端子本身的螺母紧固导线接头。

⑨绝缘导线穿越金属构件时，应有保护绝缘导线不被破坏的措施，如在导线穿越金属

板的孔上戴橡胶圈等，以防止导线的绝缘层损坏。

（2）导线连接的布线要求

①接线应排列整齐、清晰、美观，导线绝缘良好、无损伤。

②盘、柜的电缆芯线应垂直或水平，有规律地配置，不得任意歪斜或交叉连接。导线长度应留有适当余量。

③外部接线不得使电器内部受到额外应力。

④在油污环境，应采用耐油的绝缘导线。在日光直射环境，橡胶或塑料绝缘导线应采取防护措施。

（3）导线连接对接线端头的要求

①电柜内所有接端子除专用接线设计外，必须用标准压接钳和符合标准的接线接头连接。

②连接导线端部一般应采用专用电线接头。当设备接线柱结构是压板插入式时，使用扁针铜接头压接后再接入。当导线为单芯硬线时，则不能使用电线接头，而将线端做成环形接头后再接入。

如进入断路器的导线截面小于 $6mm^2$，当接线端子为压板式时，先将导线作压接铜接头处理，以防止导线的散乱；如导线截面大于 $6mm^2$，要将露铜部分用细铜丝环绕绑紧后再接入压板。

③截面为 $10mm^2$ 及以下的单股铜芯线和单股铝芯线可直接与设备、器具的端子连接。

④截面为 $2.5mm^2$ 及以下的多股铜芯线的线芯应先拧紧，压接端子后再与设备、器件的端子连接。

⑤截面大于 $2.5mm^2$ 的多股铜芯线的终端，除设备自带插接式端子外，应焊接或压接端子后再与设备、器件的端子连接。

（4）各种电气元件的接线要求

①电气元件的工作电压应与供电电源电压相符。

②有半导体脱扣装置的低压断路器，其接线应符合相序要求，脱扣装置的动作应可靠。

③带有接线标志的熔断器，电源线应按标志进行接线。电源进线端应接在熔芯引出的端子上，防止更换熔断器芯时触电。

（5）接线端子的接线要求

①出线端接线方式：PE线应在主回路下面。

②如果端子间需要连接，应将线弯成 Ω 形用螺钉压接。

③每个接线端子的每侧接线宜为1根，不得超过2根。对于插接式端子，不同截面的两根导线不得接在同一端子上；对于螺栓连接端子，当接两根导线时，中间应加平垫片。

（6）可动部位导线连接要求

①应采用多股软导线，敷设长度应有适当裕度。

②线束应有外套塑料管等加强绝缘层。

③与电器连接时，端部应压紧，并应加终端附件，不得松散、断股。
④可动部位两端应用卡子固定。

（7）接地的接线要求

①盘、柜、台、箱的接地应牢固良好。二次回路应设专用接地螺栓，使接地明显可靠。

②在一般情况下，导线不允许弯许多类似弹簧样的圆圈后接线，但接地线例外。

③接地装置的接触面均须光洁平贴，保证良好接触，并应有防止松动和生锈的措施。

④电柜装有可开启的门，应使裸铜软线与接地的金属构架可靠地连接。柜门与柜体的柔性接地导体使用镀锌 $6mm^2$ 屏蔽带。端头处理使用 O 形铜接头压接，不得直接将屏蔽带穿孔固定。

⑤接地铜排上的端子允许多根导线共用一个接地螺钉，铜排上的螺钉最小螺纹直径为 $6mm^2$。但导线必须使用标准铜接头进行处理，且拧接紧密。

⑥元件间的接地线不得采用跨接方式连接。

⑦如果柜内有屏蔽线的接地或者其他电子元件的接地，所使用的接地排要与主接地排绝缘，当需要与主接地排导通时再用至少 $6mm^2$ 的接地线与之连接。

2. 接线工艺要求

（1）柜内连接导线整体工艺要求

①导线接线要求工艺统一，所有工作开始前采用样板示范带路的模式，所有控制柜、箱等的接线方式、电缆绑扎位置、备用芯长度、电缆牌绑扎位置均按照样板的要求施工，以保证产品外观及质量的一致性。已定型的批量产品，二次布线应一致。

②硬导线连接前必须进行校直处理。线束或导线弯曲时不得使用尖口钳或钢丝钳，只允许使用手指或弯线钳，以保证导线的绝缘层不受损坏。接线过程必须保证导线芯线及导线绝缘均无损伤。

③按图施工接线正确；电气回路接触良好；配线横平竖直，整齐美观。

④螺钉紧固力矩符合技术要求，以免出现松动及滑扣情况。手工紧固工具的力度大小要通过使用力矩紧固工具掌握。线芯应连接牢固，严禁出现虚接问题。

⑤连接导线中间不允许有接头，两个端子间的连线不得有中间接头。

⑥端子板水平放置或垂直时，左右上下引出的导线都要弯曲半圈后，再以 40mm 的间距进入端子板。

⑦导线穿过金属孔时，要套一个大小适当的保护物，如橡皮圈、绝缘管等，装套必须牢固。

⑧二次线的敷设不允许从母线相间或安装孔穿出。

（2）线槽内敷设导线的工艺要求

①自上而下将线束整好，将二次线敷设在专为配线用的塑料走线槽内。

②导线应按接线图先将上面已压接好的端头正确接至各电气元件及端子上。

③先将可连接的一端接好，弯头处用手弯成圆角，直横行走，力求做到横平竖直。

④导线的余量一般可在接线柱附近绕圈放置，小截面面积（2.5mm² 以下）导线的余量可弯曲后捆扎在线束中，或直接卷曲在走线槽内。

⑤导线的规格和数量应符合设计规定；当设计无规定时，包括绝缘层在内的导线总截面积不应大于线槽截面面积的 60%。

⑥在可拆卸盖板的线槽内，包括绝缘层在内的导线接头处所有导线截面积之和不应大于线槽面积的 75%；在不易拆卸盖板的线槽内，导线的接头应置于线槽的接线盒内。

⑦端子等集中布置接线的元件的短接线不进入线槽，以方便检查和节省线槽排线空间。线槽内也不允许出现接头。

（3）电气元件接线工艺要求

①按电气接线端头标志接线。

②在一般情况下，电源侧导线应连接在电气元器件进线端，负荷侧导线应连接在电气元器件出线端。

③接线螺栓及螺钉应有防锈镀层，连接时，螺钉应拧紧。

④熔断器接线时，熔断器的上端一般为接电源端，熔断器的下端一般为接负载端，线的布置应便于更换熔断器芯子。

⑤转换开关接线时，进入开关的线束应在开关下方或上方 20~30mm 处，导线距开关侧 20~30mm，距离应一致，且号牌倾斜一致。

（4）接地工艺要求

①元器件的金属外壳必须有可靠接地。

②用于静态保护、控制逻辑等回路的控制电的屏蔽层、带、芯应按设计要求的方式可靠接地。

③柜内所有需接地元件的接地柱要单独用接地线接到接地体。元件间的接地线不得采用跨接方式连接。

④具有铰链的金属面板上安装电气元件时，面板与金属箱体之间应设置安全跨接线。

⑤利用机体作为回路的工作接地导体的型号和截面积应与绝缘敷设的那一极（或相）的导线相同，不得使用裸线。

⑥为保证可靠接地，与控制柜框架及安装板连接的接地螺栓必须使用带棘刺的垫圈。

⑦接地处应设有耐久的接地标记；电柜内所有接地线线端处理后不得使用绝缘套管遮盖端部。

⑧所有接地装置的接触面均要光洁平贴，紧固应牢靠，保证接触良好，并应设弹簧垫圈或紧螺母，以防松动。

⑨接地装置紧固后，应随即在接触面的四周涂以防锈漆，以防锈蚀。

（5）接线工序质量检查

①检查连接导线的型号和规格的正确性。

②检查线端接头的制作质量,连接应牢固。
③检查线端标记的正确性及完整性。
④检查导线布线、接线和捆扎的质量。
⑤电柜内所有接地线线端处理后不得使用绝缘套管遮盖端部。
⑥盘、柜内的电缆芯线,应按垂直或水平方向有规律地配置,不得任意歪斜或交叉连接。备用长度应留有适当余量。
⑦在经常移动的地方(如跨越柜门的连接线)必须用多股铜绝缘软线,并要有足够的长度余量且适当固定,以免急剧弯曲和产生过度张力。

四、电机正反转控制系统安装接线

(一)电气元件布局安装

根据电气元器件布置图,即图2-3-2,进行电气元器件的布局。

步骤1:安装导轨和线槽。在电气图纸册中,会注明所使用的导轨和线槽的型号规格,根据电气元器件布置图中标注的线槽和导轨的安装位置及长度进行截取,按要求固定安装。

步骤2:确认电气元器件。根据明细表,识别相应的电气元器件,确认所有电气元器件齐全完整。

步骤3:安装电气元器件。根据元器件布置图,在对应位置安装相应电气元器件。在此步骤中,要了解元器件安装位置的原因,例如在图2-3-2中,热继电器FR为什么要和交流接触器KM1、KM2隔开一段距离,而不是紧贴安装?请参考第2.3.3节"热继电器的安装"进行思考。

步骤4:核对安装电路。检查核对元器件的安装是否正确,主要包括电气元件型号是否正确,安装位置是否正确,安装是否牢固等。

根据图2-3-2进行电机正反转电路安装,完成后如图2-3-12所示。

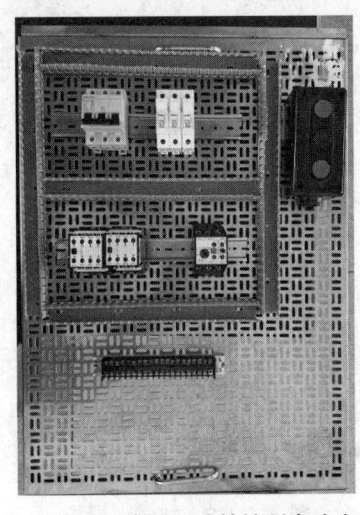

图2-3-12 电机正反转控制电路安装

（二）电气接线

电气接线主要包括主电路接线和控制电路接线。一般情况下，先完成主电路接线，再完成控制电路接线。

步骤1：识读电气接线图，掌握每根导线的型号。例如，主电路电气接线图（图2-3-3），技术说明中标明主电路接线采用的黄色、绿色、红色导线进行每相导线的区分，线径为1mm^2，所以要准备线径为1mm^{2}的黄色、绿色、红色导线各1卷；控制电路电气接线图（图2-3-4），技术说明中标明接线采用黑色导线，线径为1mm^2，所以要准备线径为1mm^{2}的黑色导线1卷。

步骤2：识别统计线号值及对应数量。根据接线图详细统计线号值及相应数量后，统一打印出来，需要注意的是，根据每根导线的线径选择不同直径的线号管。例如：图2-3-3中，线号为4的线号管要求能够套接1mm^{2}线径的导线，数量为4个；因为线号为4的导线一共有两根，如图2-3-13所示，每根导线需要两个线号。

需要注意的是，统计线号数量时要综合所有的电气接线图，例如线号6，在主电路接线图中是2根导线，需要数量为4个；在控制电路接线图中，是2根导线，如图2-3-14所示，需要数量为4个；所以线号值为6的导线，总计数量为8个。

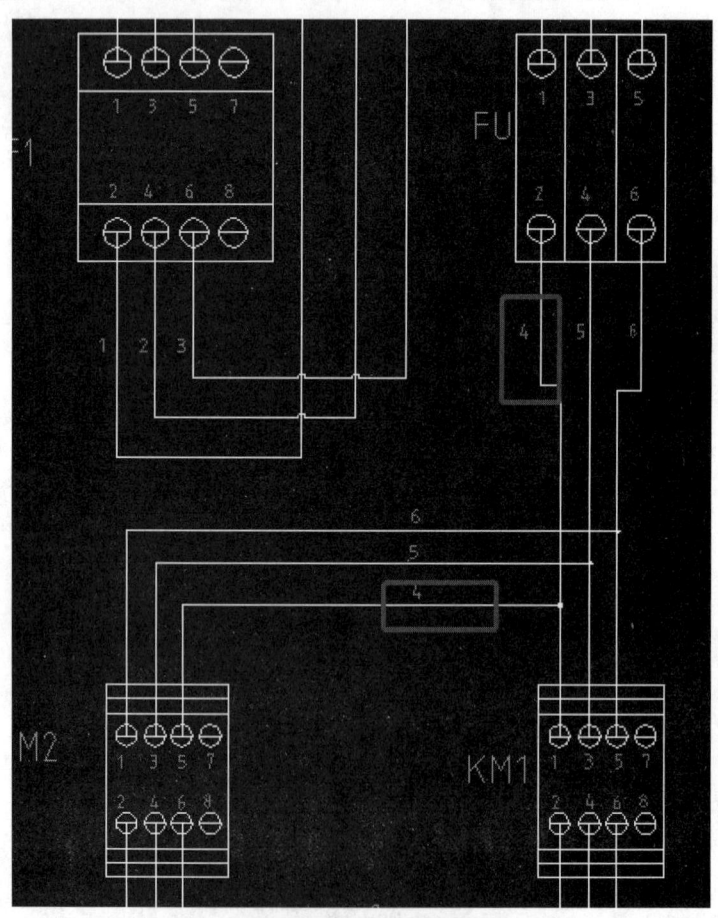

图2-3-13 线号4导线

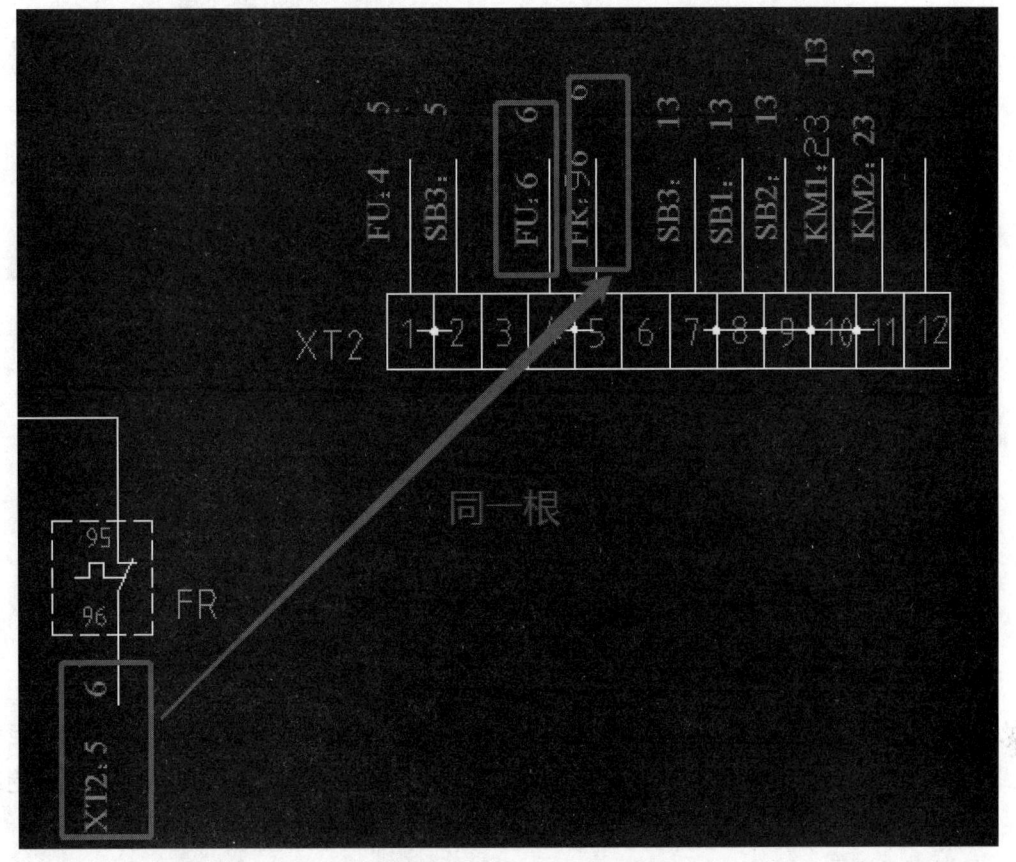

图 2-3-14　线号 6 导线

步骤 3：准备电工工具及相关辅料。

①十字螺丝刀和一字螺丝刀：用于元器件接线端子的拆装接线，型号大小根据元器件端子螺钉大小确定选取。

②数字万用表：用于元器件和电路的检测和验证。

③剥线钳：绝缘导线的剥线。

④接线裸端头：用于线头的压接。

⑤压线钳：用于将接线裸端头压接到导线上。

⑥尖嘴钳或电工剪：用于导线的切断。

步骤 4：线路连接。根据接线图，完成线路的连接。例如，线号 U 的线路连接。

①截取一定长度的黄色导线（导线长度由接线端子 XT1 的 1 号端子到断路器 QF1 的 1 号端子之间的走线长度决定，并留有一定的余量），将编号为"U"的线管套到该导线上（每根导线需要套两个线管，一端一个）。

②用剥线钳，剥去导线两端的绝缘层，漏出裸导线。

③用压线钳将接线裸端头压接到导线两端剥去绝缘层的裸导线上。

④将此导线布局到线槽内，两端连接到 XT1 的 1 号端子和断路器 QF1 的 1 号端子上。接线完毕后如图 2-3-15 所示。

图 2-3-15　导线连接

步骤 5：根据上述步骤，完成其他线路的连接。线路的走线要按照最短路径进行走线布线；走线布线要整洁美观，禁止出现线路打结缠绕现象；布线时，不要破坏导线的绝缘层；线路连接完成后，检查接线的牢固性和正确性；最后合上线槽盖，清理网孔板。

最终完成后，如图 2-3-16 所示。

图 2-3-16　电机正反转控制电路安装板

实训　电机正反转控制系统的安装接线

实训名称：电机正反转控制系统的安装接线。

实训地点：电气设备装调实训室。

实训步骤：详见实训手册。

练习题

1. 判断题

（1）使用金属柄直通的螺丝刀时可以带电作业。　　　　　　　　　　（　）

（2）使用验电笔时，需要切断电源。　　　　　　　　　　　　　　　（　）

（3）带有橡胶绝缘套管的钢丝钳，可适用于500伏以下的带电作业。　（　）

（4）钢丝钳剪切带电导线时，可以用刀口同时剪切相线和零线。　　　（　）

（5）钢丝钳可以当锤子使用，敲击物体。　　　　　　　　　　　　　（　）

（6）电气设备安装之前，需要检查电气设备是否完好。　　　　　　　（　）

（7）电线电缆的载流量与环境和敷设方式无关。　　　　　　　　　　（　）

2. 简答题

（1）电机正反转电路中有哪些主要低压电气元器件？

（2）单相和三相电动机电流计算公式分别是什么？

任务完成报告

姓名		学习日期	
任务名称	电气控制柜的安装接线		
学习自评	考核内容	完成情况	
	1. 常用电工工具的使用方法	□好 □良好 □一般 □差	
	2. 电气布局图的识图	□好 □良好 □一般 □差	
	3. 电气元器件的安装规范	□好 □良好 □一般 □差	
	4. 电气接线图的识图	□好 □良好 □一般 □差	
	5. 电气控制柜接线规范	□好 □良好 □一般 □差	
学习心得			

任务4 电气控制系统的调试

电气控制系统是为各种设备服务的，使用设备种类繁多，其控制系统与控制方式各异，所以电气控制系统的调试方法也有一定的区别，但是从整体上看，调试步骤、手段和处理方法是大致相同的。本任务主要以电机接触器正反转控制电路为例，介绍电气控制柜调试的概念、原则和基本技术要求，以及电气控制柜的调试方法、步骤和调试中的故障诊断与维修方法。

学习目标

知识目标

1. 了解电气调试的任务与要求；
2. 理解电气控制系统的调试流程；
3. 掌握电机正反转控制系统的调试步骤；
4. 掌握调试过程中故障的排查和维修方法；
5. 掌握电气调试方案的编制要求。

能力目标

1. 能够对电机正反转控制电路进行电气调试；
2. 能够诊断和处理电机正反转控制电路的常见故障；
3. 能够编写电气调试方案和调试大纲。

学习内容

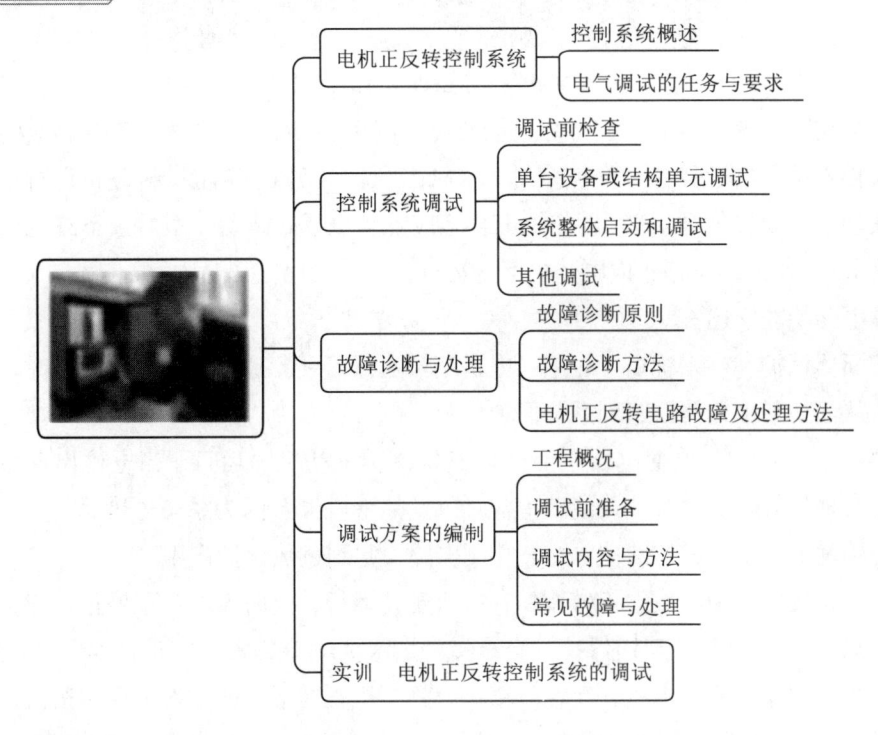

- 电机正反转控制系统
  - 控制系统概述
  - 电气调试的任务与要求
- 控制系统调试
  - 调试前检查
  - 单台设备或结构单元调试
  - 系统整体启动和调试
  - 其他调试
- 故障诊断与处理
  - 故障诊断原则
  - 故障诊断方法
  - 电机正反转电路故障及处理方法
- 调试方案的编制
  - 工程概况
  - 调试前准备
  - 调试内容与方法
  - 常见故障与处理
- 实训　电机正反转控制系统的调试

一、电机正反转控制系统

（一）控制系统概述

电机接触器正反控制系统，主要是实现三相电机的正转、停止、反转功能，保护电路包括短路保护、过热保护、电机正反转互锁保护。电机接触器正反转控制系统配盘完成后如图 2-4-1 所示。

图 2-4-1　电机正反转配盘图

功能描述：系统上电后，按下绿色按钮，交流接触器 KM1 动作，三相感应电动机正转运行；接着按下红色按钮，交流接触器 KM1 复位，三相感应电动机停止运行；然后按下黑色按钮，交流接触器 KM2 动作，三相感应电动机反转运行；最后按下红色按钮，交流接触器 KM2 复位，三相感应电动机停止运行。

保护电路功能描述：

①熔断器保护。当系统由于短路、电机堵转运行等现象造成线路电流过载时，熔断器会熔断，从而切断主电路，起到系统保护作用。

②热继电器保护。热继电器主要保护三相感应电动机的运行，当电机出现短路、堵转、单相接地等故障时，会造成线路电流增大，热继电器会因为系统过热而断开主电路触点，改变辅助触点状态，切断主电路和控制电路，起到过热保护作用。

③电机正反转互锁。按下正转按钮，电机正转运行，此时没有按下停止按钮，而是直接按下反转按钮，若没有互锁保护，交流接触器 KM1 和 KM2 会同时闭合，系统会出现故障相间短路现象。所以电机正反转互锁，就是电机正转运行时，按下反转按钮，交流接触器 KM2 不会动作，避免系统故障。

（二）电气调试的任务与要求

电气控制控制系统与控制方式各异，电气控制系统的调试内容及方法也各有差别，为了更系统化、全面化地理解电气调试的任务和要求，下面将介绍在工业标准应用下的电气调试的任务和要求。

1. 电气调试的基本任务

(1) 电气调试的工作任务

当电气控制设备的安装工作结束后,按照国家有关的规范和规程、制造厂家的技术要求,逐项进行各个设备调整试验,以检验安装质量及设备质量是否符合有关技术要求,并得出是否适宜投入正常运行的结论。这是确保电气控制系统安全可靠、合理运行的必要手段,只有通过完整的调试才能使电气控制设备达到安全投入运行的目的。

通过对电气设备及电气系统的试验与调整,还可以及时发现电气系统和电气设备在设计、制造方面的错误及缺陷,以及安装过程中的安装错误、接线错误等,并及时予以纠正,以保证所安装的电气系统和电气设备符合设计要求。电气试验和电气调整是不可分割的两个有机组成部分。

①电气试验,是指在电气系统、电气设备投入使用前,为判定其在生产过程中有无安装或制造方面的质量问题,以确定生产的电气设备是否能够正常投入运行,而对电气控制设备的绝缘性能、电气特性及机械性能等,按照标准、规程、规范中的有关规定逐项进行试验和验证。

②电气调整,是在电气控制设备投入运行前,为保证设备能够正常运行而对电气控制设备的接线进行核查以及对系统中的电气设备、开关、保护继电器等电气设备及其元器件的电压和电流动作值、动作时间、延时时间、分合时间、触点距离、动作特性等参数,按照设计图中的规定值进行整定,使其完全符合设计要求,以确保电气控制设备能够长期安全运行的一项工作。

③试运转,是在对电气设备和电气系统的绝缘性能试验、电气特性试验和系统调试工作全部完成后,电气设备和电气系统已经具备了投入使用条件的情况下,对电气控制设备,通过以能够保证其正常运行的额定电压和电流,以验证试验调整工作的质量以及再次确认被试设备能够正常投入运行的一项工作。试运转正常后,电气设备及系统即可投入正常运行。

(2) 电气调试的内容

电气调试工作是为了保证投入运行的电气控制设备在适应设计要求的同时,符合国家有关电力法规的规定,确保电气控制设备可靠、安全地运行,其基本内容包括:

①对成套电气控制设备和系统,包括一次、二次设备和各种控制设备及装置,在安装过程中及安装结束后的调整试验。

②通电检查所有电气设备及控制装置的相互作用和相互关系。

③按照生产工艺的要求对电气系统进行空载和带负荷下的调整试验。

④调整控制设备,使其在正常工况下和过度工况下都能正常工作,核对各种保护整定值。

⑤审核校对图纸。

⑥编写复杂设备及装置的调试方案、重要设备的试验方案及系统启动方案。

⑦参加部分试验的技术指导。

⑧负责整套设备启动过程中的电气调试工作和过关运行的技术指导。

2. 电气调试的基本要求

（1）调试工作组织

试验调整工作开始前，应做好以下组织工作，以保证试验调整工作的顺利进行。

①准备技术文件、审查图纸、熟悉被调试电气设备。应具备完整的设计图纸、说明书（包括有关计算）以及主要设备的技术文件。

②编写调试方案、编制调试大纲。应编制详尽的系统调试大纲，明确规定各单元、各环节以及整个系统的调试步骤、操作方法、技术指标。调试大纲应包括：

（a）根据有关规范和规程的规定，制定设备的调试方案和调试计划。

（b）调试方案：包括不同设备和装置的不同试验项目和规范要求，并在可能的情况下列出具体的试验方法、关键的试验步骤、详细的试验接线以及有关的安全措施等。

（c）调试计划：包括设备调试工作的整体工作量，具体时间安排，人员安排，所需试验设备、检测（监测）仪器仪表、工机具以及相关的辅助材料等。

③组织调试队伍——人员及设施要求。电气装置通电测试和调试工作大多是带电工作，因此要特别注意人身和设备的安全。具体要求如下：

（a）通电测试和调试工作根据需要任命负责人，由该负责人统一调度指挥各辅助部门及人员的工作。

（b）应挑选对本控制系统有一定了解的熟练技术人员和电工参加调试工作，必要时可邀请有关设计人员及厂家技术人员参加调试。

（c）通电测试和调试的人员应掌握并遵守国家及行业颁布的有关电气安全的法律法规文件，如《电业安全工作规程》。电气设备调试必须由两个及两个以上人员共同配合工作。

④调试人员培训——技术负责人对调试人员进行技术交底。

（a）为使调试工作能够顺利进行，调试人员事前应认真研究图纸资料、设备制造厂家的出厂试验报告和相关技术资料，了解现场设备的布置情况，熟悉有关的电气系统接线等。调试前必须了解各种电气设备和整个电气系统的功能，掌握调试的方法和步骤。

（b）调试人员在调试前必须熟悉被控制设备的结构、操作规程和电气系统的工作要求。作为安装调试人员，首先一定要了解整个设备的工艺流程、控制流程，然后看明白图纸；其次对照图纸，对设备的内部接线进行整体的检查（其实就是参照图纸对照实物实际接线）；最后要熟练掌握所调试设备上使用的各种仪表。

（c）学习急救触电人员的方法。

⑤工具及仪器仪表的准备。根据调试项目合理选用试验、检测用的仪器、仪表和试验设备。

（a）调试人员使用的工具必须绝缘性良好，且工作人员穿相应的绝缘用品。

（b）调试使用的工具及仪器仪表必须符合相应的国家标准，仪器仪表应在校验后的有效期内使用。

（c）除一般常用的仪器、仪表、工具、器材、备品、配件等应齐备完好外，还应准备好被调试系统所需的专用仪器和仪表。

⑥调试线路准备。

（a）在调试现场，应按照所调试设备的安装规范或者要求来安装设备、敷设电缆及接线（接线前一定要有校线这个步骤）。

（b）在确定设备外观完好、接线正确、外来信号正常的前提下，送电前要将所有断路器处于断开位置，通知各设备使用后方可开始带电调试。

（2）调试要求

①为使调试工作能够顺利进行，调试人员事前应研究图纸资料、设备制造厂家的出厂试验报告和相关技术资料，了解现场设备的布置情况，熟悉有关的电气系统接线等。

②编写调试方案，编制调试大纲。

③电气控制设备的单体调整和试验、配合机械设备的分部试运行、总体系统调试，是电气控制设备整体启动不可分割的3个重要环节。在这3个环节中，没有单体电气控制设备的安全运行，总体系统的试运行就无从谈起，更没有可靠的系统调试运行。

④按照技术文件及图纸对各单体设备、附属装备进行外观检查，关键尺寸检查，装配质量及部件互换性检查，接线检查，绝缘试验等常规检验，以发现整个系统的设备及附件在经过长途运输、仓库保管以及安装过程中有无损坏、差错或其他隐患。

⑤找出并核对系统中各电源装置的极性、相序以及各单元之间的正确连接关系。将所有保护装置均按设计要求进行整定。

⑥对每一单元进行特性测定、调整、试验，使其工作在最合理的工作状态。通过调试，使整个系统获得较为理想的静态特性和动态指标。验证在各种状态下系统工作的可靠性，以及各种事故下保护装置的可靠性。

⑦通过调试，校核技术文件的正确性及提供修改设计的必要依据。

（3）调试工作的安全要求

由于电气调试工作大多在带电的情况下进行，因此，安全工作格外重要，它包括人身安全和设备安全两个方面。在实际调试工作中，必须满足以下几点要求。

①安全生产工作制度。

（a）电气调试人员应定期学习国家能源部颁发的《电业安全工作规程》并考试合格。

（b）在现场每周应进行一次安全活动，并学习事故通报及反事故措施等文件。

（c）电气调试人员要学会急救触电人员的方法，并能进行实际操作。

（d）现场工作要认真执行工作制度。

（e）凡需通电进行的调试工作，必须有两个及两个以上人员共同配合，才能开展工作。

（f）工作任务不明确、试验设备地点或周围环境不熟悉、试验项目和标准不清楚以及人员分工不明确的，都不得开展工作。

②安全生产技术措施。

（a）调试人员使用的电工工具必须绝缘性良好，金属裸露部分应尽可能短小，以免碰触接地或短路。

（b）任何电气设备、回路和装置，未经检查试验不得送电投运，第一次送电时，电气安装和机修人员要一起参加。

（c）应划定电气控制设备调试区，并设置围栏，非调试人员不准进入。

（d）与调试工作有关的设备、盘屏、线路等，应挂上警告指示牌，如"有电""有人工作、禁止合闸""高压危险"等。绝对不允许带电打开电气护罩。

（e）机柜及设备内部易对人身造成伤害的地方应有明显的警示标志和防护措施。

（f）试验导线应绝缘性良好，容量足够；试验电源不允许直接接在大容量母线上，并且要判明电压数值和相别。

（g）试验设备的容量、仪表的量程必须在试验开始前考虑合适；仪表的转换开关、插头和调压器及滑杆电阻的转动方向，必须判明正确无误。

（h）为确保调试安全顺利进行，应具有可切断全部电源的紧急总开关，并认真考虑调试时的各种安全措施：

查修故障时，必须切断电源，并挂上警告牌，以防止有人不知情况而误送电引发事故。

在调试时，必须保证足够的照明，为了检查维修方便需用手提灯时，电压要控制在安全电压的范围以内，并且在灯泡外加防护罩。

在调试过程中，特殊需要带电测试或检修时，必须确认带电部件和元器件附近无其他工作人员，方能送电；

在带电检修时，必须有专人在旁看护，并做好一旦发生危险立即切断电源的准备。

在已运行或已移交的电气设备区域内调试时，必须遵守运行单位的要求和规定，严防走错间隔或触及运行设备。

③安全操作规程。

（a）试验前，电源开关应断开，调压器置零位；试验过程中发生问题或试验结束，应立即将调压器退回零位，并拉开电源开关；若试验过程中发生了问题，须待问题查清后，再进行试验。

（b）各种试验设备的接地必须完善，接地线的容量足够，试验人员应有良好的绝缘保护措施，以防触电。

（c）进行高压试验时，试验人员必须分工明确，听从指挥，试验期间要有专人监护。

（d）高压试验和较复杂回路的试验，接好线路后，应先经工作负责人复查，无误后方可进行试验，并应在接入被试物之前先进行一次空试。

（e）高压试验结束后，应对设备进行放电。对电容量较大的设备（如电力电容器等）

更须进行较长时间的放电，放电时先经放电电阻，然后直接接地。

（f）进行耐压试验时，必须从零开始均匀升压，禁止带电冲击或升压。

（g）进行调整试验时，被试物必须与其他设备隔开且保持一定的安全距离，或用绝缘物进行隔离，无法装设围栏或悬挂警告牌时，应设专人看守。

（h）在电流互感器二次回路上带电工作时，应严防开路，短路时应使用专用的短路端子或短路片，且必须绝对可靠。在电压互感器二次回路上带电工作时，应严防短路，电压二次回路必须确保无短路故障，才允许接入电压互感器二次侧。

（4）对调试人员的要求

电气试验与调整工作，是一项严谨细致、技术性较高的工作，它要求从事电气试验与调整的人员，必须有对工作一丝不苟、高度负责的使命感和敬业精神，必须有较高的技术水平、深厚的电工理论基础和不断上进的求知精神。

①要具有一定的专业理论知识。很多电气故障现象，必须依靠专业理论知识才能真正弄懂、弄透。调试电工与其他工种相比较而言，理论性更强。实际工作中，往往动脑筋的时间比动手的时间还长。因此，理论功底必须扎实，不能凭空想象。因为有的电气故障看似简单，实际上是多种原因造成的。

从事电气试验与调整的人员应了解电气控制设备中各元器件的结构、动作原理、基本性能以及该元器件在电路中的作用，了解被试电气控制系统及电气设备的工作原理、动作程序，熟知电气试验的各种标准、规程、规范中的有关规定；严格遵守电气试验安全操作规程，熟知各种电气测量用仪器仪表的型号、规格、性能及准确度等级等；熟练掌握各种电气测量用仪器仪表的操作、使用、维护及校准方法。同时，一名合格的调试人员除了精通本专业的技术，还必须对机械、电子、工业自动化仪表、空气调节、制冷等诸学科的知识有所了解，这样才能把试验调整工作做得更好。

②了解各电气元件在设备中的具体位置及线路的布局。了解各电气元件在设备中的具体位置及线路的布局，应查看电气线路图和使用说明书（一般图中标注的各种电气符号在每本说明书的前几页都会详细说明）。实现电气原理图与实际配线的一一对应，是提高故障排除速度的基础，做到这一点，才能选择有效的测试点，防止误判断，缩小故障范围。

要有效地满足上述要求，就必须对设备工作范围进行全面的调查，包括供电情况（比如控制柜、电压等级、保护类型、母线和导线规格）、设备控制情况（包括控制原理、低压电器规格、设备安装接线图等），这样才能做到心中有数，一旦发生故障，就能迅速准确判断并排除。

③了解控制设备的运动形式及电气控制方式。了解控制设备的运动形式、弄懂并熟悉设备的控制原理及控制方式，是弄懂设备电气控制工作原理的基础。熟练掌握电气控制工作原理并比较其特点，是排除故障非常重要的基础。

二、控制系统调试

（一）调试前检查

控制线路安装好后，在接电前应进行如下检查。

1. 设备安装检查

①根据设计图纸，检查被试电气设备及电气系统中的各电气设备单体及各元器件的名称、型号、规格、额定电压等技术参数与原设计是否符合。通常情况下，电气元器件明细表在成套电气图纸或技术说明中查找，电机正反转控制电路的主要设备明细表如表2-4-1所示。

表2-4-1 电机正反转电路主要设备明细表

名称	代号	型号	品牌	数量	备注
断路器	QF1	HDBE-63 C63 3P+N	德力西	1	10A
熔断器	FU	RT28N-32	正泰	3	圆筒形熔断器底座适配10A熔芯
交流接触器	KM1/KM2	CJ20-10	正泰	2	380V线圈
热继电器	FR	NR4-63	正泰	1	整定电流10A
按钮	SB1/SB2/SB3	LA4-3H	正泰	1	按钮盒，有3个1开1闭按钮，颜色为绿、黑、红
三相电动机	M	JW-6314	—	1	三相感应电动机

例如明细表中要求断路器QF1型号为德力西的HDBE-63 C63 3P+N，额定电流为10A，配盘网孔板上的断路器如图2-4-2所示。

图2-4-2 断路器

可以看到网孔版上的断路器型号为德力西DZ47-C16，与设计明细表不一致，所以属于错误安装，需将断路器更换为德力西的HDBE-63 C63 3P+N，额定电流为10A的型号。

②按照标准、规程、规范及行业标准的要求，对各电气设备及各元器件的电气特性、机械特性等进行单体试验，以确保各电气设备和元器件的性能完好，符合要求。例如对熔断器进行单体试验，将数字万用表打到二极管蜂鸣挡位，红黑表笔分别搭接熔断器的上下端，检测是否通路（三个熔断器均通路，表示性能正常）；将熔芯取出，数字万用表打到600M欧姆挡，检测接熔断器的上下端电阻值，若为无穷大则正常，如图2-4-3所示。

图 2-4-3　熔断器电阻测量显示

③根据电气设备原理图和电气设备安装接线图、电气布置图检查各电气元件的位置是否正确，各个元件的代号、标记是否与原理图上的一致，是否齐全，外观有无损坏，触点接触是否良好。

如图 2-4-4 所示，每个元器件上方，或者元器件本体上都有电气符号标记，指明每个元器件的代号，此代号要求与电气图纸上的标记一致且每个元器件的外观应良好。

元器件触点接触检查，例如交流接触器 KM1，将数字万用表打到二极管蜂鸣挡位，检测未动作状态下主触点、辅助触点的通断情况，此时主触点处于断开状态，辅助触点"11"和"12"，"41"和"42"，为接通状态，辅助触点"23"和"24"，"33"和"34"，为断开状态；按下交流接触器的测试按钮，不要放开，检测主触点和辅助触点，通断情况与未动作状态下的通断情况相反，则表明元器件完好。

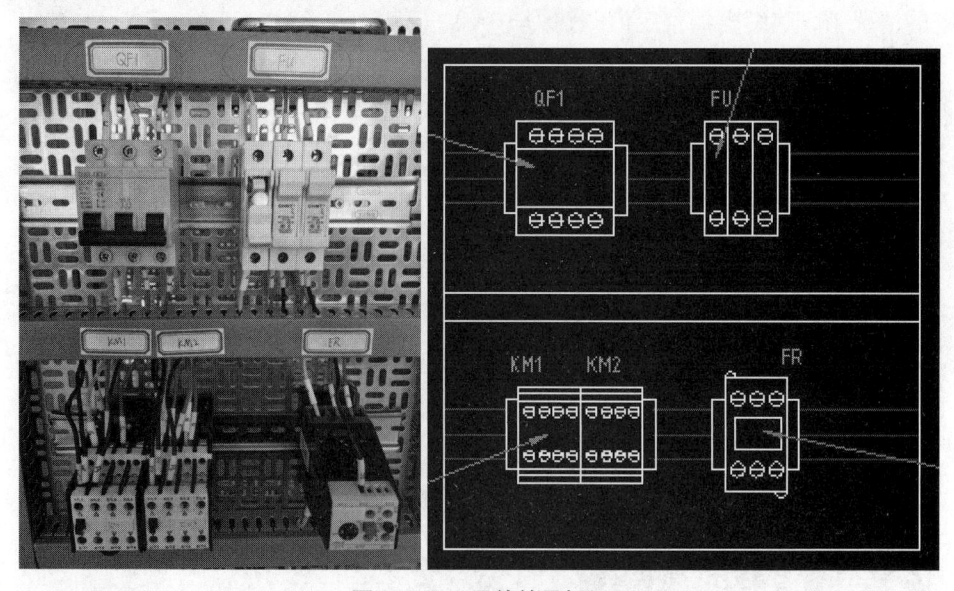

图 2-4-4　元件符号标记

④检查各个电气元件安装是否正确和牢靠，各种安全保护措施是否可靠。
⑤检查各开关按钮、行程开关等电气元件是否处于原始位置，调速装置的手柄应处于

最低速位置。

⑥使用吹尘器或其他工具，清除设备及各控制盘（柜）中的灰尘及其他杂物，特别是螺钉、螺母、垫圈、铁丝、导线等金属导体。

2. 导线连接检查

①接线是否达到各种具体要求，配线导线的选择是否符合要求，柜内和柜外的接线是否正确，各个接线端子是否连接牢固，布线是否符合要求、整齐美观。例如，图纸要求主电路采用线径为 $1mm^2$ 的红、绿、黄色的导线将各相区分，控制线路采用线径为 $1mm^2$ 的黑色导线。

②紧固主回路中各电气设备、元器件连接导体及母线上的螺母，确保连接部位的电接触良好，避免运行过程中因接触不良而发热，造成事故。紧固电气系统控制回路中各电气元器件及接线端子上的螺钉，确保连接可靠，以免在线路检查时发生误判或者在通电运行时产生误动作，造成不必要的麻烦。

③各个按钮、信号灯罩和各种电路绝缘导线的颜色是否符合要求。检查是否为红、黑、绿色按钮。

④电动机的安装是否符合要求。电动机有无卡壳现象，各种操作、复位机构是否灵活。

⑤保护电路导线连接是否正确牢固可靠。

⑥保护电器的整定值是否达到要求，各种指示和信号装置是否按要求发出指定信号等。例如热继电保护继电器，要求整定电流值为10A，所以要调整热继电器的整定值，用螺丝刀旋转整定调节按钮，整定方法如图2-4-5所示（为充分利用学校资源，在不影响电路系统的情况下，热继电器整定值调整为16A）。

图 2-4-5 热继电器电流整定

⑦控制电路是否满足原理图所要求的各种功能。与操作人员和技术人员一起，检查各元器件动作是否符合电气原理图的要求及生产工艺要求。

3. 绝缘检查

按照标准、规程、规范及技术标准要求，对电气控制柜进行绝缘性能测试及耐压试验，确保其介电强度符合要求。

鉴定电气设备的承压能力，其试验电压一般为设备额定电压的1.875~3倍。

①试验电压为1000V。当回路绝缘电阻值在10兆欧以上时，可采用2500V兆欧表代替，试验持续时间为1min。

② 48V及48V以下回路可不进行交流耐压试验。

③回路中有电子元器件设备的，试验时应将插件拔出或将其两端短接。

此部分需要专用设备检测，在此做了解性内容即可。

4. 短路、断路检查

在电气控制设备尚未通电的情况下，根据系统电气原理图或接线图，对整个电气系统中的主回路、控制回路、保护回路、信号回路、报警回路等电路进行检查。使用导通法或其他方法检查其接线是否正确。经过此项检查，可及时发现控制柜在设计、制造、装配中的质量问题以及安装接线过程中出现的错误等，以便及时排除和更正，为设备的电气调试工作奠定坚实的基础。

例如：

①检测断路器QF1的"2""4""6"接线端两两之间是否有短路现象，检测KM1的"2""4""6"接线端两两之间是否有短路现象，检测KM2的"2""4""6"接线端两两之间是否有短路现象（以上检测无短路现象为正常）。

②检测相同线号的导线检查是否通路，例如检查线号为"6"的导线，在网孔板上可以看到FU的出线端、KM1的进线端、KM2的进线端、FR的出线端均有线号为"6"的导线，用万用表检测以上接线端是否通路（通路为正常）。

（二）单台设备或结构单元调试

由于单台设备或结构单元不同，其电气控制线路的工作任务各不相同，所以调试过程顺序不一定相同，但主要顺序基本是一致的。

①先查线（检测），后操作（加电）：通电前先检查线路。

②先保护，后操作：先做保护部分整定，后调试操作部分。

③先单元（局部），后整体（总体）：先调试单元部分，后调试整体部分。

④先外围，后核心：先调试控制回路（外围），再调试主回路（核心）。

⑤先静态，后动态：先调试静态工作点，后调试动态响应。

⑥先模拟，后真实：先带电阻模拟负载试验，后带真实负载试验。

⑦先开环，后闭环：系统调试时先做开环调试，后做闭环调试。

⑧先内环，后外环：双闭环系统调试时先做内环调试，后做外环调试。

⑨先低压，后高压：整个系统投入时，先送低压电调试，再投入高压电调试。

⑩先空载，后带载：试运行时应先空载，然后带轻负载。

⑪先轻载，后重载：试运行时可以先带轻负载，后带重负载、过负载。

⑫先手动，后自动：试运行时先做手动操作试验，满意后再投入自动系统试验。

⑬先正常，后事故：试运行时先按正常情况下操作，然后按各种事故状态试验，以考核整个系统工作可靠性。

某些情况在经过认真准备后，也可以不按上述先后顺序进行调试。例如，可以不经过模拟试验而直接带真实负载，但应谨慎而行。

电机正反转控制系统的调试，也遵循先单元测试后整体测试的步骤，分为控制电路调试和主电路调试。

1. 控制电路调试

（1）断电测试

根据电气图纸，可以看出当正转按钮 SB1（绿色按钮）按下时（按住不放），第二个熔断器的出线端与交流接触器 KM1 的线圈进线端形成通路。此时，用数字万用表打到二极管蜂鸣器挡位，将红色表笔搭接到第二个熔断器的出线端，黑色表笔搭接到 KM1 的线圈进线端，测试是否通路（通路为正常状态），如图 2-4-6 所示。

图 2-4-6 控制电路断电测试

（2）通电测试

接上电源，将万用表打到交流电压测试挡，检测断路器 QF1 进线端两两之间电压是否为 380V，如图 2-4-7 所示。

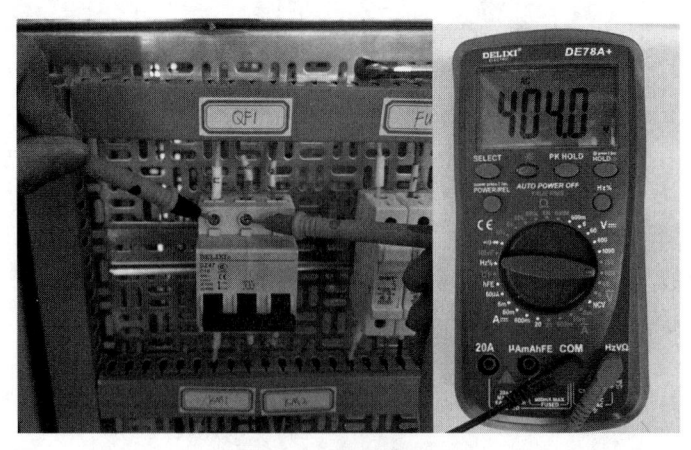

图 2-4-7 电源检测

若电压正常，合上断路器 QF1，按下"正转"按钮，观察接触器 KM1 是否动作，按下"停止"按钮，观察 KM1 是否复位，接着按下"反转"按钮，观察接触器 KM2 是否动作，按下"停止"按钮，观察 KM2 是否复位，若动作正常，断开断路器 QF1，如图 2-4-8 所示。

图 2-4-8 交流接触器动作

2.主电路调试

①接上电源，合上路器 QF1，按下"正转"按钮，发现交流接触器 KM1 动作；将数字万用表打到交流电压检测挡，检测接线端子 XT3 的"1""2""3"号端子两两之间电压是否为 380V，测试完毕后，按下"停止"按钮。

②继续按下"反转"按钮，发现交流接触器 KM2 动作，将数字万用表打到交流电压检测挡，检测接线端子 XT3 的"1""2""3"号端子两两之间电压是否为 380V，测试完毕后，按下"停止"按钮，如图 2-4-9 所示。

图 2-4-9 主电路外接负载接线端子电压测试

（三）系统整体启动和调试

完成单台设备或单元的调试后再进行整机的联机调试。设备整体送电，根据设备要求进行总体调试试验。原则是手动动作无误后再进行自动空载调试，空载调试动作无误后再进行带负载系统调试。

1. 空载调试

针对电机正反转控制电路来讲，空载调试步骤方法与主电路调试方法相同。

2. 带负载系统调试

①按照电气接线图，连接三相感应电机负载，如图 2-4-10 所示。

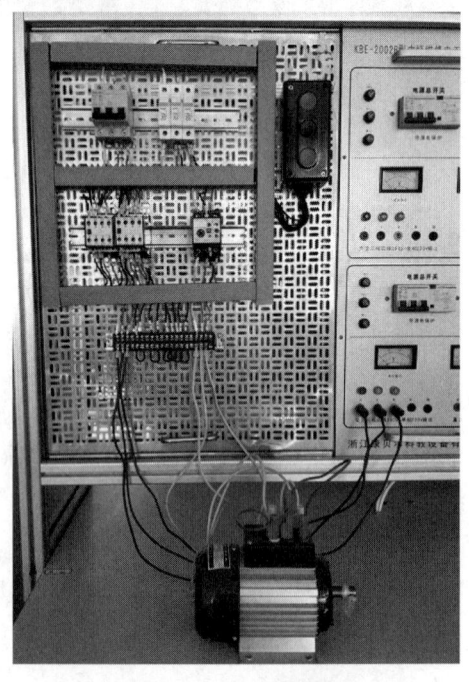

图 2-4-10 负载连接

②接线完毕后，合上断路器 QF1，按下"正转"按钮，电动机运行，观察电机轴的转动方向；然后按下"停止"按钮，电机停止运行；再按下"反转"按钮，电机运行，观察电机轴的转动方向是否与上次转动方向相反，若两次电机转动方向相反，说明系统运行正确。

（四）其他调试

这部分调试内容主要是调试检测系统在非正常运行条件下，系统的动作是否符合设计要求，此部分不做实际调试，作为了解性内容即可。

1. 长时间连续运行

长时间连续运行用来检测设备工作的稳定性，正常运行一定时间（有的是 72h，有的是 168h）后，完成设备调试报告并填写各种仪表数据。

在正常负载下连续运行，验证电气设备所有部分运行的正确性，特别要验证电源中断和恢复时是否会危及人身安全、损坏设备。同时，要验证全部器件的温升值不超过规定的允许温升值，在负载情况下验证急停器件是否安全有效。

若要对设备进行加温恒温试验，则要记录加温恒温曲线，确保设备功能完好。

2. 安全保护系统的整定与调试

①过载保护。过载保护整定值调整为额定电流的 125%~135%，延时 15~30s。

②短路保护。短路保护整定值，对于具有短延时动作特性者，调整为额定电流的 2.0~2.5 倍，延时 0.2~0.5s 动作；对于瞬时动作特性者，调整为额定电流的 5~10 倍动作。

③欠压保护。欠压保护装置的整定值应调整为当电压降低至额定电压的 35%~70% 时发电机开关自动断开。

④过电压保护试验。若设有过电压保护，则当电压超过发电机额定电压的 6% 时，过电压保护装置应执行动作。

调试过程中，不仅要调试各部分的功能，还要对设置的报警进行模拟，确保故障条件满足时能够实现真正的报警。还应该调整行程开关的位置及挡块的位置。设备调试完毕，要进行报检并对调试过程中的各种记录备档。

三、故障诊断与处理

电气设备的调试是一个发现问题然后解决问题的过程，这个过程可能反反复复很多次。实际上排除故障的过程，往往就是分析、检测、判断，逐步缩小故障范围，直至找出故障点。要想排除故障，必须明确故障发生的原因。要迅速查明故障原因，除不断在工作中积累经验外，更重要的是能从理论上分析，解释发生故障的原因，用理论指导自己的操作，灵活运用排除故障的各种方法。

（一）故障诊断原则

1. 熟悉电路原理、确定检修方案

当一台设备的电气系统发生故障时，不要急于动手拆卸，首先要了解该电气设备产生故障的现象、经过、范围、原因等。熟悉该设备及电气系统的基本工作原理，分析各个具体电路，弄清电路中各级之间的相互联系以及信号在电路中的来龙去脉，结合实际经验，经过周密思考确定科学的检修方案。

在排除故障的过程中，应先动脑、后动手，正确分析可以起到事半功倍的效果。不要一遇到故障，拿起表就测，拿起工具就拆。要养成良好的分析、判断习惯，要做到每次测量均有明确的目的，即测量的结果能说明什么。在找出有故障点的组件后，应该进一步确定引起故障的根本原因。

2. 先机械负载后电气电路的原则

机电一体化的先进设备都是以电气和机械原理为基础的，机械和电子在功能上有机配合，是一个整体的两个部分。往往机械部件出现故障，影响电气系统，许多电气部件的功能就不起作用了。有一些电气控制系统的故障表面看起来出现在电气控制系统，而实际上电气控制系统的故障是由于负载的故障引起的。

因此，先检修机械系统所产生的故障，再排除电气部分的故障，往往有事半功倍的效果。例如电气控制设备无法正常启动，则可能是电机和机械传动抱轴、电机或电磁铁绕组烧毁，机械部分卡死或润滑不良等故障，以及超载等原因，从而造成短路或过流保护。

只有负载系统的故障通过维修或更换彻底排除后，才能进行机械电气控制设备的检修。如果没有治其根本，单纯检修好电气控制系统的故障，试车时故障会再次发生，造成巨大的损失。

3. 先故障后调试的原则

对于调试和故障并存的电气设备，应先排除故障，再进行调试，调试必须在电气控制设备能够正常工作的前提下进行。调试工作就是发现故障、排除故障、不断前进的过程。

4. 先电源后设备的原则

电源是电气控制设备的发动机，没有电，任何电气控制设备都将无法正常工作。因此，必须首先排除电源部分的故障，才能进行后续检修工作。

电源部分的故障率在整个故障设备中所占的比例很高，所以先检修电源才能取得事半功倍的效果。首先应检查电气控制设备的外部供电电源是否正常，然后检查电气控制设备的内部供电电源是否正常，再检查设备的各个单元部分的供电电源是否正常，才能保证电气控制设备的带电检修和调试。

5. 先断电测量后通电测试的原则

对许多发生故障的电气设备检修时，不能立即通电，否则会人为扩大故障范围，烧毁更多的元器件，造成不应有的损失。断电检查是为通电检修和调试扫清障碍，避免出现再次送电后造成故障扩大、损失惨重的情况。在设备未通电时，先进行电阻测量，判断电气设备按钮、接触器、热继电器以及熔断器的好坏，判定是否存在短路或开路问题，进而判定故障的所在。

只有在排除故障并采取必要的措施后，方能通电检修。通电试验，听声音、测参数、判断故障，最后进行维修。例如在电动机缺相时，若测量三相电压值无法判别时，应该听其声单独测每相对地电压，即可判断缺哪一相电压。

6. 先外部调试后内部处理的原则

外部是指暴露在电气设备外，安装在电气控制柜外部的各种开关、按钮、插口及指示灯。内部是指在电气设备外壳或密封件内部的印制电路板、安装板、元器件及各种连接导线。先外部调试，后内部处理，就是在不拆卸电气控制柜的情况下，利用电气设备面板上的开关、旋钮、按钮等调试检查，缩小故障范围。首先排除外部部件引起的故障，再检修控制柜内的故障，以避免不必要的拆卸。

由于外部环境恶劣，因此故障发生率比较高，比如：一些安装在控制柜外的执行机构、动作元件、浮子、限位开关、感应探头、传感器等，可能因生产过程中的野蛮操作或意外发生损坏。

在确定故障元器件之后，先不要急于更换损坏的电气部件，在确认外围设备电路工作正常时，再考虑更换损坏的电气部件，以免直接更换元器件后送电再次发生损坏，造成不必要的损失。

7. 先简单普遍后特殊复杂的原则

因装配、配件质量或其他设备故障而引起的故障，占常见调试故障的50%左右。一般容易产生相同类型的故障就是"通病"。由于通病比较常见，积累的经验较丰富，因此可快速排除。电气设备的特殊故障多为软故障，属于比较少见、难度高的疑难杂症，需要靠经验或仪表的测量来维修。

所谓先易后难，就是先检查设备比较容易检查的部分。例如，首先用万用表测量控制回路是否正常，电源保险丝是否熔断。对于确定要拆检的各个部位，应按照引起故障发生的可能性以及拆检的简易与复杂程度，确定拆检的先后顺序。通常做法是先拆简单的，后拆复杂的，先拆可能性大的，后拆可能性小的。这样就可以集中精力和时间先修通病后修疑难杂症，可以简化步骤，缩小范围，提高检修速度，利于积累经验，提高调试技能。

8. 先公用电路后专用电路的原则

任何电气控制系统的公用电路出故障，其能量、信息就无法传送，分配到各具体的专用电路，专用电路的功能、性能就不起作用。例如，一个电气设备的电源出现故障，整个系统就无法正常运转，向各种专用电路传递的能量、信息就不可能实现。因此，遵循先公用电路、后专用电路的原则，就能快速、准确地排除电气设备的故障。检修时，必须先检查直流回路静态工作点，再检查交流回路动态工作点。

（二）故障诊断方法

1. 分析发生故障时的情况

①故障发生在启动前、启动后，还是运行中，是运行中自动停止还是在异常情况下由调试者停止下来的，故障是偶然发生还是经常发生等。

②发生故障时，设备处于什么工作状态，按了哪个按钮，扳动了哪个开关，有哪些报

警信号显示。观察到的故障发生在设备的哪个部分，故障是突然发生还是有征兆逐渐越来越严重。

③观察故障前后电路和设备的运行状况以及故障发生前后有何异常现象，包括故障外部表现、大致部位、发生故障时环境情况。例如，有无异常气体、明火、热源靠近设备，有无腐蚀性气体侵入、有无漏水，是否有响声、冒烟、火花、异味或异常振动等征兆；故障发生前是否有负载过大和频繁启动、停止、制动等现象。

④要正确地分析判断是机械故障、液压故障、电气故障，还是综合故障。对于生疏的设备，还应先熟悉电路原理和结构特点，遵守相应规则。

2. 对故障范围进行外观检查

通过分析，在确定了故障发生的可能范围后，可对范围内的电气元件及连接导线进行外观检查，外观检查必须在切断电源的状态下进行。通过看、听、闻、摸等，检查是否发生如破裂、杂声、异味、过热等特殊现象。对设备进行全面的观察往往会得到有价值的线索。初步检查的内容包括检测装置（操作台指示灯、显示器报警信息等）、操作开关的位置以及控制机构调整装置及连锁信号装置等。

例如，熔断器的熔体熔断；导线接头松动或脱落；接触器和继电器的触头脱落或接触不良、线圈烧坏使表层绝缘纸烧焦变色，烧化的绝缘清漆流出；弹簧脱落或断裂；电气开关的动作机构受阻失灵等都能明显地表明故障点所在位置。

根据症状分析得到初步结论和疑问后，对设备进行更详细的检查，特别是那些被认为最有可能存在故障的区域。要注意这个阶段应尽量避免对设备进行不必要的拆卸，防止因不慎重的操作引起更多的故障，不要轻易对控制装置进行调整，因为一般情况下，故障未排除而盲目调参数会掩盖症状，而且会随着故障的发展而使症状重新出现，甚至可能造成更严重的故障。所以，必须避免盲目性，防止因不慎重的操作使故障复杂化，避免造成症状混乱而延长排除故障时间。

3. 用逻辑分析法确定并缩小故障范围、确定检查部位

检修简单的电气控制设备时，对每个电气元件的每根导线逐一进行检查，一般能很快找到故障点。但对复杂的电气控制系统而言，往往有上百个元件、成千条连线，若采取逐一检查的方法，不仅耗费大量的时间，而且容易漏查。在这种情况下，应根据电路图采用逻辑分析法。

如果线路较复杂，则要根据故障现象分析故障可能发生在控制原理图中的哪个单元，以便进一步进行诊断；如果有信号灯，则可借助信号灯的工作情况分析故障范围。根据故障现象，结合设备原理及控制特点进行分析和判断，确定故障发生在什么范围，是电气故障还是机械故障，是直流回路还是交流回路，是主电路还是控制电路或辅助电路，是电源部分还是参数调整不合适，是人为造成的还是随机性的，等等，逐步缩小故障范围，直至找到故障点。

分析电路时先从主电路入手，了解被控制设备各运动部件和机构采用了几台电动机拖

动，与每台电动机相关的电气元件有哪些，采用了何种控制，然后根据电动机主电路所用电路元件的文字符号、图区号及控制要求，找到相应的控制电路。

在此基础上，结合故障现象和线路工作原理，进行认真分析排查，即可迅速判定故障发生的可能范围。当故障的可疑范围较大时，不必按部就班地逐级进行检查，可在故障范围的中间环节进行检查，以判断故障究竟发生在哪一部分，从而缩小故障范围，提高检修速度。

4. 用试验法进一步缩小故障范围

经外观检查未发现故障点时，可根据故障现象，结合电路图分析故障原因，在不扩大故障范围、不损伤电气和机械设备的前提下，进行直接通电试验，或除去负载（从控制箱接线端子板上卸下）通电试验，以分清故障可能是在电气部分还是在机械等其他部分；是在电动机上还是在控制设备上；是在主电路上还是在控制电路上。例如，接触器吸合电动机不动作，则故障在主电路中；如接触器不吸合，则故障在控制电路中。

确定无危险情况下，通电试车，观察实际情况。一般情况下要求调试人员按正常操作程序启动设备。如果故障不是整机性地导致电气控制系统瘫痪，可以采用试运转的方法启动设备，帮助调试人员对故障的原始状态形成综合的评估。

一般情况下先检查控制电路，具体方法是：操作某一个按钮或开关时，线路中有关的接触器、继电器将按规定的动作顺序进行工作。若依次动作至某一电气元件时，发现动作不符合要求，即说明该电器元件或其相关电路有问题，在此电路中进行逐项分析和检查，一般便可发现故障。待控制电路的故障排除恢复正常后再接通主电路，检查对主电路的控制效果，观察主电路的工作情况有无异常等。

在通电试验时，必须注意人身和设备的安全。要遵守安全操作规程，不得随意触动带电部分，要尽可能切断电动机主电路电源，只在控制电路带电的情况下进行检查；如需电动机运转则应使电动机在空载下运行，以避免设备的运动部分发生误动作和碰撞；要暂时隔断有故障的主电路，以免故障扩大，并预先充分估计到局部线路动作后可能发生的不良后果。

（三）电机正反转电路故障及处理方法

①故障现象：接线端子 XT2 的"1"和"2"号端子不通路；同理，XT2 的"4"和"5"号端子不通路，XT2 的"7""8""9""10""11"号端子两两之间不通路。

解决办法：检查接线端子 XT2 的各短接片是否插接正确，是否插接牢固。

②故障现象：网孔板与线路之间出现短路现象。

解决办法：查找导线连接时，裸露导线是否与网孔板有接触。

③故障现象：按下"正转"或"反转"按钮，交流接触器不动作。

解决办法：检查交流接触器的线圈接线是否正确，检查系统是否上电。

④故障现象：按下"停止"按钮，交流接触器不复位。

解决办法：检查按钮 SB3 接线是否正确。

⑤故障现象：按下"正转"或"反转"按钮，交流接触器动作，但是电机不运转。

解决办法：检查热继电器 FR 是否复位。

⑥故障现象：按下"正转"按钮和按下"反转"按钮时，电机的运转方向一致。

解决办法：检查主电路交流接触器连接时，是否调换顺序。

四、调试方案的编制

以上对电气调试及故障排除方法做了简要的介绍，在实际工程应用中，不需要严格按照上述步骤，一步一步进行调试，需要根据实际情况，有针对性地进行调试。前面我们介绍了，所有电气调试之前必须编写调试方案或调试大纲。本节将以电机正反转控制系统为例介绍电气调试方案的编写要求。

（一）工程概况

主要写明调试的项目概况，主要包括工程项目名称，工程地点，控制系统功能概述等内容。本项目的工程概况如下：

工程名称：大通职业技术学校 2018 级机电专业电机正反转控制系统项目实训。

工程地点：大通职业技术学校实训楼电气室实训室一。

控制功能概述：本项目名称为电机正反转控制系统，主要功能为实现三相感应电机的正反转控制。电气元器件布置在教学用网孔板上，控制系统具有"正传""反转""停止"三个操作按钮，控制系统具有互锁功能（防止感应电机同时接到正反转信号，造成系统故障）。

（二）调试前准备

1.图纸资料

图纸：电气原理图、电气元件布置图、电气接线图。

2.调试工具

十字螺丝刀（带绝缘手柄）、一字螺丝刀（带绝缘手柄）、数字万用表。

3.调试环境要求

现场具有稳定的 380V、50Hz 交流电源。

4.调试人员及计划

调试人员：×××

调试计划：

① ××年××月××日，完成××调试内容；

② ××年××月××日，完成××调试内容；

③ ××年××月××日，调试完成。

（三）调试内容与方法

电气调试方案中调试内容和方法需要详细说明调试的步骤、操作方法、电气性能等，要求步骤清晰，调试人员容易理解，并根据调试内容进行调试操作。

例如，电机正反转控制系统调试主要分为四步进行：电气元器件及接线检查、控制电路调试、主电路调试、系统运行调试。调试前确保所有手动类开关处于断开状态，自动类开关处于复位状态。

1. 电气元器件及接线检查

检查电气元器件是否有损坏现象，检查导线绝缘皮是否有破损现象。

检查接线是否牢固安全。用手拉拽电气元器件接线端的导线，检查导线是否连接牢固（勿用力过猛，损坏元器件及导线）。

检查系统电路是否有短路现象。将数字万用表打到短路测试挡，将红黑表笔短接，检测数字万用表是否正常。检测接线端子 XT1 的"1""2""3"号端子两两之间是否有短路现象；同理，接线端子 XT3 的"1""2""3"号端子两两之间是否有短路现象，检测断路器 QF1 的"2""4""6"接线端两两之间是否有短路现象，检测 KM1 的"2""4""6"接线端两两之间是否有短路现象，检测 KM2 的"2""4""6"接线端两两之间是否有短路现象。以上检测无短路现象为正常。

检查接线端子短接片是否接触良好。用数字万用表检测接线端子 XT2 的"1"和"2"号端子是否通路；同理，检测 XT2 的"4"和"5"号端子是否通路，检测检测 XT2 的"7""8""9""10""11"号端子两两之间是否通路。以上检测通路为正常。

挑选相同线号的导线检查是否通路，例如检查线号为"6"的导线，在网孔板上可以看到 FU 的出线端、KM1 的进线端、KM2 的进线端、FR 的出线端均有线号为"6"的导线，用万用表检测以上接线端是否通路（通路为正常）。

检查网孔板与导线是否有接触。主要检查断路器进出线端、交流接触器出线端与网孔板之间是否有连接现象。

2. 控制电路调试

用数字万用表检测 KM1 的"11"和"12"号端子是否通路（通路为正常），"23""24"号端子是否断路（断路为正常）；然后按下交流接触器的测试按钮，按住不放，用数字万用表检查 KM1 的"11"和"12"号端子是否断路（断路为正常），"23""24"号端子是否通路（通路为正常）；同理，检查 KM2 的相应端子。

用数字万用表检测 FR 的"95"和"96"号端子是否通路（通路为正常），然后按下测试按钮，检测 FR 的"95"和"96"号端子是否断路（断路为正常）。测试完毕后复位测试按钮。

接上电源，将万用表打到交流电压测试挡，检测断路器 QF1 进线端两两之间电压是否为 380V。若电压正常，合上断路器 QF1，按下"正转"按钮，观察接触器 KM1 是否动作，按下"停止"按钮，观察 KM1 是否复位，接着按下"反转"按钮，观察接触器 KM2 是否动作，按下"停止"按钮，观察 KM2 是否复位。若动作正常，断开断路器 QF1。

控制电路测试完毕后，断开所有开关。

3. 主电路调试

用数字万用表检测 KM1 的"1"和"2"号端子、"3"和"4"号端子、"5"和"6"号端子是否断路（断路为正常）；然后按下交流接触器的测试按钮，按住不放，用数字万用表检测 KM1 的"1"和"2"号端子、"3"和"4"号端子、"5"和"6"号端子是否通路（通路为正常）；同理，测试 KM2 的相应端子。

接上电源，合上路器 QF1，按下"正转"按钮，发现交流接触器 KM1 动作；将数字万用表打到交流电压检测挡，检测接线端子 XT3 的"1""2""3"号端子两两之间电压是否为 380V；测试完毕后，按下"停止"按钮。

继续按下"反转"按钮，发现交流接触器 KM2 动作；将数字万用表打到交流电压检测挡，检测接线端子 XT3 的"1""2""3"号端子两两之间电压是否为 380V；测试完毕后，按下"停止"按钮。

测试完毕，断开所有开关。

4. 系统运行调试

按照电气接线图，连接三相感应电机负载。

接线完毕后，合上断路器 QF1，按下"正转"按钮，电动机运行，观察电机轴的转动方向；然后按下"停止"按钮，电机停止运行；再按下"反转"按钮，电机运行，观察电机轴的转动方向是否与上次转动方向相反，若两次电机转动方向相反，说明系统运行正确。

5. 安全管理

①凡需通电进行的调试工作，必须有两个及两个以上人员共同配合，才能开展工作。

②工作任务不明确、试验设备地点或周围环境不熟悉、试验项目和标准不清楚以及人员分工不明确的，都不得开展工作。

③任何电气设备、回路和装置，未经检查试验不得送电投运，第一次送电时，必须申请指导教师在场。

6. 故障诊断处理

①故障现象：接线端子 XT2 的"1"和"2"号端子不通路；同理，XT2 的"4"和"5"号端子不通路，XT2 的"7""8""9""10""11"号端子两两之间不通路。

解决办法：检查接线端子 XT2 的各短接片是否插接正确，是否插接牢固。

②故障现象：网孔板与线路之间出线短路现象。

解决办法：查找导线连接时，裸露导线是否与网孔板有接触。

③故障现象：按下"正转"或"反转"按钮，交流接触器不动作。

解决办法：检查交流接触器的线圈接线是否正确，检查系统是否上电。

④故障现象：按下"停止"按钮，交流接触器不复位。

解决办法：检查按钮 SB3 接线是否正确。

⑤故障现象：按下"正转"或"反转"按钮，交流接触器动作，但是电机不运转。

解决办法：检查热继电器 FR 是否复位。

⑥故障现象：按下"正转"按钮和按下"反转"按钮时，电机的运转方向一致。

解决办法：检查主电路交流接触器连接时，是否调换顺序。

（四）常见故障与处理

在实际工作中，常会遇到电气控制柜不同的电气故障，排除故障的方法及方式只能根据具体情况而定，没有严格的模式及方法，对部分调试维修人员来说会感到困难，在排除故障的过程中，往往会走不少弯路，甚至造成较大损失。但是，多数电气故障是由于电气柜中零部件的故障造成的，特定的控制柜内零部件故障产生的原因和处理方法具有一定的规律。现将其进行整理，如表 2-4-2~表 2-4-6 所示，在遇到电气故障时能帮助我们准确查明故障原因，合理正确地排除故障，对提高劳动生产率、减少经济损失和安全生产都具有重大意义。

表 2-4-2　断路器常见故障及处理

故障现象	原因分析	处理方法
手动操作断路器不能闭合	欠电压脱扣器无电压或损坏	检查线路增加电压或更换线圈
	反作用弹簧力过大	重新调整弹簧反作用力
	储能弹簧变形导致闭合力减小	更换储能弹簧
	热脱扣的双金属片尚未冷却复原	待金属片冷却后再合闸
启动电机时断路器立即分断	过电流脱扣器瞬动整定值太小	调整瞬动整定值或更换大一级的断路器
	脱扣器某些零件损坏	更换损坏零件
	脱扣器反力弹簧断裂或脱落	更换弹簧
断路器温升过高	触头压力过低	调整触头压力
	触头表面磨损或接触不良	更换触头或断路器
	出头表面油污氧化	清除油污或氧化层

表 2-4-3　熔断器常见故障及处理

故障现象	原因分析	处理方法
熔断器进线端有电出线端无电	紧固螺钉松脱或接触不良	紧固接线端
	熔体与底座接触不良	更换熔体或底座
熔体熔断	短路故障或过载运行	确定故障原因，排除后再更换熔芯
	熔器时间过久，熔体特性变化	更换熔体，确定整定值相匹配
	熔体有机械损伤	更换熔体，确定整定值相匹配

续表

故障现象	原因分析	处理方法
电机启动瞬间熔体烧断	熔体电流等级选择过小	更换熔体，确定整定值相匹配
	电机侧有短路或接地	排除短路或接地故障
	熔体安装时有机械损伤	更换熔体，确定整定值相匹配

表 2-4-4　接触器常见故障及处理

故障现象	原因分析	处理方法
触头不能复位	复位弹簧损坏	更换弹簧
	铁芯安装歪斜	重新安装铁芯
	内部机械卡阻	排除机械故障
不释放或释放缓慢	触头熔焊	更换触头
	触头压力过小	调整触头参数
	铁芯磨损过大	更换铁芯
	反力弹簧损坏	更换反力弹簧
线圈过热或烧损	线圈电压过高	检查电源或更换合适线圈的接触器
	线圈匝间短路	更换线圈或接触器
	铁芯机械卡阻	排除卡阻物体
吸不上或吸力不足	线圈额定电压不足或波动	检查电源或更换合适线圈的接触器
	触头弹簧压力过大	调整触头参数
	接线错误	检查接线

表 2-4-5　热继电器常见故障及处理

故障现象	原因分析	处理方法
热继电器接入后电路不通	热元件烧毁	更换热元件或热继电器
	进出线脱焊	重新焊接牢固
	热继电器动作后未手动复位	手动复位
	热继电器常闭触点接触不良或弹性消失	检修常闭触点
	接线螺钉未拧紧	拧紧螺钉
控制电路不通	触头烧坏或触杆弹性消失	检修或更换
	控制电路侧导线松脱	检修导线并紧固

续表

故障现象	原因分析	处理方法
热继电器不动作，负载烧毁	整定值偏大	调整整定值
	热元件烧毁	更换热元件或热继电器
	导板脱出	重新放置导板验证灵活性
	动作机构卡住	检修调整或更换
热继电器误动作	电机启动时间过长	选择满足启动要求的热继电器
	有强烈的冲击震动	采取防振措施
	环境温差过大	改善环境温度
	整定值偏小	调整整定值
	连接导线过细	按要求选择线径

表 2-4-6　按钮常见故障及处理

故障现象	原因分析	处理方法
按下停止按钮被控电器未断电	接线错误	检查线路
	线头松动搭在一起	检查按钮连接线
	杂物或油污在触头间形成短路	清洁按钮触头
	绝缘击穿短路	更换按钮
按下启动按钮被控电路不动作	被控电器故障	检查被控电气元器件
	触头氧化腐蚀	检修触点或更换
	按钮触头接触不良或松动	检查触头
触摸按钮有触电感觉	按钮外壳金属部分与导线连接	检查导线连接
	按钮安装缝隙间有导线杂质	检查并清除

续表

故障现象	原因分析	处理方法
松开按钮后按钮不能复位	复位弹簧损坏	检查并更换
	内部卡阻	清除杂物

实训　电机正反转控制系统的调试

实训名称：电机正反转控制系统的调试。

实训地点：电气设备装调实训室。

实训步骤：详见实训手册。

练习题

1. 填空题

（1）电气调试的工作任务包括 _____ 、 _____ 、 _____ 。

（2）电机正反转控制电路的保护电路主要有 _____ 、 _____ 、 _____ 。

（3）电机正反转的控制电路所使用的导线线径及颜色是 _____ 、 _____ 。

2. 判断题

（1）调试人员在电气调试实验前不需要对电气图纸进行熟悉。　　　　（　）

（2）正常规程下，电气调试前必须有调试方案或调试大纲。　　　　　（　）

（3）凡需通电进行的调试工作，必须有两个及两个以上人员共同配合，才能开展工作。（　）

（4）只要具有详细的电气调试方案和大纲，调试人员可以不具备相关专业知识。（　）

（5）相对简单的电气控制电路，可以忽略上电前检查这一步骤。　　　（　）

（6）发生电气故障时，需要停止系统运行，直至排除故障后，才可启动系统。（　）

3. 简答题

（1）电机正反转控制电路的调试流程是什么？

（2）熔断器的常见故障及处理方法是什么？

任务完成报告

姓名		学习日期		
任务名称	电气控制柜的调试			
学习自评	**考核内容**		**完成情况**	
	1. 了解电气调试的内容和要求		□好 □良好 □一般 □差	
	2. 掌握电气调试方案的编制		□好 □良好 □一般 □差	
	3. 掌握电机正反转控制系统电路调试		□好 □良好 □一般 □差	
	4. 理解零部件常见故障的分析处理		□好 □良好 □一般 □差	
学习心得				

项目 3
机床控制电路安装与调试

本项目主要目标是掌握机床电气图纸识读，完成机床电气控制柜的配盘和调试工作，对机床用到的液压气动控制的原理和应用进行讲解，根据讲解内容，将本项目主要分为3个任务：

任务1　机床概述。主要包括机床的种类及应用等的认识和了解，对机床中包含电气控制和液压气动部分做了阐述，并介绍典型的机床。

任务2　液压与气压传动系统认知。介绍液压与气动原理、元器件、基本回路等基础知识，使学生了解液压气动的基本原理，认识常用的液压气动元器件，认识基本的回路。

任务3　典型机床电路图纸认识。对任务1中介绍的Z3050摇臂钻床的图纸进行讲解，包括电气原理图、控制柜布局图、接线图等标准图纸。

任务 1　机床概述

本任务简单介绍机床的定义、分类、应用、组成，并选取 Z3050 型摇臂钻床进行介绍，为本项目中讲解的液压气动和电气控制的内容做铺垫。

学习目标

知识目标

1. 了解机床的定义；
2. 熟悉机床的分类；
3. 了解机床的应用；
4. 了解机床的组成。

能力目标

1. 能够了解液压气动在机床上的应用；
2. 能够认识 Z3050 型摇臂钻的结构及功能。

学习内容

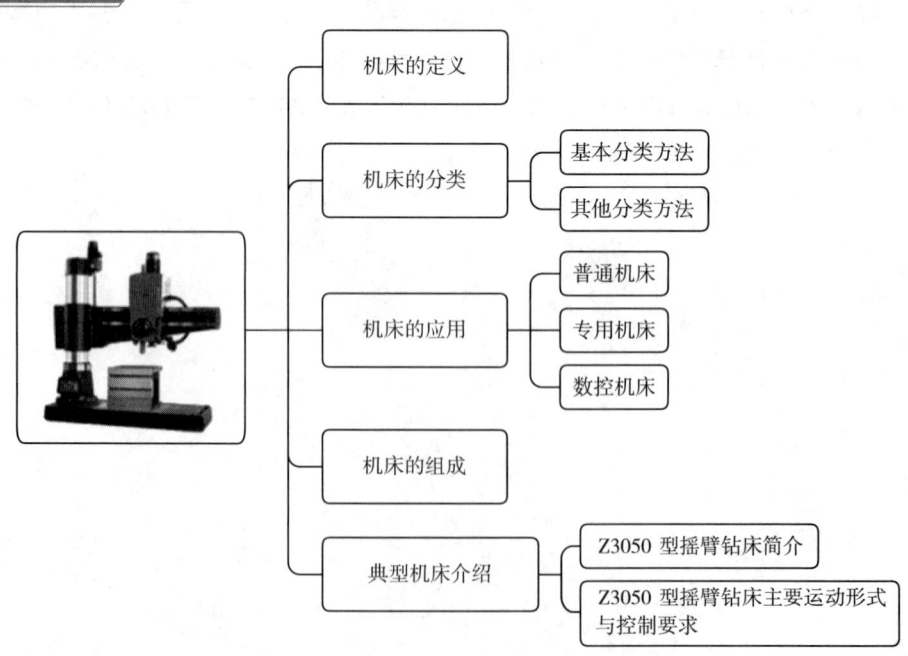

- 机床的定义
- 机床的分类
  - 基本分类方法
  - 其他分类方法
- 机床的应用
  - 普通机床
  - 专用机床
  - 数控机床
- 机床的组成
- 典型机床介绍
  - Z3050 型摇臂钻床简介
  - Z3050 型摇臂钻床主要运动形式与控制要求

一、机床的定义

机床（machine tool）是指制造机器的机器，亦称工作母机或工具机，简称机床。现代机械制造中加工机械零件的方法很多：除切削加工外，还有铸造、锻造、焊接、冲压、挤压等，精度要求较高和表面粗糙度要求较细的零件，一般都需在机床上用切削的方法进行最终加工。

二、机床的分类

（一）基本分类方法

按其加工性质和所用刀具，根据国家制订的机床型号编制方法分为 12 类，如图 3-1-1 所示。

车床	钻床	镗床	磨床	齿轮加工机床	螺纹加工机床	铣床	刨床	拉床	电加工机床	切断机床	其他机床

图 3-1-1　机床分类

（二）其他分类方法

①按通用程度分为：通用机床、专门化机床、专用机床，如图 3-1-2 所示为普通机床。

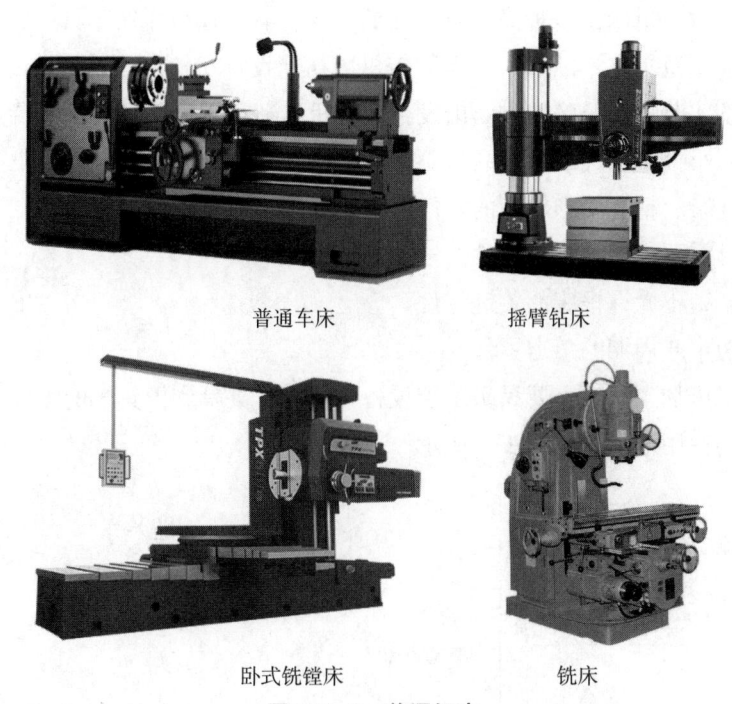

普通车床　　　　摇臂钻床

卧式铣镗床　　　　铣床

图 3-1-2　普通机床

②按加工精度分为：普通精度机床、精密精度机床、高精度机床。
③按自动化程度分为：手动机床、半自动机床、自动机床。
④按机床质量分为：仪表机床、中型机床、大型机床、重型机床。

三、机床的应用

根据机床的应用可以分成普通机床、专用机床和数控机床的应用。

(一)普通机床

普通机床的优点是加工灵活性大,适应性强,易于维护,但加工精度不高,容易受人为因素的影响,另外,工人的劳动强度大。

(二)专用机床

专用机床一般用于加工箱体类或特殊形状的零件。加工时,工件一般不旋转,由刀具的旋转运动和刀具与工件的相对进给运动,来实现钻孔、扩孔、锪孔、铰孔、镗孔、铣削平面、切削内外螺纹以及加工外圆和端面等。有的组合机床采用车削头夹持工件使之旋转,由刀具作进给运动,也可实现某些回转体类零件(如飞轮、汽车后桥半轴等)的外圆和端面加工。

(三)数控机床

数控机床是数字控制机床(computer numerical control machine tools)的简称,是一种装有程序控制系统的自动化机床。该控制系统能够逻辑地处理具有控制编码或其他符号指令规定的程序,并将其译码,用代码化的数字表示,通过信息载体输入数控装置。经运算处理由数控装置发出各种控制信号,控制机床的动作,按图纸要求的形状和尺寸,自动将零件加工出来。数控机床是一种高度自动化的机床,有普通机床所不具备的许多优点,所以数控机床的应用范围在不断扩大,但数控机床初期投资比较大,技术含量高,使用和维修都有一定难度,若从最经济的方面出发,数控机床适用于加工具有以下特点的零件:

①多品种、小批量零件或新产品试制中的零件。
②结构较复杂、精度要求较高的零件。
③工艺设计需要频繁改型的零件。
④价格昂贵,不允许报废的关键零件。
⑤需要最短生产周期的急需零件。
⑥用普通机床加工时,需要昂贵工装设备(工具、夹具和模具)的零件。

各种机床的使用范围如图 3-1-3 所示。

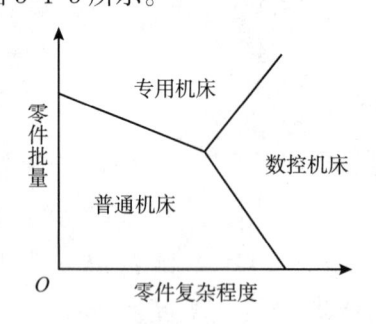

图 3-1-3 各种机床的使用范围

四、机床的组成

机床的种类非常多,但各类机床通常由以下基本部分组成:

①支承部件,用于安装和支承其他部件和工件,承受其重量和切削力,如床身和立

柱等。

②变速机构，用于改变主运动的速度。

③进给机构，用于改变进给量。

④主轴箱，用于安装机床主轴。

⑤刀架、刀库。

⑥控制和操纵系统。

⑦润滑系统。

⑧冷却系统。

机床大多应用液压、气动系统，具体应用如表3-1-1所示。

表3-1-1 液压气动系统在机床上的应用

系统	在机床上的应用
液压系统	（1）液压卡盘； （2）液压静压导轨； （3）液压拨叉变速液压缸； （4）主轴箱的液压平衡； （5）液压驱动机械手； （6）回转工作台的夹紧与松开液压缸； （7）主轴上夹刀与松刀液压缸； （8）机床的润滑冷却
气动系统	（1）气动机械手； （2）主轴的松刀； （3）主轴锥孔的吹气； （4）工件、工具定位面和交换工作台的自动吹屑、清理定位基准面； （5）机床防护罩、安全防护门的开关； （6）工作台的松开或夹紧，交换工作台的自动交换动作

电气控制系统是机床控制的核心，要完成机床控制系统的安装，需要学会机床电气图纸的识读，掌握基本工具的使用，能够按照要求完成机床的配盘和调试工作。

五、典型机床介绍

钻床是一种用途广泛的孔加工机床。它主要用于钻头钻削精度要求不太高的孔，另外，还可以进行扩孔、铰孔和攻丝等加工，具有结构简单、加工精度相对较低的特点。本项目选取典型的Z3050型摇臂钻床作为载体介绍液压气动相关知识以及机床控制线路识图。

（一）Z3050型摇臂钻床简介

Z3050型摇臂钻床是具有广泛用途的万能型钻床，适用于中、大型零件的钻孔、扩孔、铰孔，平面及攻螺纹等的加工，且在具有工艺装备的条件下可以进行镗孔，它具有机床精度稳定性好、使用寿命长和保护装置完善等特点。

Z3050型摇臂钻床的外形及结构如图3-1-4所示，主要由底座、内立柱、外立柱、摇臂主轴箱，工作台等部分组成。

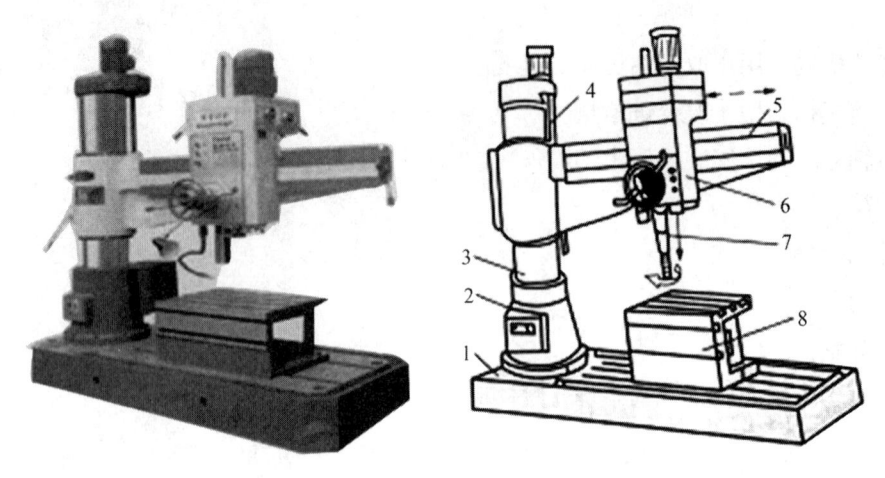

1.底座；2.外立柱；3.内立柱；4.摇臂升降丝杠；5.摇臂；6.主轴箱；7.主轴；8.工作台

图3-1-4　Z3050型摇臂钻床的外形及结构

Z3050型摇臂钻床型号及含义如图3-1-5所示。

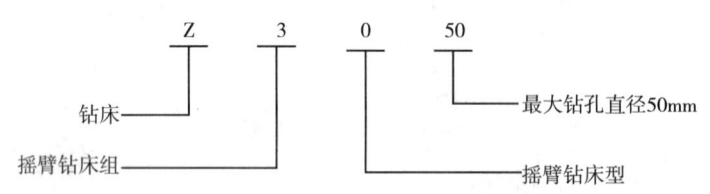

图3-1-5　Z3050型摇臂钻床型号及含义

（二）Z3050型摇臂钻床主要运动形式与控制要求

根据Z3050型摇臂钻床运动情况及加工需要，共采用4台三相笼形异步电动机推动，即主轴电动机M1、摇臂电动机M3、液压泵电动机MB和冷却泵电动机M，该钻床主要运动形式与控制要求如下：

①由于摇臂钻床的相对运动部件较多，故采用多台电动机拖动，以简化传动装置，主轴电动机M1承担钻削及进给任务，只要求单向旋转。主轴的正、反转一般通过正反转摩擦离合器实现，主轴转速和进刀量通过变速机构调节，摇臂的升降和立柱的夹紧、放松由电动机M2、M3拖动，要求双向旋转。

②摇臂的升降要求设置限位保护装置。

③摇臂的夹紧与放松由机械和电气联合控制。外立柱和主轴箱的夹紧与放松由电动机配合液压装置完成。

④钻削加工时，需要对刀具及工件进行冷却。由电动机M4拖动冷却泵输送冷却液。

练习题

1.判断题

（1）按通用程度，机床分为通用机床、专门化机床、专用机床。　　　　　　　（　）

（2）按自动化程度，机床分为手动机床、半自动机床、自动机床。　　　　　　（　）

2. 简答题

（1）按照基本方法分类，机床可以分为哪几种？

（2）机床的基本组成有哪些部分？

任务完成报告

姓名			学习日期	
任务名称	机床概述			
学习自评	考核内容		完成情况	
	1. 机床的定义		□好 □良好 □一般 □差	
	2. 机床的分类		□好 □良好 □一般 □差	
	3. 机床的应用		□好 □良好 □一般 □差	
学习心得				

任务2 液压与气压传动系统认知

液压与气压传动在机械行业中有广泛的应用，并且在不断发展中。本任务介绍液压与气动基本原理、系统组成以及基本回路的搭建。

知识目标

1. 掌握液压与气动的基本原理与系统组成；
2. 掌握常用元器件的使用方法；
3. 掌握常见液压气动回路图的读图方法。

能力目标

1. 能够识读液压与气动回路图；
2. 能够安装及操作常用的液压和气动元件；
3. 能够装调常用液压、气动系统。

学习目标

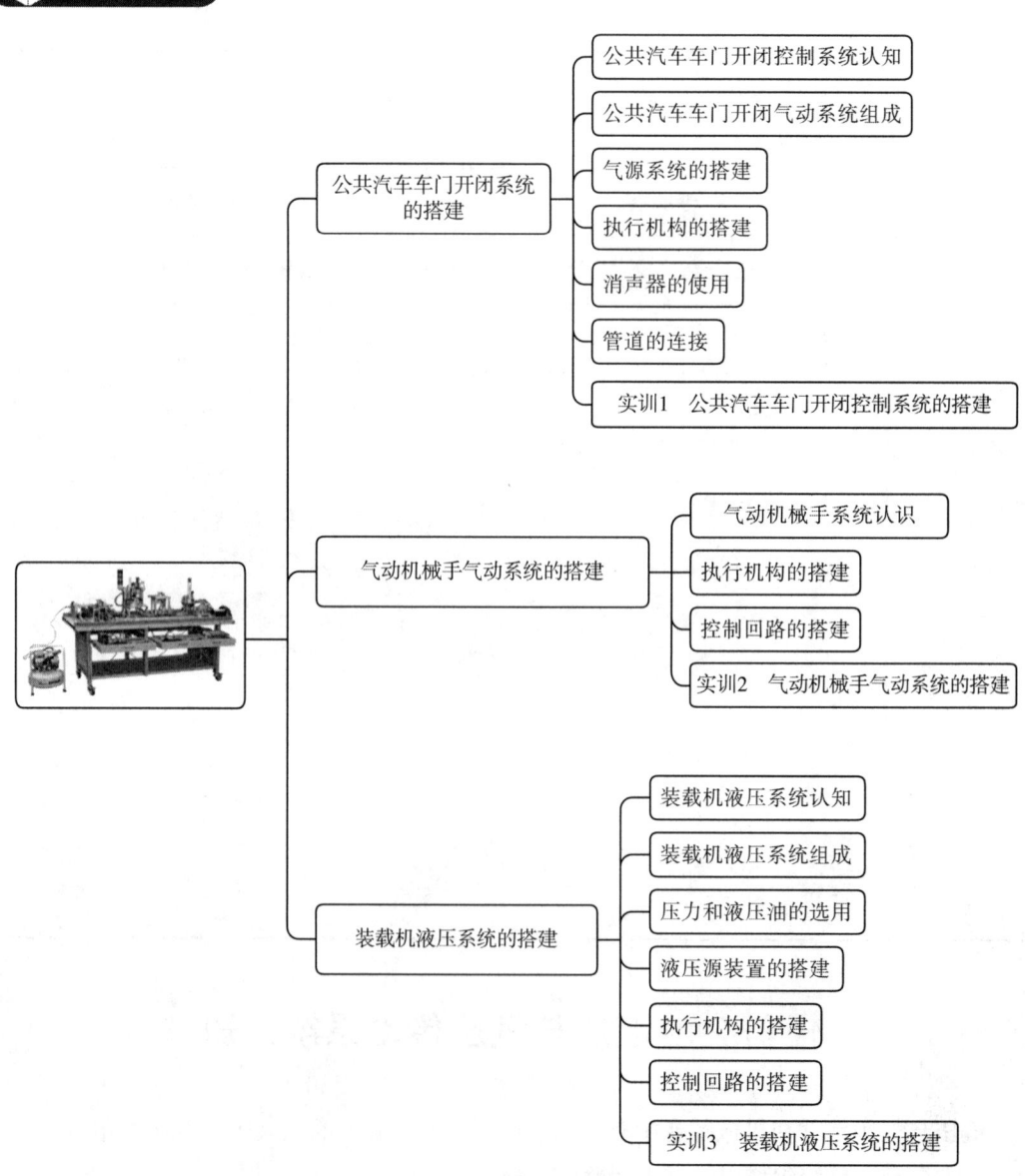

- 公共汽车车门开闭系统的搭建
  - 公共汽车车门开闭控制系统认知
  - 公共汽车车门开闭气动系统组成
  - 气源系统的搭建
  - 执行机构的搭建
  - 消声器的使用
  - 管道的连接
  - 实训1　公共汽车车门开闭控制系统的搭建

- 气动机械手气动系统的搭建
  - 气动机械手系统认识
  - 执行机构的搭建
  - 控制回路的搭建
  - 实训2　气动机械手气动系统的搭建

- 装载机液压系统的搭建
  - 装载机液压系统认知
  - 装载机液压系统组成
  - 压力和液压油的选用
  - 液压源装置的搭建
  - 执行机构的搭建
  - 控制回路的搭建
  - 实训3　装载机液压系统的搭建

一、公共汽车车门开闭系统的搭建

（一）公共汽车车门开闭控制系统认知

公共汽车穿梭于熙熙攘攘的城市中，承载着人们的往来。我们在乘坐公共汽车时，如果汽车到站，司机师傅会按下"开门"按钮，汽车车门就会开启，让乘客下车；乘客上车后，汽车离站时，司机会按下"关门"按钮，汽车车门就会关闭。城市公共汽车车门的开启与关闭一般有电动控制和气动控制两种方式。

> **讨论：**
> 回想一下你坐过的公共汽车，在开门、关门的时候有哪些现象？这些现象是什么原因造成的？

如图 3-2-1 所示为公共汽车车门开闭系统图，在开门或关门的时候，我们都会听到"哧"的声响，这是压缩空气排入大气的声音。这套车门开闭系统是由相应的机构拉、推车门实现打开、关闭车门的，该机构由一套气动系统驱动。这套气动系统通过公共汽车发动机驱动空气压缩机将空气压缩到储气罐中，在进行车门的开启、关闭时，利用储气罐内的压缩空气来实现对车门的打开和关闭动作。在公共汽车车门上有一个铁盒子，里面有一个气缸，气缸内的活塞在运行时会把缸内的气体排出，这就是发出"哧"的一声的原因。

图 3-2-1 公共汽车车门闭合图

采用气动系统的这种方式，在工业生产中也具有广泛的应用，它已成为当今工业科技的重要组成部分。应用领域已从汽车、采矿、钢铁、机械工业等行业迅速扩展到化工、轻工、食品、军事工业等各行各业。气动技术在各方面的应用举例如图 3-2-2 所示。

（a）气动枪　　　　　（b）气动剪刀　　　　　（c）气动机械手

图 3-2-2　气动系统应用

由于工业自动化技术的发展，气动控制技术发展的特点和研究方向主要是节能化、小型化、轻量化、位置控制的高精度化，以及与电子学相结合的综合控制技术，以提高系统可靠性、降低总成本为目标，研究和开发机、电、气一体的气压设备。如图 3-2-3 所示为针对工业应用进行简化的气动机械手，用于完成物料的搬运动作。

图 3-2-3　气动机械手

（二）公共汽车车门开闭气动系统组成

公共汽车车门开闭气压传动系统包括气源装置、执行元件、控制元件、辅助元件，基本组成如图 3-2-4 所示。

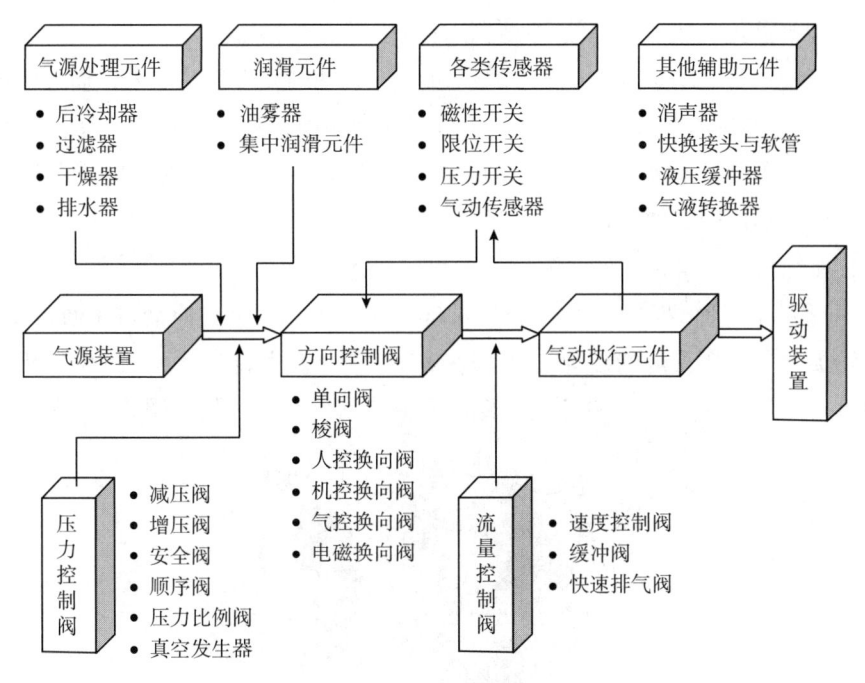

```
┌─────────────┐  ┌─────────────┐  ┌─────────────┐  ┌─────────────┐
│ 气源处理元件 │  │  润滑元件   │  │ 各类传感器  │  │其他辅助元件 │
└─────────────┘  └─────────────┘  └─────────────┘  └─────────────┘
 • 后冷却器       • 油雾器         • 磁性开关       • 消声器
 • 过滤器         • 集中润滑元件   • 限位开关       • 快换接头与软管
 • 干燥器                          • 压力开关       • 液压缓冲器
 • 排水器                          • 气动传感器     • 气液转换器
```

图 3-2-4　气压传动系统的基本组成

气源装置：获得压缩空气的设备，空气净化设备，如空压机、空气干燥机等。

执行元件：将气体的压力能转换成机械能的装置，也是系统能量输出的装置，如气缸、气马达等。

控制元件：用以控制压缩空气的压力、流量、流动方向以及系统执行元件工作程序的元件，如压力阀、流量阀、方向阀和逻辑元件等。

辅助元件：起辅助作用，保证压缩空气的净化、元件的润滑、元件间的连接及消声等，如过滤器、油雾器、管件、消声器、散热器、冷却器、放大器等。

（三）气源系统的搭建

气动系统使用压缩空气作为工作介质。在企业中，一般以空气压缩站方式集中给气动系统供气。那么，自由空气到底是怎样被转化为压缩空气的呢？

压缩好的空气在进入气动系统前，必须经过过滤、除尘等处理，否则压缩空气中的水分、杂质将影响气动系统的正常工作。那么，什么样的气动元件能够完成这样的任务呢？

如何把这些气源设备、气源处理元件连接成一个有机的整体，提供干净且具有一定压力的压缩空气呢？这些都是搭建气源系统前要解决的问题。

产生、处理和储存压缩空气的设备称为气源设备，由气源设备组成的系统称为气源系统。气源系统将自由空气转变为气动系统可以使用的压缩空气，主要依靠空气压缩机和相应的气源处理设备。

压缩空气中含有大量的水分、油分和粉尘等杂质，经过初步处理后，因压缩空气的温度高、压力大，含有较多的高压水蒸气，还需要经过进一步的过滤、除尘等，才能运用到具体机械设备的气动系统中，通常需要用到许多气动辅助元件，比如过滤器、油雾器、消声器等。这就要求我们熟悉气源处理元件,并且能够正确选用。

管道和管接头是气动系统的动脉,将气动元件和辅助元件连接起来,通过管道和管接头将压缩空气输送到各个气动装置。在气动系统设计中,管道和管接头往往最容易被忽视,它的设计以及施工的好坏直接影响整个系统的运行,比如密封不好就会造成能源浪费,严重的会影响控制元件、执行元件等的动作。

1. 空气压缩机

空气压缩机(简称"空压机")是气源装置的主体,它是将原动机(通常是电动机)的机械能转换成气体压力能的装置,是压缩空气的气压发生装置。常见的空压机有活塞式空气压缩机(图3-2-5)、叶片式空气压缩机和螺杆式空气压缩机(图3-2-6)三种。

图 3-2-5　活塞式空气压缩机

图 3-2-6　螺杆式空气压缩机

活塞式空压机是目前使用最广泛的空压机形式,其内部结构及工作原理如图3-2-7所示,这种单级活塞式空压机采用曲柄连杆机构,带动活塞在滑道内往复运动而实现吸、压气,并达到提高气体压力的目的。当活塞向右运动时,缸体内容积相应增大,气压下降形成真空。大气压将吸气阀顶开,外界空气被吸入缸体,这个过程称为"吸气过程";当活塞向左运动时,缸体内容积下降,压力升高,这个过程称为"压缩过程";当缸内压力高于输出管道内压力时,吸气阀关闭,让排气阀打开,将具有一定压力的压缩空气输送至管道内,这个过程称为"排气过程"。这样就完成了活塞的一次工作循环。

单级活塞式空压机通常用于需要 0.3~0.7MPa 压力范围的场合。若压力超过 0.6MPa，产生的热量太大，空压机工作效率太低，其各项性能指标将急剧下降，故往往采用分级压缩以提高输出压力。为了提高效率，降低空气温度，还需要进行中间冷却。

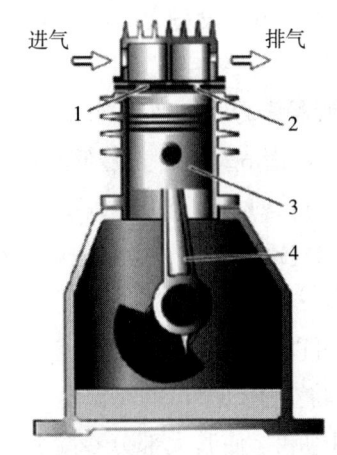

1.单向进气阀；2.单向排气阀；3.活塞；4.活塞杆
（a）活塞式空压机结构

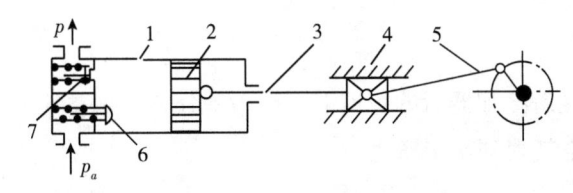

1.缸体；2.活塞；3.活塞杆；4.滑块；5.曲柄连杆机构；6.进气阀；7.排气阀
（b）工作原理

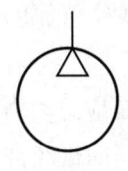

（c）图形符号

图 3-2-7　活塞式空压机结构及原理、图形符号

空压机在使用时要注意以下事项：

①空压机的安装地点必须清洁、无粉尘、通风好、湿度小、温度低且有维护保养空间，所以一般要安装在专用机房内。

②空压机一运转即产生噪声，所以必须考虑噪声的防治，如设置隔声罩、设置消声器、选择噪声较低的空压机等。一般而言，螺杆式空压机的噪声较小。

③使用专用润滑油并定期更换，启动前应检查润滑油位，并用手拉动传动带使机轴转动几圈，以保证启动时的润滑。启动前和停车后都应及时排除空压机气罐中的水分。

2.气源净化及净化装置

在气源装置中使用的空压机一般为低压活塞式，此类空压机需用油润滑。由空压机排出的压缩空气温度很高（140~170℃），因此使部分润滑油及空气中的水分汽化；再加上从空气中吸入的灰尘，就形成了由油气、水蒸气和灰尘混合而成的杂质，杂质会对气动系统造成损坏，影响气动设备的正常使用。

从空压机输出的压缩空气到达各用气设备之前，必须将压缩空气中含有的大量水分、油分及灰尘等杂质除去，以得到适当的压缩空气质量，避免它们对气动系统的正常工作造成危害，并且用减压阀调节系统所需压力以得到适当输出力。在必要的情况下，使用油雾器使润滑油雾化并混入压缩空气中润滑气动元件，降低磨损，提高元件寿命。

主要的净化过程有除水过程、过滤过程、调压过程、润滑过程。常用的空气净化装置主要有后冷却器、油水分离器、储气罐、空气干燥器、过滤器、油雾器。

（1）后冷却器

空压机输出的压缩空气温度可以达到180℃以上，空气中水分完全呈气态。后冷却器安装在空气压缩机出口管道上，将空压机出口的高温空气冷却至40℃以下，使压缩空气中大部分水蒸气和变质油雾达到饱和，使其大部分冷凝成液态水滴和油滴，从空气中分离出来。所以后冷却器底部一般安装有手动或自动排水装置，及时排放冷凝水和油滴等杂质。

（2）油水分离器

油水分离器安装在后冷却器后的管道上，作用是分离压缩空气中凝聚的水分、油分和灰尘等杂质，使压缩空气得到初步净化。

（3）储气罐

储气罐有卧式和立式之分，它是钢板焊接制成的压力容器，水平或垂直地安装在后冷却器后面来储存压缩空气，因此可以减少空气流的脉动。

储气罐具有以下作用：

①储存一定量的压缩空气，同时也是应急动力源，以解决空压机的输出气量和气动设备的耗气量之间的不平衡。尽可能减少压缩机经常发生的"满载"与"空载"现象。

②消除空压机排气的压力脉动，保证输出气流的连续性和平稳性。

③进一步分离压缩空气中的油、水、灰尘等杂质。

（4）空气干燥器

压缩空气经后冷却器、油水分离器、储气罐、主管路过滤器和空气过滤器得到初步净化后，仍含有一定量的水蒸气。

干燥器的作用是进一步除去压缩空气中含有的水分、气分和颗粒杂质等，使压缩空气干燥。它提供的压缩空气，用于对气源质量要求较高的气动装置、气动仪表等。

（5）过滤器

过滤器又名分水滤气器、空气滤清器。它的作用是滤除压缩空气中的固态杂质、水滴和油污等污染物，以达到气动系统所要求的净化程度。它属于二次过滤器，安装在气动系统的入口处，是保证气动设备正常运行的重要元件。按过滤器的排水方式，可分为手动排水式和自动排水式。

空气过滤器的过滤原理是根据固体物质和空气分子的大小和质量不同，利用惯性、阻隔和吸附的方法将灰尘和杂质与空气分离。空气过滤器的结构如图3-2-8（a）所示，实物如图3-2-8（b）所示。

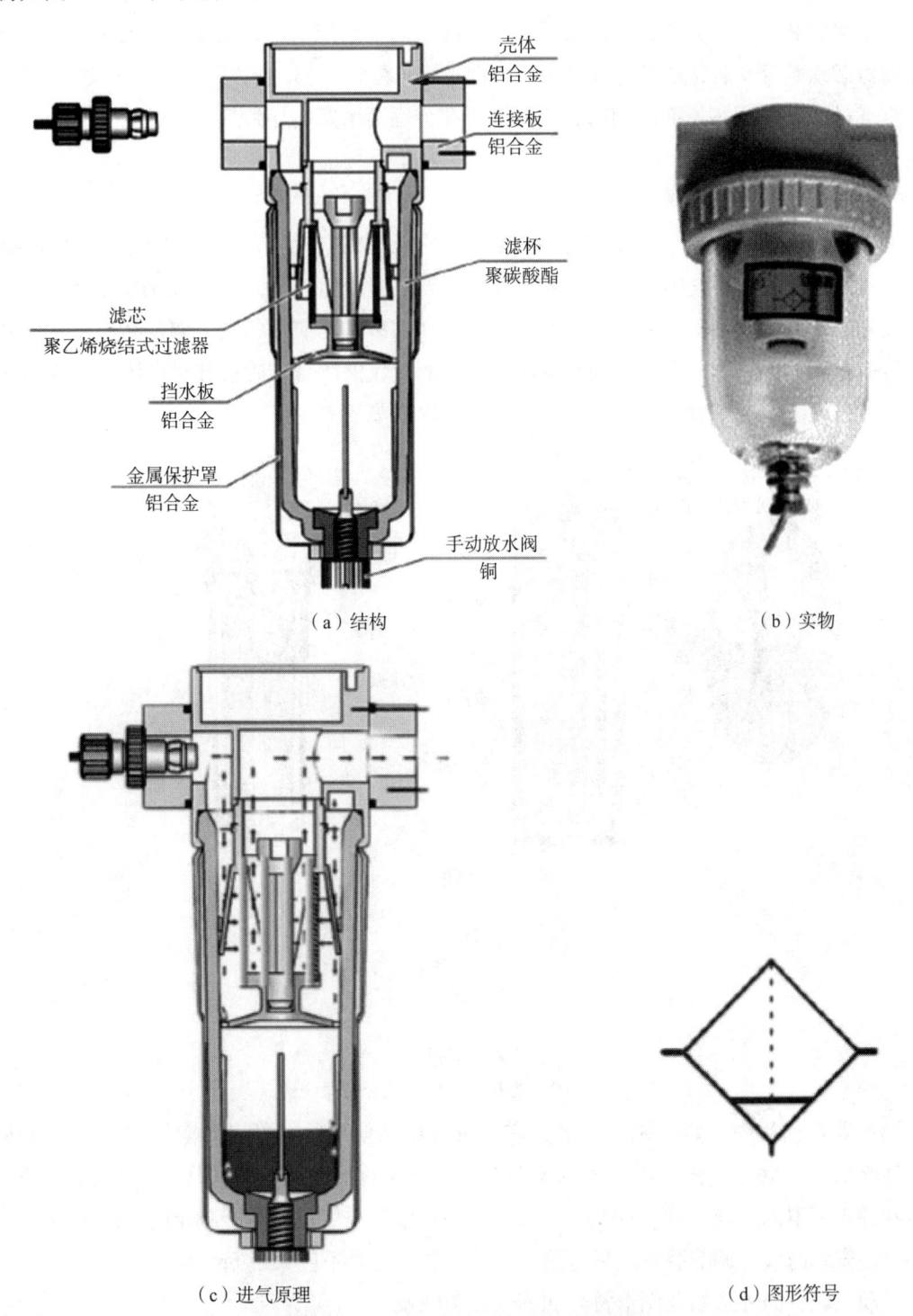

（a）结构　　（b）实物

（c）进气原理　　（d）图形符号

图3-2-8　过滤器工作原理及实物图

空气过滤器的工作原理如图 3-2-8（c）所示，压缩空气进入过滤器内部后，因导流板的导向，产生了强烈的旋转，在离心力作用下，压缩空气中混有的大颗粒固体杂质和液态水滴等被甩到滤杯内表面上，在重力作用下沿壁面沉降至底部，然后经过这样预净化的压缩空气通过滤芯流出。为防止造成二次污染，滤杯中每天都应该是空的。有些场合由于人工观察水位和排放不方便，可以将手动排水阀改为自动排水阀，实现自动定期排放。空气过滤器必须垂直安装，压缩空气的进出方向也不可颠倒。

空气过滤器的滤芯长期使用后，其通气小孔会逐渐堵塞，导致气流通过能力下降，因此应定期清洗或更换滤芯。

（6）油雾器

油雾器是气动系统中一种专用的注油装置。它以压缩空气为动力，将特定的润滑油喷射成雾状混合于压缩空气中，并随压缩空气进入需要润滑的部位，达到润滑的目的。

油雾器的结构及图形符号如图 3-2-9 所示。在许多气动应用领域，如食品、药品、电子等行业是不允许油雾润滑的，而且油雾会影响测量仪的测量准确度并对人体健康造成危害，所以目前不给油润滑（无油润滑）技术正在逐渐普及。

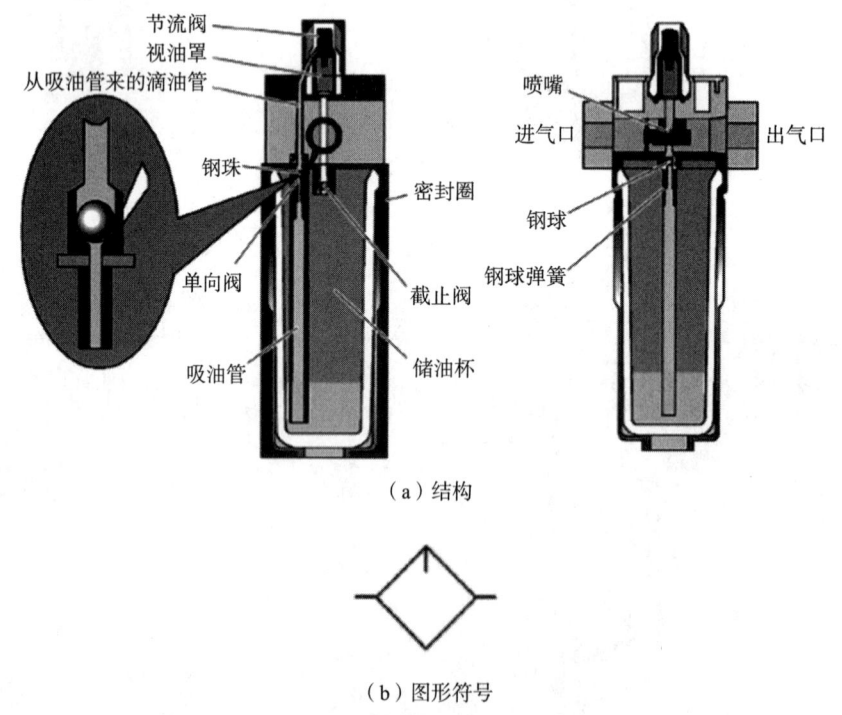

（a）结构

（b）图形符号

图 3-2-9　油雾器结构及图形符号

油雾器在使用中一定要垂直安装，它既可以单独使用，也可以与空气过滤器、减压阀、油雾器三件联合使用，组成气源调节装置（通常称为气动三联件），使之具有过滤、减压和油雾润滑的功能。联合使用时，其连接顺序应为空气过滤器→减压阀→油雾器，不能颠倒，安装时气源调节装置应尽量靠近气动设备，距离不应大于 5m。

气动三联件的外形图及图形符号如图 3-2-10 所示。

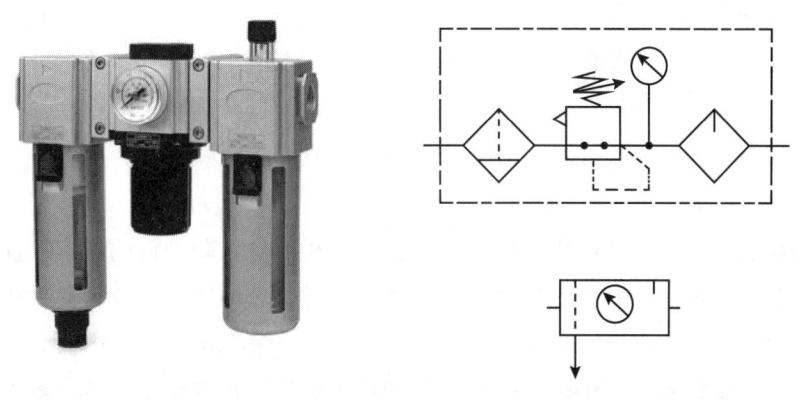

图 3-2-10　气动三联件的外形图及图形符号

（四）执行机构的搭建

思考：

公共汽车车门的开、闭是通过一个车门开闭装置来实现的，我们可以看到的是一个杠杆机构推动车门打开或关闭，如图3-2-11所示。那么怎样才能推动杠杆动作，继而推动车门打开或关闭呢？

图 3-2-11　公共汽车车门的开、闭结构

公共汽车车门是一套气动执行机构。公共汽车车门上有一个铁盒子，里面有一个气缸。气缸活塞在气压的作用下沿气缸运动，活塞带动活塞杆移动，活塞杆连接在杠杆机构上。当气缸内通入气压时，活塞、活塞杆运动，带动杠杆运动，门便在杠杆的作用下打开或关闭。为此，我们需要知道气缸的结构及工作原理等知识。

1. 气动执行元件概述

气动执行元件是将压缩空气的压力能转换为机械能，驱动机构做直线往复运动、摆动或旋转运动的装置。它包括气缸和气动马达两大类，其中气缸又分为直线往复运动的气缸和摆动气缸，用于实现直线运动和摆动，气动马达用于实现连续回转运动。

气缸是气压传动系统中使用最多的一种执行元件，根据使用条件、场合的不同，其结构、形状也有多种形式，分类方法也较多，常用的有以下几种：

①按压缩气在活塞端面作用力的方向不同，分为单作用气缸和双作用气缸。

②按结构特点不同，分为活塞式气缸、薄膜式气缸、柱塞式气缸和摆动式气缸等。

③按安装方式不同，可分为耳座式气缸、法兰式气缸、轴销式气缸、凸缘式气缸、嵌入式气缸和回转式气缸等。

④按功能不同，分为普通式气缸、缓冲式气缸、气液阻尼式气缸、冲击气缸和步进气缸等。

常见普通气缸图形符号如表3-2-1所示。

表3-2-1 常见普通气缸图形符号

单作用气缸	双作用气缸		
^	普通气缸 || 缓冲气缸	
弹簧压出	单活塞杆	不可调单向	可调单向
弹簧压入	双活塞杆	不可调双向	可调双向

2. 普通气缸

最常用的，即在缸筒内只有一个活塞和一根活塞杆的气缸。按压缩空气在活塞端面作用力的方向不同，分为单作用气缸和双作用气缸。

（1）单作用气缸

单作用气缸只在活塞一侧可以通入压缩空气使其伸出或缩回，另一侧是通过呼吸孔开放在大气中的，其结构、图形符号和实物图分别如图3-2-12和图3-2-13所示。这种气缸只能在一个方向上做功。

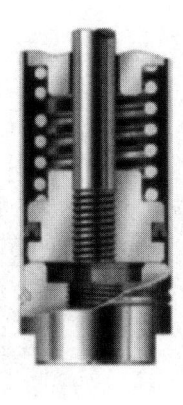

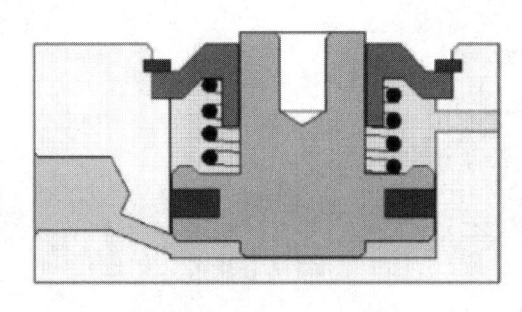

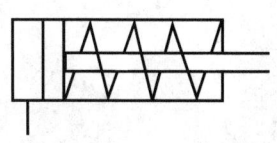

图 3-2-12 单作用气缸结构

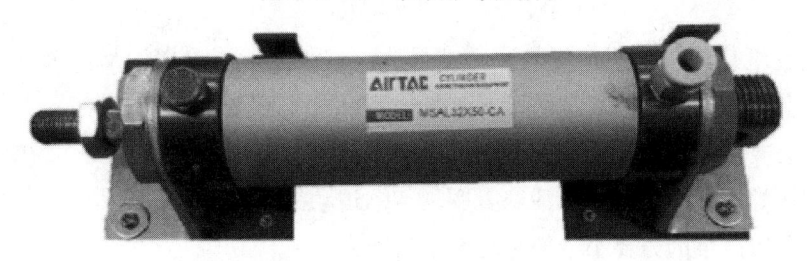

图 3-2-13 单作用气缸

活塞的反向动作则靠一个复位弹簧或施加外力来实现。由于压缩空气只能在一个方向上控制气缸活塞的运动，所以称为单作用气缸。

单作用气缸具有以下特点：

①由于单边进气，因此结构简单，耗气量小；

②缸内安装了弹簧，增加了气缸长度，缩短了气缸的有效行程，且其行程还受弹簧长度限制；

③借助弹簧力复位，使压缩空气的能量有一部分用来克服弹簧张力，减小了活塞杆的输出力，而且输出力的大小和活塞杆的运动速度在整个行程中随弹簧的变形而变化。

因此，单作用气缸多用于行程较短以及对活塞杆输出力和运动速度要求不高的场合。

（2）双作用气缸

双作用气缸活塞的往返运动是依靠压缩空气从缸内被活塞分隔开的两个腔室（有杆腔、无杆腔）交替进入和排出来实现的，压缩空气可以在两个方向上做功。由于气缸活塞的往返运动全部靠压缩空气来完成，所以称为双作用气缸，其结构、图形符号和实物分别如图 3-2-14 和图 3-2-15 所示。

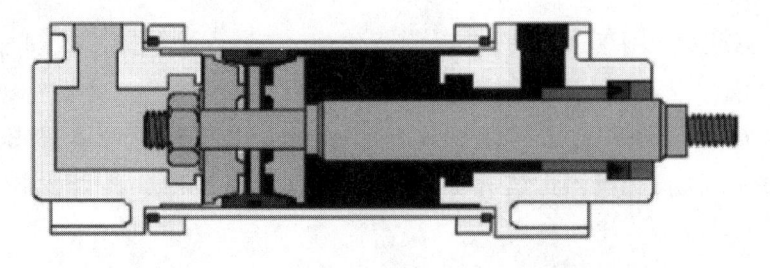

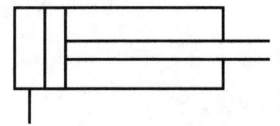

图 3-2-14 双作用气缸结构

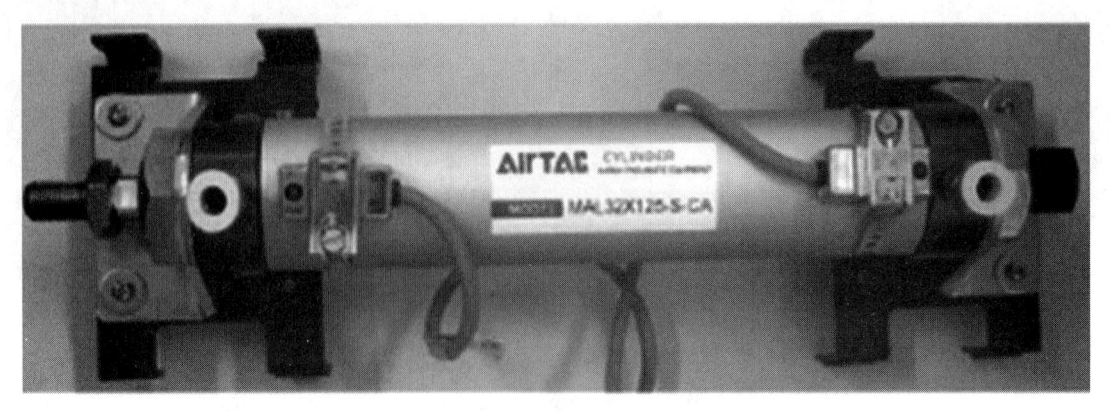

图 3-2-15 带磁环双作用气缸

在压缩空气作用下，双作用气缸活塞杆既可以伸出，也可以回缩。通过缓冲调节装置，可以调节其终端缓冲。气缸活塞上永久磁环可用于驱动行程开关动作。

由于没有复位弹簧，双作用气缸可以获得更长的有效行程和稳定的输出力。但双作用气缸是利用压缩空气交替作用于活塞上实现伸缩运动的，由于回缩时压缩空气的有效作用面积较小，所以产生的力要小于伸出时产生的推力。

3. 其他类型的气缸

（1）双活塞杆气缸

双活塞杆气缸具有两个活塞杆，如图 3-2-16 所示。在双活塞杆气缸中，通过连接板将两个并列的活塞杆连接起来，在定位和移动工具或工件时，这种结构可以抗扭转。与相同缸径的标准气缸相比，双活塞杆气缸可以获得两倍的输出力。

图 3-2-16 双活塞杆气缸实物及图形符号

（2）导向气缸

导向气缸一般由一个标准双作用气缸和一个导向装置组成。其特点是结构紧凑、坚固，导向精度高，并能抗扭矩，承载能力强。

导向气缸的驱动单元和导向单元被封闭在同一外壳内，并可根据具体要求选择安装滑动轴承或滚动轴承支承，其结构如图 3-2-17 所示，实物如图 3-2-18 所示。

图 3-2-17　导向气缸结构

1.端板；2.导杆；3.滑动轴承或滚动轴承支承；4.活塞杆；5.活塞；6.缸体

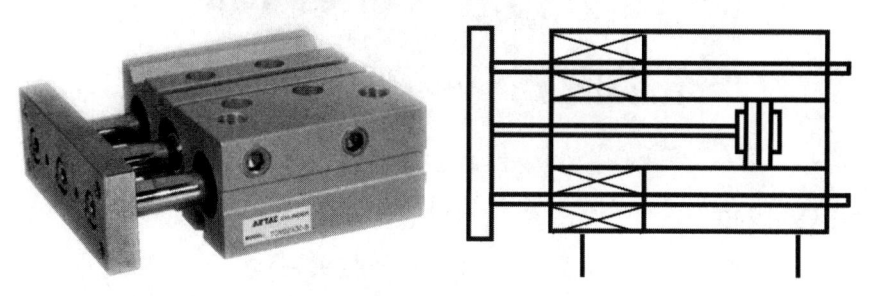

图 3-2-18　导向气缸实物及图形符号

（五）消声器的使用

一般情况下，气动系统用后的压缩空气直接排进大气。当气缸、气阀等元件的排气速度与余压较高时，空气急剧膨胀，产生强烈的噪声。噪声的大小随排气速度、排气量和排气通道形状的变化而变化，速度和功率越大，噪声也越大，一般在 80~120dB。

为降低噪声，通常在气动系统的排气口装设消声器。消声器通过增加气流的阻尼或增大排气面积等措施，降低排气速度和功率，从而降低噪声。

常用的消声器有吸收型消声器（图 3-2-19）、膨胀干涉吸收型消声器（图 3-2-20）等。

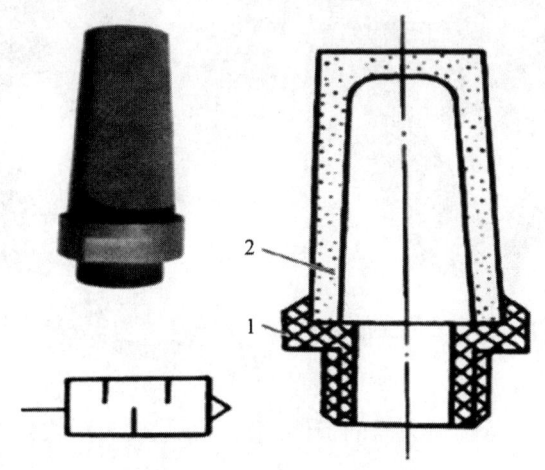

图 3-2-19　吸收型消声器

1.连接接头；2.消声套

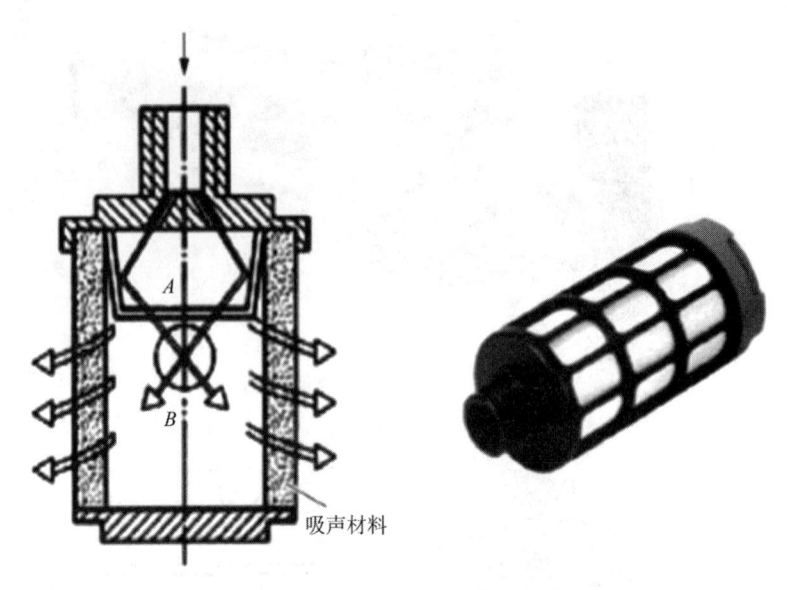

图 3-2-20　膨胀干涉吸收型消声器

（六）管道的连接

进行气动系统的管道连接，需要用到管道及管接头。

1. 管道

气动系统中常用的管道有硬管和软管。硬管以钢管和紫铜管为主，常用于高温高压和固定不动的部件之间连接。软管有各种塑料管、尼龙管（图 3-2-21）和橡胶管等，其特点是经济、拆装方便、密封性好，但应避免在高温、高压和有辐射的场合使用。

图 3-2-21　尼龙管

2. 管接头

管接头是连接、固定管道所必需的辅件，分为硬管接头和软管接头两类。硬管接头有螺纹连接及薄壁管扩口式卡套连接，对于通径较大的气动设备、元件、管道等可采用法兰连接。软管接头主要有快插式（图 3-2-22）、卡套式、快换式等。

图 3-2-22　快插式接头

实训1　公共汽车车门开闭控制系统的搭建

实训内容：搭建如图 3-2-23 所示的公共汽车车门开闭模拟控制系统，进行气动元件的安装与调试，记录相关动作。

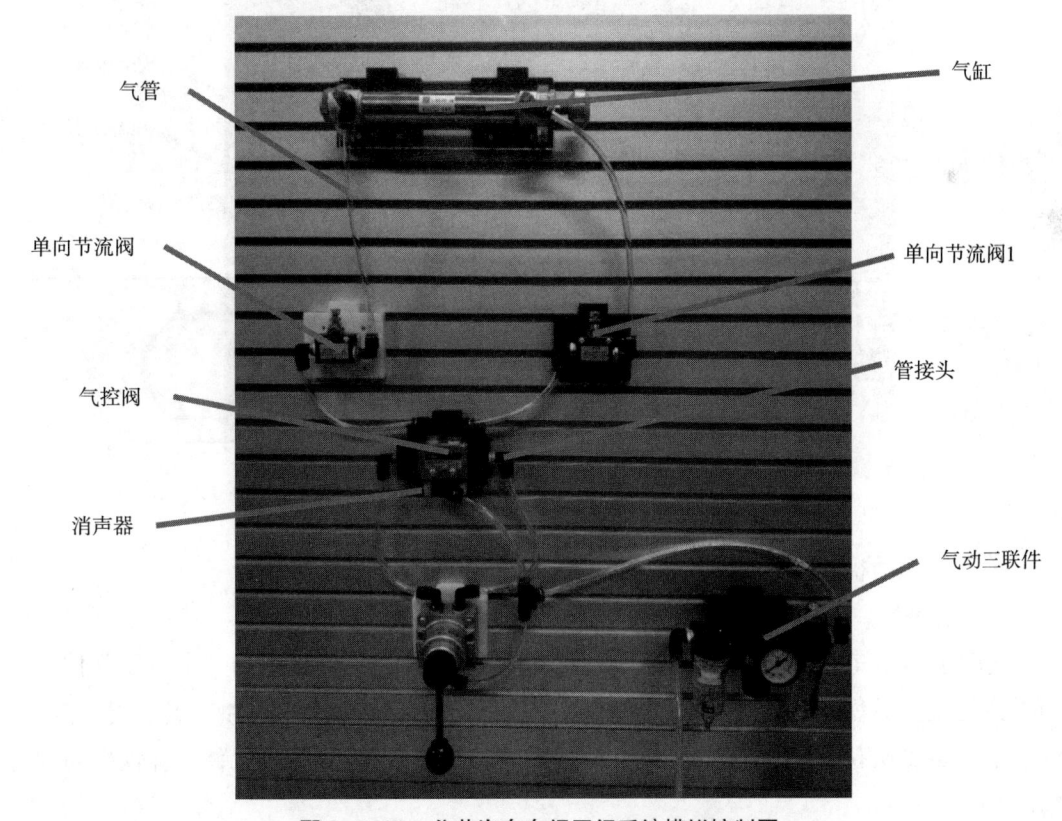

图 3-2-23　公共汽车车门开闭系统模拟控制图

二、气动机械手气动系统的搭建

(一)气动机械手系统认知

如图 3-2-24 所示的气动机械手系统,是对工业应用中的机械手进行一定的简化而来的,可用于搬运物料。要实现对物料的搬运,除了采用直线气缸之外,还有一些其他执行元件,并且这些执行元件需要按照一定的顺序进行动作,如何控制这些元件的顺序动作呢?

> **讨论:**
>
> 观察图3-2-24的机械手系统,观看视频,要实现物料的搬运,绘制气动系统的动作顺序图。

实现物料系统的搬运动作,需要采用气动手指作为执行元件进行物料的抓取与释放,同时采用旋转气缸的执行元件进行旋转运动,要使这些元件按照设定的顺序动作,需要采用控制阀对执行元件的动作进行控制。这些需要我们对不同的执行元件及控制阀具有一定的认识。

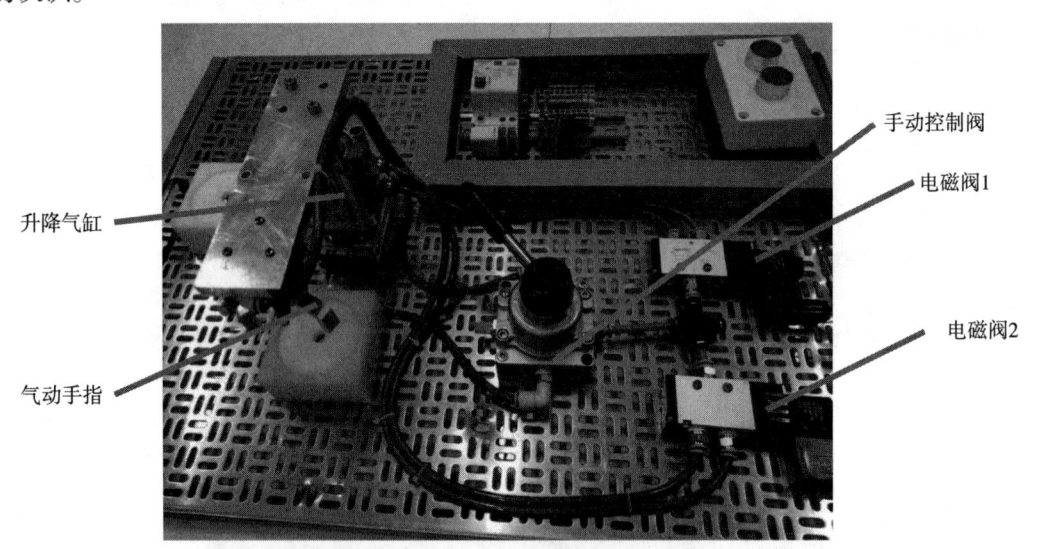

图 3-2-24 气动机械手系统

(二)执行机构的搭建

1.气动手指

气动手指(气爪)可以实现各种抓取功能,是现代气动机械手的一个重要部件。气动手指的主要类型有平行手指气缸、摆动手指气缸、旋转手指气缸和三点手指气缸等。气动手指能实现双向抓取、自动对中,并可安装无接触式位置检测元件,有较高的重复精度。

（1）平行手指气缸

平行手指气缸通过两个活塞工作。通常让一个活塞受压，另一个活塞排气，实现手指移动。平行手指气缸的手指只能轴向对移动，不能单独移动一个手指，其剖面结构、实物和图形符号如图 3-2-25 所示。

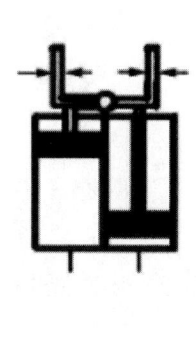

图 3-2-25 平行手指气缸剖面结构、实物与图形符号

（2）摆动手指气缸

摆动手指气缸通过一个带环形槽的活塞杆带动手指运动。由于手指耳环始终与环形槽相连，所以手指移动能实现自动对中，并保证抓取力矩的恒定，其剖面结构、实物和图形符号如图 3-2-26 所示。

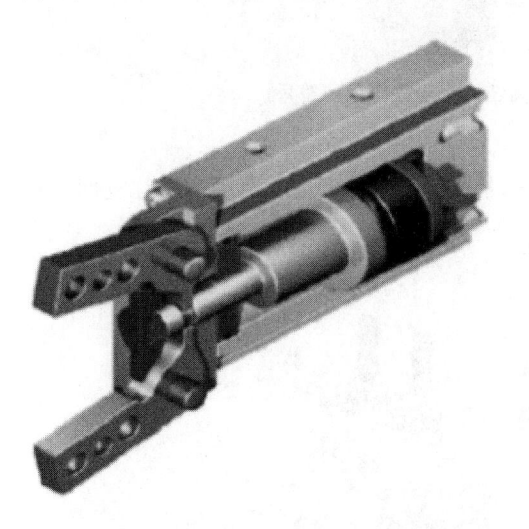

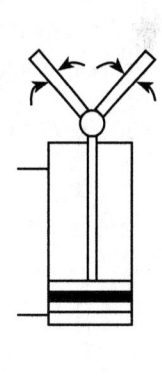

图 3-2-26 摆动手指气缸剖面结构、实物与图形符号

（3）旋转手指气缸

旋转手指气缸是通过齿轮齿条来进行手指运动的。齿轮齿条可使手指同时移动并自动对中，并确保抓取力的恒定，其剖面结构、实物和图形符号如图 3-2-27 所示。

图 3-2-27　旋转手指气缸剖面结构、实物与图形符号

（4）三点手指气缸

三点手指气缸通过一个带环形槽的活塞带动 3 个曲柄工作。每个曲柄与一个手指相连，因而使手指打开或闭合，其剖面结构、实物和图形符号如图 3-2-28 所示。

图 3-2-28　三点手指气缸剖面结构、实物与图形符号

2.摆动气缸

摆动气缸也叫回转气缸，是利用压缩空气驱动输出轴在一定角度范围内做往复回转运动的气动执行元件，如图 3-2-29 所示。

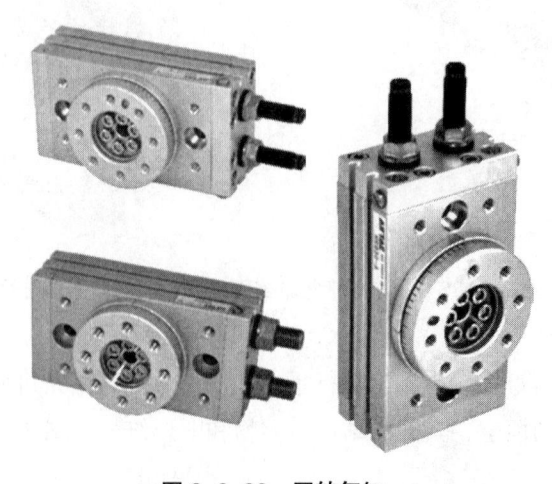

图 3-2-29　回转气缸

摆动气缸按结构分为叶片式、齿轮齿条式，如图 3-2-30 所示为齿轮齿条式气缸剖面结构。

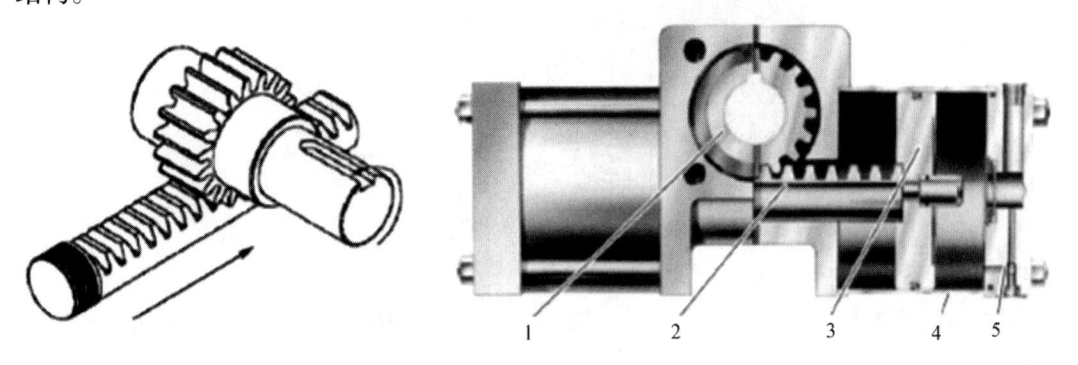

1.齿轮；2.齿条；3.缸体；4.活塞；5.出气孔

图 3-2-30　齿轮齿条摆动气缸剖面结构

3.真空系统

对于实现物料的搬运，除了可采用气动手指进行抓取之外，还可以采用真空系统进行吸附的方式。真空系统一般由真空发生器（真空压力源）、真空吸盘（执行元件）、控制阀及附件（过滤器、消声器等）组成。

（1）真空发生器

真空发生器的工作原理如图 3-2-31 所示。

当压缩空气通过喷嘴 1 射入接收室 2 时，形成射流。射流卷吸接收室内的静止空气并和它一起向前流动进入混合室 3 并由扩散室 4 导出。由于卷吸作用，在接收室内会形成一定的负压。接收室下方与吸盘相连，就能在吸盘内产生真空。当达到一定的真空度时，能将吸附的物体吸持住。

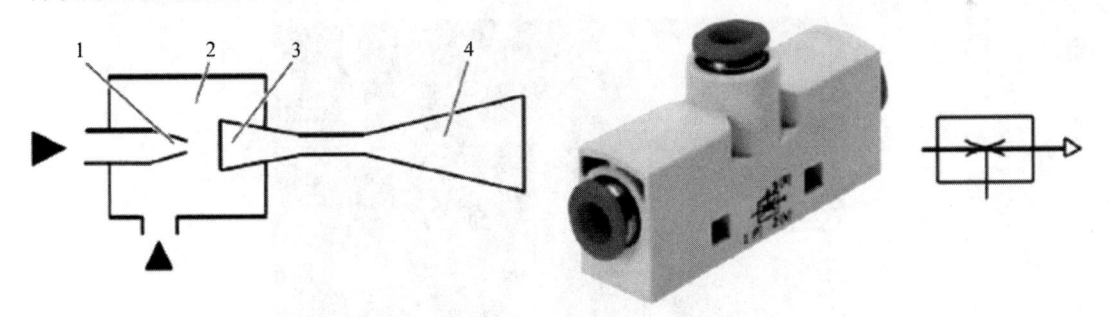

1.喷嘴；2.接收室；3.混合室；4.扩散室

图 3-2-31　真空发生器工作原理、实物和图形符号

（2）真空吸盘

真空吸盘是真空系统中的执行元件，用于吸持表面光滑平整的工件，通常由橡胶材料和金属骨架压制而成，如图 3-2-32 所示。吸盘有多种不同的形状，常用的有圆形平吸盘和波纹形吸盘。波纹形吸盘相对圆形平吸盘有更强的适应性，允许工件表面有轻微的不平、弯曲或倾斜，同时在吸持工件进行移动时有较好的缓冲性能。

图 3-2-32　真空吸盘实物及图形符号

使用真空系统时要注意以下事项：

①真空发生器与吸盘间的连接管应尽量短，且不承受外力。拧动时要防止因连接管扭曲变形造成漏气。

②为保证停电后保持一定真空度，防止真空失效造成工件松脱，应在吸盘与真空发生器间设置单向阀，真空电磁阀也应采用常通型结构。

③吸盘的吸着面积应小于工件的表面积，以免发生泄漏。

④对于大面积的板材宜采用多个大口径吸盘吸吊，以增加吸吊平稳性。一个真空发生器带多个吸盘时，每个吸盘应单独配有真空压力开关，以保证其中任一吸盘漏气导致真空度不符合要求时，都不会起吊工件。

（三）控制回路的搭建

使用气动机械手执行动作，需要搭建相应的控制回路，如图 3-2-33 所示的气动机械手控制阀，是搭建控制回路的重要元件。

在气动基本回路中实现气动执行元件运动方向控制的回路是最基本的，只有执行元件的运动方向符合要求后才能进一步对速度和压力进行控制和调节。

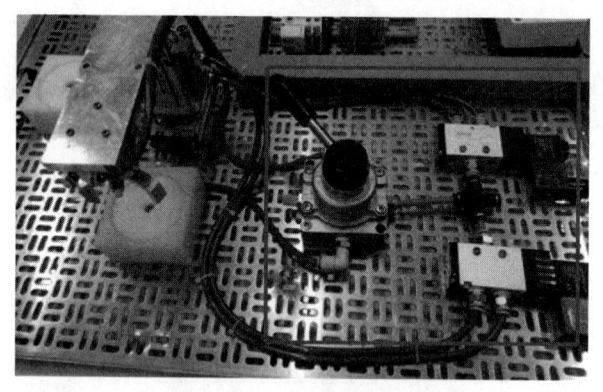

图 3-2-33　气动机械手控制阀

1. 方向控制阀的使用

方向控制阀，是指用于通断气路或改变气流方向，从而控制气动执行元件启动、停止和换向的元件，分为单向阀、换向阀和逻辑阀三种，其阀芯结构主要有截止式和滑阀式。

（1）单向阀

单向阀的作用是控制气体只能按照一个方向流动，而反向截止。它由阀体、阀芯、弹簧等零件组成，其结构原理如图 3-2-34（a）所示。正向通气，单向阀内有 P→A 气体正向通过时，膜片被气流推动向右移动，并且弹簧被压缩，阀门打开，A 口有气压输出，如图 3-2-34（b）所示。反而通气，A→P 由于弹簧复位力推动膜片张开，单向阀内的道路被阀芯封闭，阻断气体流通，因此 P 口无气压输出，如图 3-2-34（c）所示。单向阀实物如图 3-2-34（d）所示，其图形符号如图 3-2-24（e）所示。在气压传动系统中单向阀一般和其他控制阀并联，使之只在某特定方向上起控制作用。

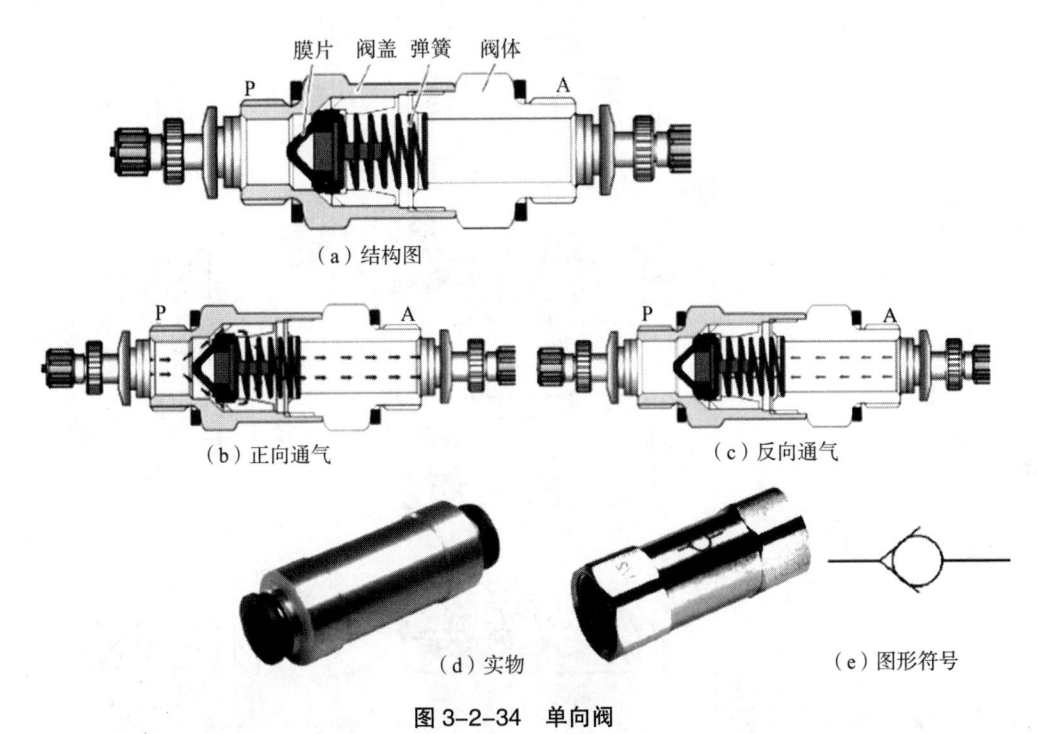

图 3-2-34 单向阀

（2）换向阀

换向阀是利用阀芯对阀体的相对运动，改变气体通道，使气体流动方向发生变化，从而实现气动执行元件的启动、停止或改变运动方向的元件。换向阀的种类很多，其分类如表 3-2-2 所示。

表 3-2-2 换向阀分类

分类方式	类型
按阀的操纵方式	手动、机动、电磁驱动、气动
按阀芯位置数和通道数	二位三通、二位四通、三位四通、三位五通换向阀
按阀芯的运动方式	滑阀、转阀和锥阀
按阀的安装方式	管式、板式、法兰式、叠加式、插装式

①换向阀的表示方法。换向阀换向时各接口间有不同的通断位置，这些位置和通路符号的不同组合可以得到各种不同功能的换向阀，如表 3-2-3 所示。常开型和常闭型换向阀的图形符号如图 3-2-35 所示。

表 3-2-3　常用换向阀的结构和图形符号

位和通	结构原理	图形符号
二位二通		
二位三通		
二位四通		
二位五通		
三位四通		
三位五通		

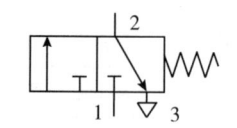

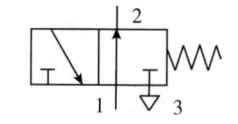

（a）常开型二位三通换向阀　　（b）常闭型二位三通换向阀

图 3-2-35　常开和常闭型换向阀图形符号

气动回路图中的元件应按照国家标准 GB/T 786.1—2009 进行绘制。换向阀符号的命名如表 3-2-4 所示。

换向阀的通路与位置数（位）的命名，用以下几点来描述：所控制的连接数，阀芯位置数以及气流路径。为防止错误的连接，阀的输入口、输出口都要做明确标识，如 2/2 阀读作二位二通换向阀，5/3 阀读作三位五通换向阀。

表 3-2-4　换向阀符号的命名

气动元件符号含义描述	符号		
方块表示阀的切换位置	□	换向阀：通路与位置数（位）的命名	2/2-换向阀，常开
方块的数量表示阀有多少个切换位置	□□		3/2-换向阀，常闭
直线表示气流路径，箭头表示流动方向	↑		3/2-换向阀，常开
方块中用两个T形符号表示阀的通口被关闭	⊥⊤		4/2-换向阀 路径1-2和4-3
			5/2-换向阀 路径1-2和4-5
方块中用两个直线表示输入口与输出口路径	∥		5/3-换向阀 中封式

② 换向阀的控制结构。

（a）手动换向阀。依靠人力对阀芯位置进行切换的换向阀称为手动操纵控制换向阀，简称手动阀。常用的按钮式换向阀的工作原理如图 3-2-36（a）所示。

手动操纵换向阀与其他控制方式相比，使用频率较低，动作速度较慢。因操纵力不宜太大，所以阀的通径较小，操作也比较灵活。在直接控制回路中手动操纵换向阀用来直接操纵气动执行元件，用作信号阀。手动阀的常用操纵机构实物如图 3-2-36（c）~（e）所示，其图形符号如图 3-2-26（b）所示。

（a）按钮式换向阀工作原理　　（b）图形符号

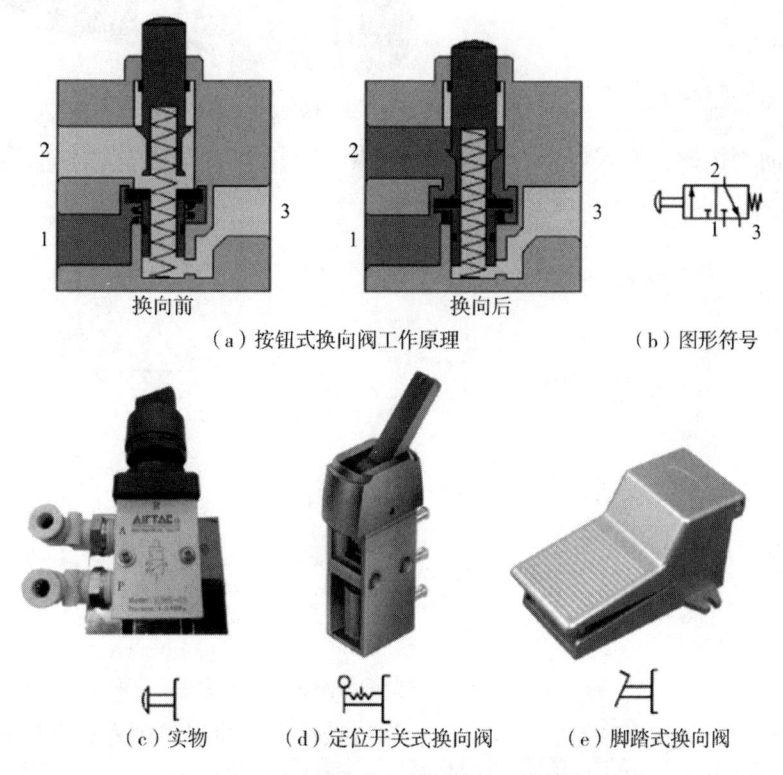

（c）实物　（d）定位开关式换向阀　（e）脚踏式换向阀

图 3-2-36　手动换向阀工作原理和常用操纵机构

（b）电磁操纵换向阀。电磁换向阀是利用电磁线圈通电时所产生的电磁吸力使阀芯改变位置来实现换向的，简称电磁阀。如图3-2-37所示为电磁阀实物，电磁阀能够利用电信号对气流方向进行控制，使得气压传动系统可以实现电气控制，是气动控制系统中最重要的元件。

图3-2-37 电磁阀实物

电磁换向阀按操作方式可分为直动式和先导式，图3-2-38为这两种操作方式的表示方法。

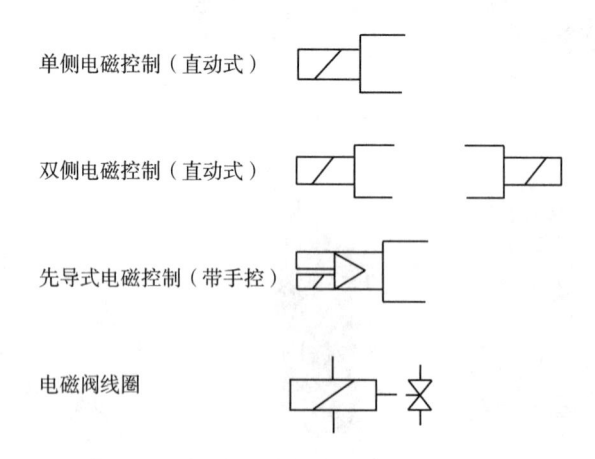

单侧电磁控制（直动式）

双侧电磁控制（直动式）

先导式电磁控制（带手控）

电磁阀线圈

图3-2-38 电磁换向阀操纵方式表示方法

除了手动换向阀和电磁操纵换向阀，还有机械操纵换向阀和在公共汽车车门开闭系统中使用的气控操纵换向阀，外形分别如图3-2-39和图3-2-40所示。

图 3-2-39 机械操纵换向阀　　图 3-2-40 气控操纵换向阀

2. 方向控制回路的搭建

换向回路常用的有单作用气缸换向回路和双作用气缸换向回路。

（1）单作用气缸换向回路

如图 3-2-41（a）所示为由二位三通电磁阀控制的换向回路，通电时，二位三通电磁阀阀芯移动到下位，气源气体进入气缸下腔，活塞杆伸出；断电时，在弹簧力作用下活塞杆缩回，二位三通电磁阀复位到常态位，气缸下腔的气体从电磁阀消音器处排出。

如图 3-2-41（b）所示为由三位五通阀控制的换向回路，该阀具有自动对中功能，可使气缸停在任意位置，但定位精度不高，定位时间不长。

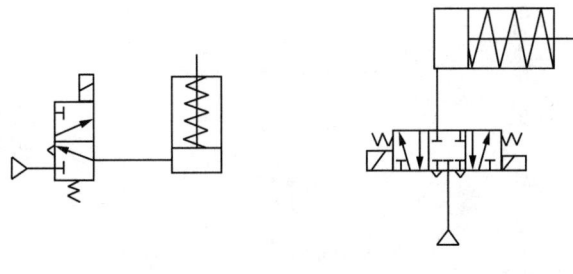

（a）二位三通阀控制　　（b）三位五通阀控制

图 3-2-41 单作用气缸控制回路

（2）双作用气缸换向回路

如图 3-2-42（a）所示为小通径的手动换向阀控制二位五通主阀操纵气缸换向回路；图 3-2-42（b）为二位五通双电控阀操纵气缸换向回路；图 3-2-42（c）为两个小通径的手动换向阀控制二位五通主阀操纵气缸换向；图 3-2-42（d）为三位五通主阀操纵气缸换向回路，该回路可使气缸停在任意位置，但定位精度不高。

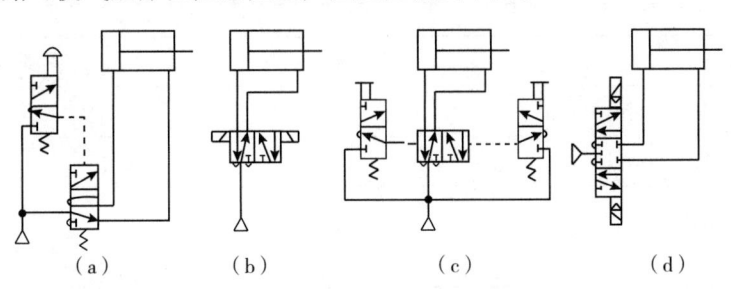

（a）　　（b）　　（c）　　（d）

图 3-2-42 双作用气缸换向回路

（3）单缸往复动作回路

顺序动作是指在气动回路中，各个气缸按一定的程序完成各自的动作。

单缸往复动作回路可分为单缸往复动作回路和单缸连续动作回路。前者是指输入一个信号后，气缸只完成一次往复动作。而后者是指输入一个信号后，气缸可连续进行伸出缩回的动作。

图3-2-43（a）为行程阀控制的单缸往复动作回路，按下阀1的手动按钮后，压缩空气使阀3换向，活塞杆前进，当凸块压下行程阀2时，阀3复位，活塞杆返回，完成气缸伸出缩回的循环。

图3-2-43（b）为压力控制的单缸往复动作回路，按下阀1的手动按钮后，阀3阀芯右移，气缸无杆缸进气，活塞杆前进，当活塞行程到达终点时，气压升高，打开顺序阀2，使阀3换向，气缸返回，完成气缸伸出缩回的循环。

图3-2-43（c）是利用阻容回路行程的时间控制单缸往复动作回路，按下阀1的按钮后，阀3换向，气缸活塞杆伸出，当压下行程阀2后，需经过一定的时间，阀3才能换向，再使气缸活塞杆返回，完成动作伸出缩回的循环。由以上可知，在单缸往复动作回路中，每按动一次按钮，气缸可完成一个伸出缩回的循环。

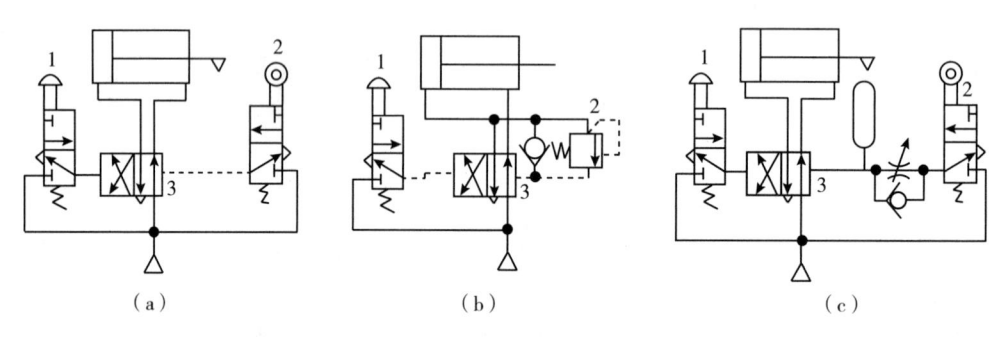

图 3-2-43　单缸往复动作回路

实训：

观察图3-2-44的气动机械手气动原理图，在下表中列出它使用的执行元件和控制元件，并抄画图3-2-44的气动原理图。

序号	元件名称	类别

续表

序号	元件名称	类别

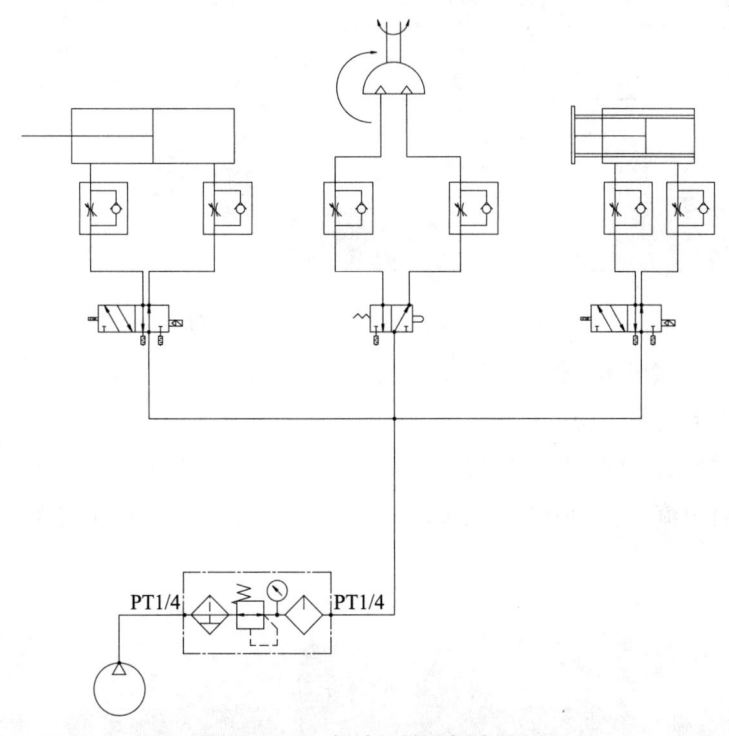

图 3-2-44 气动机械手气动原理

思考：

在气动机械手的控制回路中，还存在节流阀和减压阀控制气体的流动，你了解它们的作用吗？

3. 节流阀的使用

节流阀安装在气动回路中，通过调节阀的开度来调节空气流量，其结构和图形符号如图 3-2-45 所示。图中的节流口是轴向三角槽式，气从进气口 1 进入，经阀芯上的三角槽节流口后，由出气口 2 流出。转动把手可使阀芯做轴向移动，以改变节流口的通流面积。

可调节流阀开口度可无级调节，并可保持其开口度不变，可调节流阀常用于调节气缸活塞运动速度，可以直接安装在气缸上。

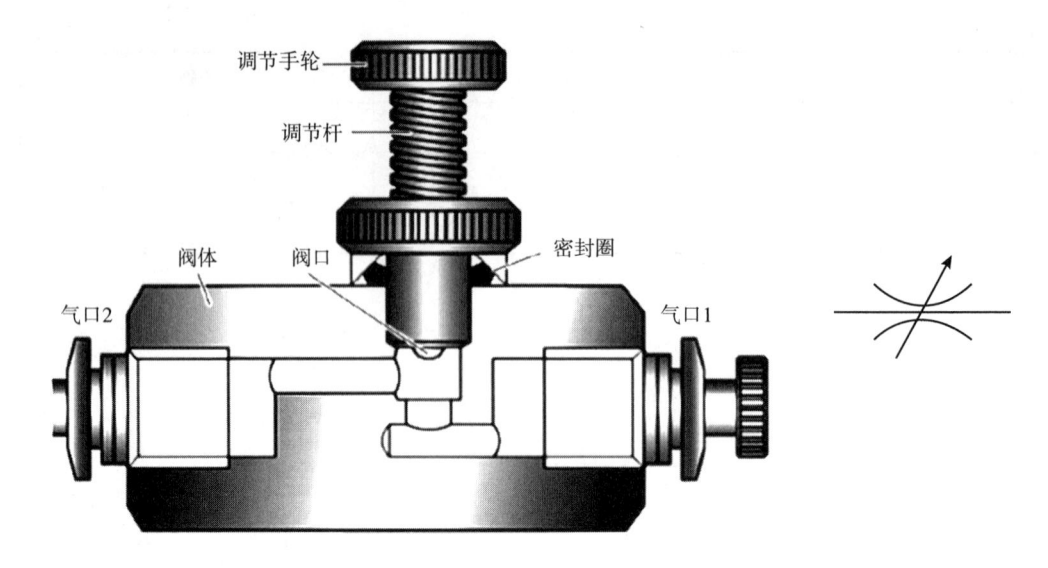

图 3-2-45　节流阀结构及图形符号

在实训 1 公共汽车车门开闭控制系统的搭建中，我们使用了如图 3-2-46 所示的单向节流阀。单向节流阀是气动系统中最常用的速度控制元件，常称为速度控制阀。它是由单向阀和节流阀并联而成的，节流阀只是在一个方向上起流量控制作用，相反方向的气流可以通过单向阀自由流通。利用单向节流阀可以对执行元件每个方向上的运动速度进行单独调节。

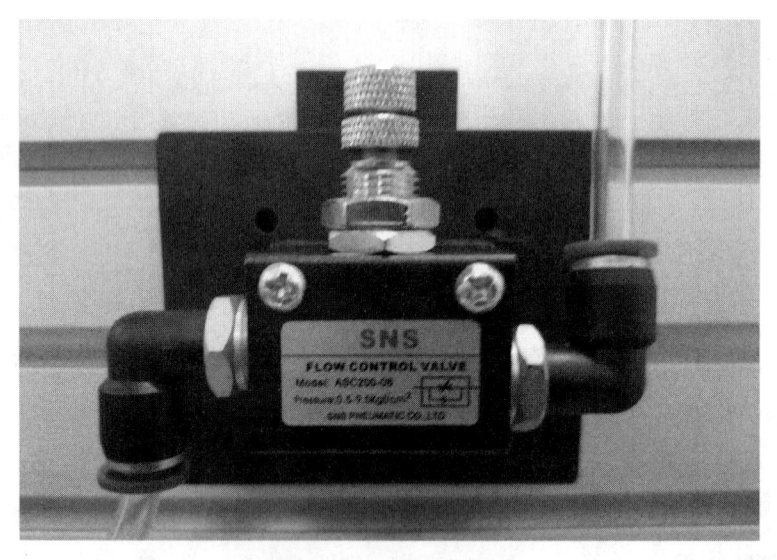

图 3-2-46　单向节流阀

如图 3-2-47 所示，压缩空气从单向节流阀的左腔进入时，单向密封圈被压在阀体上，空气只能从调节螺母调整大小的节流口通过，再由右腔输出，此时单向节流阀对压缩空气起调节流量的作用。压缩空气从单向节流阀的右腔进入时，单向密封圈在空气压力的作用下向上翘起，使得气体不必通过节流口，可以直接流至左腔并输出，此时单向节流阀没有节流作用，压缩空气可以自由流动。

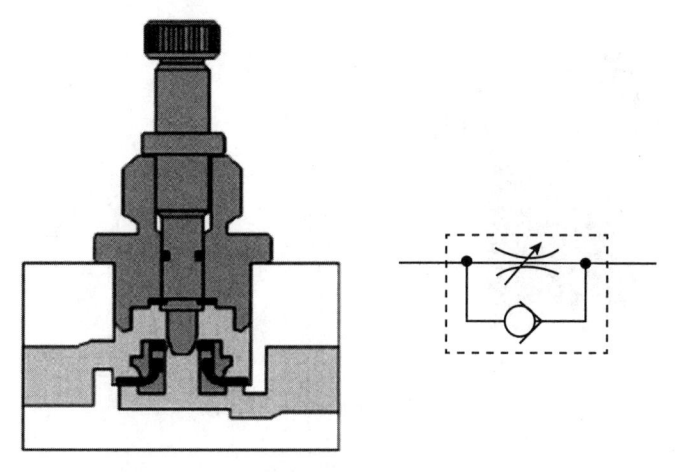

图 3-2-47　单向节流阀工作原理及图形符号

4. 减压阀的使用

减压阀利用气流流过隙缝产生压降的原理,将输出压力调节在比输入压力低的调定值上,并保持稳定不变。

减压阀又可分为定压减压阀、定比减压阀和定差减压阀三种。其中,定压减压阀应用最广,简称减压阀。减压阀也分为直动式和先导式两种。

直动式减压阀的结构如图 3-2-48（a）所示,进气口的节流作用减压,靠膜片上的力平衡作用和溢流孔的溢流作用稳定出口的气压。如图 3-2-48（b）所示,输出口的气体经过反馈阻尼孔进入膜片下腔,在膜片上形成向上的反馈力与弹簧力平衡。当减压阀输出负载发生变化,如进气口压力增高（图上用深色表示这部分气体压力值升高）,反馈力大于手柄弹簧时,膜片上移,阀杆在复位弹簧作用下也下移,减小了减压阀阀口,使出口压力减小,直到形成新的平衡,出口压力稳定在一个值上。减压阀实物如图 3-2-48（c）所示,其图形符号如图 3-2-48（d）所示。

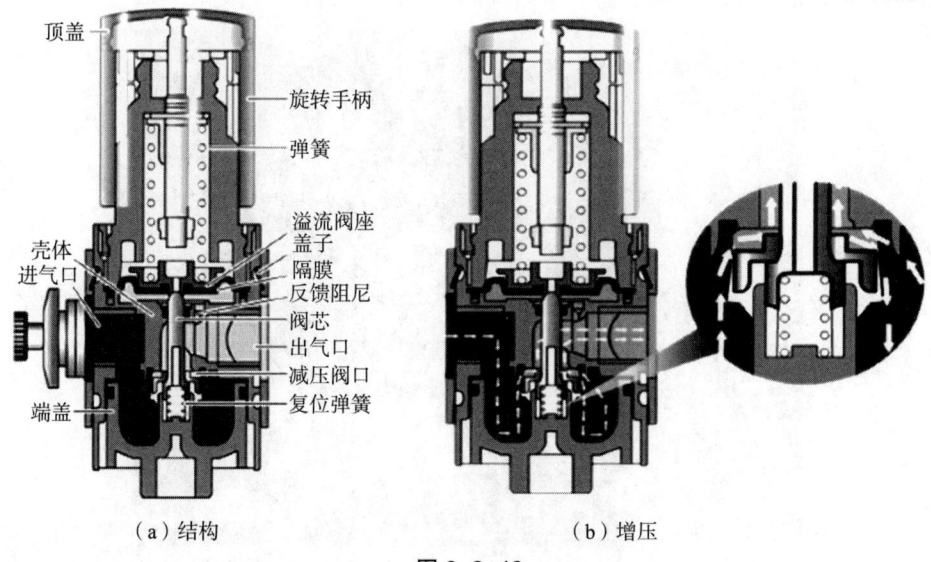

（a）结构　　　　（b）增压

图 3-2-48

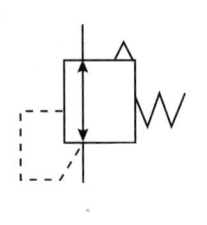

（c）减压阀实物　　　　　　　　　　（d）图形符号

图 3-2-48　直动式减压阀

减压阀使用时要注意以下事项：

根据所要求的工作压力、调压范围、最大流量和调压精度来选择减压阀。

减压阀一般都用管式连接，特殊需要也可用板式连接。减压阀常与过滤器、油雾器联用，可采用气动三联件或二联件，以节省空间。在减压阀压力调节时，应由低向高调，直到规定的压力值为止。

为了操作方便，减压阀一般都是垂直安装，手柄朝上。并且阀体箭头指向接管，不能将方向装错。安装前要做好清洁工作。

减压阀在储存和长期不使用时，应旋松手柄，以免阀内膜片因长期受力而变形。在正常使用的气动系统中，不允许放松手柄。

实训2　气动机械手气动系统的搭建

实训内容：装配如图 3-2-49 所示的气动机械手，进行气动系统的搭建，并进行系统的安装与调试，完成气动机械手物料搬运的动作。

图 3-2-49　气动机械手

三、装载机液压系统的搭建

（一）装载机液压系统认知

装载机是工程机械中重要的机种，是一种集铲、运、装、卸作业于一体的自行式机械，如图 3-2-50 所示。装载机采用液压系统作为动力机构执行各种动作，动力机构由油箱、油泵、低压控制系统、电动机及各种压力阀和换向阀等组成。气压传动的工作压力一般为 0.4～0.8MPa，所以气动系统的输出力较小，不足以进行重载的驱动。另外，由于气体具有很大的可压缩性，所以负载的变化对传动的影响很大。如果需要较大的输出力，需要平稳的传动，就要采用液压系统。因此，我们需要熟悉液压传动的工作原理、液压传动的特点、流体特性等。

图 3-2-50 装载机外形

在工程机械、冶金、军工、农机、汽车、轻纺、船舶、石油、航空和机床工业中，液压技术得到了普遍的应用。表 3-2-5 列举了液压与气压传动的部分应用实例。

表 3-2-5 液压与气压传动在各种行业中的一般应用

行业名称	应用举例	行业名称	应用举例
工程机械	装载机、推土机、挖掘机	机械制造	组合机床、剪板机、自动生产线
矿山机械	液压支架、凿岩机、开凿机	筑路机械	压路机、养路机
起重机械	起重机、升降平台、叉车	轻工机械	打包机、自动计量灌装机
冶金机械	轧钢机、转炉、压力机	纺织机械	印染机、织布机
锻压机械	压力机、锻压机、空气锤	气动工具	气扳机、气动搅拌机

液压传动与气压传动相比有许多不同点，如表 3-2-6 所示。

表 3-2-6 液压传动与气压传动的区别

比较项目	气压传动	液压传动
负载变化对传动的影响	影响较大	影响较小
润滑方式	需设置润滑装置	介质为液压油，可直接用于润滑，不需要设润滑装置
速度反应	速度反应较快	速度反应较慢
系统构造	结构简单，制造方便	结构复杂，制造相对较难
信号传递	信号传递较易，且易实现中距离控制	液压传递信号较难，常用于短距离控制
环境要求	可用于易燃、易爆、冲击场合，不受温度污染的影响，存在泄漏现象，但不污染环境	对温度污染敏感，存在泄漏现象，且污染环境，易燃
产生的总推力	具有中等推力	能产生大推力
节能、寿命和价格	所用介质是空气，其寿命长，价格低	所用介质是液压油，寿命相对短，价格较贵
维护	维护简单	维护复杂，排除故障困难
噪声	噪声大	噪声较小

（二）装载机液压系统组成

液压系统传动的过程如图 3-2-51 所示，先通过动力元件（液压泵）将原动机（如电动机）输入的机械能转换为液体压力能，再经密封管道和控制元件等输送至执行元件（如液压缸），将液体压力能又转换为机械能以驱动工作部件。

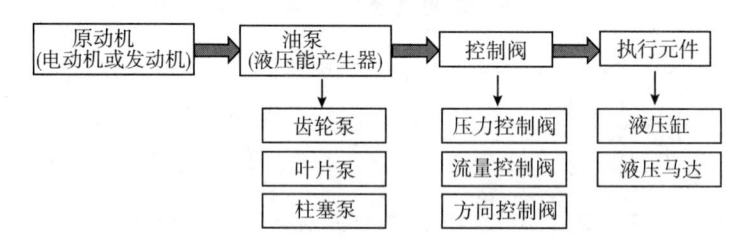

图 3-2-51 液压系统传动

液压传动系统的组成包括：

①动力元件，即液压泵，其职能是将原动机的机械能转换为液体的压力动能（表现为压力、流量），其作用是为液压系统提供压力油，是系统的动力源。

②执行元件，指液压缸或液压马达，其职能是将液压能转换为机械能而对外做功，液压缸可驱动工作机构实现往复直线运动（或摆动），液压马达可完成回转运动。

③控制元件，指各种液压阀，利用这些元件可以控制和调节液压系统中液体的压力、流量和方向等，以保证执行元件能按照人们预期的要求进行工作。

④辅助元件，包括油箱、滤油器、管路及接头、冷却器、压力表等。它们的作用是提供必要的条件使系统正常工作并便于监测控制。

⑤工作介质，即传动液体，通常称液压油。液压系统就是通过工作介质实现运动和动

力传递的，另外，液压油还可以对液压元件中相互运动的零件起润滑作用。

（三）压力和液压油的选用

1. 基本概念

（1）压力

液体单位面积上所受的法向力称为压力，这一定义在物理学中称为压强，但在液压传动中习惯称为压力，压力通常以 p 表示，常用单位为 MPa（$1\text{MPa}=10^6\text{Pa}=10^6\text{N/m}^2$）。

（2）帕斯卡原理

在密闭容器内，施加于静止液体上的压力，能等值地传递到液体上各点，这就是液体压力传递原理，也称帕斯卡原理。

如图 3-2-52 所示，密闭容器中，截面积为 A_1 的柱塞承受力为 F_1，截面积为 A_2 的柱塞承受物体 W，无论 F_1 怎样变化，容器中 1、2、3 所受的液体压力均相等。

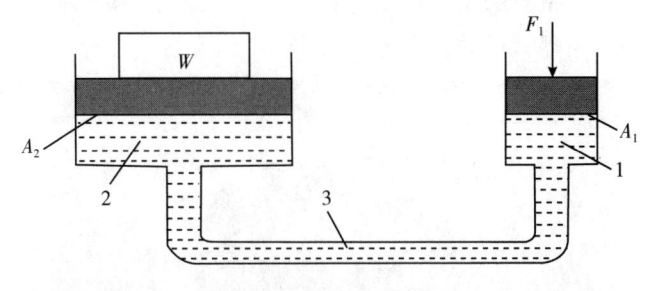

图 3-2-52　帕斯卡原理

在液压传动系统中，通常外力产生的压力要比液体自重产生的压力大得多，因此液体自重产生的压力（pgh）可以忽略不计，而认为静止液体中压力处处相等。

（3）液体对固体薄壁的作用力

当固体薄壁为平面时，液体对该平面的作用力 F 等于液体压力 p 与该平面面积 A 的乘积（作用力方向与平面垂直），即 $F=pA$。

如图 3-2-53 所示的液压千斤顶案例中，假设小液压缸处压力为 p_1，面积为 A_1，则作用力 $F_1=p_1A_1$；大液压缸处压力为 p_2，面积为 A_2，则作用力 $F_2=p_2A_2$；根据帕斯卡原理，$p_1=p_2$，则 $F_1=\dfrac{A_1}{A_2}F_2$，即 A_1 与 A_2 的比值越小，就越能用更小的力撬动更大的重量。

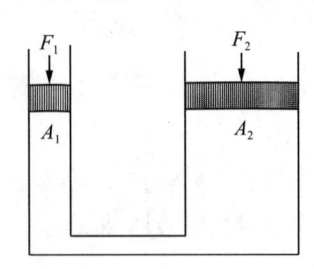

图 3-2-53　液压千斤顶工作原理

2. 液压油的选用

液压传动是以液压油作为工作介质进行能量传递的，因此，了解液体的基本性质，对于正确理解液压传动原理，以及合理设计和使用液压系统都是非常必要的。

（1）密度

单位体积液体的质量称为该液体的密度，即

$$\rho = \frac{m}{V}$$

式中，V 为液体的体积；m 为体积为 V 的液体的质量；ρ 为液体的密度。

密度是液体的一个重要的物理参数。随着液体温度或压力的变化，其密度也会发生变化，但这种变化量通常不大，可以忽略不计，一般液压油的密度为 900kg/m³。

（2）液压油的黏度

液体在外力作用下流动时，液体分子间的内聚力会阻碍分子间的相对运动，而产生内摩擦力，这一特性称为液体的黏性。液体只有在流动时才会呈现黏性。黏性的大小可以用黏度表示，黏度是液体最重要的特性之一，是选择液压油的主要依据，如图 3-2-54 所示。液体的常用黏度有动力黏度、运动黏度等。

图 3-2-54　液压油的黏度

液压油的黏度对温度变化十分敏感，温度升高，黏度将显著降低。液压油的黏度随温度变化的性质称为黏温特性。不同种类的液压油具有不同的黏温特性。每种液压油都有不同的黏度等级，在选择液压油品种时，还必须确定其黏度等级。液压油的黏度对液压系统的工作稳定性、可靠性、效率和磨损都有显著影响。在选择黏度等级时应注意以下几个因素：

①工作压力。工作压力较高的液压系统为防止泄漏宜选用黏度较高的液压油；反之，选用黏度等级较低的液压油。

②环境温度。环境温度较高时，宜选用黏度等级较高的液压油；反之，选用黏度等级较低的液压油。

③运动速度。当运动部件的速度较高时，由于流速快，压力损失大，宜选用黏度等级较低的液压油；反之，选用黏度等级较高的液压油。

（3）液压油的选用要求

液压油是液压系统的重要组成部分，它除了传递能量外，还起着润滑的作用，因此要求液压油具有如下特性：

①合适的黏度，良好的黏温特性（一般要求黏度指数 VI 在 90 以上）。

②良好的抗泡性和空气释放性，即要求油液在工作中产生的气泡少，且气泡能很快破灭和溶混于油中的微小气泡容易释放出来。

③较低的凝点或倾点（一般使用温度应比凝点高 5~7℃，比倾点高 3℃），即要求油有良好的低温流动性。

④良好的氧化安定性（抗氧化性）。

⑤良好的抗磨性。

⑥良好的防腐防锈性。

优质液压油不仅要具有上述几种特性，还要求有良好的水解安定性、热安定性、抗乳化性、过滤性和抗剪切性等。

（四）液压源装置的搭建

装载机在工程施工中，频繁地进行装卸动作，且作用力很大，这种动力就来源于液压动力元件——液压泵。液压传动系统中使用的液压泵都是容积式液压泵，它是借助配流装置，依靠密闭容积的周期性变化来工作的。

常用的容积式泵类型按输出流量是否可调分为定量泵和变量泵，按输出液流的方向分为单向泵、双向泵，按液压泵的结构分类如图 3-2-55 所示。

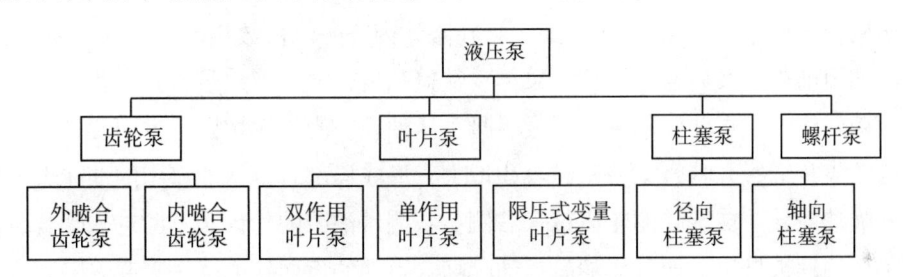

图 3-2-55　按液压泵的结构分类

按液压泵的压力不同可分为低压泵、中压泵、中高压泵、高压泵、超高压泵，如表 3-2-7 所示。

表 3-2-7　按液压泵压力不同分类

压力分级	低压	中压	中高压	高压	超高压
压力（MPa）	2.5	>2.5~8	>>8~16	>16~32	>32

各种液压泵的图形符号如图 3-2-56 所示。

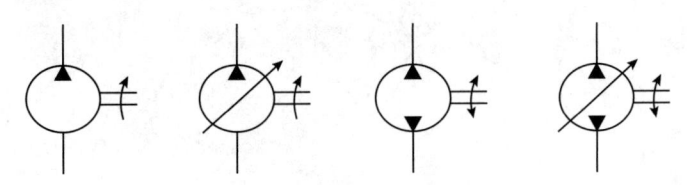

（a）单向定量液压泵　（b）单向变量液压泵　（c）双向定量液压泵　（d）双向变量液压泵

图 3-2-56　各种液压泵的图形符号

1. 齿轮泵

齿轮泵是一种常用的液压泵。它的主要优点是结构简单，制造方便，价格低廉，体积小，重量轻，自吸性能好，对油的污染不敏感，工作可靠，便于维护修理；又因齿传输线是对称的旋转体，故允许转速较高。但其缺点是流量脉动大，噪声大，排量不可调（定量泵）。

齿轮泵有外啮合和内啮合两种结构形式。

（1）外啮合齿轮泵

外啮合齿轮泵的剖面结构如图 3-2-57 所示。

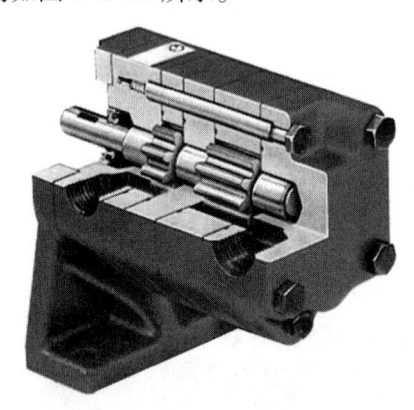

图 3-2-57　外啮合齿轮泵的剖面结构

其结构及工作原理如图 3-2-58 所示，在泵体内有一对齿数相同的外啮合渐开线齿轮。齿轮的两端由前盖 3 及后盖 5 罩住。泵体、端盖和齿轮之间形成了密封容腔，并由两个齿轮的齿面接触线将左右两腔隔开，形成了吸、压油腔。当齿轮按图示方向旋转时，左侧吸油腔内的轮齿相继脱开啮合，使密封容积增大，形成局部真空，油箱中的油在大气压力作用下进入吸油腔，并被旋转的轮齿带入右侧。右侧压油腔的轮齿则不断进入啮合，使密封容积减小，油液被挤出，通过压油口排油。啮合点处的齿面接触线一直起着隔离高、低压腔的作用。

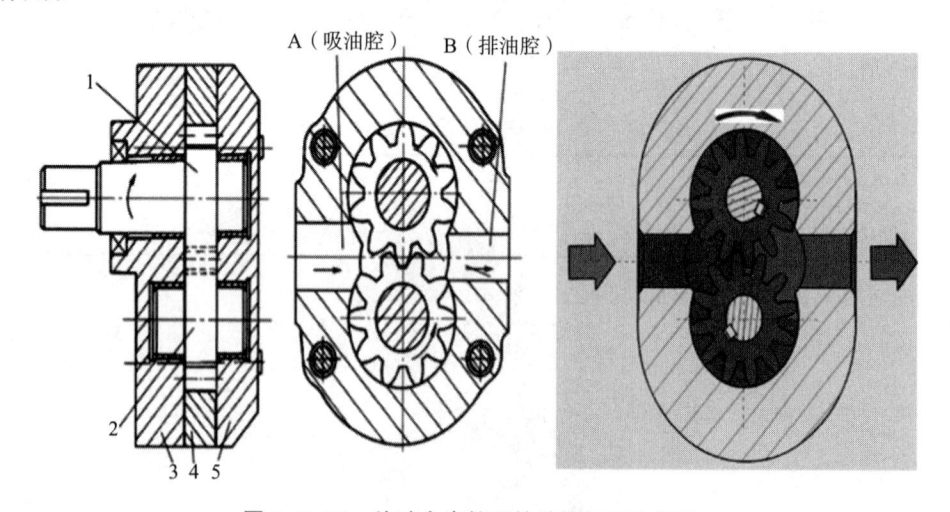

图 3-2-58　外啮合齿轮泵的结构与工作原理
1.主动齿轮；2.从动齿轮；3.前盖；4.外壳；5.后盖

外啮合齿轮泵的优点是结构简单，体积小，质量轻，抗油液污染能力强，工作可靠，自吸能力强（允许的吸油真空度大），价格低廉，维护容易；它的缺点是内部泄漏比较大，噪声大，流量脉动大，排量不能调节，磨损严重。上述特点使得齿轮泵通常被用于工作环境比较恶劣的各种低压、中压系统中。

（2）内啮合齿轮泵

内啮合齿轮泵的结构如图 3-2-59 所示。内啮合齿轮泵有许多优点，如结构紧凑，体积小，零件少，转速高达 10000r/mim，运动平稳，噪声低，容积效率较高等。其缺点是流量脉动大，转子的制造工艺复杂等，目前已采用粉末冶金压制成型。随着工业技术的发展，摆线齿轮泵的应用将会越来越广泛。内啮合齿轮泵可正、反转，可作液压马达用。

图 3-2-59　内啮合齿轮泵的结构

讨论：

两人一组，分别绘制并描述外啮合齿轮泵的工作原理。

2.各类泵的性能比较及应用

除了使用较多的齿轮泵外，液压泵还有叶片泵、柱塞泵等，应用于不同的场景中。为比较各类液压泵的性能，以利于选用，将它们的主要性能及应用场合列于表 3-2-8 中。

表 3-2-8　各类液压泵的性能比较及应用

类型	齿轮泵	双作用叶片泵	限压式变量叶片泵	轴向柱塞泵	径向柱塞泵
工作压力（MPa）	< 2	6.3 ~ 21	≤ 7	20 ~ 35	10 ~ 20
容积效率	0.70 ~ 0.95	0.80 ~ 0.95	0.80 ~ 0.90	0.90 ~ 0.98	0.85 ~ 0.95
总效率	0.60 ~ 0.85	0.75 ~ 0.85	0.70 ~ 0.85	0.85 ~ 0.95	0.75 ~ 0.92
流量调节	不能	不能	能	能	能
流量脉动率	大	小	中等	中等	中等
自吸特性	好	较差	较差	较差	差
对油的污染敏感性	不敏感	敏感	敏感	敏感	不敏感
噪声	大	小	较大	大	大
单位功率造价	低	中等	较高	高	高
应用范围	机床、工程机械、农机、航空、船舶	机床、注塑机、液压机、起重运输机械、工程机械、飞机	机床、注塑机	工程机械、锻压机械、起重运输机械、矿山机械、冶金机械、船舶、飞机	机床、液压机、船舶机械

3. 液压系统辅助元件

液压系统的辅助元件包括：蓄能器、过滤器、油箱、热交换器、油管、密封件等，这些元件结构简单，但对于液压系统的工作性能、噪声、温升、可靠性等都有直接影响。例如滤油器的功能就是过滤油液中的杂质，根据统计，液压系统的故障有75%以上是由于油液不洁净造成的，正确使用和维护滤油器，就可以减少液压系统的故障发生，保证液压系统正常工作。

（1）油箱

液压系统的液压油必须储存在油箱内，油箱的功用包括：

①储存系统所需的足够的油液。

②散发油液中的热量。

③分离油箱中的气体及沉淀物。

④为系统中元件的安装提供位置。

油箱中的油液必须是符合液压系统清洁度要求的油液，因此，对油箱的设计、制造、使用和维护等方面提出了更高的要求。油箱上通常安装液压系统所需的液压泵、电机及各种阀类组成液压泵站，如图3-2-60所示。

图 3-2-60　液压泵站

（2）液压管件

管件是用来连接液压元件、输送液压油液的连接件，包括油管和管接头。它应有足够的强度，没有泄露，密封性好，压力损失小，拆装方便。

①油管。油管分为硬管和软管，硬管包括：钢管、紫铜管。软管包括：尼龙管、塑料管、橡胶软管。在实际选用时，要根据液压装置工作条件和压力大小来选择。

②管接头。管接头是油管与液压元件、油管与油管之间可拆卸的连接件。应满足强度足够、拆装方便、连接牢固、密封性好、外形尺寸小、压力损失小、工艺性好的要求。管接头种类很多，常用管接头包括：焊接式管接头、卡套式管接头、扩口式管接头、扣压式管接头、快速管接头。

（五）执行机构的搭建

液压泵提供装载机装卸动作的动力，这时，需要液压缸作为执行元件，带动料斗实现装卸的动作。

1. 液压缸的作用

液压缸是将液压能转变为机械能、做直线往复运动（或摆动运动）的液压执行元件。它的结构简单、工作可靠。用它来实现往复运动时，可免去减速装置，并且没有传动间隙，运动平稳，因此在各种机械的液压系统中得到广泛应用。

液压缸的输出力与活塞有效面积及其两边的压差成正比。液压缸一般由缸筒和缸盖、活塞和活塞杆、密封装置、缓冲装置与排气装置组成，其中缓冲装置与排气装置视具体应用场合而定，其他装置则必不可少。

2. 液压缸的分类

液压缸按结构特点不同，可分为活塞式和伸缩套筒式等。

（1）活塞式液压缸

活塞式液压缸有双活塞杆缸和单活塞杆缸两种，其图形符号如图 3-2-61 所示。

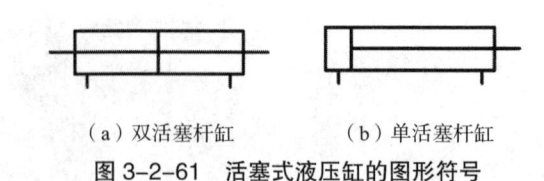

（a）双活塞杆缸　　　（b）单活塞杆缸

图 3-2-61　活塞式液压缸的图形符号

活塞杆仅从某一侧伸出的液压缸称为单活塞式液压缸。如图 3-2-62 所示，单活塞式液压缸按作用方式的不同，可分为单作用液压缸，其液压或气动只控制缸体内活塞单向运动，反向回程要靠重力、弹簧力或负载实现，可应用在只要求液压力在单个方向上做功的场合；双作用单活塞液压缸，其伸出和缩回均由液压推动实现。

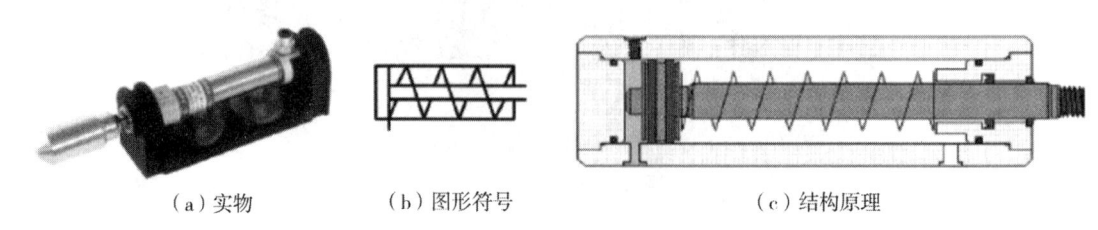

（a）实物　　　（b）图形符号　　　（c）结构原理

图 3-2-62　弹簧复位单杆活塞液压缸

（2）伸缩套筒式液压缸

如图 3-2-63 所示为伸缩套筒式液压缸。这种液压缸在自卸卡车上比较常见。其特点是活塞杆伸出行程大，收缩后结构尺寸小。它的推力和速度是分级变化的。伸出时，有效工作面积大的套筒活塞先运动，速度慢、推力大；当套筒活塞全部伸出后，活塞才开始运动，此时，运动速度大、推力小。缩回时，一般在活塞全部缩回后，套筒活塞才开始返回。这种液压缸结构紧凑，适用于自卸汽车、起重机及自动线的输送带等。

图 3-2-63　伸缩套筒式液压缸

（六）控制回路的搭建

装载机的液压系统在执行工程任务时，需要采用液压控制元件对回路进行方向控制，并依据现场条件的不同，进行流量、压力的调节，这些需要用到的是方向控制阀、流量控制阀及压力控制阀。

1. 方向控制阀

方向控制阀是控制液压系统液流方向或油路的通断的阀,它分为单向阀和换向阀两类。

(1)单向阀

单向阀的作用是控制油液只按一个方向流动,而不能反向流动。如图3-2-64所示为单向阀的结构和图形符号。压力油从进油口P1流入,克服弹簧3的作用力推动阀芯2右移,经环形阀口从出油口P2流出。当液流反向时,在弹簧力和油液压力作用下,阀芯锥面紧压在阀座上,使阀口关闭,则油液不能通过,从而实现油液的单向流动。

单向阀中的弹簧主要用来克服阀芯复位时的摩擦力和惯性力,并使单向阀关闭迅速可靠。弹簧刚度一般较小,以免液流通过时产生过大的压力损失。一般单向阀开启压力为0.035~0.05MPa,若更换硬弹簧,使其开启压力达到0.2~0.6MPa,便可作背压阀使用。

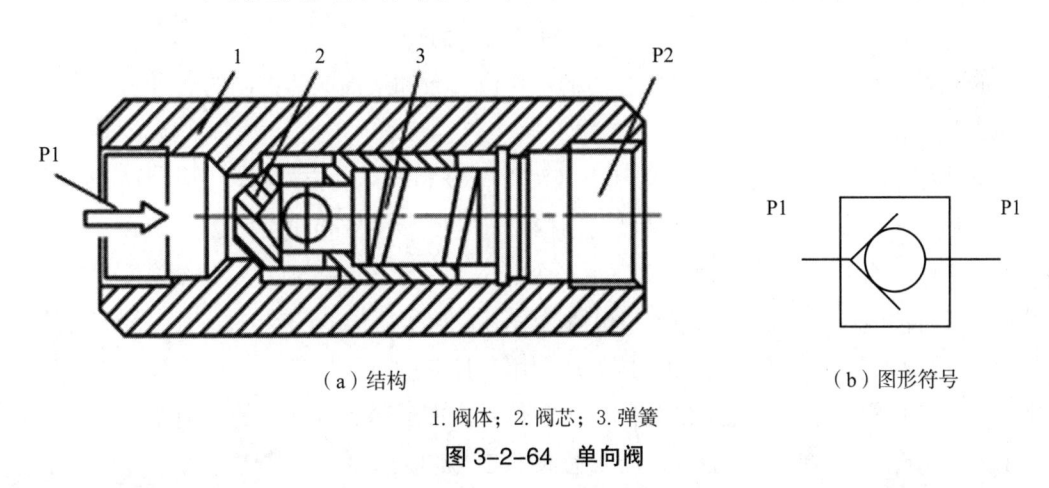

(a)结构

1.阀体;2.阀芯;3.弹簧

(b)图形符号

图3-2-64 单向阀

(2)换向阀

换向阀是利用阀芯和阀体体孔间相对位置的所示改变来控制液流方向或油路通断,从而实现控制液压系统工作状态的控制阀。图3-2-65所示为换向阀的工作原理。图示状态下,液压缸不通压力油,活塞处于停止状态。若使换向阀阀芯1左移,则阀体2的油口P和A,B和T相通,则压力油经P、A进入液压缸左腔,右腔油液经B、T流回油箱,活塞向右运动[图3-2-65(b)];反之,若使阀芯右移,则油口P和B、A和T相通,活塞向左运动[图(3-2-65(c))]。

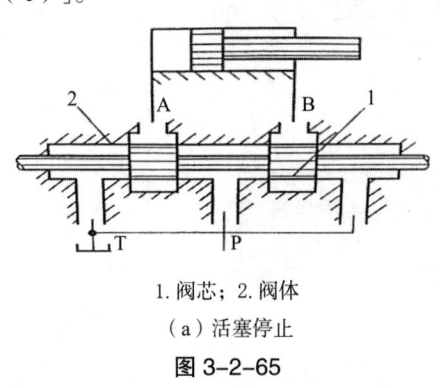

1.阀芯;2.阀体

(a)活塞停止

图3-2-65

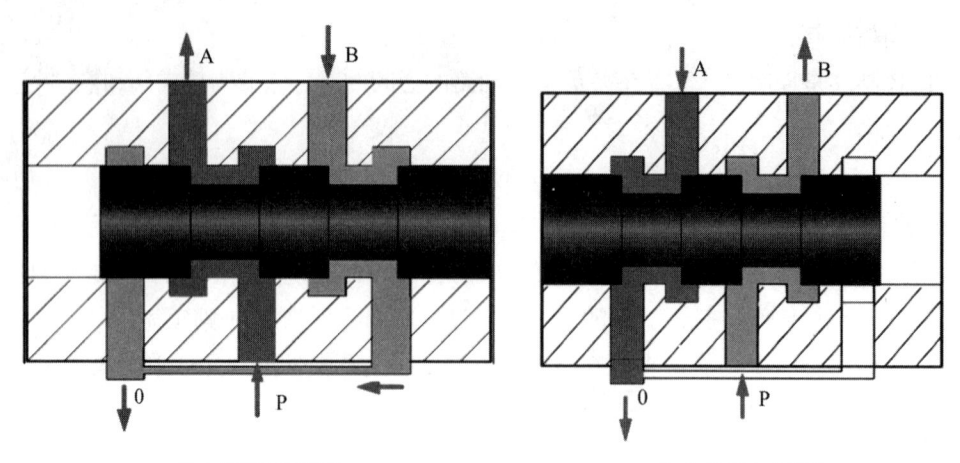

（b）活塞向右移动　　　　　　　　　（c）活塞向左移动

图 3-2-65　换向阀工作的原理

换向阀种类很多，按阀芯在阀体孔内的工作位置数和换向阀所控制的油口通路数可分为二位二通、二位三通、二位四通、二位五通、三位四通和三位五通等；按换向阀控制方式可分为手动、机动、电动、液动和电液动等；按阀芯运动方式可分为滑阀、转阀等。表 3-2-9 列出了几种常用滑阀式换向阀的结构原理、图形符号和使用场合。

由表 3-2-9 可知，二位二通阀相当于一个开关，用于控制油口 P、A 的通断；二位三通阀有三个油口，一个位置上 P 与 A 相通，另一个位置上 A 与 T 相通，用于油路切换，二位四通、三位四通、二位五通和三位五通阀用于控制执行元件换向。二位阀与三位阀的区别在于，三位阀有中间位置而二位阀无中间位置。四通阀和五通阀的区别在于，五通阀具有 P、A、B、T_1 和 T_2 五个油口，而四通阀的 T_1 和 T_2 油口在阀体内连通，故对外只有 P、A、B 和 T 四个油口。

表 3-2-9　滑阀式换向阀的结构原理、图形符号和使用场合

阀的名称	结构原理	图形符号	使用场合
二位二通阀			控制油路的接通与切断
二位三通阀			控制油液方向

续表

阀的名称	结构原理	图形符号	使用场合
二位四通阀			不能使执行元件在任一位置停止运动
三位四通阀			能使执行元件在任一位置停止运动
二位五通阀			不能使执行元件在任一位置停止运动
三位五通阀			能使执行元件在任一位置停止运动

当三位换向阀的阀芯处于中间位置时，其各油口间有各种不同的连通方式，这种连通方式称为中位机能或中位滑阀机能。表3-2-10为三位四通换向阀常用的几种中位滑阀机能。

表3-2-10 三位四通换向阀的中位滑阀机能

中位代号	中位符号	换向平稳性	换向精度	启动平稳性	系统卸荷	缸浮动
O		差	高	较好	否	否
H		较好	低	差	是	是

续表

中位代号	中位符号	换向平稳性	换向精度	启动平稳性	系统卸荷	缸浮动
P	(B, P, T)	好	较高	好	否	双杆缸浮动 单杆缸差动
Y	(A, B, P, T)	较好	低	差	否	是
M	(A, B, P, T)	差	高	较好	是	否

（3）基本换向回路

换向回路的功能是改变执行元件的运动方向。图3-2-66为简单换向回路，应注意在液压源中串联溢流阀。

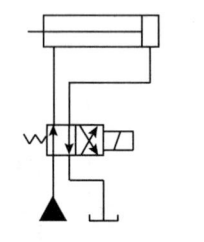

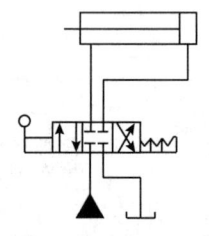

（a）二位四通电磁换向阀换向　　（b）三维四通手动换向阀换向

图 3-2-66　简单换向回路

实训：

观察图3-2-67所示的装载机液压系统原理，在下表中列出所使用的执行元件和控制元件，并抄画图3-2-67的气动原理图。

序号	元件名称	类别

续表

序号	元件名称	类别

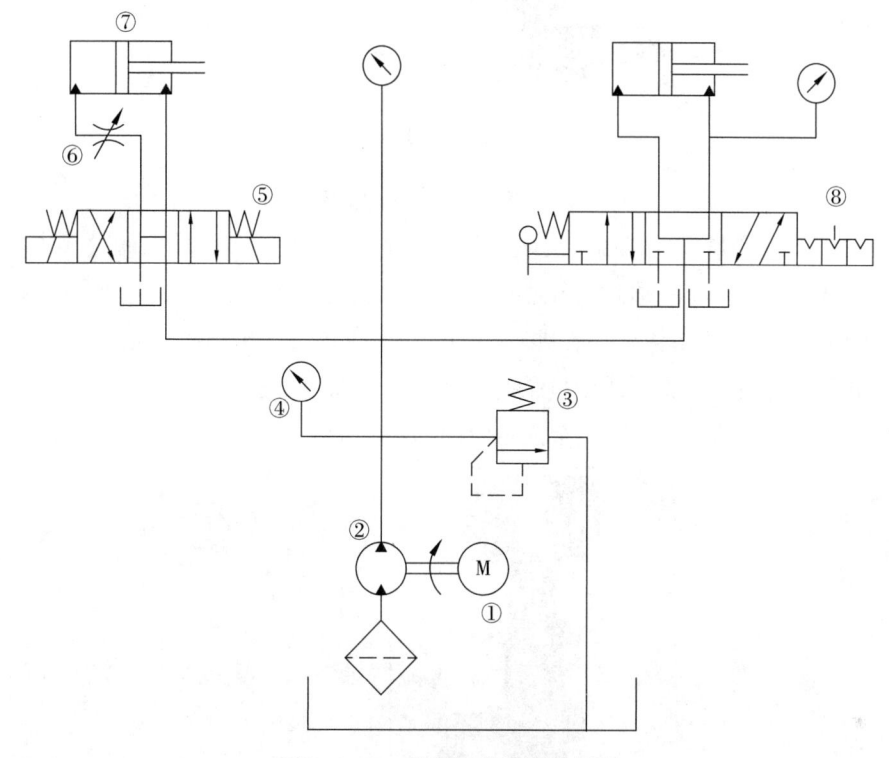

图 3-2-67 装载机液压系统原理

> **思考：**
>
> 在装载机液压系统的控制回路中，还存在节流阀和溢流阀控制液压油的流动，你了解它们的作用吗？

2. 节流阀

节流阀是通过改变节流截面或节流长度以控制流体流量的阀门。节流口的大小可以进行调定，其结构如图 3-2-68 所示。节流阀没有流量负反馈功能，不能补偿由负载变化所造成的速度不稳定，一般仅用于负载变化不大或对速度稳定性要求不高的场合。

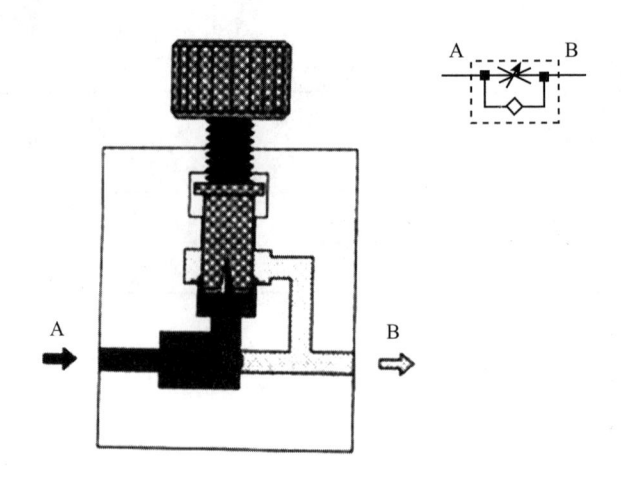

图 3-2-68 可调节单向节流阀

单向节流阀由可调节流阀和单向阀组成。如图 3-2-69 所示的单向阀关闭方向（从油口 A 到油口 B），工作油液通过可调节流阀流出，这会产生较大压力损失。沿相反方向（从油口 B 到油口 A）无节流作用，即工作油液可自由流过（单向阀功能）。

可调单向节流阀与溢流阀或变量泵一起使用，可以改变速度。随着可调节流阀进口压力升高，导致溢流阀开启，此时多余流量流回油箱。

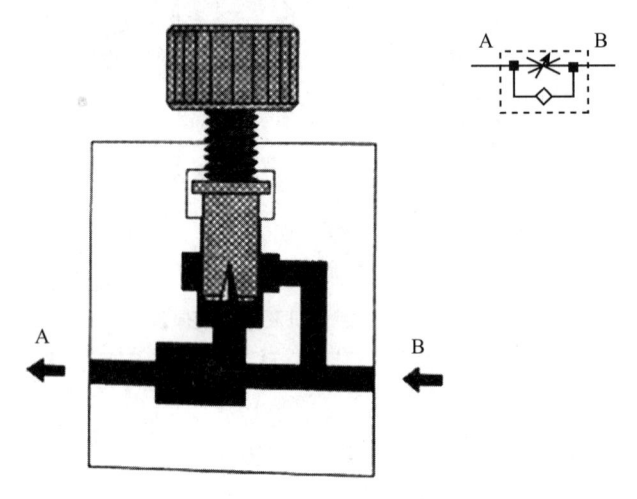

图 3-2-69 相反方向无节流作用

3. 溢流阀

在液压系统中，溢流阀的用途很广，其主要用途是在溢去系统多余油液的同时使系统压力得到调整并保持基本恒定，同时在系统压力大于其调定压力时溢流，起安全保护作用。

图 3-2-70 为溢流阀的工作原理。压力为 p 的油液经进油口 P 进入溢流阀的同时也经阻尼孔 a 进入其阀芯 1 的下端。当溢流进油口处压力较低时，阀芯在调压弹簧作用下处于最下端，溢流阀口关闭，溢流对进油口处压力（系统回压力）不产生影响；当进油口处压力升高时，液压力推动调压弹簧上移打开溢流阀口，液压泵输出的部分油液经进油口 P、溢流口和回油口 T 流回油箱，溢流阀进油口处压力（系统压力）因此不再升高，阀芯也相

应处于新的平衡位置。

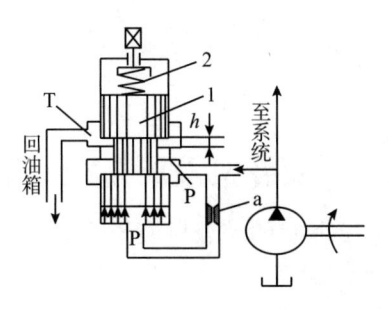

图 3-2-70 溢流阀的工作原理
1.阀芯；2.调压弹簧

溢流阀处于溢流阀口打开溢流时，若系统压力受负载影响而上升，阀芯会相应上移使溢流阀口开大，溢流阻力则会减小，于是系统压力下降；如系统压力因负载减小而下降，则阀芯会下移使溢流阀口关小，溢流阻力就增大从而限制系统压力继续下降，因此系统压力在溢流阀的控制作用下能保持基本恒定。

当阀芯因移动过快而引起振动时，图中的阻尼孔 a 起消振作用，以提高溢流阀的工作平稳性。调节调压弹簧的预压缩量就可调节溢流阀进油口处的压力。

溢流阀的应用回路：

① 作溢流调压。在采用定量泵供油的液压系统中，若由流量控制阀调节进入执行元件的流量，定量泵输出的多余油液则从溢流口溢回油箱。在工作过程中溢流处于其调定压力下的溢流口常开状态，系统的工作压力由溢流阀调整并保持基本恒定，如图 3-2-71（a）所示溢流阀。

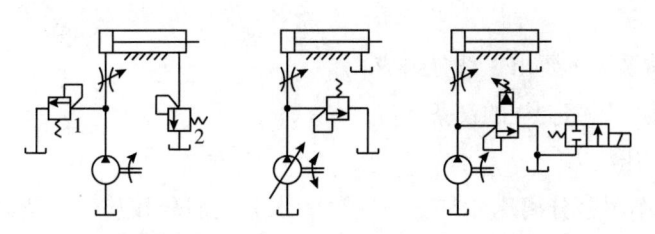

（a）作溢流调压、背压阀　（b）作安全保护　（c）作卸荷阀

图 3-2-71 溢流阀的应用回路

② 作安全保护。图 3-2-71（b）为一变量泵供油系统。执行元件速度由变量自身调节，系统中无多余油液需要溢去，系统工作压力随负载变化而变化。正常工作时，溢流阀口关闭。一旦过载，溢流口立即打开，使油液流回油箱，系统压力不再升高，以保障系统安全。

③ 作卸荷阀。图 3-2-71（c）为用先导型溢流调压的定量泵供油液压系统，将先导型流阀远程控制口 K 通过二位二通电磁换向与油箱连接。当电磁铁断电时，远程控制口被堵塞，溢流阀起溢流稳压作用；当电磁铁通电时，远程控制口 K 通油箱，先导型溢流阀的主阀芯上端压力接近于零，此时溢流阀口全开，回油阻力很小，输出的油液便在低压下经溢流口流回油箱，液压系统卸荷，从而减小系统功率损失，故溢流阀起卸荷作用。

④ 作背压阀。如图 3-2-71（a）所示溢流阀 2。将溢流阀接在回油路上，可对回油产

生阻力，在回油腔形成背压，背压力可通过溢流阀调定。利用背压阀可以提高执行元件的运动平稳性。

实训3　装载机液压系统的搭建

实训内容：连接如图3-2-72所示的装载机液压系统，进行液压系统的搭建，并进行系统调试，完成液压系统的动作。

图3-2-72　装载机液压系统

练习题

1. 填空题

（1）气压传动系统主要由4部分组成：_____、_____、_____、_____。

（2）_____是获得压缩空气的设备。

（3）常见的空压机有_____、_____、_____三种。

（4）_____的作用是分离压缩空气中凝聚的水分、油分和灰尘等杂质，使压缩空气得到初步净化。

（5）_____能滤除压缩空气中的固态杂质、水滴和油污等污染物，以达到气动系统所要求的净化程度。

（6）气动三联件联合使用时，其连接顺序应为_____→_____→_____。

（7）导向气缸一般由一个_____和一个_____组成。

（8）旋转手指气缸是通过_____来进行手指运动。

（9）真空系统一般由_____、_____、_____及_____组成。

（10）_____是真空系统中的执行元件，用于吸持表面光滑平整的工件。

（11）方向控制阀主要有_____、_____、_____三种。

（12）_____是利用电磁线圈通电时所产生的电磁吸力使阀芯改变位置来实现换向的，简称电磁阀。

（13）_____是气动系统中最常用的速度控制元件，常称为速度控制阀。

（14）液压传动系统由5个部分组成，包括：_____、_____、_____、_____、_____。

（15）液压传动系统中使用的液压泵都是_____，它是借助配流装置，依靠密闭容积的周期性变化来工作的。

（16）_____是将液压能转变为机械能、做直线往复运动（或摆动运动）的液压执行元件。

（17）液压缸按结构特点不同，可分为_____、_____、_____、_____等。

（18）_____是利用阀芯和阀体体孔间相对位置的改变，来控制液流方向或油路通断，从而实现控制液压系统工作状态的控制阀。

2. 简答题

（1）空压机使用时的注意事项有哪些？

（2）单作用气缸有哪些特点？

（3）消声器的作用是什么？

（4）减压阀使用时有哪些注意事项？

（5）外啮合齿轮泵有哪些优缺点？

（6）液压系统中油箱的功用是什么？

（7）溢流阀的应用回路有哪几种？

任务完成报告

姓名		学习日期	
任务名称	液压气动传动基础知识		
学习自评	考核内容	完成情况	
	1. 搭建公共汽车车门开闭系统	□好 □良好 □一般 □差	
	2. 搭建气动机械手气动系统	□好 □良好 □一般 □差	
	3. 搭建装载机液压系统	□好 □良好 □一般 □差	
学习心得			

任务3　典型机床电路图纸认识

Z3050型摇臂钻床是具有广泛用途的万能型钻床，本任务介绍该机床的基本结构，重点介绍机床电路图纸的识读，通过识读电气原理图掌握元器件之间的接线方式。

学习目标

知识目标

1. 了解Z3050型摇臂钻床基本结构；
2. 掌握电器元器件的接线方式；
3. 掌握机床电气图纸的识读。

能力目标

1. 能够掌握机床常用元器件的原理及接线方式；

2. 能够读懂电气原理图、布置图、接线图；
3. 能够通过电气原理图，掌握元器件之间的接线方式。

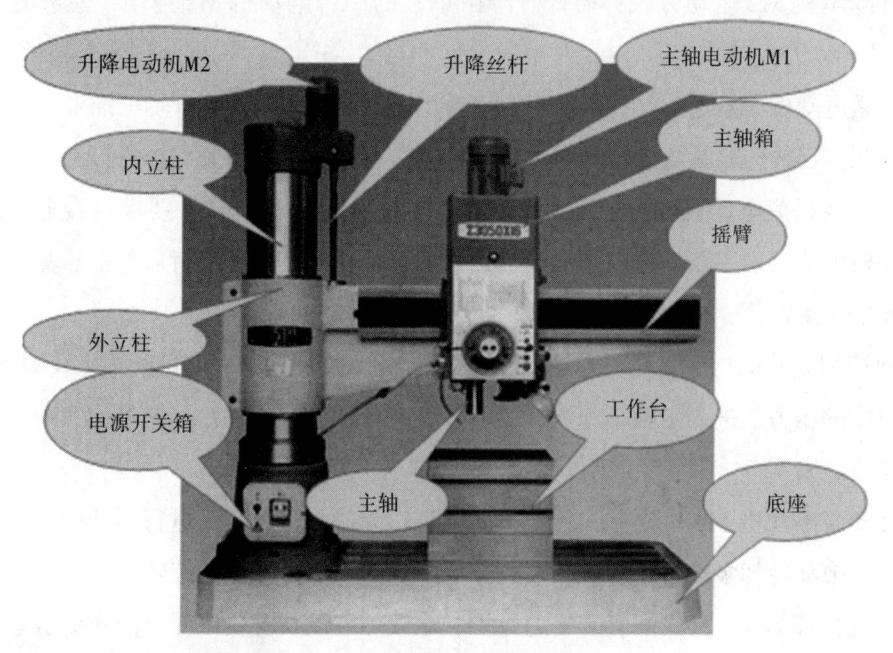

学习内容

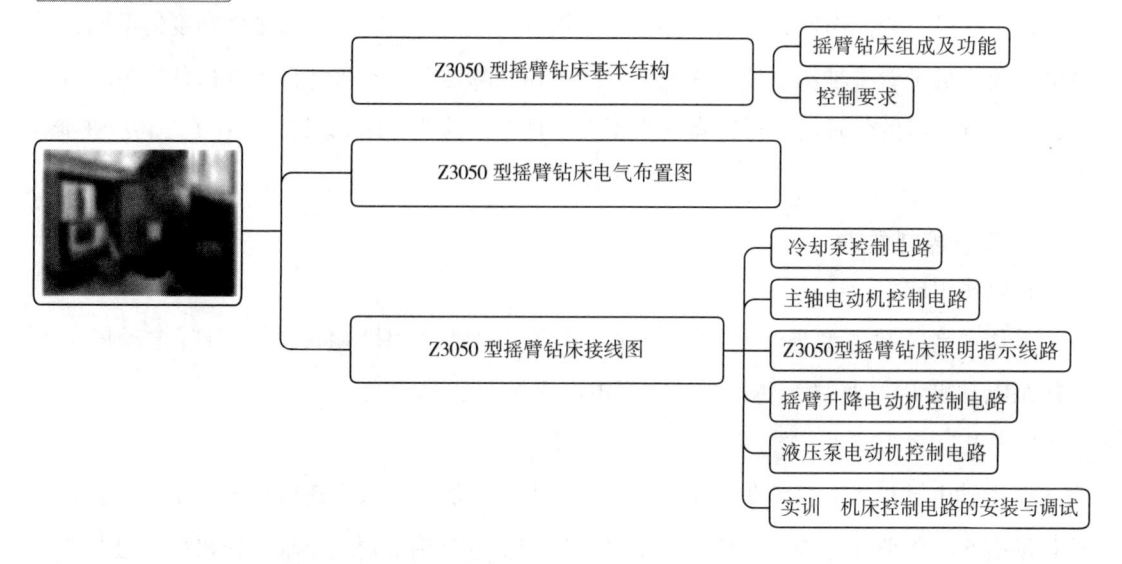

```
                    ┌── Z3050型摇臂钻床基本结构 ──┬── 摇臂钻床组成及功能
                    │                              └── 控制要求
                    │
                    ├── Z3050型摇臂钻床电气布置图
                    │
                    │                              ┌── 冷却泵控制电路
                    │                              ├── 主轴电动机控制电路
                    │                              ├── Z3050型摇臂钻床照明指示线路
                    └── Z3050型摇臂钻床接线图 ────┼── 摇臂升降电动机控制电路
                                                   ├── 液压泵电动机控制电路
                                                   └── 实训 机床控制电路的安装与调试
```

一、Z3050型摇臂钻床基本结构

钻床是一种用途广泛的孔加工机床，可用来钻孔、扩孔、绞孔、攻螺纹及修刮端面等多种形式的加工。钻床的结构形式很多，有立式钻床、卧式钻床、深孔钻床等。摇臂钻床是一种立式钻床，它用于单件或批量生产中带有多孔大型零件的孔加工，是一般机械加工车间常用的机床，如图3-3-1所示为Z3050型摇臂钻床基本结构。

图 3-3-1　Z3050 型摇臂钻床基本结构

（一）摇臂钻床组成及功能

摇臂钻床主要由底座、内外立座、摇臂、主轴箱和工作台组成。摇臂的一端为套筒，套筒在外立柱上，并借助丝杆的正、反转可沿外立柱上下移动。主轴箱安装在摇臂的水平轨上，可通过手轮操作使其在水平导轨上沿摇臂移动。加工时，根据工件高度的不同，摇臂借助丝杆可带着主轴箱沿外立柱上下升降。在升降之前，应自动将摇臂松开后再进行升降，当达到所需的位置时，摇臂自动夹紧在立柱上。摇臂钻床钻削加工分为工作运动和辅助运动。

（二）控制要求

1.电机组成

采用 4 台三相笼型异步电动机拖动，分别是主轴电动机 M1，摇臂升降电动机 M2，液压泵电动机（松紧电机）M3 和冷却泵电动机 M4。

2.电机运动方式

①主轴电动机 M1 的运动：为了适应多种形式的加工要求，摇臂钻床主轴的旋转及进给运动有较大的调速范围，一般情况下多由机械变速机构实现。主轴变速机构与进给变速机构均装在主轴箱内。在加工螺纹时，要求主轴能正反转。摇臂钻床主轴正反转一般采用机械方法实现。因此，主轴电动机仅需要单向旋转。

主轴操纵机构液压系统：安装在主轴箱内，用以实现主轴正反转、停车制动、空挡、预选及变速。

②升降电机 M2 运动方式：摇臂升降由单独的一台电动机 M2 拖动，要求能实现正反转。

③松紧电动机 M3 运动方式：摇臂的移动严格按照摇臂松开→升降→摇臂夹紧的程序进行。因此，摇臂的松紧与摇臂升降按自动控制进行。摇臂的夹紧与放松以及立柱的夹紧与放松由一台松紧电动机 M3 配合液压装置（电磁阀 YA）来完成，要求这台电动机能正反转，并根据要求采用点动控制。夹紧机构液压系统：安装在摇臂背后的电器盒下部，用以夹紧或松开主轴箱、摇臂及立柱。

主轴箱和立柱的松、紧是同时进行的，所以在操作过程中，电磁阀 YV 线圈不吸合，液压泵供出的压力油进入主轴箱和立柱的松开、夹紧油腔，推动松、紧机构实现主轴箱和立柱的松开、夹紧。

④冷却泵电动机 M4 运动方式：钻削加工时，为对刀具及工件进行冷却，需要一台冷却泵电动机拖动冷却泵输送冷却液，因此冷却泵电动机仅需要单向旋转。

⑤其他：各部分电路之间有必要的保护和联锁环节以及安全照明、信号指示电路。

如图 3-3-2 所示为 Z3050 型摇臂钻床电气原理。

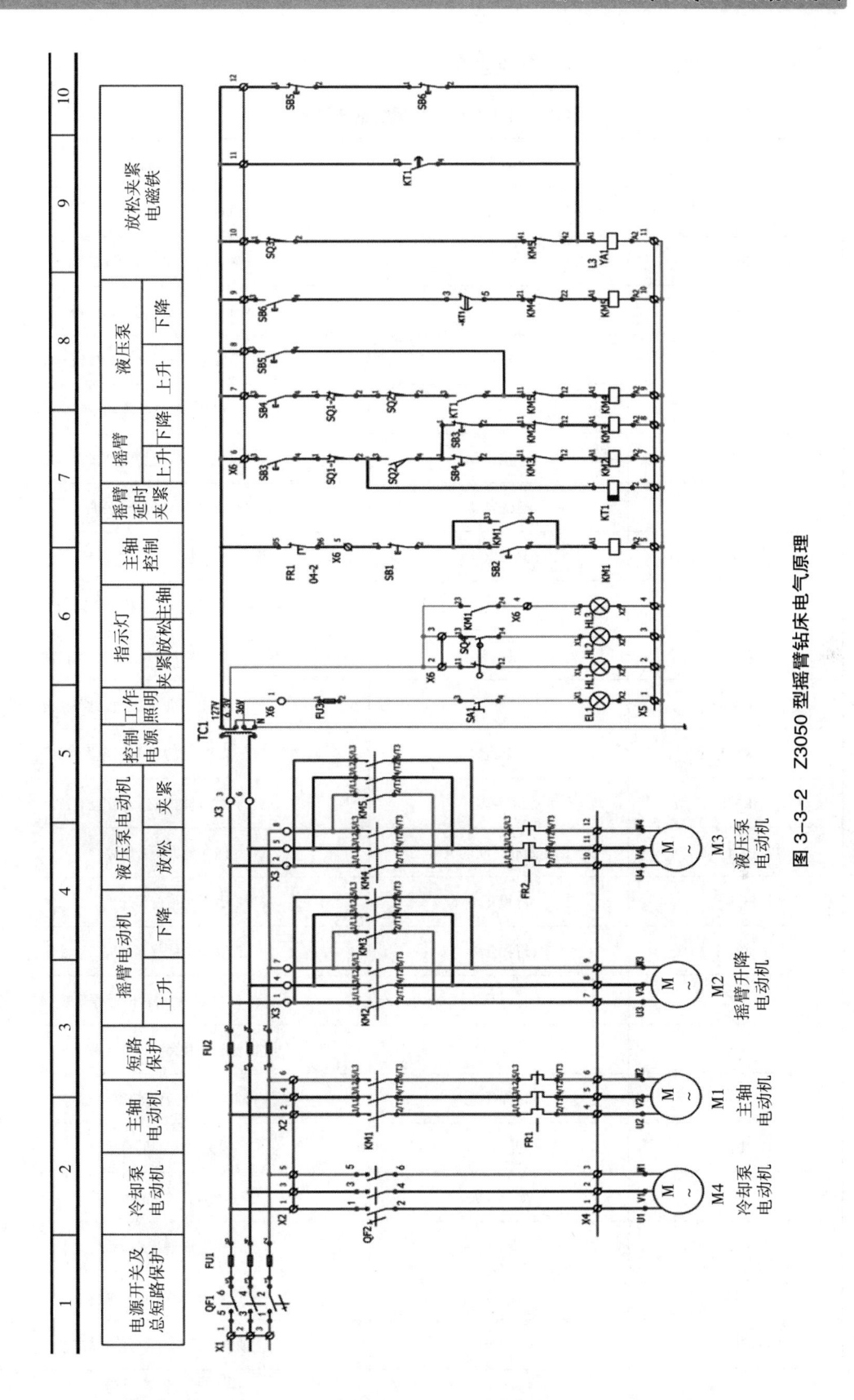

图 3-3-2 Z3050 型摇臂钻床电气原理

Z3050 型摇臂钻床电器元器件见表 3-3-1。

表 3-3-1　Z3050 型摇臂钻床电器元器件

元件符号	元件名称	元件功能
SB1	按钮	主轴电动机 M1 停止按钮
SB2	按钮	主轴电动机 M1 启动按钮
SB3	按钮	摇臂升降电动机正向点动按钮
SB4	按钮	摇臂升降电动机反向点动按钮
SB5	按钮	液压泵电机 M3 正转电动按钮
SB6	按钮	液压泵电机 M3 反转电动按钮
FR1	热继电器	主轴电动机 M1 过载保护
FR2	热继电器	液压泵电动机 M3 过载保护
KM1	接触器	控制主轴电动机 M1 工作电源通断
KM2	接触器	控制摇臂升降电动机 M2 正转电源接通
KM3	接触器	控制摇臂升降电动机 M2 反转电源接通
KM4	接触器	控制液压泵电动机 M3 正转电源接通
KM5	接触器	控制液压泵电动机 M3 反转电源接通
KT	断电延时时间继电器	延时断开或闭合电路
SQ1-1	行程开关	摇臂上限位行程开关
SQ1-2	行程开关	摇臂下限位行程开关
SQ2	行程开关	M2 和 M3 电机启动转换行程开关
SQ3	行程开关	摇臂放松和夹紧行程开关
SQ4	行程开关	立柱和主轴箱夹紧和放松行程开关
EL	照明灯	机床工作照明灯
SA	单极开关	控制机床工作照明灯 EL
HL1	指示灯	立柱和主轴箱夹紧指示灯
HL2	指示灯	立柱和主轴箱放松指示灯
HL3	指示灯	主轴电动机 M1 运行信号灯

续表

元件符号	元件名称	元件功能
YA	电磁阀	摇臂上升和下降电磁铁
QF1	断路器	总电源控制开关
QF2	断路器	冷却泵电动机 M4 工作电源控制开关
FU1	熔断器	总电路短路保护
FU2	熔断器	摇臂升降电动机 M2 和液压泵电动机 M3 短路保护
FU3	熔断器	机床工作照明灯保护
TC	变压器	降压输出给控制电路的电源

前面我们学习了电气成套图纸主要包括电气布置图、电气原理图、电气接线图和系统图等。电气原理图主要是描述表明电气电路原理,根据原理图能够清楚地了解控制系统的功能;对于经验丰富的技术人员,能够根据原理图完成电气控制系统的安装接线;实际工程中,电气系统的安装接线主要根据电气元件布置图和电气接线图进行作业。本节我们主要以 Z3050 型摇臂钻床电气控制图纸为例,分不同的控制功能来讲解机床电路图纸的认识。

二、Z3050型摇臂钻床电气布置图

在工程实际中,电气元器件需要布局安装在电气控制柜柜内的安装板上,安装板的大小及电控柜的大小均由电气控制系统中元器件的数量和尺寸及安装方式来决定。因此,设备布置图主要有两方面:一是所有设备在空间的位置,包括电气控制系统、机电设备、用电线路等;二是电气控制柜内电气元器件的安装布局。

根据电气布置图,可以确定机床控制电路中已有的电气元器件,以及每个电气元器件的型号、品牌、数量以及其他特殊要求等信息,如表 3-3-2 所示。Z3050 型摇臂钻床电气元器件布置图如图 3-3-3 所示,操作面板布置图如图 3-3-4 所示。

表 3-3-2 关键电气元件明细表

名称	代号	型号	品牌	数量	备注
断路器	QF1/QF2	HDBE-63 C63 3P+N	德力西	2	10A
熔断器	FU1/FU2/FU3	RT28N-32	正泰	6	圆筒形熔断器底座适配 10A 熔芯
交流接触器	KM1/KM2/KM3/KM4/KM5	CJ20-10	正泰	5	380V 线圈

续表

名称	代号	型号	品牌	数量	备注
热继电器	FR1/FR2	NR4-63	正泰	2	—
延时时间继电器	KT	JS14P	正泰	1	电压AC380V，延时99s
按钮	SB1/SB2/SB3/SB4/SB5/SB6	LA4-3H	正泰	6	—

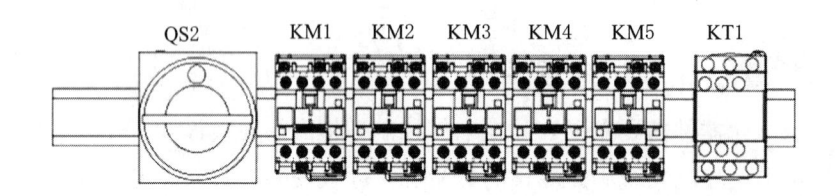

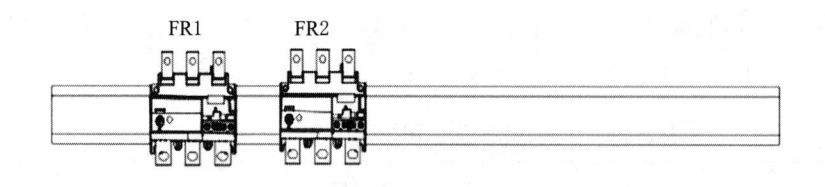

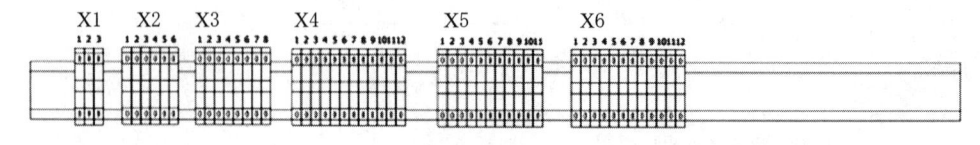

图 3-3-3　Z3050 型摇臂钻床电气元器件布置图

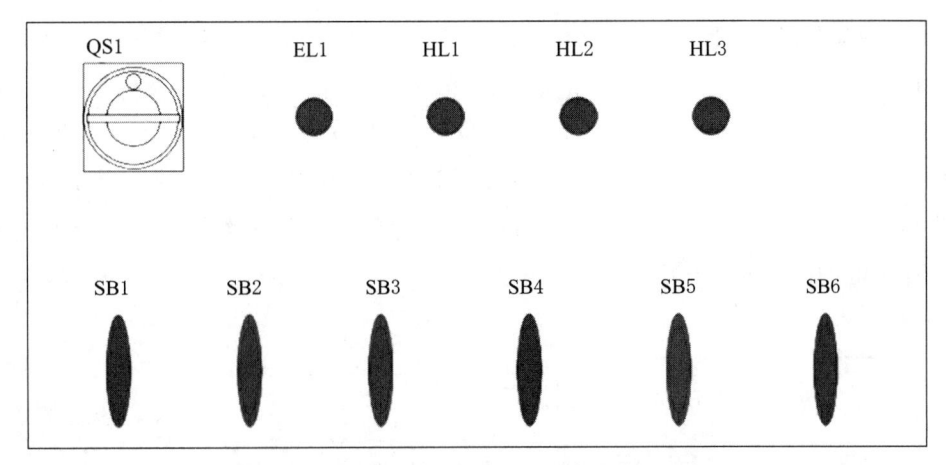

图 3-3-4　Z3050 型摇臂钻床操作面板布置图

根据表 3-3-2 可以看到，每个电气元器件的型号和数量都在表格中详细标明，电气安装人员根据表格明细选择电气元器件进行安装。例如，图中符号为"FU"的电气元器件为熔断器，品牌为正泰，型号为 RT28N-32，数量为 6 个，由于熔断器属于发热元件，故安装位放在面板上方。图中符号为"QF"的电气元器件为断路器，品牌为德力西，型号为 HDBE-63 C63 3P+N，数量为 2 个。

电气元件布置图中，安装板及电气元器件的尺寸均为实际尺寸，才能体现出每个元器件的安装位置所占的空间及相互之间的距离（每个元器件之间的间隙都有一定的要求）。总之，电气元器件布置图的目的就是清晰地表示每个电气元器件的型号及其在控制柜安装板中（本教学为网孔板）的安装位置。

根据电气元器件布置图，进行电气元器件的布置，步骤如下：

步骤 1：安装导轨和线槽。在电气图纸册中，会注明所使用的导轨和线槽的型号规格，根据电气元器件布置图中标注的线槽和导轨的安装位置及长度进行截取，按要求固定安装。

步骤 2：确认电气元器件。根据明细表，识别相应的电气元器件，确认所有电气元器件齐全完整。

步骤 3：安装电气元器件。根据元器件布置图，在对应位置安装相应电气元器件。

步骤 4：核对安装电路。检查核对元器件的安装是否正确，主要包括电气元件型号是否正确，安装位置是否正确，安装是否牢固等。

三、Z3050型摇臂钻床接线图

电气接线图是根据电气设备和电气元件的实际情况绘制的，更直观地显示电气控制系统电气设备、电气元器件的连接关系，也是内线电工柜内接线的图纸依据。前面曾提到过，对于经验丰富的技术人员，能够根据原理图完成电气控制系统的安装接线。

我们将原理图分成冷却泵控制电路、主轴电动机控制电路、照明指示线路、摇臂升降电动机控制电路、液压泵电动机控制电路五部分详细讲解。

（一）冷却泵控制电路

1. 控制原理

图 3-3-2 中 2 区所示冷却泵电动机 M4 主电路中，转换开关 QF2 控制冷却泵电动机 M4 工作电源通断，即将转换开关 QF2 扳至接通位置时，冷却泵电动机 M4 得电启动运转；当转换开关 QF2 扳至断开位置时，冷却泵电动机 M4 失电停止运转。如图 3-3-5 所示为冷却泵电动机 M4 工作操作图。

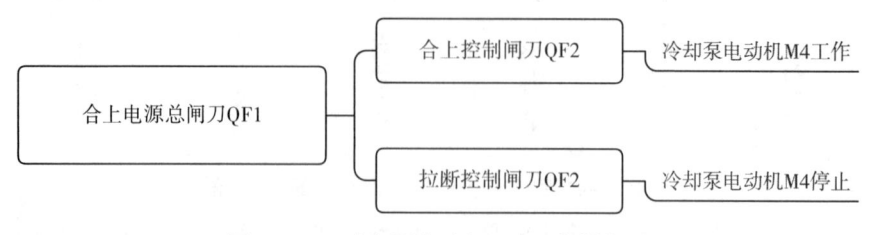

图 3-3-5　冷却泵电动机 M4 工作操作图

2. 冷却泵电动机 M4 电气原理图

冷却泵电动机 M4 电气接线图如图 3-3-6 所示，原理图对应的实物图接线端子如图 3-3-7 所示，端子排接线图如图 3-3-8 所示。

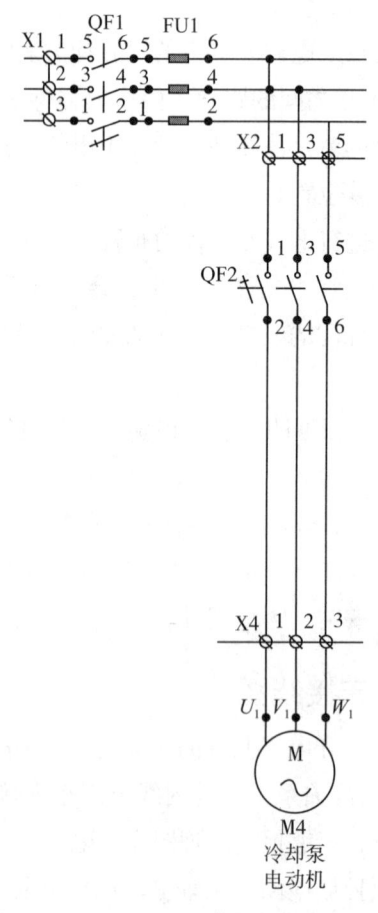

图 3-3-6　冷却泵电动机 M4 电气接线图

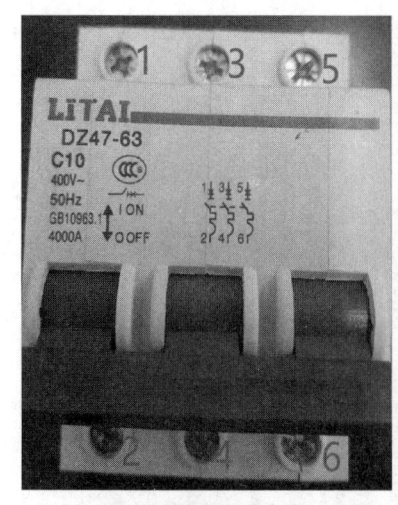

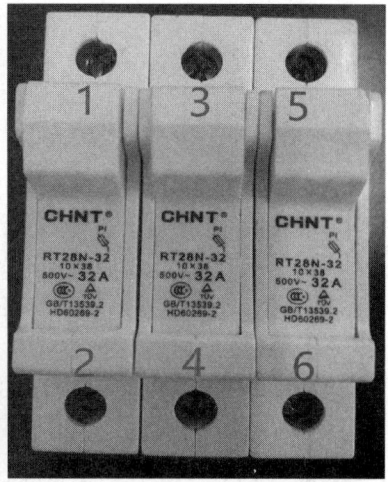

(a)断路器接线端子

(b)熔断器接线端子

(c)端子排接线端子

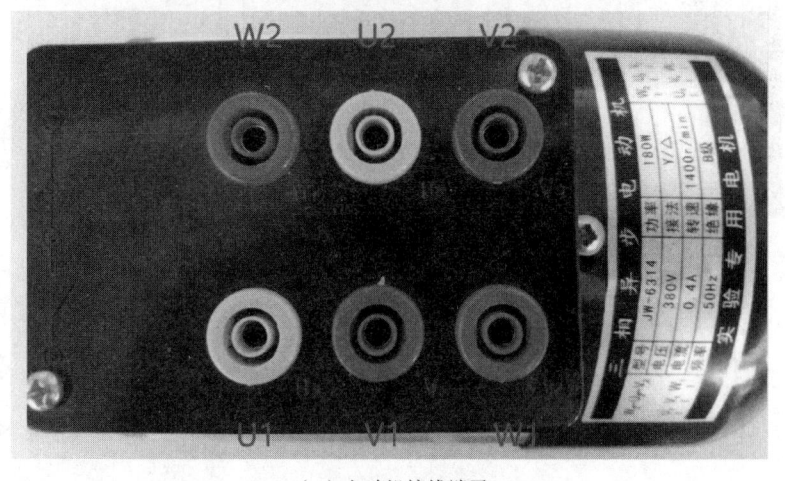

(d)电动机接线端子

图 3-3-7　原理图对应的实物图接线端子

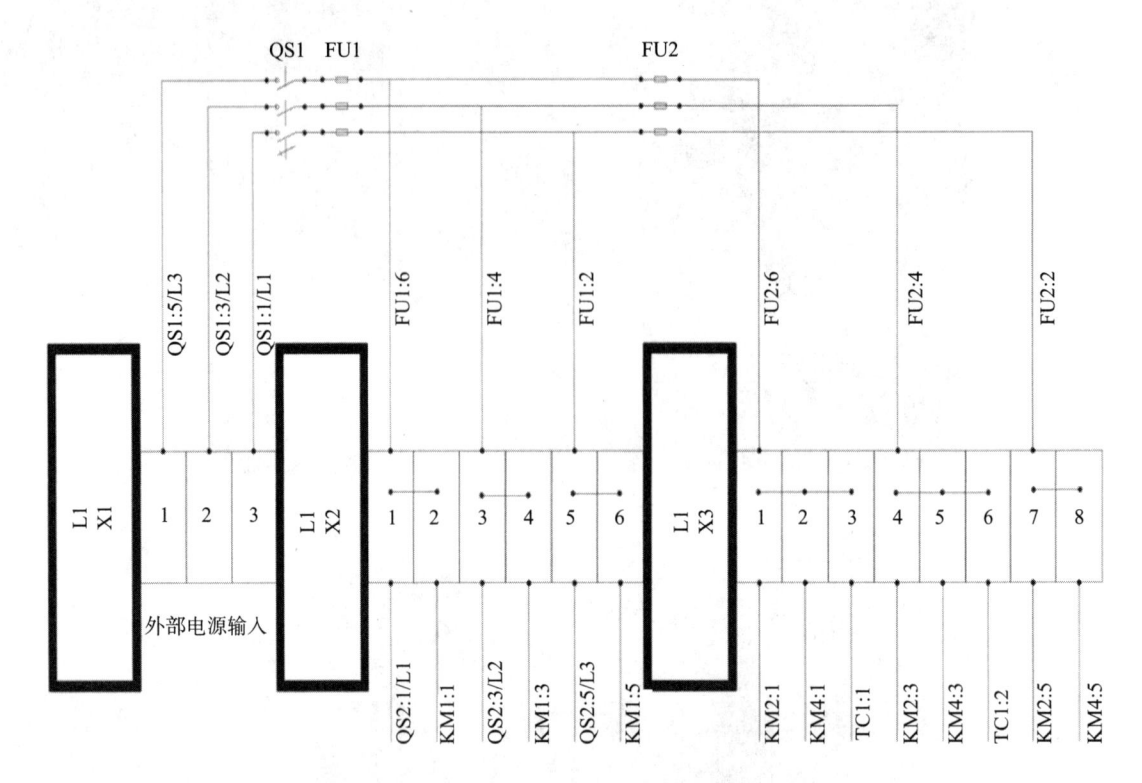

（a）X1、X2、X3 端子排接线图

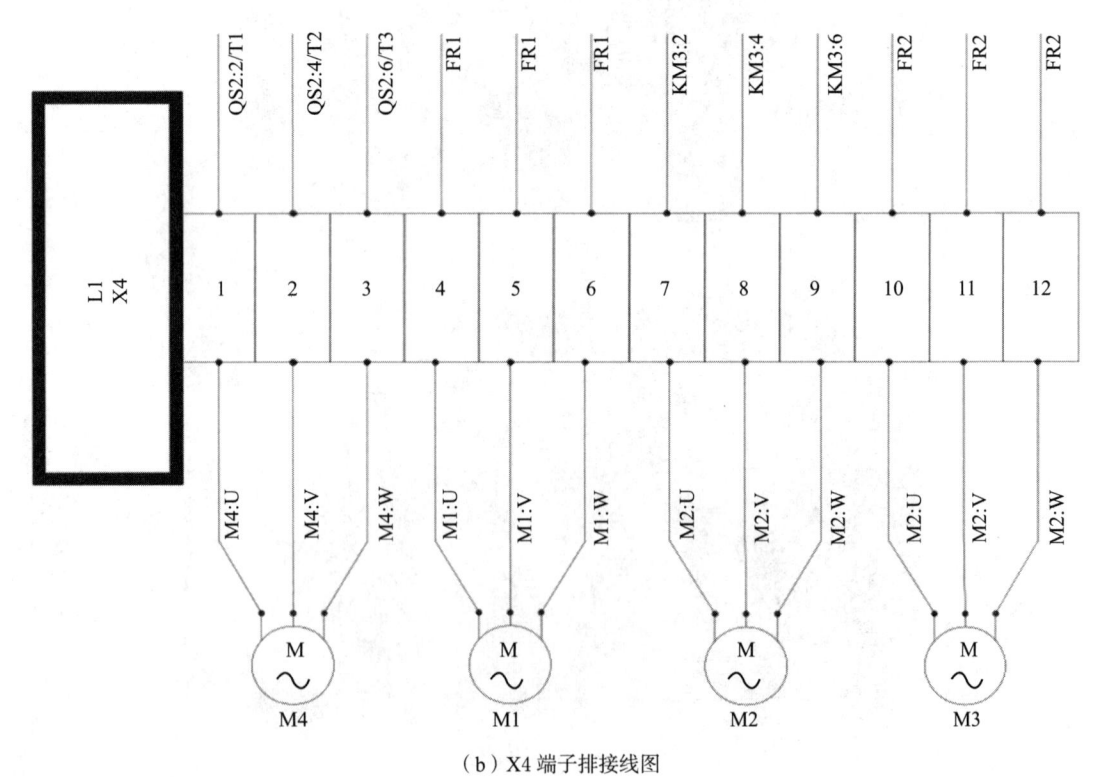

（b）X4 端子排接线图

图 3-3-8　X1、X2、X3、X4 端子排接线图

3. 线号制作

线号就是套在电线接线位置处的标记。绘制原理图讲究的是唯一性和精确性，也就是说，在图纸中标注的任何接线，其实物都是和它一一对应的。如图 3-3-9 所示，一个热继电器的常闭触点的电气连接点 95 和 96 以及按钮的常闭触点的电气连接点 3 和 4 都标注在了原理图中，而实际的接线也是完全和它对应的。譬如实物中的 -FR1 的 96 号连接点和 -SB1 的 3 号连接点相连接。

因此，当采用了精确绘图方式后，可以看到所有的接线都是基于连接点的，对于任何一个电气元器件，它上面的电气连接点是不会相同的，我们可以用器件名 + 连接点作为线号，电气原理图中不需要再标注线号，只需在图纸规范中进行描述即可。如图 3-3-9 所示 FR1 的线号可表示为 FR1-95、FR1-96，SB1 的线号可表示为 SB1-3、SB1-4。

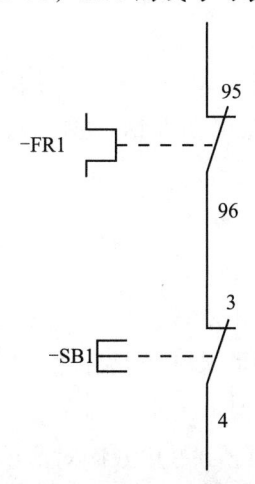

图 3-3-9　FR1 的线号表示

按照上述方法，冷却泵电动机 M4 线号如表 3-3-3 所示。

表 3-3-3　冷却泵电动机 M4 线号

元器件符号	元器件名称	输入端线号	输出端线号
QF1	断路器	QF1-1、QF1-3、QF1-5	QF1-2、QF1-4、QF1-6
FU1	熔断器	FU1-1、FU1-3、FU1-5	FU1-2、FU1-4、FU1-6
QF2	断路器	QF2-1、QF2-3、QF2-5	QF2-2、QF2-4、QF2-6
M4	冷却泵电动机	M4-U、M4-V、M4-W	—

练一练：

在卡片上写出冷却泵电机 M4 的线号。

4．接线流程

冷却泵电动机属于直接启动电机，电路介绍如下：

电气柜内接线，要根据电气接线图，按照线号和元器件标记进行接线，接线原则为先接主回路再接控制回路。

①接线端子 X1，底端接外部电源，为柜外接线，所以只需预留接口即可；上端根据接线标号提示与断路器进线端子连接，例如 X1 的 3 号端子标明接"QF1-1 L1"，意思就是 X1 的 3 号端子接到 QF1 的 1 号端子上，线号为 L1。

②断路器 QF1 出线接到熔断器 FU1 输入端，按照图示接线即可，每根线要标明线号。

③熔断器 FU1 出线接到接线端子 X2，按照图示接线即可，每根线要标明线号。

④接线端子 X2 底部接 QF2，为冷却泵电动机断路器 QF2 接线，按照图示接线即可，每根线要标明线号。

⑤断路器 QF2 出线接到接线端子 X4，按照图示接线即可，每根线要标明线号。

⑥接线端子 X4，底部接冷却泵电动机 M4 的接线，按照图示接线即可，每根线要标明线号。

（二）主轴电动机控制电路

1．控制原理

主轴电动机 M1 主电路由图 3-3-2 中 2 区、3 区对应电气元件组成，属于单向运转单元主电路结构。实际应用时，接触器 KM1 主触头控制主轴电动机 M1 工作电源通断；热继电器 FR1 为主轴电动机 M1 过载保护元件。

主轴电动机 M1 控制电路由图 3-3-2 中 6 区对应电气元件组成。其中 5 区为控制变压器部分，实际应用时，合上隔离开关 QF1，380V 交流电压经熔断器 FU1、FU2 加至控制变压器 TC 的一次绕组上，经降压后输出 127V 交流电压作为控制电路的电源；另外，36V 交流电压为机床工作照明灯电源，6.3V 交流电压为信号灯电源。

如图 3-3-10 所示为主轴电动机 M1 工作操作图。

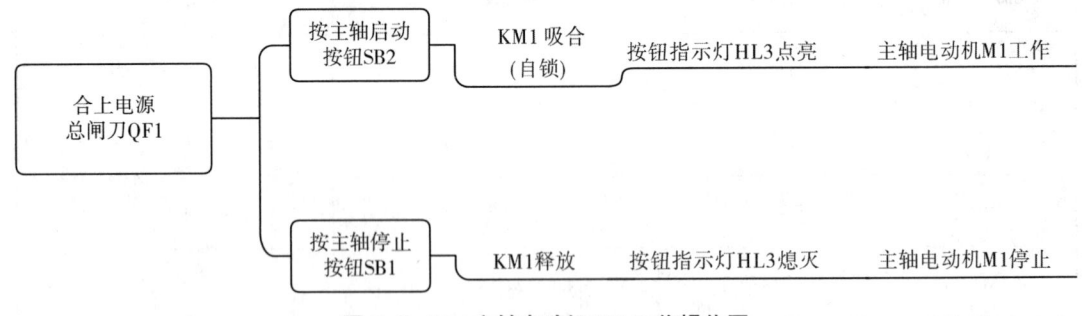

图 3-3-10　主轴电动机 M1 工作操作图

2．主轴电动机原理图

主轴电动机原理图如图 3-3-11 所示，原理图对应的实物图接线端子如图 3-3-12 所示，X5 端子排接线图如图 3-3-13 所示。

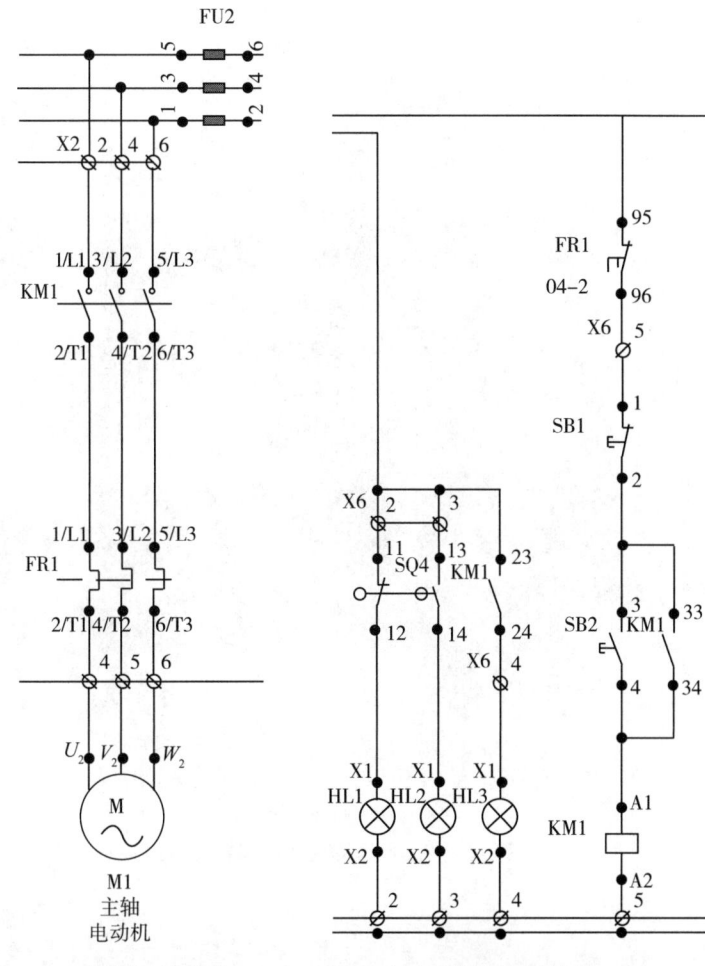

(a）主轴电机主电路　　（b）主轴电机控制电路

图 3-3-11　主轴电动机原理图

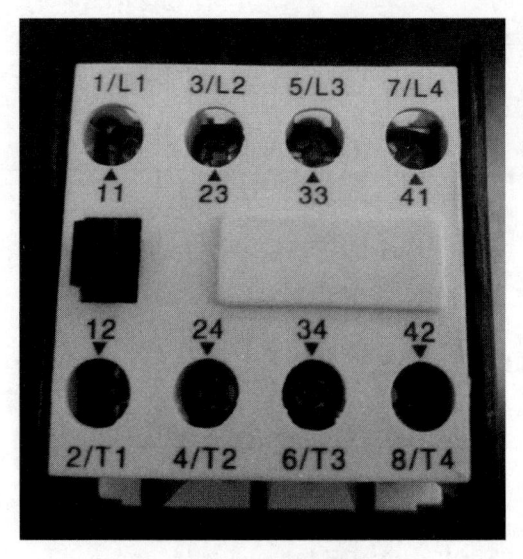

(a）交流接触器接线端子　　（b）热继电器接线端子

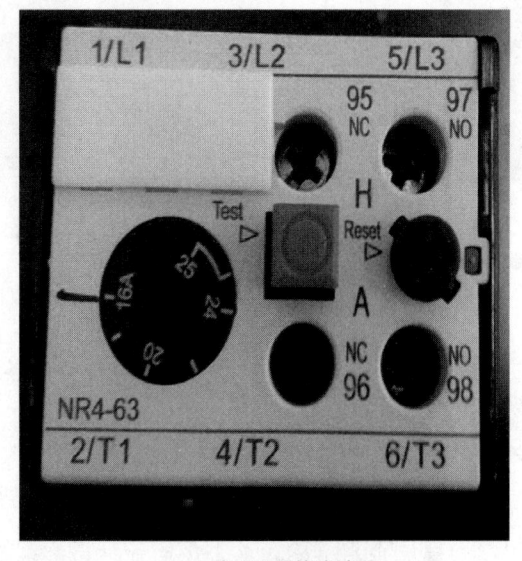

图 3-3-12

(c)按钮接线端子

图 3-3-12 原理图对应的实物图接线端子

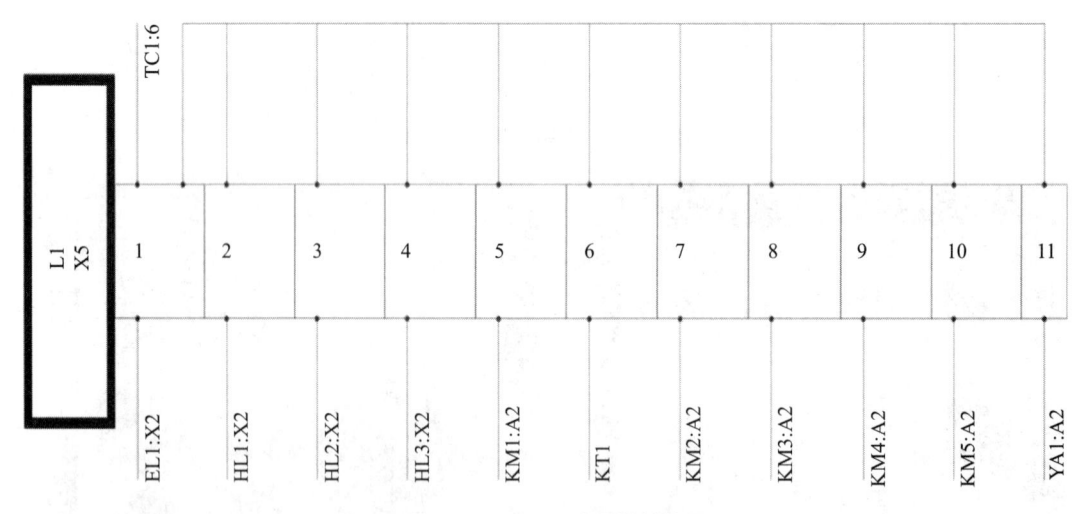

图 3-3-13 X5 端子排接线图

3. 线号制作

练一练：

回顾之前讲的线号制作原理，将主轴电动机M1线号填写在表3-3-4中。

表 3-3-4 主轴电动机 M1 线号

元器件符号	元器件名称	输入端线号	输出端线号
KM1	交流接触器		
FR1	热继电器		
M1	主轴电动机		
SB1	停止按钮		
SB2	启动按钮		
HL3	指示灯		

KM1-1/L1、KM1-3/L2 和 KM1-5/L3 是交流接触器主触头的输入端线号，KM1-2/T1、KM1-4/T2 和 KM1-6/T3 是交流接触器主触头的输出端线号；KM1-A1 是线圈输入端线号，KM1-A2 是线圈输出端线号；KM1-23、KM1-33 是常开辅助触头输入端线号，KM1-24、KM1-34 是常开辅助触头输出端线号。

FR1-1/L1、FR1-3/L2 和 FR1-5/L3 是热继电器主触头的输入端线号，FR1-2/T1、FR1-4/T2 和 FR1-6/T3 是热继电器主触头的输出端线号；FR1-95 是热继电器常闭辅助触头输入端线号，FR1-96 是热继电器常闭辅助触头输出端线号。

M1-U、M1-V 和 M1-W 是主轴电动机三相交流电输给主轴电机 M1 的线号。

SB1-1 为停止按钮常闭触头输入端线号，SB1-2 为停止按钮常闭触头输出端线号。

SB2-3 为启动按钮常开触头输入端线号，SB2-4 为启动按钮常开触头输出端线号。

4．接线流程

主轴电动机属于正转电机，采用 KM1 交流接触器控制电机的启动和停止，属于自锁电路。电路介绍如下：

电气柜内接线，要根据电气接线图，按照线号和元器件标记进行接线，接线原则为先接主回路再接控制回路。

①接线端子 X2 输入端接熔断器 FU1 的输出端 FU1-2、FU1-4、FU1-6，为主轴电机输送电源；输入端根据接线标号提示与熔断器输出端子连接，例如 X2 的 6 号端子标明接"FU1-2"，意思就是 X2 的 6 号端子接到 FU1 的 2 号端子上，线号为 FU1-2。接线端子输出端接交流接触器 KM1 的输入端 KM1-1/L1、KM1-3/L2 和 KM1-5/L3，作为主轴电动机的主触头电路。

②交流接触器 KM1 的输出端 KM1-2/T1、KM1-4/T2 和 KM1-6/T3 接到热继电器 FR1 的输入端 FR1-1/L1、FR1-3/L2、FR1-5/L3，按照图示接线即可，每根线要标明线号。

③热继电器的输出端 FR1-2/T1、FR1-4/T2 和 FR1-6/T3 接到接线端子 X4 输入端，按照图示接线即可，每根线要标明线号。

④接线端子 X4 输出端接主轴电机 M1，按照图示接线即可，每根线要标明线号。

⑤控制电路中，变压器 TC 经降压后输出 127V 交流电压作为控制电路的电源，变压器 127V 电压输出端接热继电器 FR1 的输入端 FR1-95，热继电器 FR1 输出端 FR1-96 接停止按钮的输入端 SB1-3，按照图示接线即可，每根线要标明线号。

⑥停止按钮 SB1 的输出端 SB1-4 接启动按钮 SB2 的输入端 SB2-1，同时交流接触器 KM1 与启动按钮 SB2 并联，即 KM1-33 与 SB2-1 相连，KM1-34 与 SB2-2 相连，按照图示接线即可，每根线要标明线号。

⑦启动按钮 SB2 的输出端 SB2-2 接交流接触器 KM1 线圈的输入端 KM1-A1，按照图示接线即可，每根线要标明线号。

⑧交流接触器 KM1 线圈的输出端 KM1-A2 接接线端子 X5 的 5 号端子，按照图示接线即可，每根线要标明线号。

⑨控制电路中，变压器 TC 经降压后输出 6.3V 交流电压为信号灯 HL3 电源，变压器 6.3V 电压输出端接交流接触器 KM1 的常开触头输入端 KM1-23，交流接触器 KM1 的常开触头输出端 KM1-24 接指示灯 HL3 的输入端 HL3-X1，指示灯 HL3 的输出端 XL3-X2 接接线端子 X5 的 4 号端子，按照图示接线即可，每根线要标明线号。

（三）Z3050 型摇臂钻床照明指示线路

1. 常见电气元器件的认识

在指示灯控制电路中使用了行程开关，因此这部分先讲行程开关的结构、型号、符号等。

行程开关又称限位开关。行程开关是将机械位移转变为触点的动作信号，以控制机械设备的运动。在电力拖动系统中，常常需要控制运动部件的行程，以改变电动机的工作状态，如机械运动部件移动到某一位置时，要求自动停止、反向运动或改变移动速度，从而实现行程控制或限位保护。它的结构、工作原理与按钮相同，其特点是不靠手动，而是利用生产机械某些运动部件的碰撞使触头动作，发出控制指令。行程开关主要应用于各类机床和起重机械控制电路中。

（1）行程开关的型号

行程开关的种类很多，常用的行程开关有直动式、单轮旋转式和双轮旋转式，如图 3-3-14 所示，常见的型号有 LX19、LX21、LX22、LX32、JLXK1 等系列。行程开关的结构如图 3-3-15 所示，其型号与符号如图 3-3-16 所示。

项目3 机床控制电路安装与调试

（a）直动式　　　　　（b）单轮旋转式　　　　　（c）双轮旋转式

图 3-3-14　行程开关的外形

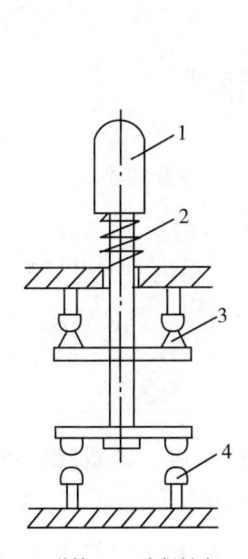

1.推杆；2.弹簧；3.动断触点；4.动合触点

（a）直动式行程开关的结构

1.滚轮；2.上转臂；3、5、11.弹簧；4.套架；
6.滑轮；7.压板；8、9.触点；10.横板

（b）滚轮式行程开关的结构

图 3-3-15　行程开关的结构

299

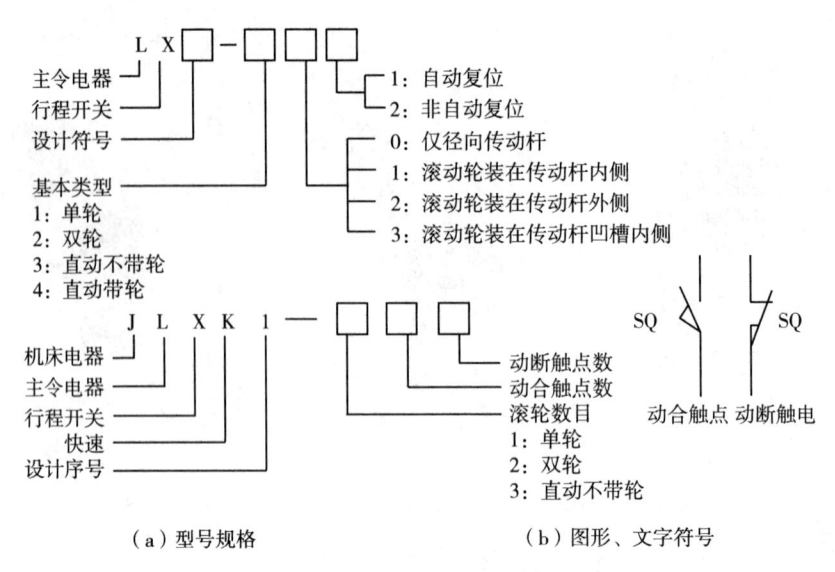

图 3-3-16 行程开关的型号与符号

X19及JLXK1型行程开关都具有一个常闭触头和常开触头，其触头有自动复位（直动式、单轮式）和不能自动复位（双轮式）两种类型。

各种行程开关的结构基本相同，大多由推杆、触点系统和外壳等部件组成，区别仅在于行程开关的传动装置和动作速度不同。

（2）行程开关的选用原则

①根据应用场合及控制对象选择行程开关操动机构形式；

②根据安装环境选择防护形式，如开启式或保护式；

③根据控制电路的电压和电流选择行程开关系列；

④根据机械与传动机构的传动与位移关系选择合适的形式。

（3）行程开关应用注意事项

①行程开关安装时，其位置要准确，安装要牢固，滚轮的方向不能装反，挡铁与其碰撞的位置应符合控制线路的要求，并确保能可靠地与挡铁碰撞；

②行程开关在使用中，要定期检查和保养，除去油污及粉尘，清理触头，经常检查其动作是否灵活、可靠，及时排除故障，防止因行程开关触头接触不良或接线松脱而产生误动作，导致设备和人身安全事故。

2.控制原理

如图3-3-2所示，照明指示线路由5区对应的元器件组成，熔断器FU3为线路保护元件，SA1为转换开关，EL1为照明指示灯，SQ4为行程开关。

SQ4控制HL1和HL2指示灯，HL1和HL2分别是立柱和主轴箱夹紧与放松的指示灯。正常状态时，SQ4常闭触头是闭合的，立柱和主轴夹紧指示灯HL1亮。当压下行程开关SQ4时，SQ4常开触头闭合，放松指示灯HL2亮。

图3-3-17为照明指示灯原理图，图3-3-18为原理图对应实物图的接线端子图，

图 3-3-19 为 X6 端子排接线图。

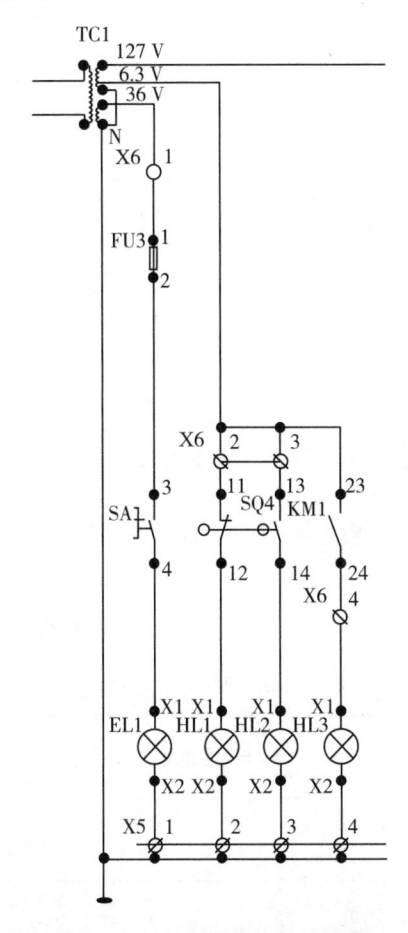

图 3-3-17 照明指示灯原理图

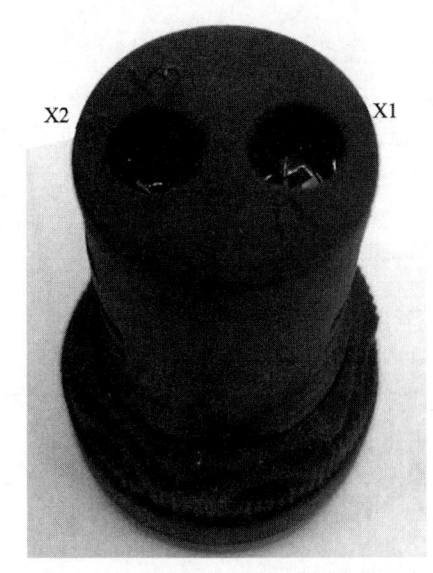

（a）指示灯接线端子　　（b）行程开关接线端子

图 3-3-18 原理图对应实物图的接线端子图

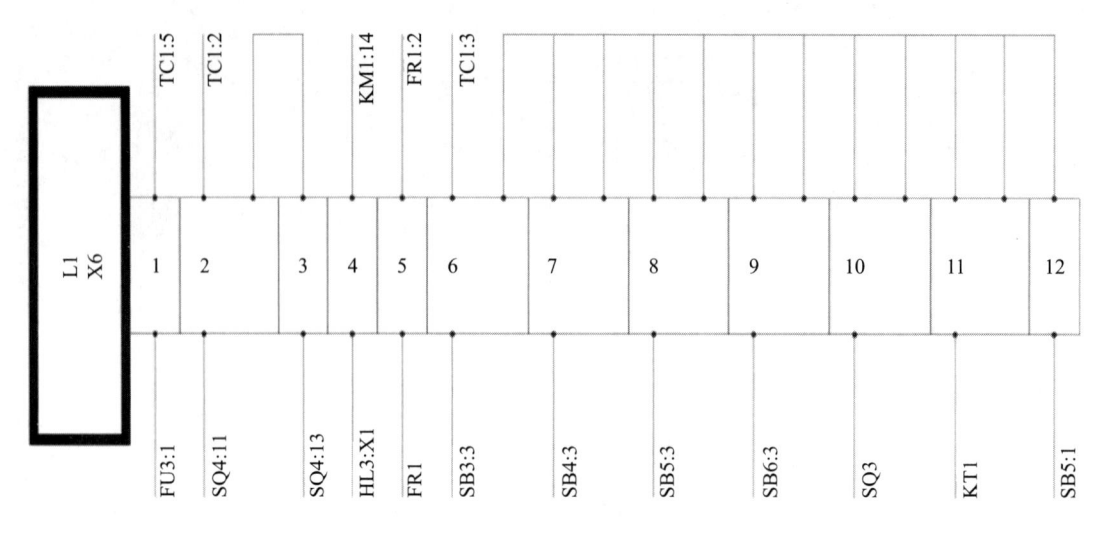

	TC1:5	TC1:2		KM1:14	FR1:2	TC1:3					
L1 X6	1	2	3	4	5	6	7	8	9	10	11	12
	FU3:1	SQ4:11	SQ4:13	HL3:X1	FR1	SB3:3	SB4:3	SB5:3	SB6:3	SQ3	KT1	SB5:1

图 3-3-19　X6 端子排接线图

3. 线号制作

回顾之前讲的线号制作方法，将照明指示灯线号标号填写在表 3-3-5 中。

表 3-3-5　照明指示灯线号

元器件符号	元器件名称	输入端线号	输出端线号
FU3			
SA1			
EL1			
SQ4			
HL1			
HL2			
HL3			

4. 接线流程

①控制电路中，变压器 TC 经降压后输出 36V 交流电压为机床工作照明灯电源，变压器 36V 电压输出端接接线端子 X6 的 1 号端子，接线端子 X6 的 1 号端子输出端接熔断器 FU3 的输入端，按照图示接线即可，每根线要标明线号。

②FU3 的输出端接转换开关的输入端，按照图示接线即可，每根线要标明线号。

③转换开关的输出端接照明灯 EL1 的输入端，按照图示接线即可，每根线要标明线号。

④EL1 的输出端接接线端子 X5 的 1 号端子，按照图示接线即可，每根线要标明线号。

⑤剩余部分指示灯 HL1、HL2、HL3 接线由学生完成，根据前面讲的主轴电动机 M1 线号制作原则和接线原则，明确输入端与输出端，按照接线图完成接线。

（四）摇臂升降电动机控制电路

1. 部分电气元器件的认识

在摇臂升降控制电路中，我们用到了时间继电器，因此这部分也先讲部分电气元器件的认识，在讲时间继电器之前，先讲中间继电器的结构、原理、型号、符号等，因为中间继电器在工业中广泛使用，且中间继电器和时间继电器原理结构类似，学生可以对比着学习，同时也可与以前讲的交流接触器的结构进行对比，加深理解。

继电器是根据电气量（电压、电流等）或非电气量（温度、压力、转速、时间等）的变化接通或断开控制电路的自动换电器。其分类方法有很多种，按输入信号的性质可分为电压继电器、电流继电器、时间继电器、温度继电器、速度继电器、中间继电器、压力继电器等；按工作原理可分为电磁式继电器、感应式继电器、电动式继电器、电子式继电器、热继电器等；按用途可分为控制继电器、保护继电器等。

（1）中间继电器

中间继电器用于继电保护与自动控制系统中，以增加触点的数量及容量。它的用途是在控制电路中传递中间信号。中间继电器的结构和原理与交流接触器基本相同，与接触器的主要区别在于：接触器的主触头可以通过大电流，而中间继电器的触头只能通过小电流。所以，继电器只能用于控制电路中。它一般是没有主触点的，因为过载能力比较小。所以它用的全都是辅助触头，数量比较多。在国标中，中间继电器的符号是 KA。一般是直流电源供电，少数使用交流供电，图 3-3-20 为中间继电器的外形、图 3-3-21 为中间继电器的结构图、图 3-3-22 为中间继电器的型号规格。

图 3-3-20　中间继电器的外形

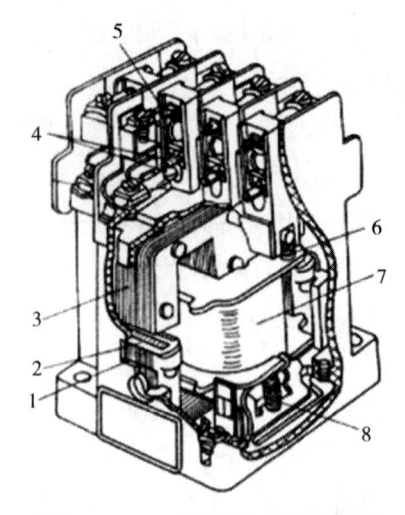

图 3-3-21　中间继电器的结构图

1.静铁芯；2.短路环；3.衔铁；4.常开触头；5.常闭触头
6.反作用弹簧；7.线圈簧；8.缓冲弹簧

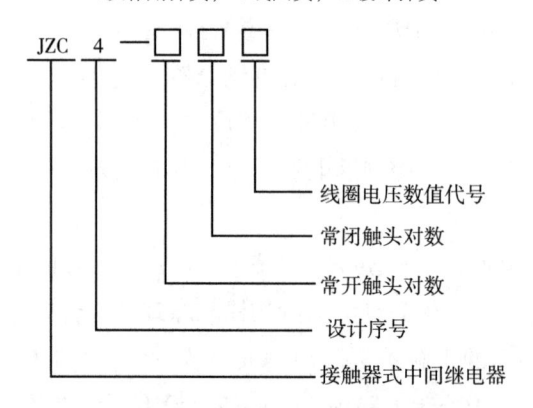

图 3-3-22　中间继电器的型号规格

①常开、常闭触点的区分。继电器线圈未通电时处于断开状态的静触点，称为常开触点；处于接通状态的静触点称为常闭触点。

②中间继电器原理。线圈通电，当某一输入量（如电压、电流、温度、速度、压力等）达到预定数值时，动铁芯在电磁力作用下动作吸合，带动动触点动作，使常闭触点分开，常开触点闭合；线圈断电，动铁芯在弹簧的作用下带动动触点复位。

③中间继电器组成部分。中间继电器就是个继电器，它的原理和交流接触器一样，都是由固定铁芯、动铁芯、线圈、衔铁、触点弹簧等组成。

④中间继电器的特点：

整个继电器采用的是模块化结构，电磁系统小、触头组数较多、继电器的体积小、重量轻、整机动作灵活、可靠、机械寿命长、电气绝缘性能很好，它的耐振性能、阻燃性能、温度特性、电气性能均达到或超过了标准要求，另外，其外观新颖，维修也简便。

中间继电器作用是传递信号或同时控制多个电路，也可直接用它来控制小容量电动机或其他电气执行元件，由触点、静触点、线圈、接线端子和外壳组成。

⑤中间继电器的作用。一般的电路常分为主电路和控制电路两部分，继电器主要用于控制电路，接触器主要用于主电路；通过继电器可实现用一路控制信号控制另一路或几路信号的功能，完成启动、停止、联动等控制，主要控制对象是接触器；接触器的触头比较大，承载能力强，通过它来实现弱电到强电的控制，控制对象是电器。

（a）代替小型接触器。中间继电器的触点具有一定的带负荷能力，当负载容量比较小时，可以用来替代小型接触器，比如电动卷闸门和一些小家电的控制。这样的优点是不仅可以达到控制的目的，而且可以节省空间，使电器的控制部分做得比较精致。

（b）增加接点数量。这是中间继电器最常见的用法，例如，在电路控制系统中一个接触器的接点需要控制多个接触器或其他元件时，在线路中增加一个中间继电器。

（c）增加接点容量。中间继电器的接点容量虽然不是很大，但具有一定的带负载能力，同时其驱动所需要的电流又很小，因此可以用中间继电器来扩大接点容量。比如，一般不能直接用感应开关、三极管的输出去控制负载比较大的电器元件，而是在控制线路中使用中间继电器，通过中间继电器来控制其他负载，达到扩大控制容量的目的。

（d）转换接点类型。在工业控制线路中，常常会出现这样的情况：控制要求需要使用接触器的常闭接点才能达到控制目的，但是接触器本身所带的常闭接点已经用完，无法完成控制任务。这时可以将一个中间继电器与原来的接触器线圈并联，用中间继电器的常闭接点去控制相应的元件，转换一下接点类型，达到所需要的控制目的。

（e）用作开关。在一些控制线路中，一些电气元件的通断常常使用中间继电器，用其接点的开闭来控制，例如彩电或显示器中常见的自动消磁电路，三极管控制中间继电器的通断，从而达到控制消磁线圈通断的作用。

⑥常用中间继电器。常用的中间继电器有 JZ7 和 J8 两种系列。JZ7 为交流中间继电器，JZ8 为交直流两用。中间继电器的选用主要由控制电路的电压等级和所需触点数量来决定。图 3-3-23 为中间继电器的图形与文字符号。

图 3-3-23　中间继电器的图形与文字符号

⑦中间继电器选用原则：

（a）触头的额定电压及额定电流应大于控制线路所使用的额定电压及控制线路的工作电流；

（b）触头的种类和数量应满足控制线路的需要；

（c）电磁线圈的电压等级应与控制线路电源的电压相等。

⑧中间继电器使用注意事项：

中间继电器的触头较多，有 8 对、6 对等，并分常开触点和常闭触点，但触头的容量较小，没有主、辅触头之分，也没有灭弧装置，因此只能控制小容量的电动机或其他电气执行元件；

中间继电器的工作线圈的额定电压有多种，在应用中一定要使接入中间继电器线圈的工作电压符合中间继电器线圈的额定电压的要求。

（2）时间继电器

时间继电器是一种在接收或去除外界信号后，用来实现触头延时接通或断开的自动切换电器。时间继电器在中间继电器基础上多了个时间控制，原理和中间继电器类似，可以相互对比着学习。时间继电器种类很多，按动作原理可分为空气阻尼式、电磁式、电动式与电子式；按延时方式可分为通电延时型与断电延时型。时间继电器符号为"KT"。JS7系列空气阻尼式时间继电器外形及结构如图3-3-24所示，时间继电器图形及文字符号如图3-3-25所示，时间继电器型号及含义如图3-3-26所示。

图 3-3-24 JS7 系列空气阻尼式时间继电器外形及结构

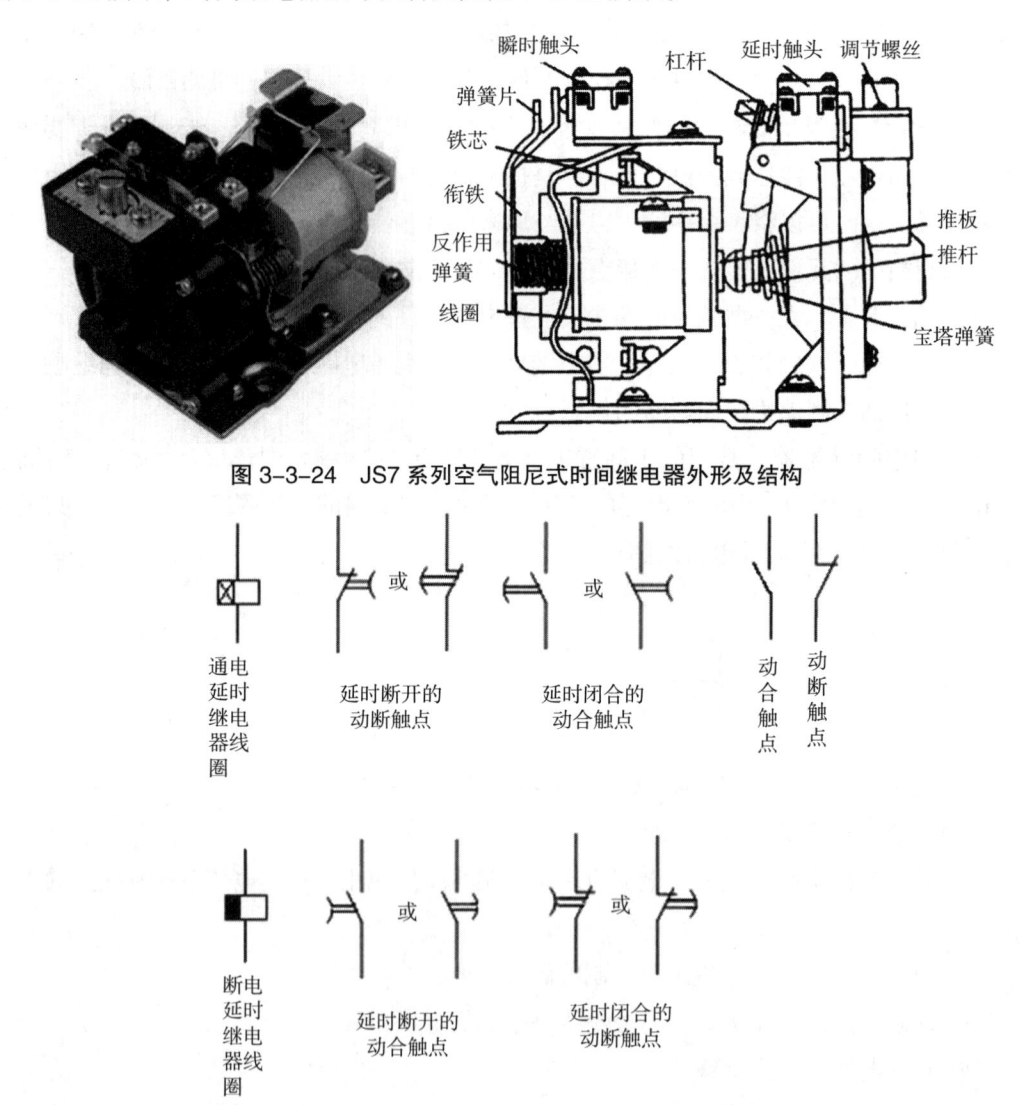

图 3-3-25 时间继电器图形及文字符号

```
   J S 7 - □ A
```

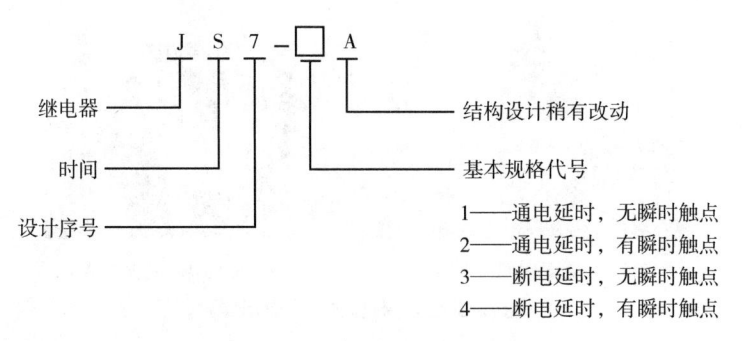

继电器 ──┘ │ │ │ └── 结构设计稍有改动
时间 ─────┘ │ └──── 基本规格代号
设计序号 ───┘

1——通电延时，无瞬时触点
2——通电延时，有瞬时触点
3——断电延时，无瞬时触点
4——断电延时，有瞬时触点

图 3-3-26　时间继电器型号及含义

①空气阻尼式时间继电器。空气阻尼式时间继电器由电磁机构、工作触头及气室三部分组成，按控制原理分为通电延时和断电延时两种类型。实际应用时，空气阻尼式时间继电器具有结构简单、延时范围大、寿命长、价格低廉、不受电源电压及频率波动影响、延时精度较低等特点，一般适用于延时精度不高的场合。常见的有 JS23、JS7-A 系列产品。

②电磁式时间继电器。电磁式时间继电器的结构简单，价格便宜，延时时间短，一般为 0.3~5.5s，只能用于断电延时，且体积较大。

③电动式时间继电器。电动式时间继电器由微型同步电动机、减速齿轮结构、电磁离合系统及执行结构组成。实际应用时，电动式时间继电器具有延时时间长（一般为几分钟到数小时）、延时精度较高、结构复杂、不适宜频繁操作等特点。常用的有 JS10、JS11 系列产品。

④电子式时间继电器。电子式时间继电器由脉冲发生器、计数器、数字显示器、放大器及执行结构等部件组成。电子式时间继电器按构成分为晶体管式时间继电器和数字式时间继电器，按输出形式分为有触头型和无触头型。电子式时间继电器具有体积小、延时精度高、工作稳定、安装方便等优点，广泛用于电力拖动、顺序控制以及各种生产过程的自动化控制。随着电子技术的发展，电子式时间继电器将取代电磁式、电动式、空气阻尼式等时间继电器。

（a）晶体管式时间继电器。晶体管式时间继电器又称半导体式时间继电器，如图 3-3-27 所示。它利用 RC 电路电容充电时电容电压不能突变，按指数规律逐渐变化的原理获得延时，具有体积小、精度高、调节方便、延时长和耐振动等特点，延时范围为 0.1~3600s，但由于受 RC 延时原理的限制，抗干扰能力弱。

（b）数字式时间继电器。数字式时间继电器是采用 LED 显示的新一代时间继电器，具有抗干扰能力强、工作稳定、延时精确度高、延时范围广、体积小、功耗低、调整方便、读数直观等优点，延时范围为 0.01s~99h99min。如图 3-3-28 所示为数显式时间继电器。

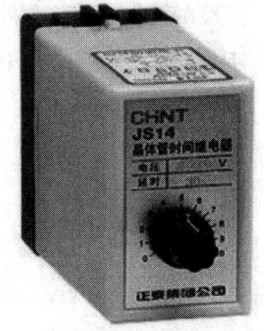

图 3-3-27　晶体管式时间继电器

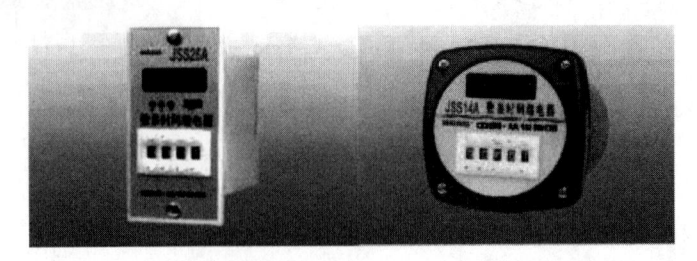

JSS26A 数显时间继电器　　　　JSS14A 数显时间继电器

图 3-3-28　数显式时间继电器

⑤时间继电器的选择原则：

（a）根据工作条件选择时间继电器的类型。例如电源电压波动大、对延时精度要求不高的场合可选择空气阻尼式时间继电器或电动式时间继电器；电源频率不稳定的场合不宜选用电动式时间继电器；环境温度变化大的场合不宜选用空气阻尼式时间继电器和电子式时间继电器。

（b）根据延时精度和延时范围要求选择合适的时间继电器。

（c）根据控制电路对延时触头的要求选择延时方式，即通电延时型和断电延时型。

⑥时间继电器使用注意事项：

（a）时间继电器应按说明书规定的方向安装；

（b）时间继电器的整定值，应预先在不通电时整定好，并在试车时校正；

（c）时间继电器金属底板上的接地螺钉必须与接地线可靠连接；

（d）通电延时型和断电延时型可在整定时间内自行调试；

（e）使用时，应经常清除灰尘及油污，否则延时误差将增大。

2.控制原理

如图 3-3-2 所示，摇臂升降电动机的主电路在 3~4 区，控制电路在 7 区。

当需要摇臂上升时：

①按下摇臂上升点动按钮 SB3，SB3 在 7 区中的动断触头断开，切断接触器 KM3 线圈回路的电源。

②同时 SB3 在 7 区中的动合触头闭合，使时间继电器 KT 得电闭合。

③KT 在 8 区的瞬时动合触头闭合，在 8 区中的瞬时断开延时闭合触头断开，在 9 区的瞬时闭合延时断开触头闭合。

④时间继电器 KT 在 8 区的瞬时动合触头闭合，接通了接触器 KM4 线圈的电源，其主触头接通液压泵电动机 M3 的正转电源，液压泵电动机 M3 正向启动运转，驱动液压泵供给机床正向液压油。

⑤时间继电器 KT 在 9 区中的瞬时闭合延时断开触头闭合，接通了电磁铁 YA 线圈的电源，因此电磁铁 YA 与接触器 KM4 同时闭合。正向液压油经二位六通阀进入摇臂松开液压缸，驱动摇臂放松。

⑥摇臂放松后，液压缸活塞杆通过弹簧片压下行程开关 SQ2，并放松行程开关 SQ3，使 SQ3 在 10 区中的动断触头复位闭合，为摇臂夹紧做好准备。

⑦由于行程开关 SQ2 被压下，SQ2 在 8 区的动断触头断开，接触器 KM4 失电释放，液压泵电动机 M3 停止正转。

⑧SQ2 在 6 区中的动合触头闭合，接通了接触器 KM2 线圈的电源，接触器 KM2 通电吸合，其主触头接通了摇臂升降电动机 M2 的正转电源，摇臂升降电动机 M2 带动摇臂上升。

3.摇臂升降电动机 M2 原理图

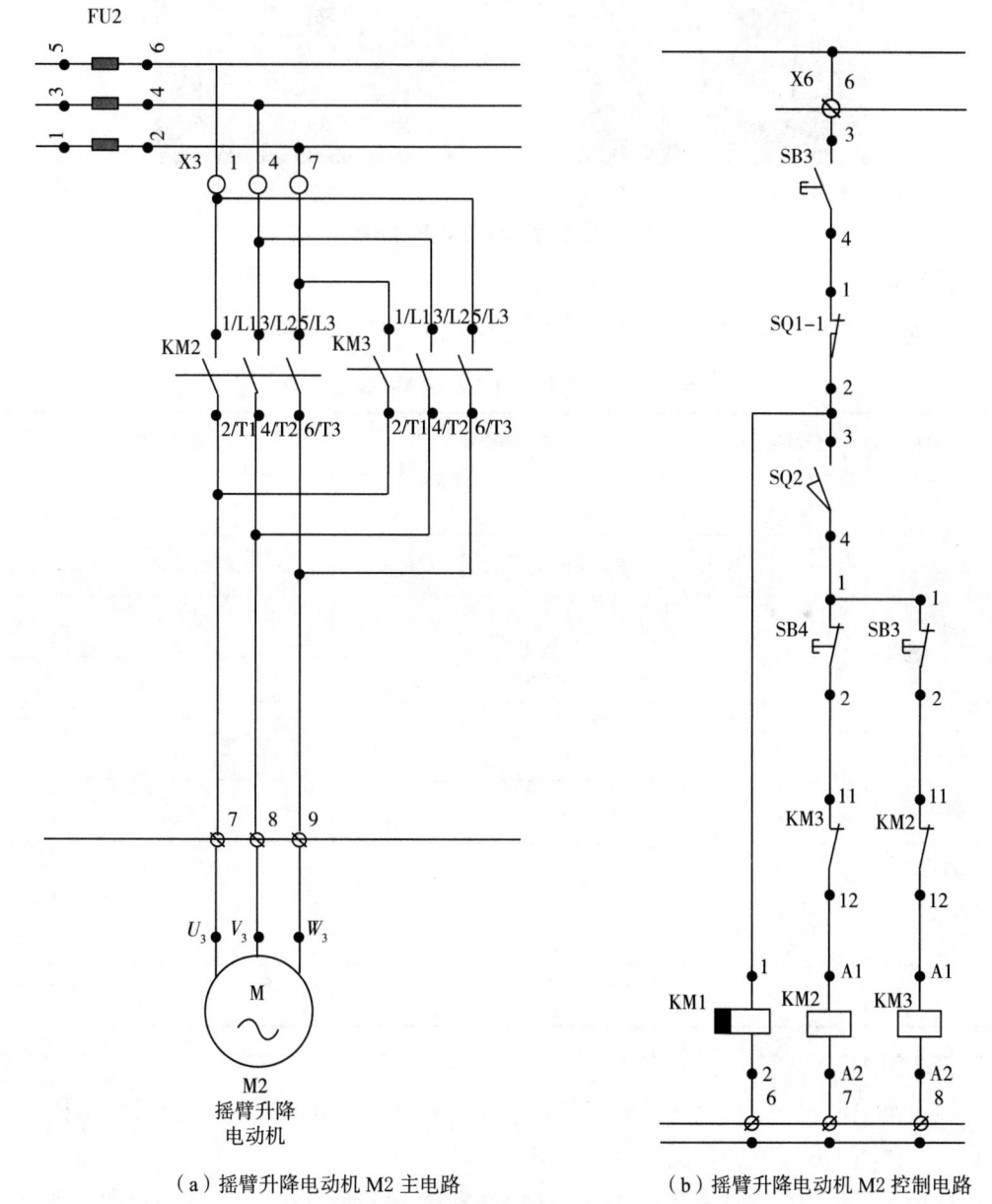

如图 3-3-29 所示为摇臂升降电动机 M2 原理图，图 3-3-30 为原理图对应的实物图连接端子。

（a）摇臂升降电动机 M2 主电路　　（b）摇臂升降电动机 M2 控制电路

图 3-3-29　摇臂升降电动机 M2 原理图

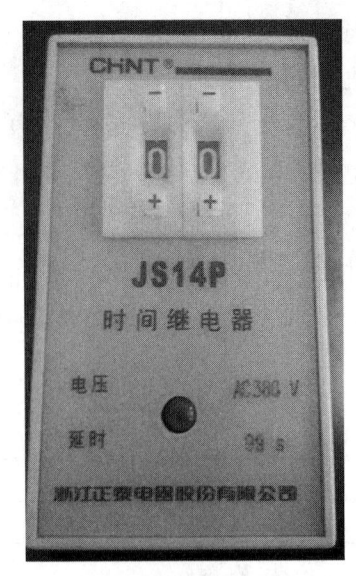

（a）时间继电器底座接线端子　　　　（b）JS14P 时间继电器外形

图 3-3-30　原理图对应的实物图连接端子

4. 线号制作

回顾之前讲的线号制作原理，将摇臂升降电动机 M2 线号填在表 3-3-6 中。

表 3-3-6　摇臂升降电动机 M2 线号

元器件符号	元器件名称	输入端线号	输出端线号
FU2			
KM2			
KM3			
M2			
SB3			
SB4			
SQ1			
SQ2			
KT1			

5. 接线流程

摇臂升降电动机 M2 属于正反转电机，采用了 KM2、KM3 交流接触器控制电机正反转的启动和停止，属于互锁电路。电路介绍如下：

电气柜内接线，要根据电气接线图，按照线号和元器件标记进行接线，接线原则为先接主回路再接控制回路。

> **练一练：**
> 根据摇臂升降电动机M2原理图，卡片上写出：
> 1. 主电路的接线连接顺序；
> 2. 控制电路的接线连接顺序。

（五）液压泵电动机控制电路

1. 液压泵电动机 M3 原理图

液压泵电动机 M3 原理图如图 3-3-31 所示。

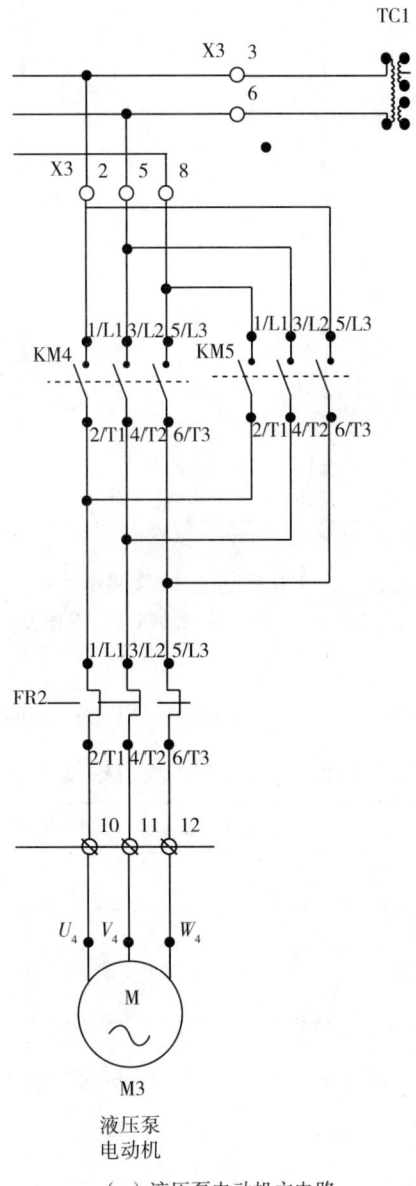

（a）液压泵电动机主电路

图 3-3-31

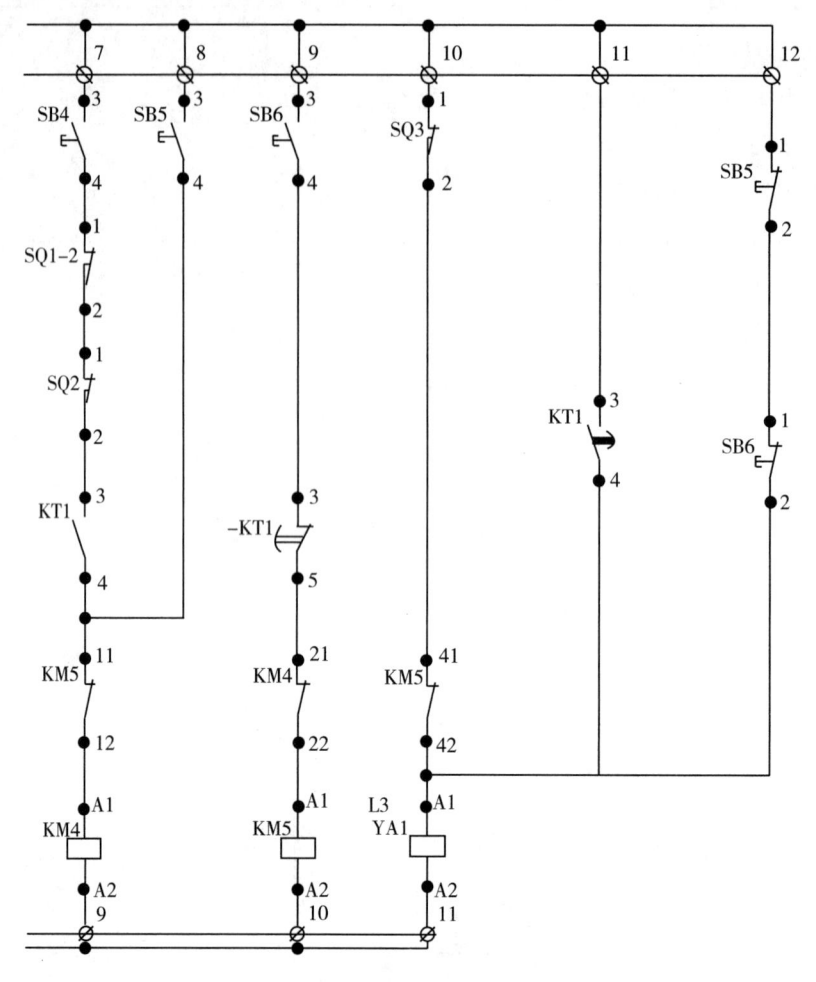

（b）液压泵电动机控制电路

图 3-3-31　液压泵电动机 M3 原理图

2.线号制作

回顾之前讲的线号制作方法，将液压泵电动机 M3 线号的标号填写在表 3-3-7 中。

表 3-3-7　液压泵电动机 M3 线号

元器件符号	元器件名称	输入端线号	输出端线号
KM4			
KM5			
FR2			
M3			
SB4			
SB5			
SB6			

续表

元器件符号	元器件名称	输入端线号	输出端线号
SQ1-2			
SQ2			
SQ3			
KT1			
YA1			

3. 接线流程

液压泵电动机 M3 属于正反转电机，采用了 KM4、KM5 交流接触器控制电机正反转的启动和停止，属于互锁电路，这部分电路和前面摇臂升降电动机接线类似，学生对比摇臂升降电动机学会识图。

电气柜内接线，根据电气接线图，按照线号和元器件标记进行接线，接线原则为先接主回路再接控制回路。此部分根据前面摇臂升降电动机 M2 的接线流程，学生独立完成液压泵电动机 M3 接线。

实训　机床控制电路的安装与调试

实训名称：机床控制电路的安装与调试。
实训地点：电气设备装调实训室。
实训步骤：详见实训手册。

练习题

1. 判断题

（1）机床主轴电机运动方式是正反转运转。　　　　　　　　　　　　　　（　）
（2）时间继电器既有主触头又有辅助触头。　　　　　　　　　　　　　　（　）
（3）控制电路所用的电压都是 380V 电压。　　　　　　　　　　　　　　（　）
（4）交流接触器 KM2 输入端接在熔断器 FU2 的输出端。　　　　　　　　（　）
（5）断路器 QF2 控制的是冷却泵电动机的启动与停止。　　　　　　　　　（　）
（6）SB1 是启动按钮，SB2 是停止按钮。　　　　　　　　　　　　　　　（　）
（7）交流接触器 KM3 的辅助触头接在主回路中。　　　　　　　　　　　（　）

2. 填空题

（1）型号为 JS 14P 的时间继电器线圈两端接的额定电压是 ＿＿＿V。
（2）交流接触器 KM5 线圈的输出端 KM5-A2 接在 ＿＿＿ 端子排上。

（3）主轴电机控制电路中，KM1的常开辅助触头输出端接在____的输入端，该输入端线号为____。

任务完成报告

姓名		学习日期	
任务名称	典型机床电路图纸认识		
学习自评	考核内容	完成情况	
	1. Z3050型摇臂钻床基本结构	□好 □良好 □一般 □差	
	2. 机床图纸的原理图的识图	□好 □良好 □一般 □差	
	3. 机床图纸布置图的识图	□好 □良好 □一般 □差	
	4. 机床控制电路接线流程	□好 □良好 □一般 □差	
学习心得			

项目 4
物料分配站装调

本项目讲解物料分配站的机械图纸识读及机械安装、电气控制部分图纸绘制及电气安装、气动控制回路图纸识读及安装和分配站的功能调试。本项目主要分为3个任务：

任务1　任务要求。主要包括物料分配装置的组成以及工作原理、气动零部件的认识等。

任务2　物料分配装置机械系统的安装实训。主要对实训内容、实训目标、实训场所、实训课时、实训设备、实训耗材、实训步骤等进行了讲解。

任务3　物料分配站电气系统安装。对完成物料分配站电气系统的安装和调试进行了讲解。

任务 1　任务要求

了解物料分配站的功能及工作流程，完成物料分配站机械图纸识读及机械安装、电气控制部分图纸绘制及电气安装、气动控制回路图纸识读及安装，最后完成分配站的功能调试。物料分配装置如图 4-1-1 所示。

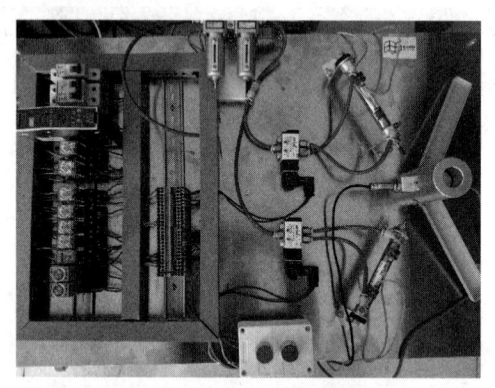

图 4-1-1　物料分配装置

一、物料分配装置的组成以及工作原理

物料分配装置分为进料部分、分配部分、气动控制部分。

进料部分包括料筒、检测开关组件部分。分配部分包括气缸组件、滑道部分。气动控制部分包括外接气源及气源处理部分以及电磁阀。

物料分配装置如图 4-1-2 所示，其工作原理是把金属与塑料料块混合放入料筒中，通过两侧的检测开关检测物料，如果检测开关 1 检测到是金属料块，气缸 1 伸出，把金属料块推入滑道 1 中；如果检测开关 2 检测到是塑料料块，气缸 2 伸出，把塑料料块推入滑道 2 中，从而达到物料分配的目的。

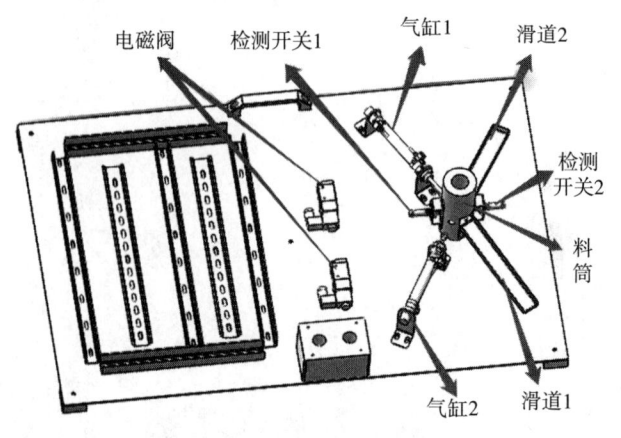

图 4-1-2　物料分配装置

二、气动零部件的认识

在物料提升机构中，涉及气动控制部分。气体由气动泵产生，经过气源处理单元，然后接入各电磁阀，由电磁阀引出气管分别接到推出气缸、提升气缸、摆动气缸，由电磁阀控制气体的进出，从而控制气缸的伸出与收缩。

气源处理单元由过滤法和减压阀组成，如图 4-1-3 所示。其中减压阀可对气源进行稳压，使气源处于恒定状态，减小因气源气压突变对阀门或执行器等硬件造成的损伤。过滤器用于对气源的清洁，可过滤压缩空气中的水分，避免水分随气体进入装置。

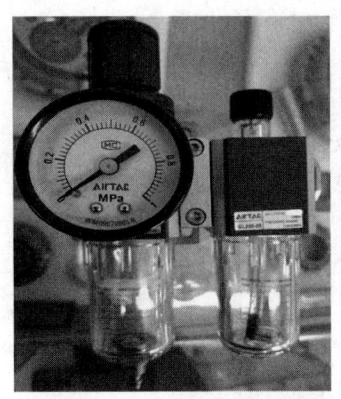

图 4-1-3 气源处理单元

对于气源处理单元的使用应注意以下几点：

①安装前应吹尽管道内的灰尘、油污、碎屑等杂物颗粒，并防止密封材料碎片混入。

②进出口方向不得装反，应垂直安装，水杯向下，为便于维修，四周应留出适当空间，过滤器的安装高度以能卸下滤杯为准，如图 4-1-4 所示。

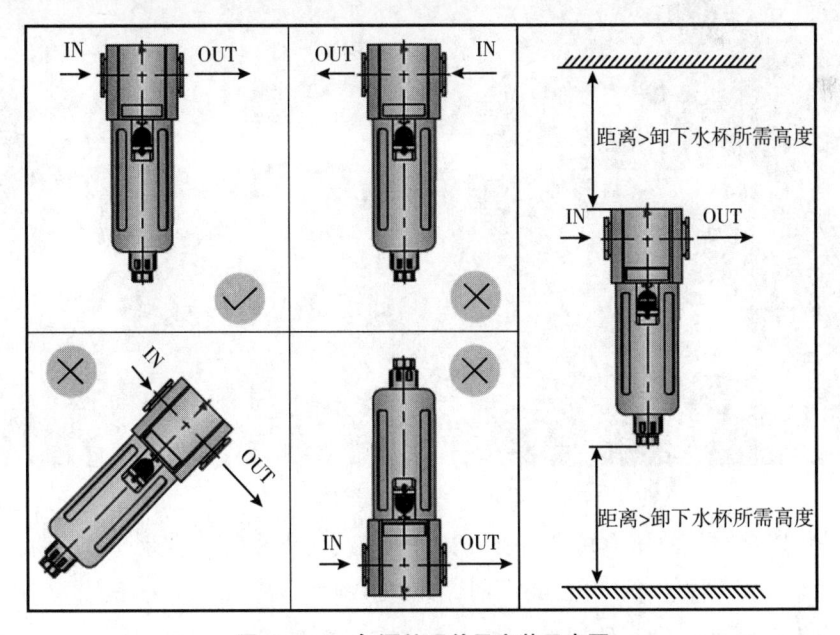

图 4-1-4 气源处理单元安装示意图

③过滤器的安装位置应远离空压机，尽量安装在各气动元件附近，因为从空压机出来

的高温压缩空气中的水和油呈气体状态，不仅影响过滤效果而且易损伤密封件。

④水杯内的水应定期排出，一旦超出挡水板，被过滤出来的污水会重新带入下游的压缩空气造成二次污染。

⑤为了保证过滤效果，滤芯要定期清洗或更换。

电磁阀通电时，电磁线圈产生电磁力把关闭件从阀座上提起，阀门打开；断电时，电磁力消失，弹簧把关闭件压在阀座上，阀门关闭。通过电磁阀的通断来控制气缸的伸出与收缩。电磁阀见图 4-1-5。

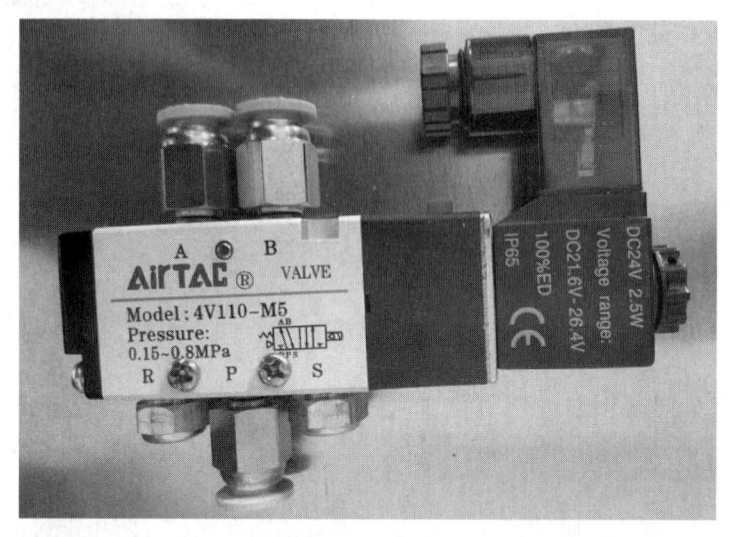

图 4-1-5 电磁阀

气缸组件由气缸、安装支架、节流阀组成，如图 4-1-6 所示。

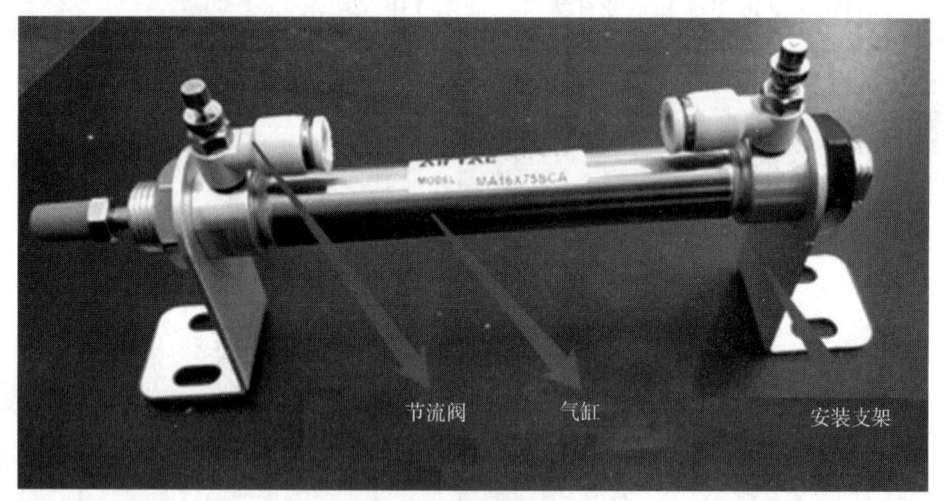

图 4-1-6 气缸组件

气缸是将压缩空气的压力转换为机械能，驱动机构做直线往复运动、摆动和旋转运动的执行元件。当从无杆腔输入压缩空气时，有杆腔排气，气缸两腔的压力差作用在活塞上所形成的力推动活塞运动，使活塞杆伸出；当有杆腔进气，无杆腔排气时，使活塞杆缩回；若有杆腔和无杆腔交替进气和排气，活塞实现往复直线运动，如图 4-1-7 所示。

（a）气缸伸出　　　　　　　　　　　（b）气缸缩回

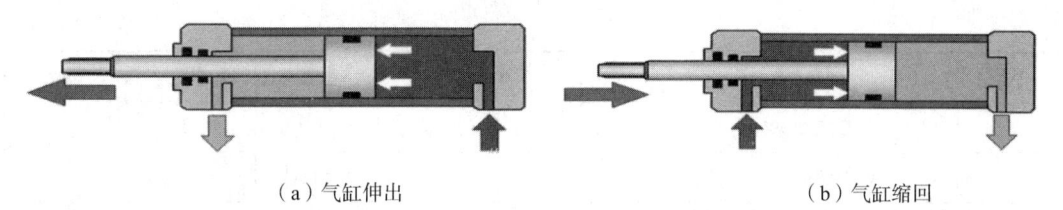

图 4-1-7　气缸伸缩原理

气缸的进出口安装有节流阀，可以控制进出气缸的气体流量的大小。在气缸调试时，节流阀应从全闭状态下逐渐打开，从低速慢慢地将气缸的驱动速度调整到所需要的速度。

任务 2　物料分配装置机械系统的安装实训

一、实训内容

对物料分配装置进行组装；物料分配装置气动元件的安装、连接；对物料分配装置的调试。

二、实训目标

①掌握物料分配装置的工作原理。
②熟悉装配过程工艺。

三、实训场所

电气设备装调实训室。

四、实训课时

20 课时。

五、实训设备

实训地点	设备名称	数量	每组人数
机电实训室	物料分配装置的相关零件（详见表 4-2-1）	15 套	2 人

表 4-2-1　物料分配装置单套零件明细

序号	规格型号	名称	数量	单位	备注
1	DTFJ00-01	底板	1	件	
2	DTFJ00-02	料筒	1	件	
3	DTFJ00-03	支架	4	件	
4	DTFJ00-04	滑道	2	件	

续表

序号	规格型号	名称	数量	单位	备注
5	DTFJ00-05	垫块	5	件	
6	DTFJ00-06	金属物料块	4	件	
7	DTFJ00-07	塑料物料块	4	件	
8	DTFJ00-08	固定架	2	件	
9	MA16X75SCA	气缸	2	件	亚德客
10	DMSGN+020+F-S16	检测开关	4	件	亚德客
11	4V110-M5	电磁阀	2	件	亚德客
12	PSL6M5	节流阀	4	件	亚德客
13	PC6M5	接头	6	件	亚德客
14	BSLM5	消声器	4	件	
15	砂光 120 孔距	把手	1	件	精霸
16	GB/T 70.1 M6X10	内六角圆柱头螺钉	19	件	
17	GB93—1987 M6	弹簧垫圈	21	件	
18	GB/T 6171—2000 M6	六角螺母	21	件	
19	GB/T 97.3—2000 M6	平垫	21	件	
20	GB/T 818—2016 M5X6	十字槽盘头螺钉	21	件	
21	GB/T 6171—2000 M5	六角螺母	21	件	
22	GB/T 818—2016 M3X6	十字槽盘头螺钉	4	件	
23	GB/T 6171—2000 M12	六角螺母	2	件	
24	GB/T 818—2016 M3X25	十字槽盘头螺钉	8	件	
25	GB/T 1337—1988 M3	自锁螺母	4	件	
26	GB/T 6272.1 M16X1.5	六角薄螺母	4	件	
27	GB/T 70.1 M6X15	内六角圆柱头螺钉	2	件	

六、实训耗材

耗材名称	数量/组	每组人数
无	—	2人

七、实训步骤

步骤1：了解物料分配装置的工作原理，并根据实训设备中零件明细领用物料分配装置的零件，并由老师检查零件数量是否符合零件明细表。

步骤2：观察物料分配装置的图纸以及模型，列出物料分配装置中使用的工具。

序号	工具名称	数量及单位	备注

步骤3：在领取的零部件中，找到 DTFJ00-01（底板）1件、DTFJ00-05（垫块）5件、GB/T 70.1 M6X10（内六角圆柱头螺钉）5件、GB 93—1987 M6（弹簧垫圈）5件，并使用内六角扳手（5号）一把。按图 4-2-1 把垫块安装到底板上，共 5 件。

(a) 垫板安装

图 4-2-1

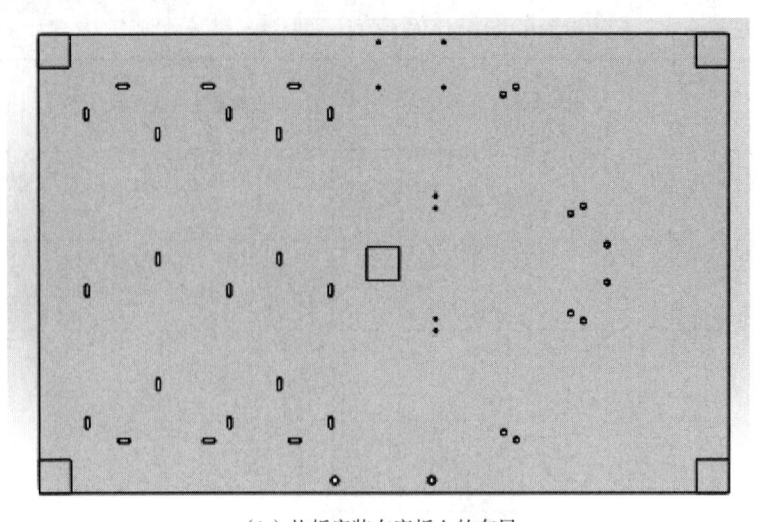

（b）垫板安装在底板上的布局

图 4-2-1　垫板安装位置分布

安装完垫板之后，记录安装步骤

步骤4：在领取的零部件中，找到DTFJ00-02（料筒）1件，GB/T 70.1 M6X16（内六角圆柱头螺钉）2件，GB 93—1987 M6（弹簧垫圈）2件，并使用内六角扳手（6号）一把。从底板下面穿螺钉固定料筒，如图4-2-2所示。

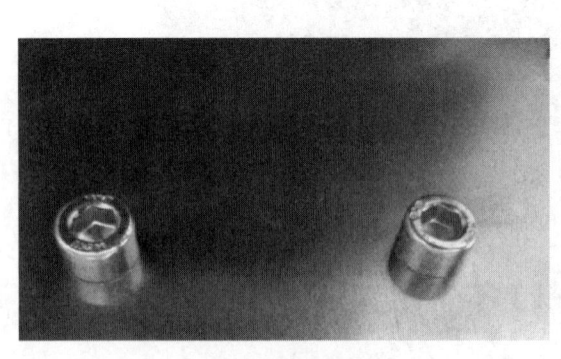

（a）料筒安装螺钉底部　　　　　　　　　　　（b）料筒安装位置

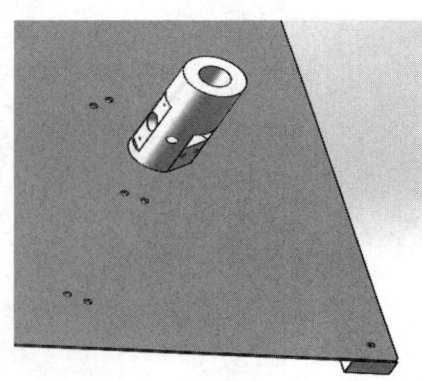

图 4-2-2　料筒安装

安装完料筒之后，记录安装步骤

步骤5：在领取的零部件中，找到 DTFJ00-08（固定架）2件，GB/T 818-2016 M3X6（十字槽沉头螺钉）4件，检测开关2件，十字螺丝刀一把。首先把固定架与检测开关组装在一起，如图 4-2-3（a）所示，然后把2套组合件分别固定在料筒两侧，如图 4-2-3（b）所示。

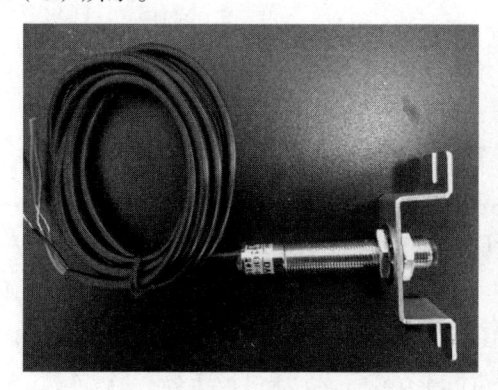

（a）检测开关与支架安装　　　　　　（b）检测开关安装

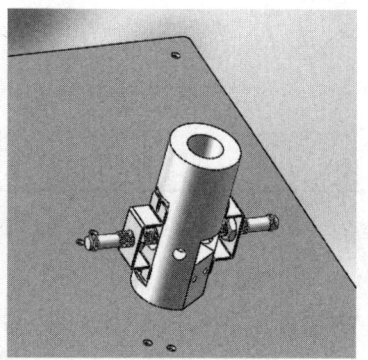

图 4-2-3　检测开关安装

安装完检测开关之后，记录安装步骤

步骤6：在领取的零部件中，找到 DTFJ00-04（滑道）2件，GB/T 70.1 M6X10（内六角圆柱头螺钉）2件，并使用内六角扳手（6号）一把。把滑道固定在料筒上，如图 4-2-4 所示。

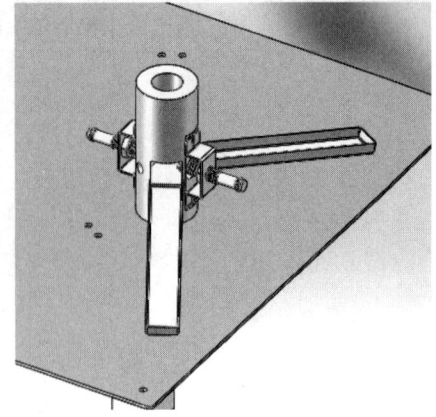

（a）滑道与料筒固定　　　　　　　　　　　（b）滑道安装

图 4-2-4　滑道安装

安装完滑道之后，记录安装步骤

步骤 7：在领取的零部件中，找到 DTFJ00-03（支架）4 件、MA16X75SCA（气缸）2 件、PSL6M5（节流阀）4 件、GB/T 6272.1 M16X1.5（六角薄螺母）2 件、GB/T 70.1 M5X10（内六角圆柱头螺钉）8 件、GB/T 97.3—2000 M5（平垫圈）8 件、GB/T 6171-2000 M6（六角螺母）8 件，并使用内六角扳手（6 号）、活口扳手各一把。

首先把节流阀安装在气缸上，支架装在气缸上，组合成气缸组合件，如图 4-2-5（a）所示，然后把气缸组合件安装在底板上，如图 4-2-5（b）所示。

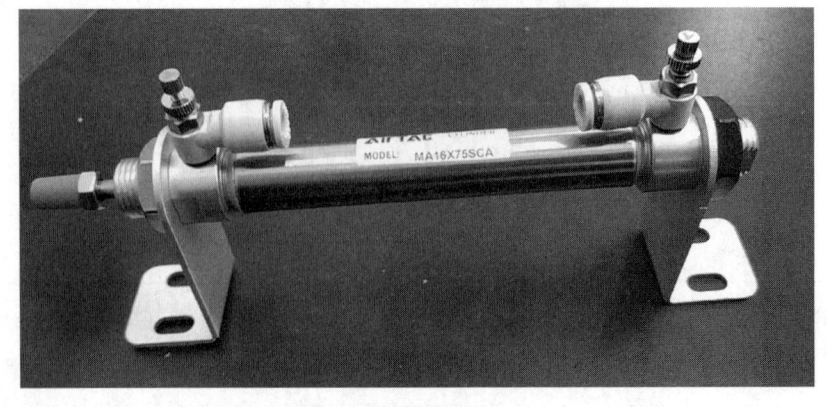

（a）气缸组合件

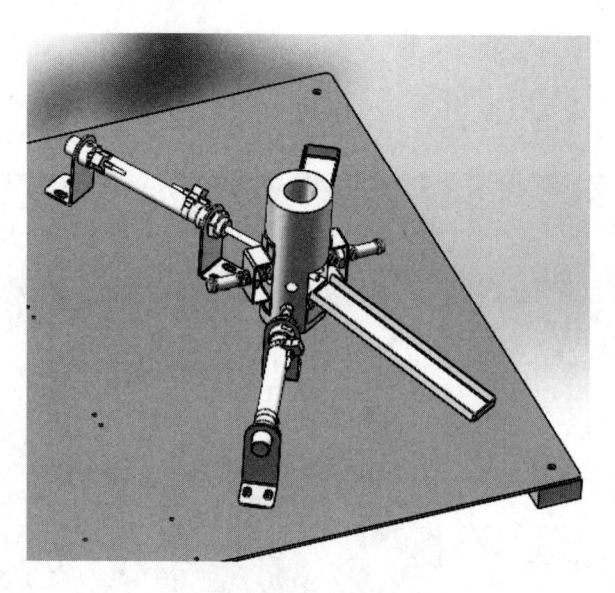

(b）气缸安装在底板上

图 4-2-5　气缸安装

安装完气缸之后，记录安装步骤

步骤 8：在领取的零部件中，找到 4V110-M5（电磁阀）2 件，PC6M5（接头）6 件，BSLM5（消声器）4 件，GB/T 818—2016 M3X25（十字槽盘头螺钉）4 件，GB/T 1337—1988 M3（自锁螺母）4 件，并使用十字螺丝刀、活口扳手一把。

首先把PC6M5（接头）分别安装在4V110-M5（电磁阀）的A、B、P口，把BSLM5（消声器）安装在4V110-M5（电磁阀）的R、S口，如图4-2-6所示。然后把安装了接头的电磁阀组合件固定在底板上，如图4-2-7所示。

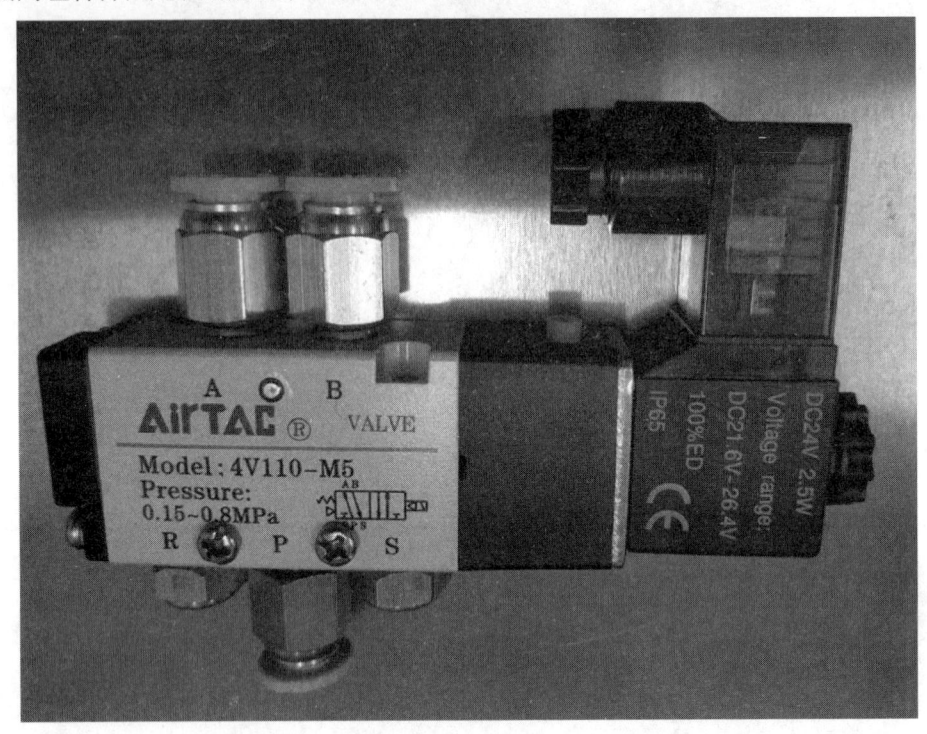

图4-2-6　电磁阀组件

图4-2-7　电磁阀安装

安装完电磁阀之后，记录安装步骤

步骤9：物料分配装置各零件已经安装完毕，根据气路原理图给各气路元件接气管，通过外接气源气管接到电磁阀，再通过电磁阀气管接到气缸。

接完气管之后，记录安装步骤

步骤10：当气管、机械元件、电气元件安装完成后，对物料分配装置进行调试。检测开关检测到相应材质的物料时，对应的电磁阀接到信号，控制气缸伸出，气缸伸出，相应物料被顶到滑道，完成物料分配。

根据调试过程，记录调试步骤

八、实训问答

（1）装配过程中使用了哪些工具？

（2）物料分配装置的工作原理是什么？

（3）装配过程中遇到了哪些问题？

（4）气动工作过程是什么？

九、项目验收

姓名		实施日期	
项目名称	物料分配装置的安装与调试		
项目验收	**验收内容**		**完成情况**
	1. 物料分配装置安装		□完成　□未完成
	2. 物料分配装置运行		□完成　□未完成
实训总结	学习过程		
	遇到问题		
	解决办法		
	心得体会		

任务3 物料分配站电气系统安装

一、实训内容

在本实训项目中要完成物料分配站电气系统的安装和调试。

二、实训目标

①能够识读电气布局图、电气原理图和电气接线图。
②能够规范使用常用的电工工具。
③能够按照规范、流程完成分配站电气系统的安装接线。
④能够对分配站的电路进行线路检查。
⑤能够调试分配站的主电路和控制电路。
⑥能够了解分配站电气控制原理。

三、实训场所

电气设备装调实训室。

四、实训课时

30课时。

五、实训设备

设备名称	数量（组）	每组人数
中级维修电工考核实训台 KBE-2002B	1台	
电工工具： 数字万用表1个；一字大、小螺丝刀各1把；十字大、小螺丝刀各1把；斜口钳1把；剥线钳1把；压线钳1把；尖嘴钳1把；线槽剪1把；卷尺1把	—	2人
电气元器件： 稳压电源1个，断路器2P 1个，断路器1P 1个；中间继电器7个，时间继电器2个；按钮2个；按钮盒1个；电感式传感器1个；光电式传感器1个； 接线端子（灰色）20片；接地端子（黄绿色）1片；端板3片；短接片（10个1片）2片；短接片（2个1片）1片	—	

六、实训耗材

材料名称	数量（组）	每组人数
电气辅料： 线槽 2.5 米；导轨 1 米；M4 螺丝及螺母若干个； 接线端头若干；线号管若干	—	2 人
导线： 黄色、绿色、红色各 10 米；蓝色 5 米；棕色 30 米； 黄绿色地线 1 米	—	

七、实训步骤

首先领取电气元器件、工具及耗材，按照电气安装布局图进行整体安装，然后按照不同的功能分别进行接线调试，在进行各功能接线调试前先要识读各部分原理图和接线图，再按照图纸的要求及工业标准完成接线和调试。

（一）电气元器件整体布置

在工程实际中，电气元器件需要布局安装在电气控制柜柜内的安装板上，安装板的大小及电控柜的大小均由电气控制系统中元器件的数量和尺寸及安装方式来决定。

步骤1：以小组为单位，领取电气元器件、耗材及工具。每组的组长按照表 4-3-1~表 4-3-3 分别领取元器件、耗材以及工具。电气元器件、耗材以及工具为一次性领取，领取后，检查是否数量一致、是否完好无损，完好的分别在表后面打钩"√"确认。

表 4-3-1 电气元件领取表

名称	代号	型号	品牌	数量	备注	数量是否一致、元器件是否完好无损
断路器	QF1	NBE7/2P/16A	正泰	1	16A	
断路器	QF2	NBE7/1P/10A	正泰	1	10A	
稳压电源	T1	EDR-75-24	明纬	1		
时间继电器	KT1/KT2	H3Y-4-C	欧姆龙	2	电压 24V，延时 30s	
电感式传感器	B1	PY-M18S12N-L2M	谱系	1		
光电式传感器	B2	E3F-DS15C4	大伟	1		
中间继电器	KA	JZX-22F（D）/2Z	正泰	6		
中间继电器	KA	JZX-22F（D）/3Z	正泰	1		
2 孔按钮盒	—	—	—	1	安装 HL1 与 HL2 指示灯	
接线端子	—	ST2.5		40	灰色	
接地端子	—	ST2.5-PE		1	黄绿色	
端板	—	D-ST2.5	—	3 片	—	

续表

名称	代号	型号	品牌	数量	备注	数量是否一致、元器件是否完好无损
短接片	—	10个一片	—	2片	—	
短接片	—	2个一片	—	1片	—	

表 4-3-2 实训耗材领用表

名称	数量	数量是否一致
线槽	2.5米	
导轨	1米	
M4 螺丝	若干	
M4 螺母	若干	
管型预绝缘端子	若干	
U型冷压端子	若干	
黄、绿、红、蓝色导线	各10米	
黑色导线	30米	
黄绿色地线	1米	

表 4-3-3 工具领用表

名称	数量	是否完好无损
数字万用表	1	
一字螺丝刀（大的5mm）	1	
一字螺丝刀（小3.2mm）	1	
十字螺丝刀（大）	1	
十字螺丝刀（小）	1	
斜口钳	1	
剥线钳	1	
压线钳	1	
尖嘴钳	1	
线槽剪	1	
卷尺	1	

步骤 2：安装布局图识读及电气元器件安装。将领用的电气元器件与安装布局图中的元器件一一对应，说出每个元器件在网孔板上的安装位置，（老师选取两组同学进行讲解演示）分配站电气安装布局如图 4-3-1 所示。

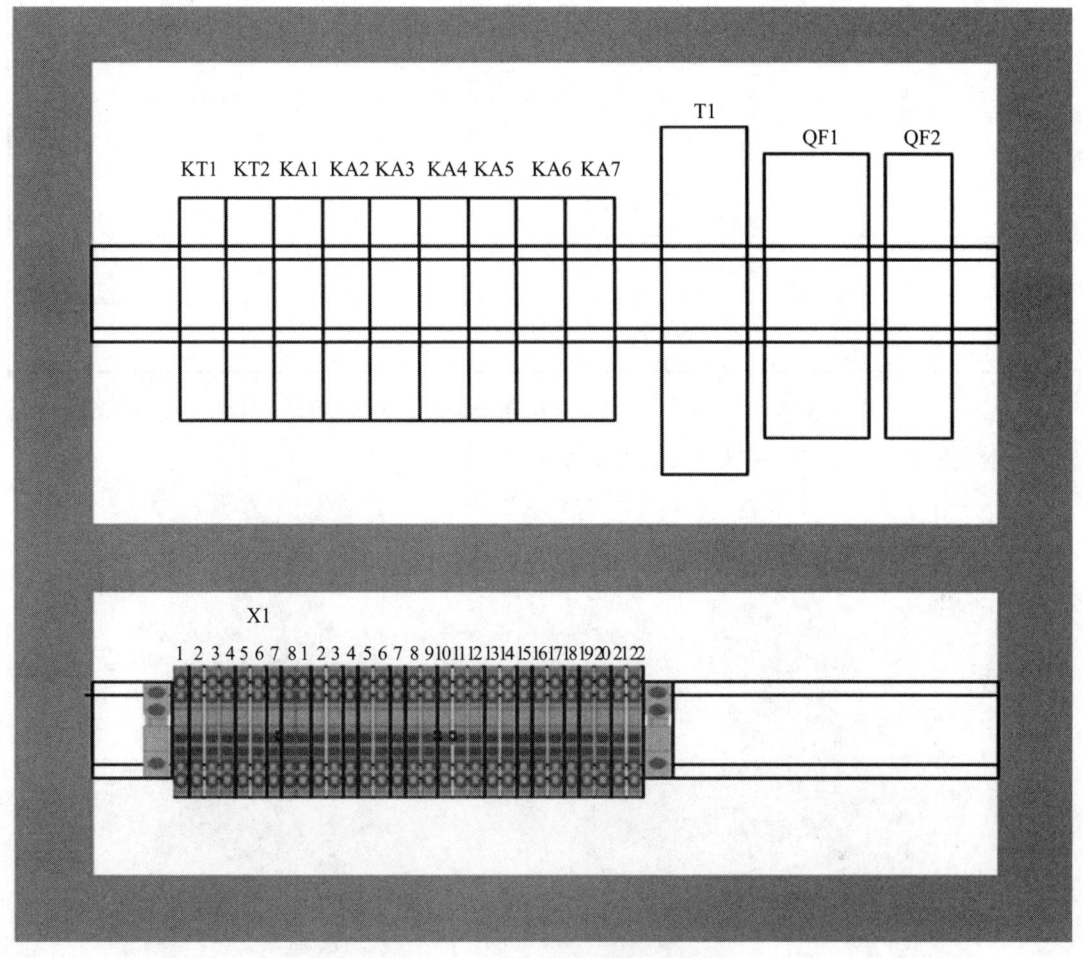

图 4-3-1 分配站制电路安装布局

根据安装布局，明确线槽、导轨截取的不同规格及数量。为了使线槽的布置符合工业要求且更加合理美观，在网孔板上布置线槽时，四个角点采用 45° 相交的形式，如图 4-3-2 所示。

图 4-3-2 角点位置线槽 45° 相交

根据以上标准，将需要制作的导轨和线槽的规格及数量填写在表 4-3-4 中。

表 4-3-4　线槽及导轨的规格数量统计表

序号	名称	长度规格（mm）	数量
1	线槽		
2	导轨		

根据表 4-3-4 中线槽和导轨的规格和长度分别采用线槽剪和导轨切断器，截取相应规格的线槽和导轨。线槽剪和导轨切断器如图 4-3-3 所示。

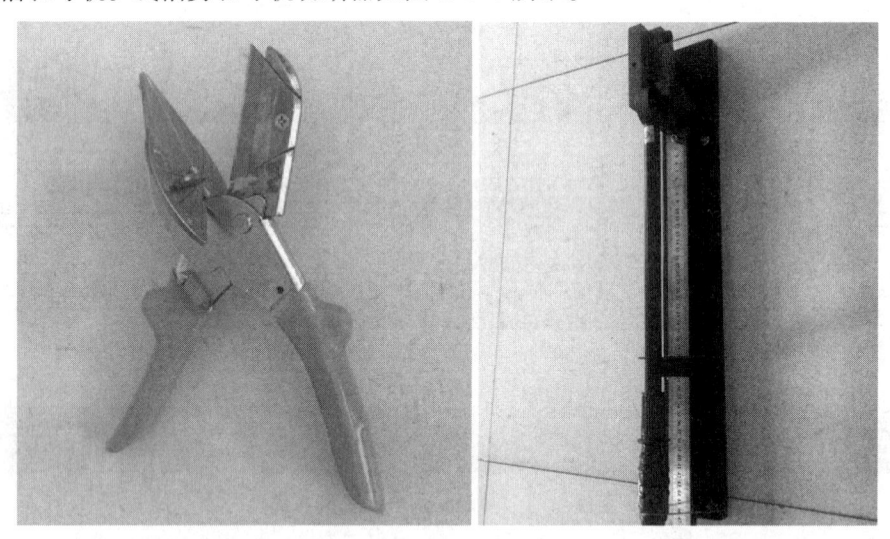

（a）线槽剪　　　　　　　　　　　　（b）导轨切断器

图 4-3-3　线槽剪及导轨切断器

注意：

①严禁用线槽剪剪金属器件！

②使用导轨切断器前，先分清导轨的材质是铝还是钢，需要放置在导轨切断器不同剪切口中剪切！

根据安装布局，将线槽和导轨安装在网孔板的相应位置，每一根导轨或者线槽用两个螺丝固定。线槽和导轨安装完成后学生先进行确认，然后由老师确认并填写在表 4-3-5 中。

注意：安装的位置和尺寸严格按照安装布局的位置尺寸要求，如未按要求安装视为不合格！

表 4-3-5　导轨线槽安装合格确认表

序号	事项	学生确认	老师确认
1	线槽安装		
2	导轨安装		

按照电气布局的位置要求将电气元器件固定安装，按表 4-3-6 所示安装，并根据元器件符号填写元器件名称。用螺丝安装的元器件，使用 2 颗螺钉固定。

学生要能够说出每种元器件的安装注意事项，老师抽取 5 组学生进行考核。

表 4-3-6　元器件布置流程表

元器件符号	元器件名称	注意事项
QF1、QF2		接线要符合相序要求，脱扣装置的动作应可靠，上端为接电源端，下端接负载端
T1		电源的进线端和出线端不能接反（进线端 220V 电压，出线端 24V 电压）
KT1、KT2		时间继电器底座和时间继电器不能装反
B5	电感式传感器	电源线和信号线不能接反
B6		电源线和信号线不能接反
X2、X3、X1		不同短接片插接端子排上，要上下错层
SB1、SB2	按钮盒	打开按钮盒的 4 个螺丝钉一定要妥善保管，严禁丢失！若出现丢失现象，成绩不合格！按钮盒的盒内都使用 U 型冷压端子接线

电气元器件布局完成后如图 4-3-4 所示。

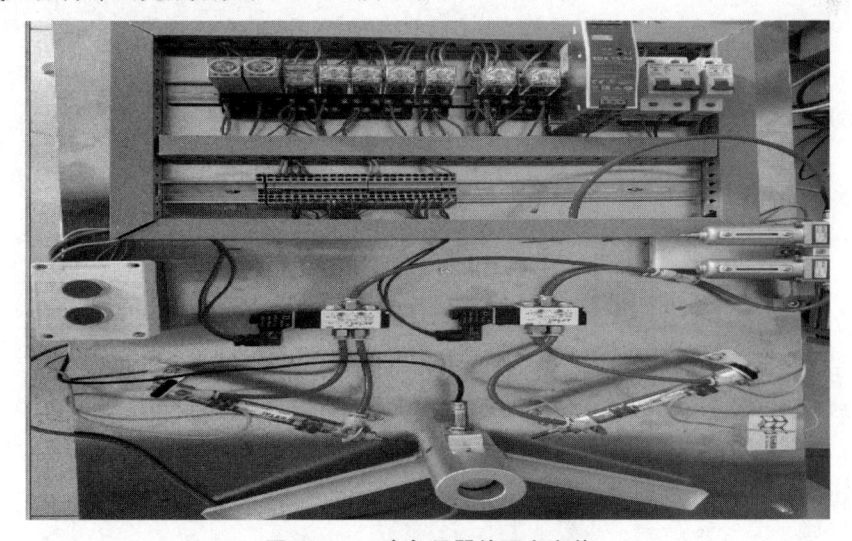

图 4-3-4　电气元器件固定安装

电气元器件安装以后填写在表 4-3-7 中，检查是否符合安装要求，老师给出评分。

表 4-3-7 电气元器件安装确认表

元器件符号	元器件名称	主要安装注意事项	教师考核
	断路器		
	稳压电源		
	中间继电器		
	时间继电器		
	按钮、指示灯		
	端子排		

总结电气安装过程中需要注意的安装事项。

（二）物料分配站电气接线

①稳压电源控制原理及原理图识读。

（a）稳压电源概念：能为负载提供稳定直流电源的电子装置。直流稳压电源的供电电源大都是交流电源，当交流供电电源的电压或负载电阻变化时，稳压器的直流输出电压都会保持稳定。稳压电源如图4-3-5所示。

图4-3-5 稳压电源

（b）稳压电源控制原理。稳压电源的控制电路原理如图4-3-6所示。

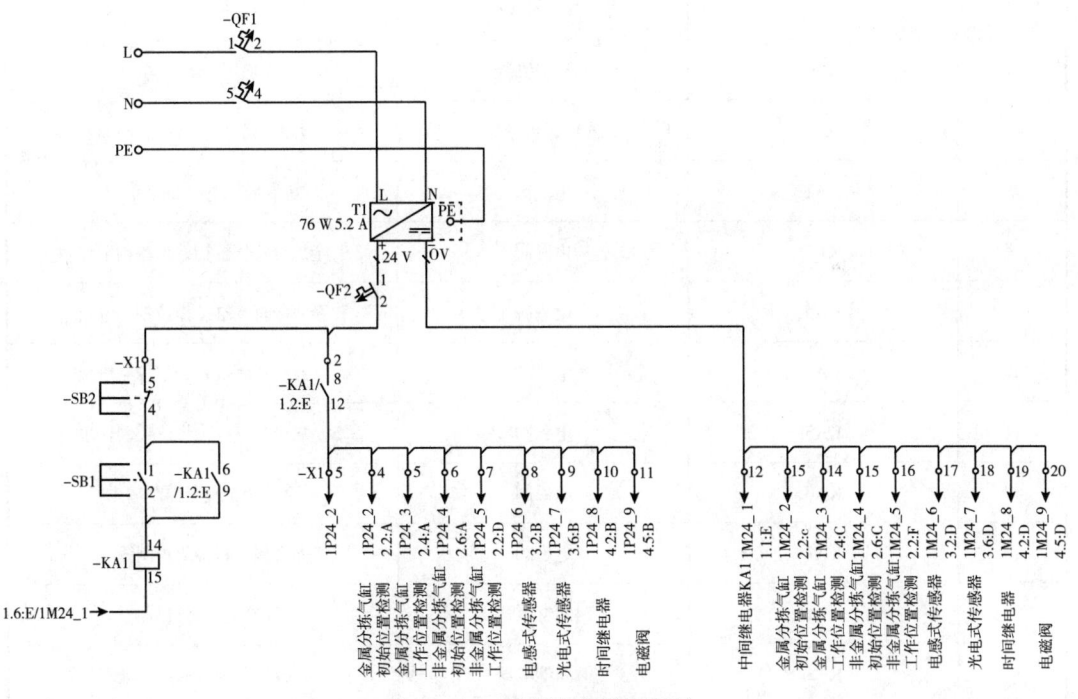

图4-3-6 稳压电源控制原理

本项目中的控制过程控制原理：闭合断路器QF1，将电源引入电路，稳压电源得电，输出端输出24V电压，闭合断路器QF2，按下按钮SB1，中间继电器KA1线圈得电，常开触点KA1的8-12闭合，将24V电压引入端子排X1。

学生根据电气原理图，简述本项目中的稳压电源控制原理，成绩统计如表4-3-8

所示。

表 4-3-8 电气原理叙述成绩表

优秀（90分以上）	良好（75~90分）	合格（60~75分）	不及格（60分以下）

②金属物料检测及分配电气原理图认识。本项目中的金属和非金属物料是通过气缸进行分拣的，所以需要了解气缸的控制过程。

气缸在工作位或者初始位要用磁性开关进行检测，各电磁阀的功能如表 4-3-9 所示。

表 4-3-9 各电磁阀的功能

序号	符号	名称	功能
1	B1	磁性开关	金属分拣气缸初始位检测
2	B2	磁性开关	金属分拣气缸工作位检测
3	B3	磁性开关	金属分拣气缸初始位检测
4	B4	磁性开关	金属分拣气缸工作位检测
5	B5	电感式传感器	检测金属物料
6	B6	光电式传感器	检测金属物料和非金属物料
7	KA1	电磁阀	控制稳压电源24V输出
8	KA2	电磁阀	金属分拣气缸初始位控制输出
9	KA3	电磁阀	金属分拣气缸工作位控制输出
10	KA4	电磁阀	金属分拣气缸初始位控制输出
11	KA5	电磁阀	金属分拣气缸工作位控制输出
12	KA6	电磁阀	金属物料检测控制输出
13	KA7	电磁阀	非金属物料检测控制输出
14	KT1	时间继电器	控制金属物料分配
15	KT2	时间继电器	控制非金属物料分配
16	K1	电磁阀	控制金属物料分配
17	K2	电磁阀	控制非金属物料分配

当气缸在初始位时磁性开关 B1 输出电压，控制电磁阀 KA2 的线圈得电，如图 4-3-7（a）所示。

中间继电器的常开触点 5~9 闭合，传感器 B5 得电，当电感式传感器 B5 检测到有金属物体时，输出电压信号，控制中间继电器 KA6 线圈得电，KA6 的常开触点 4~7 闭合实现自锁控制；KA6 的常开触点 5~8 闭合。

KT1 的线圈得电，KT1 的常开触点 5~9 闭合，控制金属分拣的电磁阀得电，气缸动作进行分拣。

当气缸到达工作位，气缸上的磁性开关检测到后，断开电磁阀。

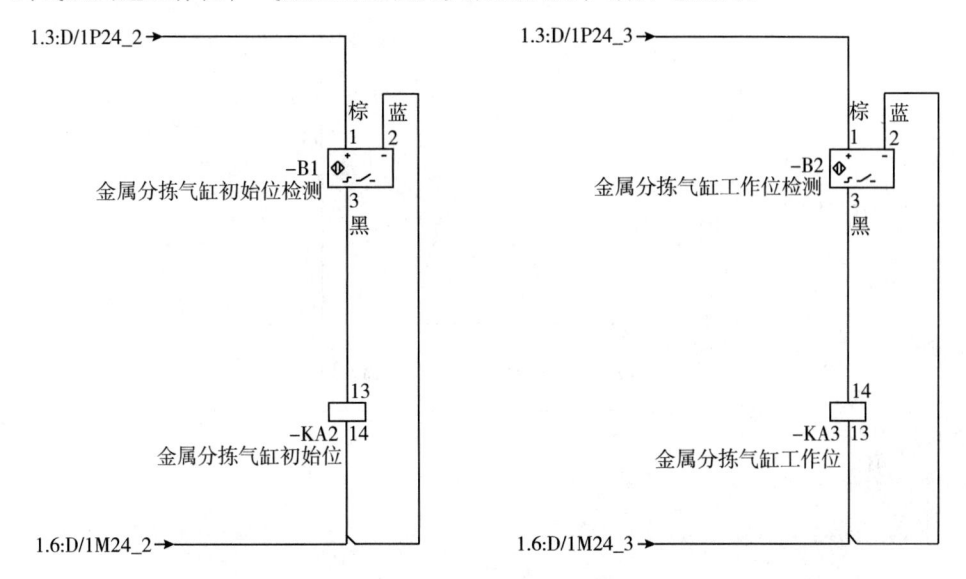

(a) 控制电磁阀 KA2 线圈得电

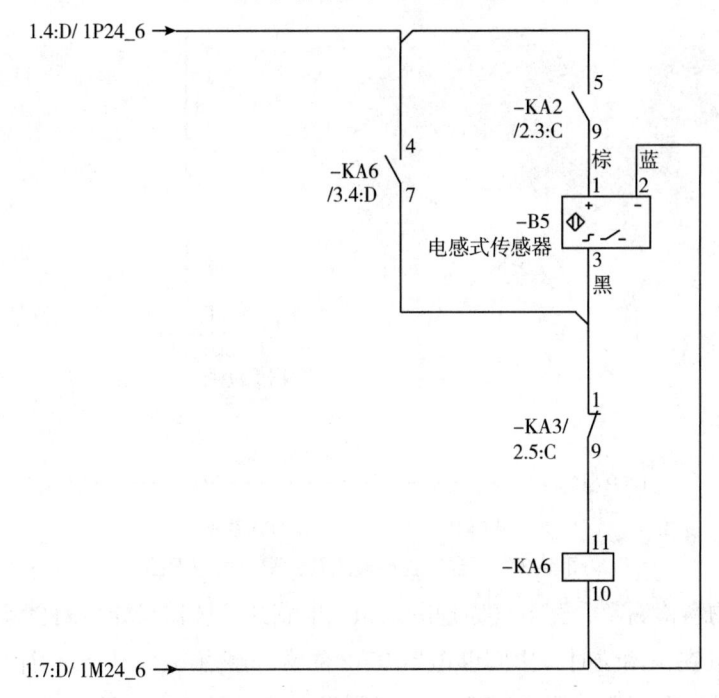

(b) 气缸控制金属物料的分拣检测原理

图 4-3-7

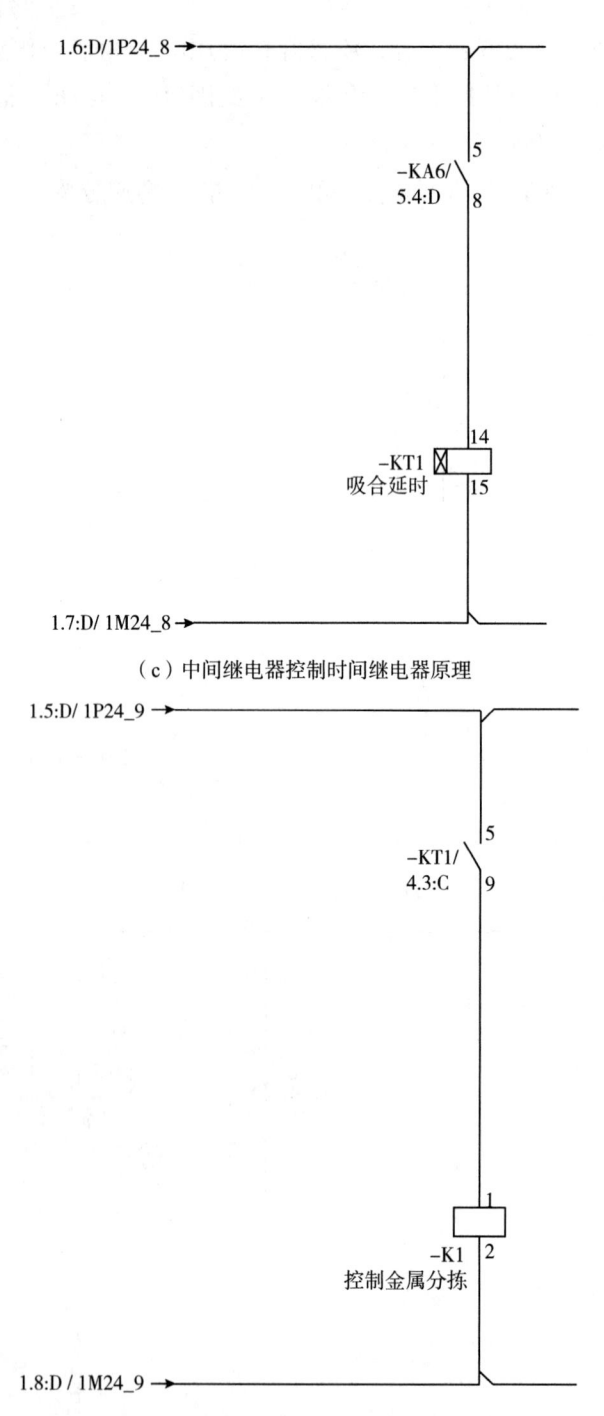

（c）中间继电器控制时间继电器原理

（d）时间继电器控制金属分拣原理

图 4-3-7　金属物料检测及分配电气原理图

③非金属物料检测及分配电气原理图认识。电感式传感器只能检测金属物料，当控制金属分拣的气缸在初始位时，中间继电器 KA2 的常开触点 5~9 闭合，当检测到有金属物料时，传感器输出电压信号使继电器 KA6 线圈得电，如图 4-3-8 所示。

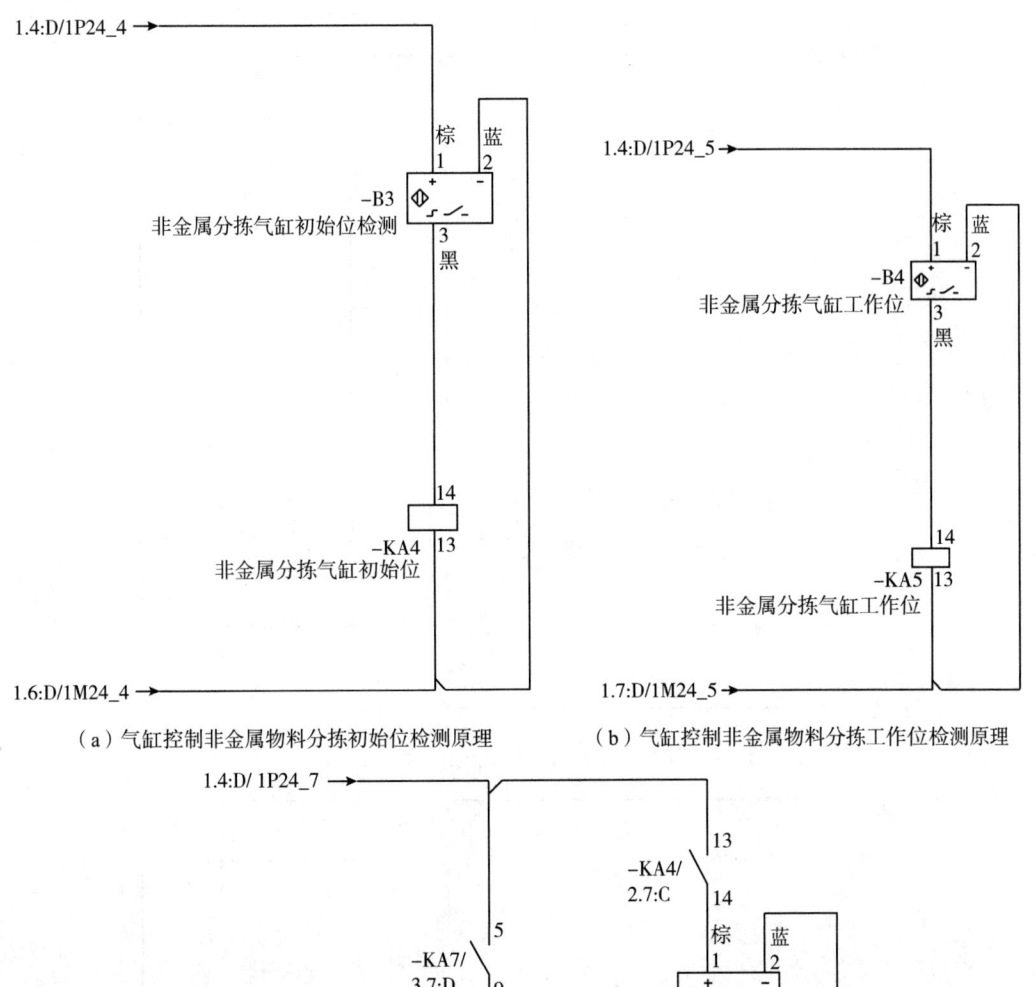

项目4　物料分配站装调

(a) 气缸控制非金属物料分拣初始位检测原理

(b) 气缸控制非金属物料分拣工作位检测原理

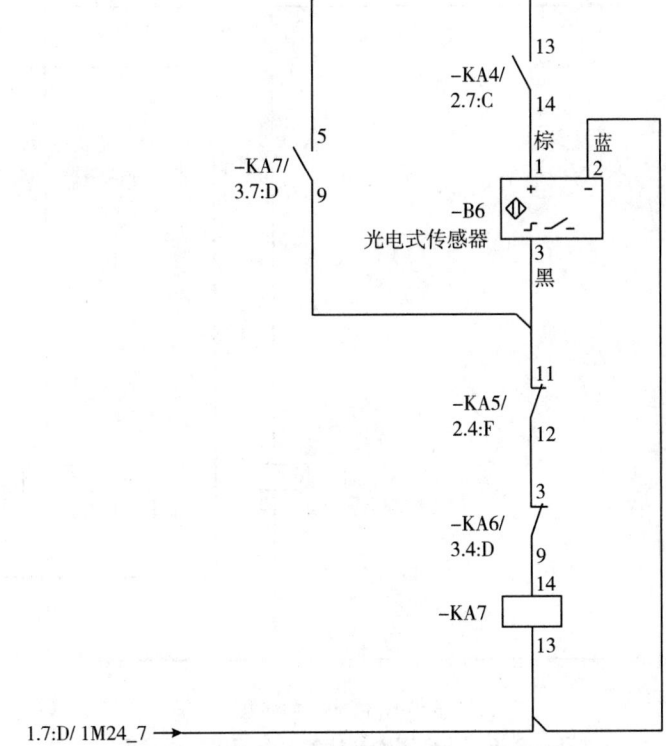

(c) 光电式传感器控制中间继电器闭合

图 4-3-8

（d）中间继电器控制时间继电器闭合

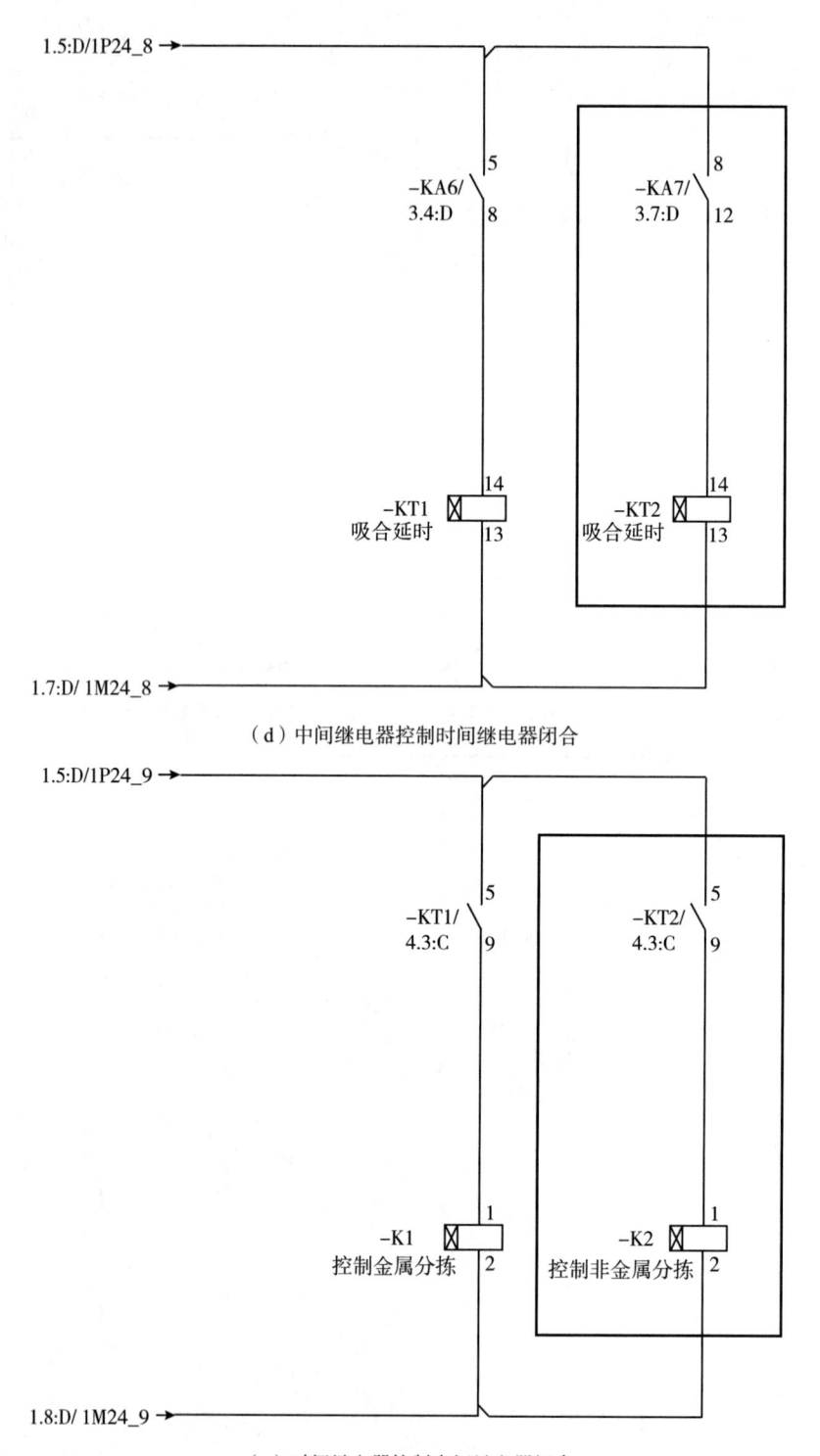

（e）时间继电器控制中间继电器闭合

图 4-3-8 非金属物料检测及分配电气原理图

步骤 1：线号制作。根据分配站控制电路原理图，按照（元器件名称＋接线端子名称）统计需要制作的线号，填写在表 4-3-10 中。

表 4-3-10 冷却泵控制电路线号统计

元器件符号	元器件名称	输入端线号	输出端线号
QF1			
QF2			
T1			
SB1			
SB2			
B1			
B2			
B3			
B4			
B5			
B6			
KA1			
KA2			
KA3			
KA4			
KA5			
KA6			
KA7			
X1			

注：数量不是 1 个的需要标明线号的数量。

步骤 2：原理图纸认识。

步骤 3：学生识读电气接线图，老师随机抽取 5 名学生进行接线图的识读。

步骤 4：接线。

①工具、材料准备：

（a）十字螺丝刀和一字螺丝刀：用于元器件接线端子的拆装接线，型号大小根据元器件端子螺钉大小确定；

（b）数字万用表：用于元器件和电路的检测和验证；

（c）剥线钳：用于绝缘导线的剥线；

（d）压线钳：用于将接线裸端头压接到导线上；

（e）管型预绝缘端子，U 型冷压端子：用于线头的压接；

（f）按照接线图的技术说明准备导线。

②接线要求：由于接线和布线要求在项目 2 和任务 3 中已详细地讲解过，此部分仅作简述。

（a）接线严格按电气接线图施工，正确地接到指定的接线端子上；

（b）接线应排列整齐、清晰、美观，导线绝缘良好、无损伤，长度有适当余量；

（c）每个接线端子的每侧接线宜为 1 根，不得超过 2 根，不同截面的两根导线不得接在同一端子上；

（d）按图施工接线正确，电气回路接触良好，配线横平竖直，整齐美观；

（e）导线布置在线槽中，弯头处用手弯成圆角，直横行走，力求做到横平竖直。

③接线原则：先完成主电路接线，再完成控制电路接线。

（a）截取一定长度的导线（导线长度由需要连接的两个元器件接线端子之间的走线长度决定，并留有一定的余量），将线号管套到导线上（每根导线需要套两个线号管，一端一个），线号管套都必须将元器件作为起始端往外读取。

（b）用剥线钳剥去导线两端的绝缘层，用压线钳将接线端头压接到裸露导线上。

注意：按钮盒中的接线端子用 U 型冷压端子压接。

（c）将导线两端分别接到接到需要接的元器件的接线端子上。

（d）重复（a）~（c）操作流程，将分配站控制主电路和控制电路接完。

注意：分配站主电路和控制电路需要接线的元器件，结合原理图和接线图进行接线。

步骤 5：分配站线路检查。线路检查主要包括元器件安装是否牢靠、接线是否正确、不应有短路现象的线路是否有短路现象，以及其他需要注意的安装事项等。

①线路元器件检查，检查完成后填写表 4-3-11。

表 4-3-11　线路元器件检查统计表

序号	检查事项	是否合格
1	检查元器件是否有损坏现象	
2	检查各端子接线是否牢固	
3	对照接线图检查电气元器件接线是否正确 （注意：每个接线端子逐一检查）	
4	检查按钮盒上的按钮接线是否牢固，导线是否有连接现象	

②主电路检查：检查主电路相线之间是否有短路现象。

将数字万用表打到短路测试挡，将红黑表笔短接，检测数字万用表是否正常（首先要确认万用表是正常的）。

（三）物料分配站调试

步骤 1：分配站电路调试。接上电源，将万用表打到交流电压 600V 挡，检测断路器 QF1 进线端，查看电压是否为 220V，若电压正常，合上断路器 QF1，按下启动按钮 SB1

（绿色），用万用表检查稳压电源的输出端是否是 24V，将物料放进物料桶内，按下启动按钮 SB1，观察分配站是否运行。

步骤 2：分配站系统运行调试。接通电源，闭合断路器 QF1、QF2，然后按下 SB1 按钮（绿色），分配站开始对物料进行分配，按下停止按钮，分配停止。

步骤 3：分配站原理复述。学生根据控制过程简述分配站控制原理。

八、实训问答

（1）元器件安装的流程是什么？

（2）时间继电器的工作过程是什么？

（3）物料分配站调试过程是什么？

九、项目验收

姓名		实施日期	
项目名称	分配站的安装与调试		
项目验收	验收内容		完成情况
	1. 能够正确认识电气布局图、原理图		□完成 □未完成
	2. 按照布局图合理布置电气元器件及线槽导轨位置		□完成 □未完成
	3. 分配站主电路的安装调试完成		□完成 □未完成
	4. 分配站控制电路安装调试完成		□完成 □未完成
	5. 分配站整体功能调试完成		□完成 □未完成

续表

实训总结	实训过程	
	遇到问题	
	解决办法	
	心得体会	